Behr · Taschenbuch der Textilchemie

DETLEV BEHR

Taschenbuch der Textilchemie

Mit 28 Bildern

VEB FACHBUCHVERLAG LEIPZIG

Behr, Detlev:
Taschenbuch der Textilchemie / Detlev Behr. —
1. Aufl. — Leipzig : Fachbuchverl., 1988. —
376 S. : mit 28 Bild.

ISBN 3-343-00263-1

1. Auflage
Lizenznummer 114-210/106/88
LSV 3913
Printed in GDR
Gesamtherstellung: VEB Druckhaus „Maxim Gorki", 7400 Altenburg
Redaktionsschluß: 15. 6. 1988
Bestellnummer 546 934 7
03200

Vorwort

Das Taschenbuch der Textilchemie soll allen in der Textilveredlung und Textilreinigung arbeitenden Fachleuten sowie den in diesen Fachrichtungen Studierenden ermöglichen, schnell geordnetes Wissen der textilchemischen Technologie aufzufinden. Vor allem soll es den Lernenden eine wirksame Hilfe sowohl während der Ausbildung als auch in der späteren praktischen Tätigkeit sein. Das gilt besonders für Studenten der ingenieurtechnischen Ausbildung der Textilreinigung, für Textillaboranten sowie für Fachlehrer für Textilveredlung und Textilreinigung.
In dem Taschenbuch ist der aufbereitete Wissensstoff der Textilchemie für die Textilveredlung und Textilreinigung so geordnet, daß alle Sachgebiete, z. B. Textilchemikalien, Färbereihilfsmittel, Farbstoff und andere, sofort unter einer bestimmten Kennnummer schnell und einfach auffindbar sind. In den einzelnen Abschnitten ist der Text mit Übersichten, Strukturbildern oder Prinzipskizzen systematisch verbunden. In den Sachgebieten aller textilen Hilfsstoffe sind wichtige Untersuchungsmethoden sowie Faserstoff-Hilfsstoff-Beziehungen und Rezepturen bei den Prozessen der Textilveredlung und Textilreinigung aufgenommen worden.
Mein Dank gilt Herrn Textil-Ing. Martin Häfer, Reichenbach, sowie Herrn Dr. Werner Döcke, Forst, für deren Anregungen und die umfassende Unterstützung auf diesem Spezialgebiet. Für tatkräftige Hilfe danke ich besonders Herrn Dr. Hansjürgen Meinhold von der Karl-Marx-Universität Leipzig.

Der Verfasser

Inhaltsverzeichnis

1.1. Cellulosenatur- und Cellulosechemiefaserstoffe

1.1.1. Chemisch-struktureller Aufbau

Art des textilen Faserstoffes	Chemische Struktur	DP (n)
Cellulose	[…–O– (Ring: CH_2OH, H, O, H, OH, H, OH, H) –O– (Ring: H, OH, OH, H, H, O, CH_2OH) –O–…]$_{\frac{n}{2}}$	BW 2800…3000 VI-F 300…340 Vi-S 340…360 Polynosic 600…650
Cellulose-acetat	[…–O– (Ring: CH_2OOCCH_3, H, O, H, $OOCCH_3$, H, H, $OOCCH_3$, H) –O– (Ring: H, $OOCCH_3$, OH, H, H, H, O, CH_2OOCCH_3) –O–…]$_{\frac{n}{2}}$	200…300
Cellulose-triacetat	[…–O– (Ring: CH_2OOCCH_3, H, O, $OOCCH_3$, H, H, H, $OOCCH_3$) –O– (Ring: H, $OOCCH_3$, $OOCCH_3$, H, H, H, O, CH_2OOCCH_3) –O–…]$_{\frac{n}{2}}$	350…400

1.1.2. Eigenschaften

Eigenschaften	Baumwolle	Viskosefaserstoffe	Celluloseacetatfaserstoffe	Cellulosetriacetatfaserstoffe
Dichte in g · cm^{-3}	1,55	1,52	1,30	1,30
Stapellänge in mm		30…100		
langstapelig	> 35			
mittelstapelig	25…35			
kurzstapelig	< 25			
Feinheit in mtex	125…420	110…3400		
Faserdicke in µm	10…40			

Eigenschaften	Baumwolle	Viskosefaserstoffe	Celluloseacetatfaserstoffe	Cellulosetriacetatfaserstoffe
Faserbreite in μm	40...80			
feinheitsbezogene Reißkraft in mN · tex^{-1}	270...440	180...270	110...140	100...140
relative Naßreißkraft in %	100...120	50...60	60	
Elastische Dehnung	sehr gering	gering		
Reißdehnung in %	6...10	14...25	20...25	20...30
Feuchtigkeitsaufnahme bei 65% rel. Luftfeuchte und 20 °C in %	8	13,5	6,0...6,5	2,0...3,5
Thermisches Verhalten	über 100 °C Abfall der Festigkeit, bei Dauerhitzeeinwirkung oberhalb 200 °C Zersetzung	Zersetzung bei 180...205 °C	schwer brennbar, thermoplastisch (nicht bei > 80 °C behandeln) Schmelzpunkt etwa bei 250 °C	Erweichungsbereich 225...230 °C, Schmelzpunkt etwa bei 300 °C

1.1.3. Chemikalieneinflüsse

	Baumwolle	Viskosefaserstoffe	Celluloseacetatfaserstoffe	Cellulosetriacetatfaserstoffe
Säuren	sehr empfindlich, Mineralsäuren bewirken Kettenabbau (Zersetzung)	sehr empfindlich, Abbau der Cellulosekettenmoleküle	gegen schwache Säuren beständig, gegen starke Säuren empfindlich	gegen schwache Säuren beständig (*p*H 4), gegen starke Säuren empfindlich

	Baumwolle	Viskose-faserstoffe	Cellulose-acetat-faserstoffe	Cellulose-triacetat-faserstoffe
Basen	Quellung, sonst weitgehend beständig	starke Quellung	gegen alle Basen empfindlich (Esterspaltung)	gegen alle Basen empfindlich (Esterspaltung)
Salze	bei Behandlung mit Kupferoxidammoniak (Kuoxam) starke Quellung, sonst beständig	Kupferoxid-ammoniak bewirkt Lösung der Faserstoffe	weitgehend beständig, außer alkalisch reagierende Salze	siehe Acetatfaserstoffe
Oxydations-mittel	beständig gegen verd. NaClO-, H_2O_2- und $NaClO_2$-Lösungen	etwas empfindlicher als Baumwolle	nur gegen verd. Lösungen von $NaClO_2$ beständig	siehe Acetat-faserstoffe
Reduktions-mittel	weitgehend beständig (z. B. $Na_2S_2O_4$ und $Na_2S_2O_3$)	etwas empfindlicher als Baumwolle	gegen verd. Reduktions-mittellösungen beständig	siehe Acetatfaserstoffe
Organische Lösungs-mittel	weitgehend beständig	weitgehend beständig	löst sich in Aceton, Propanol und Trichlorethen	empfindlich gegen Aceton und Trichlorethen, löslich in Dichlormethan (Methylenchlorid) und Trichlormethan (Chloroform)

1.1.4. Modalfasern

Einige ungünstige Eigenschaften der normalen Viskosefasern, besonders das Kraft-Dehnungsverhalten und das hohe Quellvermögen in Wasser, machten es erforderlich, verbesserte VI-F-Typen zu entwickeln, die einerseits den höheren Anforderungen moderner Spinnverfahren (z. B. Rotorspinnverfahren) gerecht werden (hochfeste VI-F-Typen), andererseits in grundsätzlich wertvollen Eigenschaften der Baumwolle nahe kommen (Modalfasern).

Die Modalfasern — Kurzbezeichnung VI(M)-F — stellen modifizierte Viskosefasern dar, deren äußere und innere Baubesonderheiten — bedingt durch einen höheren DP-Grad der Cellulose und die besonderen Erspinnungsbedingungen — markante Eigen-

schaftsveränderungen bringen. Sie werden entsprechend ihrem Einsatzgebiet z. Z. vorwiegend als baumwollähnliche Typen ersponnen.
Innerhalb der Modalfasern unterscheidet man den

- HWM-Typ (high-wet-modulus-Typ mit einem Naßmodul, der wesentlich über dem der normalen VI-F liegt) und den
- Polynosic-Typ mit zwar noch höheren Reißfestigkeiten und geringerem Alkali-Quellvermögen, aber geringerem Dehnungsverhalten, höherer Sprödigkeit u. a.

Einen Überblick über wesentliche Unterschiede des inneren und äußeren Faserbaues und wichtiger Eigenschaften zwischen den normalen VI-F-bt, den verbesserten VI-F-bt (hochfest) und den beiden Grundtypen der Modalfasern gibt nachfolgende Tabelle sowie das Diagramm über Kraft-Dehnungsverhalten (Bild 1/1).

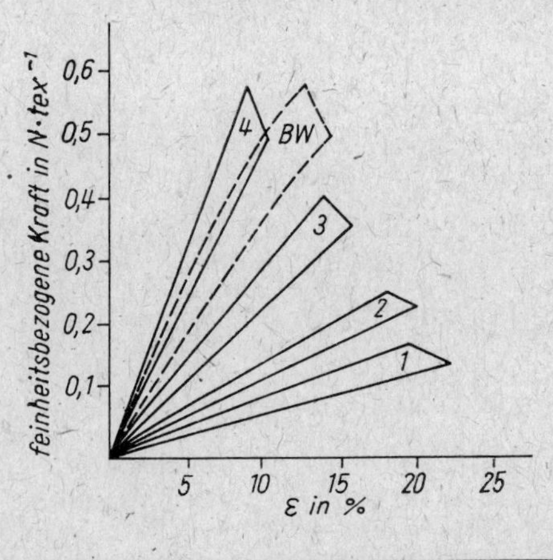

Bild 1/1: Kraft-Dehnungs-Verhalten der verschiedenen VI-F- und VI(M)-F-Typen im Vergleich zu Baumwolle
1 VI-F-bt (Normaltyp), *2* VI-F-bt (hochfest), *3* HWM-Typ, *4* Polynosic-Typ, *Bw* Baumwolle

	VI-F-bt (Normaltyp)	VI-F-bt (hochfester Typ)	HWM-Typ	Polynosic-Typ
DP-Grad	350	350	400	über 500
Kristallinitätsgrad	ca. 30%	30–35%	ca. 35%	ca. 40%
Kristallitform	groß	groß	kurze Kristallite	lange Kristallite
amorphe Bereiche	zusammenhängend zugänglich	ähnlich Normaltyp	viele kleine, weniger zugängliche Gebiete	lange, dünne, Gebiete
Reckungsgrad	20...30%	über 50%	100...150%	200...300%
Querschnittsstruktur	Kern-Mantelstruktur	Übergänge zwischen Kern-Mantel- und Vollmantel-Struktur		Vollmantel-Struktur

	VI-F-bt (Normaltyp)	VI-F-bt (hochfester Typ)	HWM-Typ	Polynosic-Typ
Orientierungsgrad	innen rel. niedrig, in der Mantelzone wesentlich höher	rel. hoch	rel. hoch, geringere Differenz zwischen Randzone u. Kernbereich	hoch (rel. gleichmäßig über den Querschnitt)
Querschnitt	rel. stark gelappt	weniger gelappt	nieren-, hantel- od. bohnenförmig	oval bis rund
Längsansicht	längsgestreift	weniger ausgeprägte Längsriefung	angedeutete, wenig markante Längsriefung	nahezu glatt mit kleinen Schrumpffältchen in Längsrichtung
handelsübl. Feinheiten (mtex)	130...200	150...170	140...170 (auch 330)	140...180
feinheitsbezogene Reißkraft (N/tex)	0,18...0,23	0,25...0,30	0,30...0,40	0,36...0,50
rel. Naßreißkraft (%)	etwa 55	55...60	etwa 70	etwa 75
rel. Schlingenreißkraft (%)	etwa 25		25...30	12...15 (verbesserte Typen: 20)
Reißdehnung (%)	20...25	17...19	12...16	8...10
Naßreißdehng. (%)	25...30	20...25	15...19	10...12
Wasserrückhaltevermögen (%)	90...110	80...90	70...80	70...75
Alkalilöslichkeit in 6%iger NaOH (%)	12...18		5...8 (mercerisierbar)	unter 5 (gut mercerisierbeständig)

1.2. Faserstoffe auf Eiweißbasis

1.2.1. Chemisch-struktureller Aufbau

Wolle und Haare

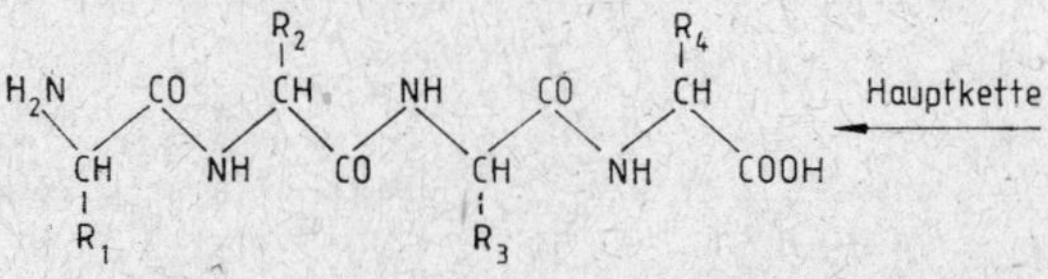

R2 R4
H2N CO CH NH CO CH Hauptkette
CH NH CO CH NH COOH
R1 R3

R_1, R_2, R_3 und R_4 sind Seitenketten und können darstellen:

- Cystinbrücken $-CH_2-S-S-CH_2-$ oder andere Aminosäurebrücken (Glutaminsäure, Asparaginsäure, Arginin, Lysin, Tryptophan, Histidin. Speziell Wolle ist ein Polypeptid, von dem bereits 22 verschiedene Aminosäuren isoliert wurden.). Die Brücken verbinden Hauptketten miteinander.
- Salzbrücken zwischen NH_2- und COOH-Gruppen, die sich in zwei Hauptkettenanteilen gegenüberstehen.

Bombyxfaserstoff (Bx) als wichtigster Raupenfaserstoff

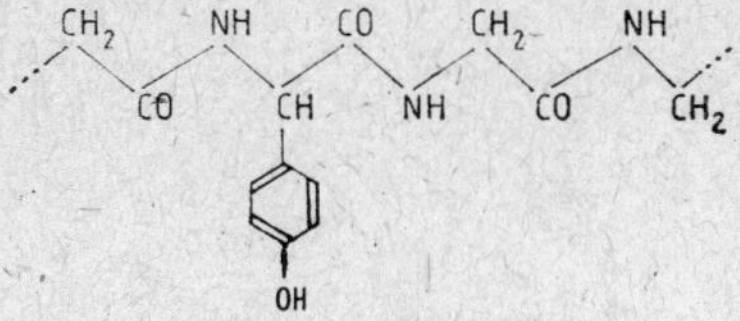

CH2 NH CO CH2 NH
CO CH NH CO CH2
OH

Das Seidenfibroin bildet 75% des textilen Faserstoffes. Fibroin enthält etwa 16 Aminosäuren.
25% des ersponnenen Bombyxfaserstoffes ist das Sericin. Es bildet die umhüllende Bastschicht. Sericin enthält die gleichen Aminosäuren wie das Fibroin. Sericin ist in heißem Wasser löslich und kann dadurch vom Fibroin getrennt werden.

1.2.2. Eigenschaften

Eigenschaften	Wolle		Raupenfaserstoffe (Naturseiden)
Dicke in µm	feine Wollen	13...25	9...11
	mittelfeine Wollen	26...32	
	halbgrobe Wollen	33...40	
	grobe Wollen	> 41	
Feinheit in mtex	2000...7000		–

Eigenschaften	Wolle	Raupenfaserstoffe (Naturseiden)
Kräuselung in Krümmungen/cm	bis 13	—
feinheitsbezogene Reißkraft in mN · tex^{-1}	90...180	300...500
Naßreißkraft-verhältnis in %	80...85	75...85
Reißdehnung in %	25...45 der wahren Länge	15...25
Feuchtigkeitsaufnahme bei 65% rel. Luftfeuchte und 20 °C in %	17,0...18,25	9,5...10,5
Thermisches Verhalten	Über 100 °C verliert Wolle sehr an Festigkeit, der Griff wird hart und spröde.	ähnlich wie Wolle
Wasserrückhalte-vermögen in % der Trockenmasse	45...45	etwa 40
Dichte in g · cm^{-3}	1,28...1,33	1,30...1,37
Wahre Länge in mm	feine Wollen 100 mittlere Wollen 200 kräftige Wollen bis 500	Länge des Kokonfadens 3...4 km Das mittlere Drittel ist für die Herstellung von Seide geeignet. Das erste und letzte Drittel wird nach Schneid-/Reißvorgängen für die Garnherstellung verwendet (Schappe-, Bourettegarne).

1.2.3. Chemikalieneinflüsse

	Wolle	Raupenfaserstoffe (Naturseiden)
Säuren	weitestgehend beständig, bei sehr starken und hochkonzentrierten Säuren Faserstoffquellung	gegenüber verd. Säuren beständig, gegenüber starken Säuren (Mineralsäuren) sehr empfindlich

	Wolle	Raupenfaserstoffe (Naturseiden)
Basen	sehr empfindlich, Polypeptidspaltung ist die Folge, in konzentrierten Laugen erfolgt Lösung	gegenüber verd. Laugen widerstandsfähiger als Wolle, bei steigender Temperatur und Erhöhung der Konzentration erfolgt Zersetzung
Salze	beständig, außer alkalisch reagierende Salze	zeigt besonders hohe Affinität zu Salzen, besonders Sn-Salze und Phosphate
Oxydationsmittel	gegen H_2O_2-Lösungen beständig, gegen stärkere Oxydationsmittel unbeständig	siehe Wolle
Reduktionsmittel	bedingt beständig, bei höheren Konzentrationen empfindlich	siehe Wolle
Organische Lösungsmittel	beständig, jedoch starker Fettentzug durch Trichlorethen	weitgehend beständig

1.3. Faserstoffe aus synthetischen Polymeren

1.3.1. Chemisch-struktureller Aufbau

Art des textilen Faserstoffes	Chemische Struktur	DP (n)
Polyvinylchlorid (nachchloriert)	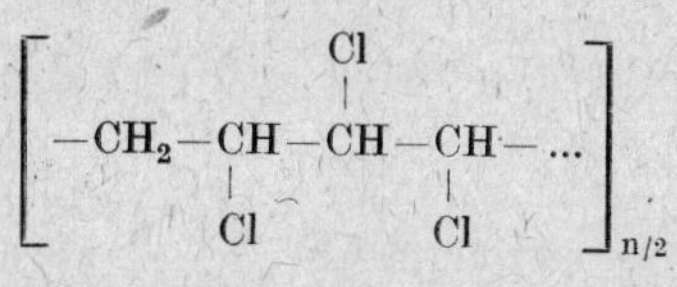 $\left[-CH_2-\underset{\mid}{CH}(Cl)-\overset{Cl}{\overset{\mid}{CH}}-\underset{\mid}{CH}(Cl)-\ldots \right]_{n/2}$	1000...2500
Polyvinylidenchlorid	$\left[-CH_2-C(Cl)_2-\ldots \right]_n$	
Polyacrylnitril (Reinpolymerisat)	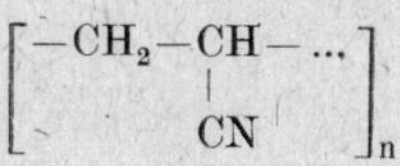 $\left[-CH_2-CH(CN)-\ldots \right]_n$	1500...2000
Polyacrylnitril (anionisch modifiziert mit	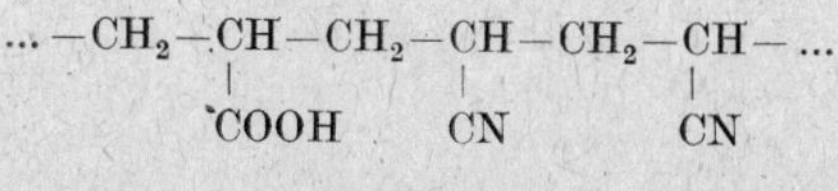 $\ldots-CH_2-CH(COOH)-CH_2-CH(CN)-CH_2-CH(CN)-\ldots$	1500...2000

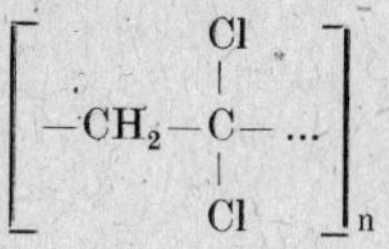

Art des textilen Faserstoffes	Chemische Struktur	DP (n)
etwa 10% Anteil am Comonomeren mit sauren Gruppen)	$\ldots-CH_2-CH(CH_2-SO_3H)-CH_2-CH(CN)-CH_2-CH(CN)-\ldots$	1500...2000
Polyvinylidencyanid	$[-CH_2-C(CN)_2-\ldots]_n$	
Polyvinylacetal	$\ldots-CH_2-\overbrace{CH-CH_2-CH}^{O-CH_2-O}-\ldots$	1000...1500
Polyvinylalkohol	$[-CH_2-CH(OH)-]_n$	1000...15000
Polyethylen HD (Niederdruckpolyethylen, weitgehend linear)	$[-CH_2-CH_2-]_n$	1500...2000
Polypropylen (isotaktisch)	$[-CH_2-CH(CH_3)-]_n$	2000
Polytetrafluorethylen	$[-CF_2-CF_2-]_n$	670...2670
Polyamid 6	$[-NH-CH_2-CH_2-CH_2-CH_2-CH_2-CO\ldots]_n$	200...260
Polyamid 6,6	$[-NH-CH_2-CH_2-CH_2-CH_2-CH_2-CH_2-NH-CO-CH_2-CH_2-CH_2-CH_2-CO-]_n$	100...150
Polyamid 11	$[-HN-(CH_2)_{10}-CO-]_n$	etwa 160
Polyester	$[-O-CH_2-CH_2-OOC-C_6H_4-CO-]_n$	100...150
Polyurethan	$[-O-(CH_2)_4-O-CO-NH-(CH_2)_6-NH-CO-]_n$	40...50

1.3.2. Eigenschaften

Eigenschaften	Polyvinylchlorid, nachchloriert	Polyvinylidenchlorid	Polyacrylnitril (anionisch modifiziert)	Polyvinylidencyanid	Polyvinylacetal
Dichte in $g \cdot cm^3$	1,35...1,40	1,68...1,75	1,14...1,17	1,18	1,17
Schmelzpunkt in °C	bei 180 °C Zersetzung	150...160	Zersetzung ab 200 °C	Zersetzung	Zersetzung
Erweichungspunkt in °C	65...70	115...130	110	110	135
Feuchtigkeitsaufnahme bei 65% rel. Luftfeuchte und 20 °C in %	0,4...1,0	0,1	1,5	1,5	
feinheitsbezogene Reißkraft in $mN \cdot tex^{-1}$					
trocken	315...342	126...207	198...234		
naß	315...342	126...207	162...189		
Reißdehnung (trocken) in %	25...45	20...30	20...28	20...28	

Eigenschaften	Polyvinylalkohol	Polyethylen	Polypropylen	Polytetrafluorethylen	Polyamid 6
Dichte in $g \cdot cm^{-3}$	1,26...1,35	0,94...0,96	0,9...0,92	2,1...2,3	1,14
Schmelzpunkt in °C	230	128...138	145...160	270	215
Erweichungspunkt in °C	220 (Luft)	110	130		180
Feuchtigkeitsaufnahme bei 65% rel. Luftfeuchte und 20 °C in %	5	0	0	0	3,5...5

Eigenschaften	Polyvinylalkohol	Polyethylen	Polypropylen	Polytetrafluorethylen	Polyamid 6
feinheitsbezogene Reißkraft in mN · tex^{-1}					
trocken		378...630	414...522		405...522
naß		378...630	414...522		378...468
Elastisches Dehnungsverhältnis (Elastizitätsgrad) bei 2% Dehnung	10...30 (Reißdehnung in %)	85...95	95...98		100

Eigenschaften	Polyamid 6,6	Polyamid 11	Polyester	Polyurethan
Dichte in g · cm^3	1,14	1,10	1,38	1,00...1,28
Schmelzpunkt in °C	256	186	256	183
Erweichungspunkt in °C	220	175	245	170
Feuchtigkeitsaufnahme bei 65% rel. Luftfeuchte und 20°C in %	4...4,5	1,2...1,4	0,5...0,8	1,5
feinheitsbezogene Reißkraft in mN · tex^{-1}				
trocken	414...531	360	396...450	540...720
naß	360...468		396...450	
Elastisches Dehnungsverhältnis (Elastizitätsgrad) bei 2% Dehnung	100...101	96...97	80...97	93...95

1.3.3. Chemikalieneinflüsse

	Polyvinylchlorid nachchloriert	Polyvinyliden-chlorid	Polyacrylnitril anionisch modifiziert
Säuren	beständig, bei Einwirkung konzentrierter Säuren nicht beständig	beständig, löslich in kochender konzentrierter H_2SO_4	weitgehend beständig, heiße und konzentrierte Säuren bewirken Abbau
Basen	beständig, bei Einwirkung konzentrierter Laugen nicht beständig	beständig	beständig, heiße konzentrierte Laugen bewirken Abbau
Salze	beständig	beständig	beständig, außer $ZnCl_2$
Oxydationsmittel	beständig, gegen sehr starke Oxydationsmittel nicht beständig	weitgehend beständig	weitgehend beständig
Reduktionsmittel	beständig	weitgehend beständig	weitgehend beständig
Organische Lösungsmittel	Aceton, Benzen, Schwefelkohlenstoff haben lösende bzw. quellende Wirkung, Trichlorethen wirkt ebenfalls lösend, gegenüber Benzin und Fluorchlorkohlenwasserstoffen beständig	löslich in kochendem Toluol, Xylol, Monochlorbenzen, Dichlorbenzen und Dimethylformamid	Auflösung erfolgt durch heißes Nitrobenzen sowie Dimethylformamid

	Polyvinylidencyanid	Polyvinylacetal	Polyvinylalkohol
Säuren	weitgehend beständig, nur löslich in konzentrierter H_2SO_4 und HNO_3 sowie in kochender konzentrierter HCOOH	gegen verd. Säuren beständig, gegen konzentrierte Säuren sehr empfindlich	beständig außer konzentrierten Säuren und organischen Säuren höher als 60 °C
Basen	weitgehend beständig	weitgehend beständig	weitgehend beständig
Salze	beständig	beständig	beständig

	Polyvinylidencyanid	Polyvinylacetal	Polyvinylalkohol
Oxydations-mittel	weitgehend beständig	weitgehend beständig	weitgehend beständig
Reduktions-mittel	weitgehend beständig	weitgehend beständig	weitgehend beständig
Organische Lösungsmittel	nur löslich in kochendem 40%igem Phenol, in kochendem Cyclohexanol und in Dimethylformamid	beständig	beständig, löslich in Phenol, Methanol und Dimethylformamid

	Polyethylen	Polypropylen	Polytetra-fluorethylen
Säuren	weitgehend beständig außer konzentrierter HNO_3 und H_2SO_4	weitgehend beständig außer konzentrierter HNO_3 und H_2SO_4	beständig
Basen	beständig außer heiße konzentrierte Laugen	beständig außer heiße konzentrierte Laugen	beständig
Salze	beständig	beständig	beständig
Oxydations-mittel	beständig	beständig	beständig
Reduktions-mittel	beständig	beständig	beständig
Organische Lösungsmittel	weitgehend beständig	weitgehend beständig	beständig

	Polyamid 6	Polyamid 6,6	Polyamid 11
Säuren	gegen konzentrierte Säuren nicht beständig	gegen konzentrierte Säuren nicht beständig	gegen konzentrierte Säuren nicht beständig
Basen	weitgehend beständig	weitgehend beständig	weitgehend beständig
Salze	beständig	beständig	beständig
Oxydations-mittel	weitgehend beständig außer NaClO	weitgehend beständig außer NaClO	weitgehend beständig außer NaClO

	Polyamid 6	Polyamid 6,6	Polyamid 11
Reduktionsmittel	weitgehend beständig	weitgehend beständig	weitgehend beständig
Organische Lösungsmittel	beständig außer in heißem Dimethylformamid	beständig	beständig außer in heißem Dichlorbenzen und Dimethylformamid

	Polyester
Säuren	weitgehend beständig, heiße und konzentrierte Säuren bewirken Abbau
Basen	weitgehend beständig, heiße konzentrierte Säuren bewirken Abbau
Salze	beständig
Oxydationsmittel	beständig
Reduktionsmittel	beständig
Organische Lösungsmittel	beständig, Lösung erfolgt in heißem Nitrobenzen

1.4. Copolymere

Im Gegensatz zu den üblichen Polymeren als »**Reinpolymere**« (Homopolymere), die nur aus **einer** Monomerart synthetisiert sind, versteht man unter **Copolymeren** solche, die aus **mindestens zwei** verschiedenen Monomerarten als Bestandteile des daraus entstehenden kettenförmigen Makromoleküls sich aufbauen. Dabei überwiegt meist eine Monomerart, die dem Copolymeren auch die Bezeichnung gibt (z. B. chemisch modifizierter PAN-Faserstoff) und auch die grundlegenden Eigenschaften wesentlich bestimmt, während die in geringeren Anteilen enthaltenen anderen Monomeren (Comonomere) für die bewußte Veränderung spezieller Verhaltensweisen der Copolymersubstanz verantwortlich zeichnen. Je nach der Art der Copolymerentstehung unterscheidet man

- Copolymere mit statistischer Verteilung der Comonomeren in den Makromolekülen,
- Block-Copolymere, die aus vorgefertigten, verhältnismäßig kleinen Makromolekülen (»Präpolymere«) durch nachträglichen Zwischenbau reaktionsfähiger Bindeglieder zu den eigentlichen Makromolekülen »verlängert« werden,
- Pfropf-Copolymere, bei denen auf linearen Polymerketten die Comonomere mit deren speziellen funktionellen Gruppen seitlich »aufgepfropft« werden (Pfropfreaktionen nach strahlenchemischer Initiierung an den linearen Polymerketten).

1.4.1. Überblick über Strukturbesonderheiten wichtiger Copolymer-Arten

Copolymer-Art	Veränderungen in der Struktur der Polymeren (schematisch)	Mögliche Auswirkungen auf spezielle Eigenschaften durch die eingebauten Comonomeren
Copolymere mit statistischer Verteilung des Comonomeren Beispiele: WOLPRYLA-se WOLPRYLA-hsr WOLPRYLA 65	Comonomer	Je nach Art und Höhe des Comonomeranteils Veränderungen — des Orientierungsgrades, — des Kristallinitätsgrades, — der Wasserfreundlichkeit, — der Anfärbbarkeit, — des thermischen Verhaltens/Entflammbarkeit, — der Festigkeiten, — der Löslichkeit o. a.
Block-Copolymere Beispiele: Polyurethan-Elastomerfäden (LYCRA, ELASTAN, DORLASTAN u. a.)	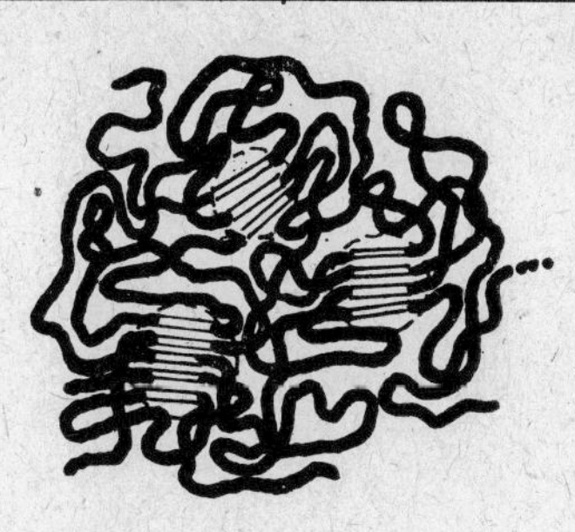	In den zwischenmolekularen Beziehungen entstehen größere ungeordnete Bereiche (»weiche« Segmente) mit hohem elastischem Dehnungsvermögen, dazwischen liegen kleinere kristalline Bereiche (»harte« Segmente), die für die Festigkeiten verantwortlich sind. 
Pfropf-Copolymere Beispiele: Anfärbbare PT- und PP, Polymere mit höherem Wasseradsorptionsvermögen u. a.	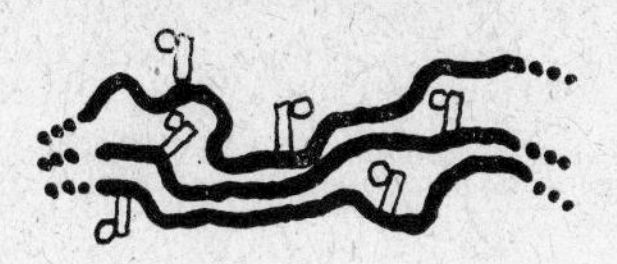	Je nach Art der Pfropfkomponente und dem Pfropfungsgrad können im Prinzip ähnliche spez. Eigenschaftsveränderungen erreicht werden wie bei den o. a. Copolymeren mit statistischer Verteilung der Comonomeren

1.4.2. Beispiele bedeutsamer Copolymere

Chemisch modifizierte PAN-F

PAN-F-se: Schwerentflammbarer PAN-F-Typ (Beispiel: WOLPRYLA-se)

aus ca. 80% Acrylnitril } *)
ca. 20% *Vinylidenchlorid* }
bzw.
ca. 70% Acrylnitril
ca. 10% Allylsulfonat
ca. 20% Vinylidenchlorid

Meist mit geringen Anteilen von 0,5... 1,5% Antimonoxid; einige Typen dieser Art haben höheren Vinylidenchlorid-Anteil (Erhöhung der Schwerentflammbarkeit).

*) Polymerstruktur (Makromolekülausschnitt)

```
   H  CN H  CN [H  Cl] H  CN H  CN H  CN [H  Cl] H  CN H  CN H  CN
   |  |  |  |  [|  | ] |  |  |  |  |  |  [|  | ] |  |  |  |  |  |
~~ C -C -C -C -[C -C ]-C -C -C -C -C -C -[C -C ]-C -C -C -C -C -C ~~
   |  |  |  |  [|  | ] |  |  |  |  |  |  [|  | ] |  |  |  |  |  |
   H  H  H  H  [H  Cl] H  H  H  H  H  H  [H  Cl] H  H  H  H  H  H
```

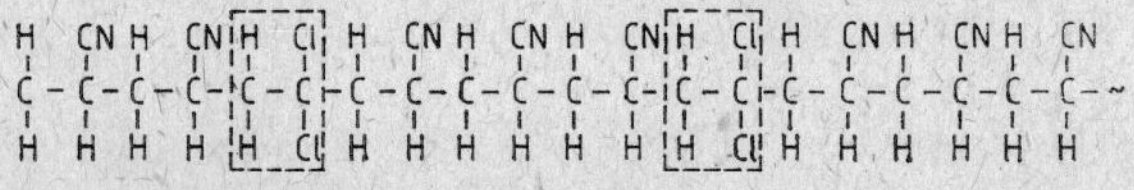

Herstellung
als baumwollähnlicher Typ (B-Typ),
als wollähnlicher Typ (W-Typ),
als Teppich-Typ (T-Typ);
Fasermaterial für Pelzimitationen (Spielwaren-Plüsch)

Basisch anfärbbarer PAN-F-Typ (Beispiel: WOLPRYLA 65)

aus ca. 85% Acrylnitril
ca. 10% *Acrylsäuremethylester*
ca. 5% *Allylsulfonat*

Polymerstruktur
(Makromolekülausschnitt)

```
                                                                        H   H
                                                                         \ /
                                                                          C
                                                                         / \
                                                               O = O      H
   H  CN H  CN H  CN [H  H] H  CN H  CN [H  H] H  CN H  CN [H  C] H  CN H  CN H  CN
   |  |  |  |  |  |  [|  |] |  |  |  |  [|  |] |  |  |  |  [|  |] |  |  |  |  |  |
~~ C -C -C -C -C -C -[C -C]-C -C -C -C -[C -C]-C -C -C -C -[C -C]-C -C -C -C -C -C
   |  |  |  |  |  |  [|  |] |  |  |  |  [|  |] |  |  |  |  [|  |] |  |  |  |  |  |
   H  H  H  H  H  H  [H  C] H  H  H  H  [H  |] H  H  H  H  [H  H] H  H  H  H  H  H
                     [ //  \   H]       [H - C - H]
                     [O     O   ]       [    |    ]
                     [       \ /]       [O = S = O]
                     [        C ]       [    |    ]
                     [       / \]       [    O - H+]
                     [      H   H]
```

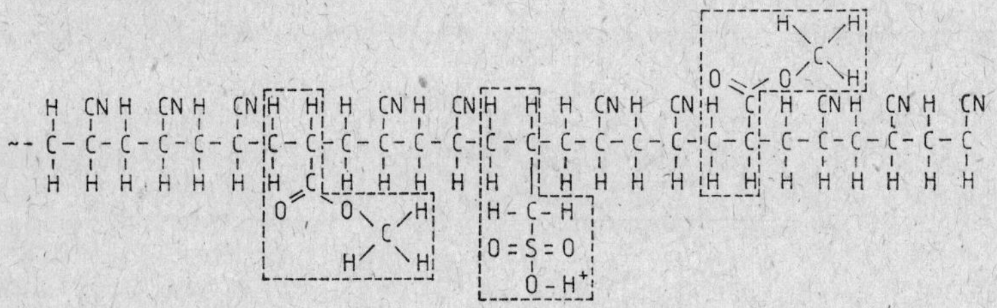

Wirkung der Comonomere:

Acrylsäuremethylester dient vorwiegend der Lockerung des Orientierungsgrades, so daß bei Temperaturen vor allem über 75 °C kleinmolekulare basische (kationische) Farbstoffe diffundieren können und als Kationen sich über Ionenbindung an die Sulfonsäuregruppen des Allylsulfonat-Anteils binden können.

Polyurethan-Elastomerfäden als hochdehnungselastische Textilfäden
Gegenüberstellung wichtiger Eigenschaften (Vergleich mit Gummifäden)

	PU-S-et	Gummifäden
Aussehen	rein weiß (3...6% TiO_2-Gehalt), meist polyfiler Seidenfaden aus leicht verklebten Elementarfäden, textiler Charakter, »nackt« verarbeitbar	glasig-gelblich bis grauweiß (durch Füllstoffe bedingt), starker Monofilfaden, ohne textilen Faserstoffcharakter, meist umwunden oder umflochten eingesetzt
Profil	rund, oval bis hantelförmig	rund oder rechteckig
Reißspannung	60...100 N · mm^{-2}	30...40 N · mm^{-2}
Reißdehnung	400...700%	600...900%
rel. Naßreißkraft	85...95%	annähernd 100%
elastisches Dehnungsverhältnis	bei einer Gesamtdehnung von	
	a. 50%: 100%	100%
	b. 200%: 98%	100%
	c. 400%: 70%	95%
Feuchteaufnahme bei Normalklima	1,0...1,3%	nahe 0%
Thermoplast. Bereich	180...230°C	—
Schmelzbereich	230...270°C	—
Beständigkeit gegen		
— Säuren	ähnlich Polyamid	besser als PU
— Alkalien	ähnlich Polyamid	besser als PU
— aliphatische Kohlenwasserstoffe und Fette	gut...sehr gut	mäßig...gering
— Alterung	ausreichend	geringer als PU
Färbbarkeit	ähnlich Polyamid, meist etwas heller	praktisch nicht textil färbbar
Empfindlichkeit gegen Schwermetallverbindungen	gering	hoch

Kraft-Dehnungskurven von PU-S-et- und Gummifäden

Aus den Kurvenverläufen in Bild 1 geht hervor, daß Gummifäden — bezogen auf gleiche Feinheit — zur Dehnung wesentlich weniger Kraft benötigen, folglich auch eine geringere Rückzugskraft bei Entspannung bewirken. Das bedeutet, daß bei Verwendung von PU-S-et wesentlich feinere Fäden genügen, um gewünschte Anpreßdrücke textiler Erzeugnisse an den Körper des Trägers dieser Kleidung zu erreichen. Damit benötigt man bei Einsatz von PU-S-et im Vergleich zu Gummifäden weniger Material, die Erzeugnisse können feiner und leichter konstruiert werden, der hochdehnungselastische Faden ist unauffälliger.

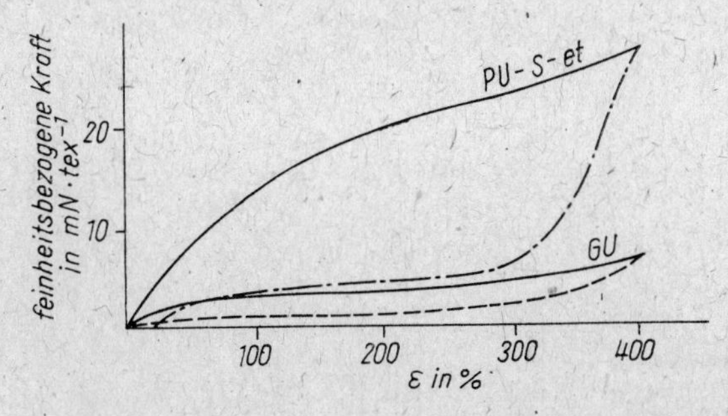

Bild 1/2: Kraft-Dehnungs-Verhalten von PU-S-et und Gummifäden

Wichtige Einsatzgebiete

Polyurethan-Elastomerfäden	Gummifäden
Miederwaren, orthopädische Stützstrümpfe, Hosenteile von Strumpfhosen mit betonter Stützwirkung, Strumpf-, Sockenränder und Bündchen, Badebekleidung und spezielle Sportbekleidung mit gefordertem, eng anliegendem Sitz und hoher Glätte, Windschlüpfigkeit u. a.	dickere Bandagen, Knöchel- und Gelenkschützer (mit zugleich Schutzwirkung gegen Stoß und Schlag), Gummilitzen, Einziehgummi, Smokgummi u. ä.

2.1. Begriff

Säuren sind chemische Verbindungen, die in wäßriger Lösung in positiv geladene Wasserstoffkationen (Protonen) und negative Säurerestanionen dissoziieren.

$HCl \rightleftharpoons H^+ + Cl^-$ $H_3PO_4 \rightleftharpoons 3H^+ + PO_4^{3-}$

$CH_3COOH \rightleftharpoons CH_3COO^- + H^+$

Je nach der Anzahl der Protonen unterscheidet man 1-, 2- und 3basige Säuren.
Die Protonen sind die Träger der sauren Eigenschaften der wäßrigen Lösungen von Säuren.
Nach BRÖNSTED sind alle Stoffe Säuren, die Protonen abgeben (Protonen-Donatoren). Basen sind dagegen Stoffe, die Protonen aufnehmen (Protonen-Akzeptoren).
Acidität und Basizität sind relative Eigenschaften.
Saurer Charakter kann sich nur in Gegenwart einer Base manifestieren, umgekehrt basischer Charakter nur in Gegenwart einer Säure.

$A{-}H$	$+ iB$	$\rightleftharpoons B^+H$	$+ Ai^-$
Säure I	Base II	Säure II	Base I

Vorstehende Gleichung zeigt diese Korrespondenz von Acidität und Basizität. Gasförmiger Chlorwasserstoff zum Beispiel wird erst zur Säure durch eine chemische Reaktion mit der Base Wasser.

$HCl + H_2O \rightleftharpoons H_3O^+ + Cl^-$

2.2. Chemische Besonderheiten und Konzentrationsverhältnisse

Die Stärke einer Säure hängt von ihrem Dissoziationsgrad ab, d. h., eine starke Säure ist nahezu vollständig, eine schwache Säure dagegen weniger in Protonen und Säurerestionen dissoziiert.
Die Konzentration *c* stellt immer das Verhältnis von einer bestimmten Menge eines gelösten Stoffes, zum Beispiel einer Säure, Base oder eines Salzes, zu einer bestimmten Menge Lösungsmittel dar.
Gebräuchliche Maßangaben für Lösungskonzentrationen sind

$g \cdot 100\ g^{-1}$ (Masse-%)
$cm^3 \cdot 100\ cm^{-3}$ (Vol.-%)
$mol \cdot l^{-1}$ (molare Lösung)
Normallösung

Die gebräuchlichen Konzentrationen in der textilchemischen Analyse stellen die Normallösungen dar, da sich dabei gleiche Volumina von gleichen Normallösungen einer Säure und einer Base vollständig umsetzen.
Unter Normallösung versteht man eine Lösung, die je Liter ein Grammäquivalent (Val) des gelösten Stoffes enthält. Dabei bedeutet Val die relative Molmasse der chemischen Verbindung, dividiert durch die Wertigkeit.
Eine Normallösung (1 n) einer Säure kann man wie folgt definieren:

$$1\ n \triangleq \frac{\text{rel. Molmasse der Säure}}{\text{Wertigkeit des Säurerests gegenüber Wasserstoff}}\ \text{in } g \cdot l^{-1}\quad \text{100\%ige Säuresubstanz}$$

starke Säuren	**mäßig starke Säuren**	**schwache Säuren**
Salzsäure HCl	Phosphorsäure H_3PO_4	schweflige Säure H_2SO_3
Schwefelsäure H_2SO_4	Methansäure $HCOOH$	Kohlensäure H_2CO_3
Salpetersäure HNO_3	Ethandisäure $(COOH)_2$	Schwefelwasserstoff H_2S
Perchlorsäure $HClO_4$		Ethansäure CH_3COOH

Ebenso gibt es auch Normallösungen für Redoxtitrationen. Dabei errechnet sich ein Grammäquivalent aus der relativen Molmasse, dividiert durch die Wertigkeitsänderung. Unter sauren Reaktionsbedingungen geht im Oxydationsmittel Kaliumpermanganat $KMnO_4$ das Mangan vom 7wertigen Zustand in den 2wertigen über, d. h., die Wertigkeit ändert sich um 5.

$$1\ \mathrm{Val}_{KMnO_4} \triangleq \frac{\text{Molmasse } KMnO_4}{5} = \frac{158}{5} = 31{,}69$$

2.3. Anorganische Säuren

2.3.1. Schwefelsäure H_2SO_4

Struktur

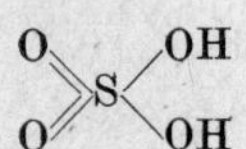

Rel. Molmasse: 98,08 Salze: Sulfate
Wertigkeit: 2basig

Handelsübliche Konzentration

96...98%ig
100 cm³ 96%ige Säure $\triangleq$ 184,1 g
100 g 96%ige Säure $\triangleq$ 54,3 cm³

Nachweis

$$H_2SO_4 + BaCl_2 \rightarrow BaSO_4\downarrow + 2\,HCl$$

Dabei mit HCl verdünnt erst ansäuern, da H_2CO_3 ebenfalls eine Fällung mit $BaCl_2$ ergibt, die aber in HCl verdünnt löslich ist.

Titrimetrische Bestimmung

5...10 cm³ H_2SO_4 (analytisch abgewogen) werden in einen Standzylinder gegeben, der 250 cm³ destilliertes Wasser enthält. Nach Erkalten wird auf 500 cm³ mit dest. Wasser aufgefüllt und davon 50 cm³ mit 1 n-NaOH gegen Phenolphthalein titriert.
1 cm³ verbrauchte 1 n-NaOH $\triangleq$ 0,049 g H_2SO_4
Vorsicht beim Verdünnen der Säure mit Wasser! Erst das Wasser, dann die Säure! (Entstehung von sehr hoher Lösungswärme)

Einsatz

Karbonisieren von Wolle
Färben von Wolle mit starksauer ziehenden Säurefarbstoffen
Färben von Wolle mit 1:1-Metallkomplexfarbstoffen

Ausziehen von Färbebädern, in denen mit starksauer ziehenden Säurefarbstoffen gefärbt wird
In Kombination mit $K_2Cr_2O_7$ zum Chromieren von Nachchromierfarbstoffen
Hilfsmittel zur Prüfung der Überfärbeechtheit (stark sauer)
Entwickeln von Leukoküpenesterfarbstoffen unter gleichzeitigem Zusatz von $NaNO_2$

2.3.2. Salzsäure HCl

Struktur

H–Cl   Rel. Molmasse: 36,5   Salze: Chloride
Wertigkeit: 1basig

Handelsübliche Konzentration

33...38%ig (durch Zusatz von $FeCl_3$ gelb gefärbt)
Konzentration für textilchemische Analysen: Meist 0,1 n-Lösung

Nachweis

$$HCl + AgNO_3 \rightarrow AgCl\downarrow + HNO_3$$

Vorher mit verdünnter HNO_3 ansäuern, da sonst auch H_2CO_3 einen Niederschlag ergibt.

Titrimetrische Bestimmung

10...20 cm^3 HCl in 75...100 cm^3 dest. Wasser geben und mit weiterem dest. Wasser auf 500 cm^3 auffüllen, dann 50 cm^3 mit 1 n-NaOH gegen Phenolphthalein titrieren.
1 cm^3 verbrauchte 1 n-NaOH $\triangleq$ 0,036 g HCl

Einsatz

Beseitigung von Appreturharzausrüstungen bei Reparanden aus Baumwolle- oder VI-F-Gewebe
3% HCl, bezogen auf Warenmasse
30 min bei 60 °C
Als Hilfsmittel zur Behandlung von Wolle vor dem Chlorierungsprozeß
Als 0,1 n-Lösung (Titrationslösung) zur Bestimmung der Carbonathärte im Rohwasser und zur Alkalitätsbestimmung von Waschflotten in der Textilreinigung
Absäuern nach dem Beuchen und Mercerisieren

2.4. Organische Säuren

2.4.1. Methansäure (Ameisensäure) HCOOH

Struktur

$H-C\begin{smallmatrix}\nearrow O \\ \searrow OH\end{smallmatrix}$ Rel. Molmasse: 46   Salze: Methanate (Formiate)
Wertigkeit: 1basig

Handelsübliche Konzentration

85%ig

Nachweis

Bei Zugabe von HCOOH zu einer 0,1 n-$KMnO_4$-Lösung erfolgt eine Entfärbung der rotvioletten Lösung. Ameisensäure zeigt reduzierende Eigenschaften, da sie leicht zu Kohlensäure oxydiert wird.

$$H-COOH \rightarrow HO-COOH \rightarrow CO_2 + H_2O$$

Dieser Nachweis ist typisch, jedoch nicht spezifisch, da auch andere oxydierbare Substanzen, z. B. Ethandisäure (Oxalsäure), Methanal (Formaldehyd), Sulfit und Dithionit $KMnO_4$-Lösungen entfärben.

Titrimetrische Bestimmung

15...20 g HCOOH (analytisch abgewogen) werden mit dest. Wasser auf 500 cm^3 aufgefüllt und davon 50 cm^3 mit 1 n-NaOH gegen Phenolphthalein titriert.

1 cm^3 verbrauchte 1 n-NaOH $\triangleq$ 0,046 g HCOOH

Einsatz

Färben von Wolle mit starksauer ziehenden Säurefarbstoffen (*p*H-Wert 3,0...3,5)
Walken von Wollwaren, um einen möglichst hohen Filzeffekt zu erhalten
Ausziehen von Färbebädern, wenn mit Metachromfarbstoffen gefärbt wird
Sauerstellung des Färbebades beim Färben von Polyester- und Triacetatmaterial mit Dispersionsfarbstoffen (*p*H-Wert 5,5), 0,5 $cm^3 \cdot l^{-1}$ mit 1 $g \cdot l^{-1}$ $(NH_4)_2SO_4$
Lösen von Obstflecken an Garderobestücken
Bleichhilfsmittel zum Bleichen von PE-Faserstoffen mit $NaClO_2$

2.4.2. Ethansäure (Essigsäure) CH_3COOH

Struktur

$$CH_3-C\begin{matrix}\nearrow O\\ \searrow OH\end{matrix}$$

Rel. Molmasse: 60
Wertigkeit: 1basig

Salze: Ethanate (Acetate)

Handelsübliche Konzentration

98%ig, 60%ig und 30%ig
Konzentrierte Ethansäure erstarrt bei Temperaturen < 17 °C zu Kristallen (Eisessig)

Nachweis

Acetat-Ionen (CH_3COO^-) werden durch $FeCl_3$ rötlichbraun gefärbt (basische Eisenacetatbildung), wobei beim Kochen wasserunlösliches $Fe(OH)_3$ ausfällt.

Titrimetrische Bestimmung

20...50 g CH_3COOH werden auf 1 l mit dest. Wasser verdünnt und 50 cm^3 dieser Lösung mit 1 n-NaOH gegen Phenolphthalein titriert.

1 cm^3 verbrauchte 1 n-NaOH $\triangleq$ 0,06 g CH_3COOH

Einsatz

Färben von Wolle mit schwachsauer ziehenden Säurefarbstoffen (pH-Wert 4...4,5)
Färben von Wolle mit Nachchromierfarbstoffen
Färben von Wolle mit 1:2-Metallkomplexfarbstoffen (pH-Wert 5 bis 5,5)
Färben von Wolle mit Reaktivfarbstoffen
Färben von PA-6- und PA-6,6-Faserstoffen mit schwachsauer ziehenden Säurefarbstoffen
Hilfsmittel zur Mottenschutzausrüstung von Wolle (pH-Wert 5,5)
Walken von Wollwaren, um einen hohen Filzeffekt zu erhalten
Hilfsmittel beim Bleichen von Acetat-, PAN-, PA- und PE-Faserstoffen mit $NaClO_2$
Lösen von Kopierstiftflecken, Flecken von kationischen Farbstoffen, Obst- und Firnisflecken an Garderobestücken
Hilfsmittel zur Prüfung von Überfärbeechtheit (sauer)
Korrektur von Betriebswasser mit hoher Carbonathärte
Konzentrierte Ethansäure als Lösungsmittel für Acetatfaserstoffe
Waschhilfsmittel bei der sauren Wollwäsche (für Flocke oder Kammzug)

2.4.3. Ethandisäure (Oxalsäure) $(COOH)_2 \cdot 2H_2O$

Struktur

```
C=O
| \OH
|
C=O
  \OH
```

Rel. Molmasse: 126
Wertigkeit: 2basig
Salze: Oxalate

Handelsübliche Konzentration

Aggregatzustand fest und kristallisiert

Nachweis

Lösliche Ca-Salze fällen weißes $(COO)_2Ca$ aus, das sich nach Zugabe von CH_3COOH nicht mehr löst.
Oxalsäure, versetzt mit $AgNO_3$, ergibt wasserunlösliches $(COOAg)_2\downarrow$, das sich durch Zugabe von HNO_3 und NH_4OH wieder löst.

Titrimetrische Bestimmung

20...25 g kristallisierte $(COOH)_2 \cdot 2H_2O$, analytisch abgewogen, werden in 500 cm³ dest. Wasser gelöst und davon 25 cm³ mit 1 n-NaOH gegen Phenolphthalein titriert.

$$1\ cm^3 \text{ verbrauchte } 1\ n\text{-NaOH} \triangleq 0{,}063\ g\ (COOH)_2 \cdot 2H_2O$$
$$\triangleq 0{,}045\ g\ (COOH)_2$$

Einsatz

Aufgrund stark reduzierender Eigenschaften zur Beseitigung von Metallflecken, insbesondere Rost an Garderobestücken und Wäsche
Bleichhilfsmittel zum Bleichen von PE-Faserstoffen

Rezeptur-Beispiel

2,5%	Optischer Aufheller
+ 0,5...1%	Netzmittel
+ 2...3 $g \cdot l^{-1}$	Natriumchlorit $NaClO_2$
+ 3 $g \cdot l^{-1}$	Oxalsäure $(COOH)_2$
40...60 min,	95 °C, FV 1:30

Vor dem Bleichen *p*H-Wert mit Ameisensäure auf 3,2...3,5 einstellen.

2.5. Übersichtstabellen

2.5.1. Normallösungen und Prozentualität wichtiger Säuren

vgl. Tabelle 1

Tabelle 1: Zusammenhang von Normalität und prozentualer Konzentration in Masse-Prozent

Normalität	0,001 n	0,01 n	0,1 n	0,33 n	1 n	2 n	3 n	4 n
Masse-% von								
HCl	0,0036	0,036	0,36	1,2	3,6	7,2	10,8	14,4
H_2SO_4	0,0049	0,049	0,49	1,62	4,9	9,8	14,7	19,6
HNO_3	0,0063	0,063	0,63	2,08	6,3	12,6	18,9	25,2
HCOOH	0,0046	0,046	0,46	1,52	4,6	9,2	13,8	18,4
CH_3COOH	0,006	0,06	0,6	1,98	6,0	12,0	18,0	24,0
$(COOH)_2$	0,0045	0,045	0,45	1,52	4,5	9,0	13,5	18,0

2.5.2. Umrechnung von Prozent in Gramm je Liter bei verschiedenen Flottenverhältnissen

vgl. Tabelle 2

Tabelle 2: Umrechnung von Prozent in Gramm je Liter bei verschiedenen Flottenverhältnissen

	Flottenverhältnis						
	1:3	1:5	1:8	1:10	1:20	1:30	1:50
Prozent							
0,01	0,033	0,05	0,0125	0,01	0,005	0,0033	0,002
0,05	0,166	0,1	0,0625	0,05	0,025	0,0166	0,01
0,1	0,33	0,5	0,125	0,1	0,05	0,033	0,02
0,5	1,66	1,0	0,625	0,5	0,25	0,166	0,1
1,0	3,33	2,0	1,25	1,0	0,5	0,33	0,2
2,0	6,66	4,0	2,5	2,0	1,0	0,66	0,4
3,0	10,0	6,0	3,75	3,0	1,5	1,0	0,6
4,0	13,33	8,0	5,0	4,0	2,0	1,33	0,8
5,0	16,66	10,0	6,25	5,0	2,5	1,66	1,0
10,0	33,3	20,0	12,5	10,0	5,0	3,33	2,0

Beispiel einer Berechnung

Die Prozentangaben beziehen sich auf die Warenmasse. Gesucht ist der Zusatz von $g \cdot l^{-1}$ bei einem FV von 1:3, der 0,5% beträgt.

$$\text{FV} = 1:3 \quad \rightarrow \quad 1000\ \text{g}/3\ \text{l}$$

$$1000\ \text{g} \triangleq 100\%$$

$$x \triangleq 0{,}5\%$$

$$\frac{1000\ \text{g}}{x} = \frac{100\%}{0{,}5\%}$$

$$x = \frac{1000\ \text{g} \cdot 0{,}5\%}{100\%} = 10 \cdot 0{,}5 = 5\ \text{g}$$

5 g entspricht der Masse für 3 l
Für 1 l benötigt man:

$$3\ \text{l} \triangleq 5\ \text{g}$$

$$1\ \text{l} \triangleq x$$

$$x = \frac{5\ \text{g} \cdot 1\ \text{l}}{3\ \text{l}} = \frac{5\ \text{g}}{3} = 1{,}66\ \text{g}$$

Vereinfachte Rechnung:

$$\boxed{\text{Reale Masse} = \frac{\% \cdot 10}{\text{l des FV}}\ \text{in g} \cdot \text{l}^{-1}}$$

2.5.3. Umrechnung von Dichte ϱ in °Bé bei Salzsäure

Tabelle 3 zeigt die Umrechnungswerte.

Tabelle 3: Umrechnung von Dichte ϱ in °Bé
Die Mengenangaben ermöglichen einen Vergleich der Acidität gegenüber 1 l HCl von $\varrho = 1{,}163\ \text{g} \cdot \text{cm}^{-3}$

Menge in l	Dichte in $g \cdot cm^{-3}$	Grad Baumé
1,34	1,125	16
1,24	1,133	17
1,16	1,143	18
1,08	1,152	19
1,00	1,163	20
0,95	1,171	21
0,90	1,180	22
0,84	1,190	23
0,80	1,2	24

Mit Aräometern kann man einfach, schnell und genau die Dichte von Flüssigkeiten jeder Art ermitteln. Aräometer sind röhrenförmige, mit einem dünnen Stiel versehene Schwimmkörper. Diese Geräte tauchen in die zu prüfende Flüssigkeit (z. B. in einem Standzylinder) ein, bis die verdrängte Flüssigkeit genau die Masse des Aräometers aufweist. Das untere, kugelförmig erweiterte Ende des Meßgerätes ist mit kleinen Metallkugeln gefüllt. Häufig ist auch ein Thermometer zum Messen der Flüssigkeitstemperatur in die Spindel eingeschmolzen. Der Stiel des Aräometers enthält eine mit Teilstrichen versehene Skale. Die Dichte der betreffenden Flüssigkeit ist an dem Teilstrich ablesbar, bis zu dem die Spindel in das zu untersuchende Medium eintaucht. Im allgemeinen gibt es 14 Spindeln mit einem Gesamtmeßbereich der Dichte zwischen 0,630 und 2,000 $g \cdot ml^{-1}$ (Tabelle 4).

Tabelle 4: Meßbereiche der üblichen Senkspindeln

Spindel-Nr.	Meßbereich der Dichte in $g \cdot ml^{-1}$	Spindel-Nr.	Meßbereich der Dichte in $g \cdot ml^{-1}$
1	0,630...0,715	8	1,190...1,310
2	0,715...0,788	9	1,290...1,410
3	0,789...0,860	10	1,390...1,510
4	0,860...0,930	11	1,490...1,610
5	0,930...1,000	12	1,600...1,720
6	1,000...1,110	13	1,720...1,842
7	1,090...1,210	14	1,842...2,00

Tabelle 5: Vergleich zwischen °Bé und Dichte ϱ in $g \cdot cm^{-3}$ für $\varrho > 1$

°Bé	ϱ	°Bé	ϱ	°Bé	ϱ
0	1,000	23	1,190	46	1,468
1	1,007	24	1,200	47	1,483
2	1,014	25	1,210	48	1,498
3	1,021	26	1,220	49	1,514
4	1,029	27	1,230	50	1,530
5	1,036	28	1,241	51	1,547
6	1,043	29	1,251	52	1,563
7	1,051	30	1,262	53	1,580
8	1,059	31	1,274	54	1,598
9	1,066	32	1,285	55	1,616
10	1,074	33	1,296	56	1,634
11	1,082	34	1,308	57	1,653
12	1,091	35	1,320	58	1,672
13	1,099	36	1,332	59	1,692
14	1,107	37	1,345	60	1,712
15	1,116	38	1,357	61	1,732
16	1,125	39	1,370	62	1,753
17	1,133	40	1,384	63	1,775
18	1,142	41	1,397	64	1,797
19	1,152	42	1,411	65	1,820
20	1,161	43	1,424	66	1,842
21	1,170	44	1,439		
22	1,180	45	1,453		

2.5.4. Vergleichstabellen für °Bé und Dichte ϱ in g · cm^{-3}

Tabelle 5: $\varrho > 1$
Tabelle 6: $\varrho < 1$

Tabelle 6: Vergleich zwischen °Bé und Dichte ϱ in g · cm^{-3} für $\varrho < 1$

°Bé	ϱ	°Bé	ϱ	°Bé	ϱ
11	0,993	18	0,948	25	0,907
12	0,987	19	0,942	26	0,901
13	0,980	20	0,936	27	0,896
14	0,973	21	0,930	28	0,890
15	0,967	22	0,924	29	0,885
16	0,960	23	0,918	30	0,880
17	0,954	24	0,913		

2.5.5. Konzentrationsverhältnisse von Salzsäure bei 15 °C

vgl. Tabelle 7

Tabelle 7: Dichte ϱ und Konzentration von Salzsäure bei 15 °C

ϱ in g · cm^{-3}	°Bé	% Säure	1 l HCl enthält Säure 100%ig in g	ϱ in g · cm^{-3}	°Bé	% Säure	1 l HCl enthält Säure 100%ig in g
1,000	0,0	0,16	1,6	1,105	13,6	20,97	232
1,005	0,7	1,15	12	1,110	14,2	21,92	243
1,010	1,4	2,14	22	1,115	14,9	22,86	255
1,015	2,1	3,12	32	1,120	15,4	23,82	267
1,020	2,7	4,13	42	1,125	16,0	24,78	279
1,025	3,4	5,15	53	1,130	16,5	25,75	291
1,030	4,1	6,15	63	1,135	17,1	26,70	302
1,035	4,7	7,15	74	1,140	17,7	27,66	315
1,040	5,4	8,16	85	1,1425	18,0	28,14	321
1,045	6,0	9,16	96	1,145	18,3	28,61	328
1,050	6,7	10,17	107	1,150	18,8	29,57	340
1,055	7,4	11,18	118	1,152	19,0	29,95	345
1,060	8,0	12,19	129	1,155	19,3	30,55	353
1,065	8,7	13,19	140	1,160	19,8	31,52	366
1,070	9,4	14,17	152	1,163	20,0	32,10	373
1,075	10,0	15,16	163	1,165	20,3	32,49	379
1,080	10,6	16,15	174	1,170	20,9	33,46	391
1,085	11,2	17,13	186	1,171	21,0	33,65	394
1,090	11,9	18,11	197	1,175	21,4	34,42	404
1,095	12,4	19,06	209	1,180	22,0	35,39	418
1,100	13,0	20,01	220	1,185	22,5	36,31	430
				1,190	23,0	37,23	443
				1,195	23,5	38,16	456
				1,200	24,0	39,11	469

2.5.6. Konzentration von Methansäure (Ameisensäure) bei 20 °C

vgl. Tabelle 8

Tabelle 8: Konzentrationsverhältnisse von Ameisensäure bei 20 °C

ϱ in g · cm⁻³	% Säure	1 l enthält Säure 100%ig in g	ϱ in g · cm⁻³	% Säure	1 l enthält Säure 100%ig in g	ϱ in g · cm⁻³	% Säure	1 l enthält Säure 100%ig in g
0,9982	0	—	1,025	10	102,5	1,1424	60	685,4
1,0019	1	10,02	1,037	15	155,6	1,1543	65	750,3
1,0044	2	20,09	1,049	20	209,8	1,1655	70	815,9
1,0070	3	30,31	1,061	25	265,2	1,1769	75	882,7
1,0093	4	40,37	1,073	30	321,9	1,1860	80	948,8
1,0115	5	50,58	1,085	35	379,6	1,1953	85	1016
1,0141	6	60,85	1,096	40	438,5	1,2044	90	1084
1,0170	7	71,19	1,109	45	498,8	1,2140	95	1153
1,0196	8	81,57	1,121	50	560,4	1,2212	100	1221
1,0221	9	91,99	1,132	55	622,6			

2.5.7. Konzentration von Ethansäure (Essigsäure) bei 20 °C

vgl. Tabelle 9

Tabelle 9: Konzentrationsverhältnisse von Essigsäure bei 20 °C

ϱ in g · cm⁻³	% Säure	1 l enthält Säure 100%ig in g	ϱ in g · cm⁻³	% Säure	1 l enthält Säure 100%ig in g	ϱ in g · cm⁻³	% Säure	1 l enthält Säure 100%ig in g
0,9982	0	—	1,0125					
0,9996	1	9,996	1,0195	10	101,3	1,0642	60	638,5
1,0012	2	20,02	1,0263	15	152,9	1,0666	65	693,3
1,0025	3	30,08	1,0326	20	205,3	1,0685	70	748,0
1,0040	4	40,16	1,0384	25	258,2	1,0696	75	802,2
1,0055	5	50,28	1,0438	30	311,5	1,0700	80	856,0
1,0069	6	60,41	1,0488	35	365,3	1,0789	85	908,6
1,0083	7	70,58	1,0534	40	419,5	1,0861	90	959,5
1,0097	8	80,78	1,0575	45	474,0	1,0905	95	1007
1,0111	9	91,00	1,0611	50	528,8	1,0998	100	1050

3.1. Begriff

Basen sind chemische Verbindungen, die in wäßriger Lösung in positiv geladene Metall- oder NH_4-Kationen und negativ geladene Hydroxylionen (OH-Ionen) dissoziieren.

$NaOH \rightleftharpoons Na^+ + OH^-$ $\quad$ $Ca(OH)_2 \rightleftharpoons Ca^{++} + 2OH^-$

$Al(OH)_3 \rightleftharpoons Al^{+++} + 3OH^-$

Je nach der Anzahl der OH-Anionen unterscheidet man 1-, 2-, 3- und 4säurige Basen, entsprechend der Wertigkeit der vorstehenden Elemente oder Atomgruppen. Die OH-Anionen rufen die Basizität der Lösung hervor. Zum Basenbegriff nach BRÖNSTED siehe Abschnitt 2.1.

3.2. Chemische Besonderheiten und Konzentrationsverhältnisse

Die Stärke einer Base wird durch ihren Dissoziationsgrad bestimmt, d. h., eine starke Base dissoziiert in einer 1 n-Lösung vollständig, eine schwache Base dagegen unvollständig in Metall- oder NH_4-Kationen und Hydroxylionen als Träger der basischen Eigenschaften (Protonenakzeptor). Die gebräuchlichsten Maßlösungen stellen auch hier die Normallösungen dar.

$$1\,n \triangleq \frac{\text{rel. Molmasse der Base}}{\text{Wertigkeit der Base}} \text{ in } g \cdot l^{-1} \quad 100\%\text{ige Basensubstanz}$$

Starke Basen	**schwache Basen**
Kalilauge KOH	alle übrigen
Natronlauge NaOH	

3.3. Wichtige Basen

3.3.1. Kaliumhydroxid KOH

Struktur

K–OH	rel. Molmasse: 56	Löslichkeit in Wasser:
	Wertigkeit: 1wertig	0 °C: 97 g · 100 g^{-1} H_2O
	(1säurig)	100 °C: 178 g · 100 g^{-1} H_2O

Handelsübliche Konzentration

In festem Zustand auch Ätzkali genannt, in Lösung als Kalilauge bezeichnet: 35%ige wäßrige Lösung.

Besonderheiten

KOH ist eine stärkere Base als NaOH. Im geschmolzenen Zustand greift es wie NaOH auch Glas und Porzellan an. KOH ist stark hygroskopisch (wasseranziehend).
Auf textile Faserstoffe, wie z. B. Wolle, Polyesterfaserstoffe und Polyacrylnitrilfaserstoffe, wirkt Kalilauge sehr schädigend, vor allem, wenn die mit Kalilauge versetzten Stoffe über einem Dampfbad oder über offener Flamme erhitzt werden. PAN-Faserstoffe färben sich dabei orange.

Nachweis

Fällungsreaktion, Flammenfärbung

Titrimetrische Bestimmung

50 cm³ der konzentrierten KOH werden analytisch abgewogen, mit dest. Wasser auf 1000 cm³ aufgefüllt und davon 50 cm³ mit 1 n-HCl gegen Methylorange titriert.

1 cm³ verbrauchte 1 n-HCl $\triangleq$ 0,056 g KOH

3.3.2. Natriumhydroxid NaOH

Struktur

Na—OH Rel. Molmasse: 40
Wertigkeit: 1wertig (1säurig)

Handelsübliche Konzentration

In festem Zustand auch Ätznatron genannt. Die handelsübliche 38...40%ige Lösung wird als konzentrierte Natronlauge bezeichnet.

Besonderheiten

Schmelzpunkt: 328 °C. In 100 g Wasser von 20 °C lösen sich 109 g Ätznatron.

Nachweis

$MgCl_2 + 2NaOH \rightarrow Mg(OH)_2\downarrow + 2NaCl$
Niederschlag von weißem Mg-hydroxid

$FeSO_4 + 2NaOH \rightarrow Fe(OH)_2\downarrow + Na_2SO_4$
Niederschlag von grünem Eisen-2-hydroxid, das durch Luft zu braunem Eisen-3-hydroxid $Fe(OH)_3$ oxydiert wird.

Na-Ionen durch Flammenfärbung: gelb

Titrimetrische Bestimmung

50 cm³ der konzentrierten NaOH werden analytisch abgewogen, mit dest. Wasser auf 1000 cm³ aufgefüllt und davon 50 cm³ mit 1 n-HCl gegen Methylorange titriert.

1 cm³ verbrauchte 1 n-HCl $\triangleq$ 0,04 g NaOH

Einsatz

Mercerisieren von Baumwolle
Beuchen von Baumwolle sowie zum Kreppen
Lösen von Küpenfarbstoffen unter gleichzeitigem Zusatz von Natriumdithionit $Na_2S_2O_4$
Lösen von Naphthol-Grundierungskomponenten
Reduktive Nachbehandlung von Polyesterfärbungen oder Polyesterdrucken unter gleichzeitigem Zusatz von Natriumdithionit $Na_2S_2O_4$ zur Reduktion überschüssigen Farbstoffs auf der Faser (Farbechtheitsverbesserung, besonders Reib- und Naßechtheiten)
Zusatzmittel beim Bleichen von Trikotwaren aus Cellulosefaserstoffen, auch in der Mischung Baumwolle/Viskose, mit Wasserstoffperoxid und Wasserglas bei einer Temperatur von 80 °C.

3.3.3. Ammoniumhydroxid NH_4OH

Struktur

$$\begin{array}{c} H \\ | \\ H-N| \\ | \\ H \end{array} + H^+OH^- \rightleftharpoons \left[\begin{array}{c} H \\ | \\ H-N|H \\ | \\ H \end{array}\right]^+ OH^-$$

Ammoniak Wasser Ammoniumhydroxid

Rel. Molmasse: 35
Wertigkeit: 1säurig
schwache anorganische Base

Den in der eckigen Klammer stehenden Komplex bezeichnet man als Ammoniumkation.

Handelsübliche Konzentration

25%ig

Besonderheiten

Ammoniumhydroxid NH_4OH bildet von allen anorganischen Basen eine Ausnahme, da vor der Hydroxylgruppe kein Metallkation, sondern ein Ammoniumkation steht. Gefäße mit NH_4OH müssen stets gut verschlossen sein, da beim offenen Stehen aus der Lösung NH_3-Dämpfe entweichen. Die BRÖNSTED-Base weist als Gas (NH_3) eine alkalische Reaktion auf und wird auch als Anhydrobase bezeichnet. Deshalb färbt sich schon gelbes Unitestpapier in der Nähe einer offenstehenden NH_4OH-Lösung blaugrün, was alkalische Reaktion anzeigt.

Nachweise

1. Mit Kupfersulfat $CuSO_4$ bildet sich über dem hellblauen Niederschlag von $Cu(OH)_2$ bei weiterer Zugabe von NH_3 die dunkelblaue Lösung der Komplexverbindung Kupfertetramminsulfat.

   $$CuSO_4 \underset{H_2O}{\rightleftharpoons} Cu^{2+} + SO_4^{2-}$$

   $$Cu^{2+} + 4NH_3 \rightarrow [Cu(NH_3)_4]^{2+} + SO_4^{2-}$$

   Hier fungiert der Komplex (Zentralion + Liganden) als Kation.
2. In der gleichen Weise wie oben kann der Nachweis mit Nickelsulfat $NiSO_4$ vorgenommen werden (Blaugrünfärbung).
3. Bei Berührung von NH_4OH-Lösungen mit einem Tropfen Salzsäure bilden sich weiße Nebel (Bildung von Ammoniumchlorid); ein mit Quecksilber(1)-nitrat getränkter Filterpapierstreifen wird von NH_4OH unter Ausscheidung elementaren Quecksilbers geschwärzt.
4. Geringste Spuren von NH_3 oder NH_4OH können durch NESSLERS Reagens nachgewiesen werden. Dieser ist eine mit KOH alkalisch eingestellte Kaliumquecksilberiodid-Lösung (Komplexverbindung).

   $$HgCl_2 + 2KI \rightarrow \underset{\text{rot}}{HgI_2\downarrow} + 2KCl$$

   $$HgI_2 + 2KI \rightarrow \underset{\text{Kaliumquecksilberiodid}}{K_2[HgI_4]}$$

Bei dieser Verbindung fungiert der Komplex mit dem Zentralion und den Liganden als Anion.
Mit NH_3 bzw. NH_4OH und Kaliumquecksilberiodid kommt folgende Verbindung zustande:

$$2K_2[HgI_4] + KOH + NH_4OH \rightarrow \underset{\text{braun}}{Hg[HgI_3(NH_2)]} + 5KI + 2H_2O$$

Diese neugebildete Quecksilberkomplexverbindung scheidet sich als gelbbrauner Niederschlag ab. Mit diesem Nachweis ist es ebenso möglich, Spuren von NH_3 im Trinkwasser nachzuweisen.

Titrimetrische Bestimmung

Etwa 25 g Ammoniumhydroxid der handelsüblichen Konzentration maßanalytisch abwiegen, mit dest. Wasser auf 500 cm^3 auffüllen und 50 cm^3 dieser Lösung mit 1 n-HCl gegen Methylorange titrieren. 1 cm^3 verbrauchte 1 n-HCl $\triangleq$ 0,017 g NH_3

Einsatz

Zusatzmittel beim Waschen von Wolle mit nichtionogenen Waschmitteln bei einem *p*H-Wert von 8...8,5
Zusatzmittel beim Bleichen von Wolle mit Wasserstoffperoxid H_2O_2 zur Aktivierung des Bleichvorganges
Neutralisation sauer reagierender Flotten
NH_4OH-Lösung wirkt lösend auf Kopierstift-, Gras- und Blutflecke in Garderobestücken, es ist ein mildes Alkali zum Lösen von Fettflecken.

3.4. Übersichtstabellen

3.4.1. Normallösungen und Prozentualität von NaOH und NH_3

vgl. Tabelle 10

Tabelle 10: Zusammenhang von Normalität und prozentualer Konzentration in Masse-Prozent

Normalität	0,001 n	0,01 n	0,1 n	0,33 n	1 n	2 n	3 n	4 n
Masse-% von								
NaOH	0,004	0,04	0,4	1,32	4	8	12	16
NH_3	0,0017	0,017	0,17	0,56	1,7	3,4	5,1	6,8

3.4.2. Umrechnung von Dichte ϱ in °Bé bei Natronlauge

vgl. Tabelle 11

3.4.3. Konzentrationsverhältnisse von Natronlauge bei 20°C

vgl. Tabelle 12

Tabelle 11: Umrechnung von Dichte ϱ in °Bé
Die Mengenangaben ermöglichen einen Vergleich der Basizität gegenüber 1 l NaOH von 38 °Bé

l NaOH	°Bé	l NaOH	°Bé	l NaOH	°Bé	l NaOH	°Bé
3,83	15	2,06	24	1,28	33	0,83	42
3,54	16	1,95	25	1,22	34	0,79	43
3,27	17	1,84	26	1,16	35	0,75	44
3,04	18	1,74	27	1,10	36	0,72	45
2,83	19	1,64	28	1,05	37	0,69	46
2,64	20	1,56	29	1,00	38	0,66	47
2,48	21	1,46	30	0,95	39	0,63	48
2,33	22	1,41	31	0,91	40	0,60	49
2,19	23	1,34	32	0,87	41	0,57	50

Tabelle 12: Konzentrationsverhältnisse von Natronlauge bei 20 °C

ϱ in $g \cdot cm^{-1}$	°Bé	100 g enthalten NaOH 100%ig in g	ϱ in $g \cdot cm^{-3}$	°Bé	100 g enthalten NaOH 100%ig in g
1,007	1	0,59	1,220	26	19,65
1,014	2	1,85	1,231	27	20,60
1,022	3	2,50	1,241	28	21,55
1,029	4	3,15	1,252	29	22,50
1,036	5	3,79	1,263	30	23,50
1,045	6	4,50	1,274	31	24,48
1,052	7	5,20	1,285	32	25,50
1,060	8	5,86	1,297	33	26,58
1,067	9	6,58	1,308	34	27,65
1,075	10	7,30	1,320	35	28,83
1,083	11	8,07	1,332	36	30,00
1,091	12	8,78	1,345	37	31,20
1,100	13	9,50	1,357	38	32,50
1,108	14	10,30	1,370	39	33,73
1,116	15	11,06	1,383	40	35,00
1,125	16	11,90	1,389	41	36,36
1,134	17	12,69	1,410	42	37,65
1,142	18	13,50	1,424	43	39,06
1,152	19	14,35	1,438	44	40,47
1,162	20	15,15	1,453	45	42,02
1,171	21	16,00	1,468	46	43,58
1,180	22	16,91	1,483	47	45,16
1,190	23	17,81	1,498	48	46,73
1,200	24	18,71	1,514	49	48,41
1,210	25	19,65	1,530	50	50,10

3.4.4. Konzentrationsverhältnisse von Ammoniak bei 15 °C

vgl. Tabelle 13

Tabelle 13: Konzentrationsverhältnisse von Ammoniak bei 15 °C

ϱ in g · cm^{-3}	% NH_3	1 l enthält NH_3 in g	ϱ in g · cm^{-3}	% NH_3	1 l enthält NH_3 in g
1,000	0,00	0,0	0,940	15,63	146,9
0,998	0,45	4,5	0,938	16,22	152,1
0,996	0,91	9,1	0,936	16,82	157,4
0,994	1,37	13,6	0,934	17,42	162,7
0,992	1,84	18,2	0,932	18,03	168,1
0,990	2,31	22,9	0,930	18,64	173,4
0,988	2,80	27,7	0,928	19,25	178,6
0,986	3,30	32,5	0,926	19,87	184,2
0,984	3,80	37,4	0,924	20,49	189,3
0,982	4,30	42,2	0,922	21,12	194,7
0,980	4,80	47,0	0,920	21,75	200,1
0,978	5,30	51,8	0,918	22,39	205,6
0,976	5,80	56,6	0,916	23,03	210,9
0,974	6,30	61,4	0,914	23,68	216,3
0,972	6,80	66,1	0,912	24,33	221,9
0,970	7,31	70,9	0,910	24,99	227,4
0,968	7,82	75,7	0,908	25,65	232,9
0,966	8,33	80,5	0,906	26,31	238,3
0,964	8,84	85,2	0,904	26,98	243,9
0,962	9,35	89,9	0,902	27,65	249,4
0,960	9,91	95,1	0,900	28,33	255,0
0,958	10,47	100,3	0,989	29,01	260,5
0,956	11,03	105,4	0,896	29,69	266,0
0,954	11,60	110,7	0,894	30,37	271,5
0,952	12,17	115,9	0,892	31,05	277,0
0,950	12,72	121,0	0,890	31,75	282,6
0,948	13,31	126,2	0,888	32,50	288,6
0,946	13,88	131,3	0,886	33,25	294,6
0,944	14,46	136,5	0,884	34,10	301,4
0,942	15,04	141,7	0,882	34,95	308,3

4.1. Begriff

Salze sind chemische Verbindungen, die in wäßriger Lösung in positive Metall- oder Ammonium-Kationen und negative Säurerest-Anionen dissoziieren. Dabei können die Kationen und Anionen auch als Komplexionen vorliegen. Salze entstehen z. B. durch Umsetzung von Säuren mit den äquivalenten Mengen Basen (Neutralisation) als heteropolare Verbindungen.

$$NaOH + HCl \xrightarrow{\text{Dissoziation}} Na^+ + OH^- + H^+ + Cl^- \rightarrow Na^+Cl^- + H_2O$$

oder

$$Na^+\boxed{OH^- + H^+}Cl^- \xrightarrow{\text{Neutralisation}} Na^+Cl^- + H^+OH^-$$

$$\text{Base} + \text{Säure} \longrightarrow \text{Salz} + \text{Wasser}$$

4.2. Einteilung

Neutralsalze

Säuren, deren H-Kationen vollständig durch Metallkationen ersetzt sind, z. B. $NaCl$, Na_2SO_4, Na_2CO_3. Neutralsalze können durch Hydrolyse als Umkehrung der Neutralisation sauer (z. B. $FeCl_3$) oder basisch (z. B. Na_2CO_3) reagieren.

Hydrogensalze

Säuren, deren H-Kationen unvollständig durch Metallkationen ersetzt sind, z. B. $NaHSO_4$, $NaHSO_3$, $NaHCO_3$. Sie werden nur von 2- oder mehrwertigen Säuren gebildet. Je nach der Anzahl der H-Kationen in den Salzen unterscheidet man Mono-, Di- und Trihydrogensalze. Hydrogensalze reagieren nicht immer sauer.

Basische Salze

Basen, deren OH-Anionen unvollständig durch Säurerestanionen ersetzt sind, z. B. $Sb(OH)_2Cl$. Sie werden nur von 2- oder mehrwertigen Basen gebildet. Sie sind im allgemeinen schwerlöslich und müssen nicht immer basisch reagieren.

Doppelsalze

Sie entstehen bei der Neutralisation einer mehrwertigen Säure mit mehr als einer Base und umgekehrt bzw. durch Kristallisation von Lösungen verschiedener Salze, z. B. $KAl(SO_4)_2$, $CaCl(ClO)$.

Komplexsalze

Komplexe bestehen aus Zentralatomen oder Zentralionen und Liganden. Als Zentralionen fungieren meist Schwermetallkationen hoher Ladung mit kleinen Ionenradien. Die Zahl der Liganden, die sich räumlich um das Zentralion gruppieren, wird als Koordinationszahl bezeichnet. Häufig sind die Liganden Anionen, wie z. B. F^-, Cl^-, Br^-, I^-, OH^- oder CN^-, jedoch können sie auch ohne Ladung sein, wie z. B. NH_3. Die Ladung eines Komplexes entspricht immer der Summe der Ladungen der ihn bildenden Einzelionen, z. B.:

$$Ni^{2+} + 4\,CN^- \rightarrow [Ni(CN)_4]^{2-}$$

$$Fe^{2+} + 6\,CN^- \rightarrow [Fe(CN)_6]^{4-}$$

$$B^{3+} + 4\,F^- \rightarrow [BF_4]^-$$

Die neutralen Moleküle, wie z. B. NH_3, bringen keine Ladung mit:

$$Cu^{2+} + 4NH_3 \rightarrow [Cu(NH_3)_4]^{2+}$$

So kann das Komplexion sowohl als Kation wie auch als Anion im Salz fungieren. Über den räumlichen Aufbau und die chemische Bindung in Komplexen gibt die Koordinationslehre Aufschluß.

4.3. Hydrolyse

Die Hydrolyse ist ein chemischer Vorgang beim Lösen von Salzen in Wasser, der eine Umkehr der Neutralisation darstellt. Man bezeichnet als Hydrolyse die Zerlegung z. B. eines Salzes unter chemischer Mitwirkung von Wasser in die entsprechende Säure bzw. Base, aus denen es durch Neutralisation entstehen kann.

$$\text{Salz} + \text{Wasser} \underset{\text{Neutralisation}}{\overset{\text{Hydrolyse}}{\rightleftarrows}} \text{Säure} + \text{Base}$$

Entstand das Salz aus einer starken Säure und einer schwachen Base, reagiert die Salzlösung sauer, umgekehrt alkalisch. Salze aus starken Säuren und starken Basen zeigen in wäßriger Lösung eine neutrale Reaktion. Das gleiche gilt für Salze aus schwachen Säuren und schwachen Basen.

Beispiele	Reaktion in wäßriger Lösung
$AlCl_3 + 3H_2O \rightleftharpoons Al(OH)_3 + 3HCl$	sauer
$Na_2CO_3 + 2H_2O \rightleftharpoons 2NaOH + H_2CO_3$	basisch
$NaCl + H_2O \rightarrow$ keine Hydrolyse	neutral
$CH_3COONa + H_2O \rightleftharpoons NaOH + CH_3COOH$	

Die bei der Hydrolyse gebildete NaOH dissoziiert als starke Base nahezu vollständig, wobei Hydroxylionen als Träger der basischen Eigenschaften gebildet werden.

$$NaOH \rightleftharpoons Na^+ + OH^-$$

Im Gegensatz dazu dissoziiert die schwache Ethansäure kaum.

$$CH_3COOH \rightleftharpoons CH_3COO^- + H^+$$

Dadurch werden Protonen aus der Lösung gebunden. Beim Gegenüberstellen der Vorgänge bei NaOH und CH_3COOH ist leicht zu erkennen, daß eine wäßrige Natriumethanatlösung basische Reaktion zeigen muß. Damit kann die Hydrolysegleichung wie folgt geschrieben werden:

$$CH_3COO^-Na^+ + H_2O \rightleftharpoons Na^+ + OH^- + CH_3COOH$$
$$\text{Salz} + \text{Wasser} = \text{Base} + \text{Säure}$$

Wendet man auf die Hydrolyse das von den Norwegern GULDBERG und WAAGE im Jahre 1867 aufgestellte Massenwirkungsgesetz an, so erhält man für die Hydrolysekonstante K_H den folgenden Ausdruck:

$$K_H = \frac{[\text{Base}] \cdot [\text{Säure}]}{[\text{Salz}] \cdot [H_2O]}$$

Setzt man in diese Gleichung die Ausdrücke für die entsprechenden Dissoziationskonstanten K_{Base}, $K_{Säure}$, K_{Salz} und K_{H_2O} jeweils umgestellt nach [Base], [Säure], [Salz] und [H_2O] ein, so erhält man:

$$K_H = \frac{K_{Salz} \cdot K_{H_2O}}{K_{Base} \cdot K_{Säure}}$$

Bei schwachen Basen oder Säuren ist der Nenner in der Gleichung für K_H klein, K_H also groß und damit die Hydrolyse stark. Mit steigender Temperatur steigt am stärksten die Dissoziation des Wassers an. Dadurch vergrößert sich der Zähler der Gleichung stärker als der Nenner; die Hydrolyse nimmt zu. Salzlösungen zeigen also in der Regel in der Kälte einen anderen *p*H-Wert als in der Wärme.

4.4. Thermische Dissoziation sauer reagierender Ammoniumsalze

Die folgenden NH_4-Salze reagieren als Salze stärkerer Säuren und der sehr schwachen Base NH_4OH infolge Hydrolyse sauer.

Ammoniumsulfat $(NH_4)_2SO_4$
Ammoniumchlorid NH_4Cl
Ammoniumethanat (Ammoniumacetat) CH_3COONH_4
Ammoniummethanat (Ammoniumformiat) $HCOONH_4$ sowie
Ammoniumcitrat

```
CH2—COONH4
 |
HO—C—COONH4
 |
CH2—COONH4
```

Beispiel

$$(NH_4)_2SO_4 + 2H_2O \rightleftharpoons H_2SO_4 + 2NH_4OH$$

$$2NH_4OH \xrightarrow{\text{Erhitzen}} 2NH_3\uparrow + H_2O$$

Beim Kochen kann die Hydrolyse so weit gehen, daß mehr NH_3 vorhanden ist, als sich in Lösung überhaupt halten kann (die Löslichkeit von Gasen fällt mit steigender Temperatur rasch ab). Es entweicht Ammoniak NH_3, so daß nur noch Säure und Wasser in der Lösung zurückbleibt. Mit steigender Temperatur zunehmende Hydrolyse des Ammoniumsalzes sowie die thermische Dissoziation des NH_4OH sind dafür verantwortlich.
Wichtiger Hinweis beim Färben von Wolle mit NH_4-Salzen: Hinsichtlich des bei der thermischen Dissoziation freigesetzten Ammoniaks sowie der auf die Wolle ziehenden Säuremengen während des Färbevorganges liegen folgende drei Gesetzmäßigkeiten vor:

1. Am größten ist die flüchtige Menge von NH_3 beim Kochen, wenn das Salz einer starken Säure vorliegt, z. B. $(NH_4)_2SO_4$.
2. Die durch die thermische Dissoziation der sauer reagierenden Ammoniumsalze freigesetzten Säuremengen ziehen nur wenig auf Wollfasermaterial.
3. Die NH_3-Flüchtigkeitsgeschwindigkeit hängt vom Anfangs-*p*H-Wert des Bades ab. Je höher der *p*H-Wert des Bades, desto rascher verflüchtigt sich Ammoniak.

Thermische Dissoziation wichtiger sauer reagierender Ammoniumsalze:

vgl. Tabelle 14

Tabelle 14: Anfangs- und End-pH-Werte wichtiger Salzlösungen von 0,33n-Konzentration bei 1 h Kochzeit

0,033 n von	Formel	Anfangs-pH-Wert	Δ pH	End-pH-Wert
Ammoniumchlorid	NH_4Cl	5,8	0,5	5,3
Ammoniumsulfat	$(NH_4)_2SO_4$	5,8	0,4	5,4
Ammoniumformiat	$HCOONH_4$	6,0	0,9	5,1
Ammoniumoxalat	$(COONH_4)_2$	6,1	1,3	4,8
Ammoniumacetat	CH_3COONH_4	6,4	1,4	5,0

4.5. Wichtige Salze anorganischer Säuren

4.5.1. Natriumchlorid NaCl (Kochsalz)

Dissoziation in Wasser: $NaCl \rightleftharpoons Na^+ + Cl^-$
neutralreagierendes Salz
Rel. Molmasse: 58,5
Kochsalz: 98...99%ig
Steinsalz: 96...97%ig
Schmelzpunkt: 801 °C
Dichte $\varrho = 2{,}17\ g \cdot cm^{-3}$

Die Löslichkeit in Wasser beträgt bei 0 °C 37,9 g · 100 g^{-1} Wasser und bei 100 °C 39,4 g × 100 g^{-1} Wasser.

Nachweis

Alle Chloride bzw. Chloridanionen ergeben nach Zusatz von $AgNO_3$ einen weißen Niederschlag von AgCl, der sich in NH_3 wieder löst (mit HNO_3 verd. ansäuern)

$$NaCl + AgNO_3 \rightarrow AgCl\downarrow + NaNO_3$$

Einsatz

Als Zusatzmittel beim Färben und Drucken von Cellulosefaserstoffen zwecks Erhöhung der Affinität des Farbstoffes zur Faser.
Als Mittel für die Regenerierung bei der Wasserenthärtung nach dem Kationenaustauschverfahren (Wofatit- oder Permutitverfahren), indem dem Ca- und Mg-ionenhaltigen Wofatit durch NaCl wieder Na-Kationen zugeführt werden.

$$(\text{Wofatit})_2Ca^{++} + 2\,Na^+Cl^- \rightarrow 2\,\text{Wofatit-}Na^+ + CaCl_2$$

$$(\text{Wofatit})_2Mg^{++} + 2\,Na^+Cl^- \rightarrow 2\,\text{Wofatit-}Na^+ + MgCl_2$$

4.5.2. Eisen(III)-chlorid $FeCl_3$

Dissoziation in Wasser: $FeCl_3 \rightleftharpoons Fe^{3+} + 3Cl^-$
sauer reagierendes Salz, sehr hygroskopisch
Reaktion: $FeCl_3 + 3H_2O \rightleftharpoons 3HCl + Fe(OH)_3$
Rel. Molmasse: 162,5

Sehr leicht in Wasser und Ethanol löslich. Wäßrige $FeCl_3$-Lösung ist braungelb gefärbt. Die Sublimationstemperatur von $FeCl_3$ beträgt 319 °C.

Nachweis der Fe^{3+}-Ionen

Mit Ammoniumthiocyanatlösung NH_4SCN bildet sich rotes $Fe(SCN)_3$!
Mit Kalium-hexacyanoferrat(II) $K_4[Fe(CN)_6]$ ergeben Fe^{3+}-Ionen einen tiefblauen Niederschlag von $Fe_4[Fe(CN)_6]_3$ (Berliner Blau)

Einsatz

Klärung von Abwässern der Textilveredlung wegen der oxydierenden und fällenden Wirkung des Salzes (hohe Adsorptionswirkung des entstehenden $Fe(OH)_3$- bzw. $Fe(OH)_2$-Niederschlags durch Ausflockung und Sedimentation).

4.5.3. Zinn(IV)-chlorid $SnCl_4$

Dissoziation in Wasser: $SnCl_4 \rightleftharpoons Sn^{4+} + 4Cl^-$
Rel. Molmasse: 260,7
An feuchter Luft stark rauchende, wasserklare Flüssigkeit. Wäßrige Lösungen reagieren durch Hydrolyse stark sauer.

$$SnCl_4 + 4H_2O \rightleftharpoons Sn(OH)_4 + 4HCl$$

Sehr stark hygroskopisches Salz, in dessen Lösung sich auch Iod, Schwefel oder Phosphor löst. $SnCl_4$ hat Atombindungscharakter und dissoziiert daher nur schwach.

Einsatz

Zum Erschweren von Naturseide

4.5.4. Ammoniumchlorid NH_4Cl

Dissoziation in Wasser: $NH_4Cl \rightleftharpoons NH_4^+ + Cl^-$
Sauer reagierendes Salz, das gleichzeitig im Kochprozeß der thermischen Dissoziation unterworfen ist.
Reaktion: $NH_4Cl + H_2O \rightleftharpoons HCl + NH_4OH$

$$NH_4OH \xrightarrow{\text{Kochprozeß}} NH_3\uparrow + H_2O$$

Rel. Molmasse: 53,5

Nachweis

Der Nachweis von Ammoniumsalzen geschieht zunächst durch Austreiben von NH_3 aus den Verbindungen mittels NaOH

$NH_4Cl + NaOH \rightarrow NaCl + NH_3\uparrow + H_2O$ Entweichendes Gas z. B. mit Unitest-Indikator nachweisen (auch Geruch)

Die Chlorionen werden dann in einer zweiten Analyse durch $AgNO_3$ nachgewiesen.

Einsatz

Bei Kunstharzeinlagerungen in Cellulosefaserstoffen, wobei man das Ammoniumchlorid NH_4Cl als Säurespender benötigt, damit die Kondensation des Vorkondensats zum Kondensat in Form des wasserunlöslichen Harzes in den nichtkristallinen Bereichen des Faserstoffes erfolgen kann.
Als Zusatzmittel zum Färben von Halbwolle nach dem sauren Halbwolleinbadverfahren.

4.5.5. Natriumsulfat Na_2SO_4 (Glaubersalz)

Dissoziation in Wasser: $Na_2SO_4 \rightleftharpoons 2\,Na^+ + SO_4^{2-}$
neutral reagierendes Salz
Rel. Molmasse: 142

Im kalcinierten Zustand (wasserfrei) als Na_2SO_4 und im kristallisierten Zustand als $Na_2SO_4 \cdot 10\,H_2O$ im Handel. Bei 32,4 °C geht das kristallisierte Salz in die kalzinierte Form über.

Nachweis der Sulfationen

siehe Schwefelsäure!

Einsatz

Als Hilfsmittel beim Färben von Cellulosefaserstoffen zur Erhöhung der Affinität des Farbstoffes zur Faser.
Als Hilfsmittel beim Färben von Wolle mit Säurefarbstoffen.

4.5.6. Natriumhydrogensulfat $NaHSO_4$

Dissoziation in Wasser: $NaHSO_4 \rightleftharpoons Na^+ + HSO_4^-$
Sauer reagierendes Hydrogensalz mit konstantem *p*H-Wert.
Rel. Molmasse: 120/bei $NaHSO_4 \cdot H_2O$ 138

Nachweis der Sulfationen

siehe Schwefelsäure!

Titrimetrische Bestimmung

Es werden 1...2 g Salz analytisch abgewogen, in 100...150 cm³ dest. Wasser gelöst und diese Lösung gegen Methylorange mit 1 n-NaOH titriert.

Berechnung

1 cm³ verbrauchte 1 n-NaOH ≙ 0,138 g $NaHSO_4 \cdot H_2O$

Einsatz

Als Zusatzmittel beim Färben von Halbwolle nach dem sauren Halbwolleinbadverfahren

4.5.7. Kupfersulfat $CuSO_4$

Dissoziation in Wasser: $CuSO_4 \rightleftharpoons Cu^{2+} + SO_4^{2-}$
Rel. Molmasse: 159 (kalziniert)

Kommt als $CuSO_4 \cdot 5\,H_2O$ im kristallisierten Zustand in den Handel (blaue Kristalle)

Nachweis der Sulfationen

siehe Schwefelsäure!
Cu-Nachweis mit Ammoniak siehe Ammoniumnachweis!

Einsatz

Als Zusatzmittel bei der Nachbehandlung mit Nachkupferungsfarbstoffen unter gleichzeitigem Zusatz von Ethansäure für alle bunten Farbtöne, unter Zusatz von Methansäure für alle schwarzen Farbtöne (koordinative Bindung des Farbstoffes mit Kupfer als Komplexverbindung)

4.5.8. Ammoniumsulfat $(NH_4)_2SO_4$

Dissoziation in Wasser: $(NH_4)_2SO_4 \rightleftharpoons 2\,NH_4^+ + SO_4^{2-}$
Sauer reagierendes Salz, das gleichzeitig im Kochprozeß der thermischen Dissoziation unterworfen ist.
Reaktion: $(NH_4)_2SO_4 + 2\,H_2O \rightleftharpoons H_2SO_4 + 2\,NH_4OH$

$$2\,NH_4OH \xrightarrow{\text{Kochprozeß}} 2\,NH_3\uparrow + 2\,H_2O$$

Rel. Molmasse: 132

Nachweis

siehe 4.5.4. Ammoniumchlorid NH_4Cl und Schwefelsäure

Einsatz

Färben von Wolle mit 1:2-Metallkomplexfarbstoffen
Als Hilfsmittel beim Färben von Halbwolle nach dem sauren Halbwolleinbadverfahren
Als Hilfsmittel beim Färben und Drucken von Polyesterfaserstoffen und Triacetatfaserstoffen mit Dispersionsfarbstoffen bei gleichzeitigem Zusatz von Methansäure HCOOH
Als Hilfsmittel beim Färben von Wolle und als Säurespender in der Spezialveredlung

4.5.9. Natriumsulfid Na_2S

Dissoziation in Wasser: $Na_2S \rightleftharpoons 2\,Na^+ + S^{2-}$
Alkalisch reagierendes Hydrolysesalz, das in wäßriger Lösung folgende Reaktion zeigt:

$Na_2S + H_2O \rightleftharpoons NaHS + NaOH$
Natriumhydrogensulfid

$2\,NaHS \rightarrow Na_2S_2 + 2\,H$
Dinatrium-disulfid

Rel. Molmasse: 78 (kalziniert)

Handelsübliche Konzentrationen

Na_2S krist. $\triangleq$ $Na_2S \cdot 9\,H_2O$ (32% Kristallwasser)
Na_2S kalziniert $\triangleq$ Na_2S (wasserfrei)
Natriumsulfid ist ein Reduktionsmittel. Es muß gut verschlossen aufbewahrt werden, da es ein stark hygroskopisches Salz ist und mit Sauerstoff und CO_2 chemisch reagiert. Bei Einwirkung von sauren Substanzen entsteht Schwefelwasserstoff H_2S als giftiger, gasförmiger Stoff (Geruch nach faulen Eiern).

Nachweise

1. Mit Silbernitrat $AgNO_3$ entsteht schwarzes Ag_2S

   $Na_2S + 2\,AgNO_3 \rightarrow Ag_2S\downarrow + 2\,NaNO_3$

2. Mit Bleiacetat $(CH_3COO)_2Pb$ entsteht schwarzes Bleisulfid PbS

   $(CH_3COO)_2Pb + Na_2S \rightarrow PbS\downarrow + 2\,CH_3COONa$

3. Nitroprussidnatrium $Na_2[Fe(CN)_5NO] + H_2O$ gibt mit Sulfid-Anionen in alkalischer Lösung eine rotviolette Färbung (sehr empfindlicher Nachweis auf Na_2S, fällt bei H_2S allein negativ aus).

Gehaltsbestimmung (iodometrisch)

0,1...0,2 g des Natriumsulfids werden analytisch gewogen und in 100 cm³ dest. Wasser gelöst und sofort mit 40 cm³ einer 0,1 n-Iodlösung versetzt. Nach Zugabe von 0,4 g Natriumhydrogencarbonat $NaHCO_3$ wird das überschüssige Iod mit einer n/10-Natriumthiosulfatlösung $Na_2S_2O_3$ zurücktitriert. Gegen Ende der Reaktion werden der Lösung 2 cm³ Stärkelösung zugesetzt. Die Stärkelösung dient als Indikator auf Iod (intensive Blaufärbung). Man titriert, bis die Blaufärbung gerade verschwindet.

Berechnung

Aus der Differenz aus den zugegebenen 40 cm³ 0,1 n-I_2-Lösung und der verbrauchten 0,1 n-$Na_2S_2O_3$-Lösung in cm³ errechnet man den Na_2S-Gehalt.

1 cm³ Differenz $\triangleq$ 3,9025 mg Na_2S

Einsatz

Als Lösungsmittel für Schwefelfarbstoff sowie Zusatzmittel beim Färben von Cellulosefaserstoffen mit Schwefelfarbstoffen, wobei sich die anzuwendende Menge Na_2S nach Farbstoff und Farbtiefe richtet (Reduktionswirkung).
Zur Entschwefelung von VI-Faserstoffen (Bildung von Polysulfiden durch Bindung von Na_2S mit dem Xanthogenatschwefel)

4.5.10. Natriumnitrit $NaNO_2$

Dissoziation in Wasser: $NaNO_2 \rightleftharpoons Na^+ + NO_2^-$

Struktur

O=N–O–Na

Rel. Molmasse: 69

Chemische Besonderheiten

Alle Nitrite, so auch das Natriumnitrit $NaNO_2$, sind sehr empfindlich gegen Säuren und setzen sich sofort nach folgender Reaktionsgleichung um:

$NaNO_2 + HCl \rightarrow HNO_2 + NaCl$

$2\,HNO_2 \rightarrow H_2O + NO + NO_2$ (braune giftige Dämpfe von Stickoxiden) (bei starkem Ansäuern, besonders mit H_2SO_4).

Stickstoffmonoxid NO wird an der Luft sofort zu Stickstoffdioxid NO_2 oxydiert.

$2\,NO_2 + H_2O \rightarrow HNO_2 + HNO_3$

So bilden sich mit der Zeit in angesäuerten Nitritlösungen ansteigende Mengen von Salpetersäure HNO_3.

Nachweise

1. Iodwasserstoff wird in mineralsaurer Lösung zu Iod oxydiert (Stärkenachweis)
2. Eisen(II)-Sulfat bildet in Gegenwart von $NaNO_2$ in essigsaurer Lösung braunes Eisennitrosulfat $Fe(NO)SO_4$ (Ringreaktion)
3. Phenazonlösung ergibt nach dem Ansäuern mit verdünnter Salzsäure und Zugabe von Natriumnitritlösung eine grüne Färbung.

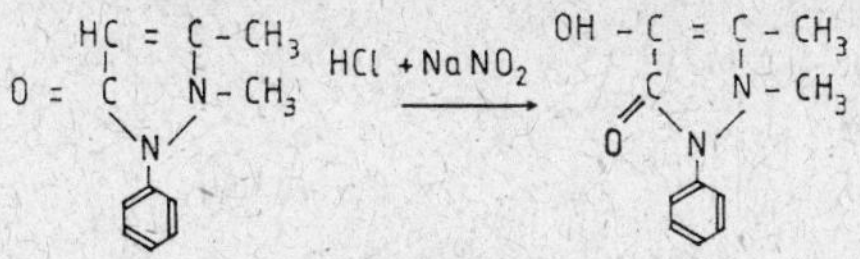

```
    HC = C - CH3                      OH - C = C - CH3
    |    |          HCl + NaNO2            |   |
O = C    N - CH3    ---------->          //C   N - CH3
     \  /                               O   \ /
      N                                      N
      |                                      |
   (C6H5)                                 (C6H5)
```

4. Der empfindlichste Nachweis auf Nitrit wird so vorgenommen, daß 1 Tropfen einer 1%igen $NaNO_2$-Lösung mit 150 cm^3 dest. Wasser verdünnt wird, 5 cm^3 von Lostway-Reagens zugefügt und sodann im Wasserbad auf 70...80 °C angewärmt wird. Bei Anwesenheit von $NaNO_2$ färbt sich die Lösung rot (Colorimetrie mit Vergleichslösungen).

Reagens nach Lostway

Lösung 1: 0,5 g Sulfanilsäure in 150 cm^3 30%iger Essigsäure lösen
Lösung 2: 0,1 g α-Naphthylamin werden in 20 cm^3 dest. Wasser gekocht und abschließend abfiltriert.

Vor dem Gebrauch werden die Lösungen 1 und 2 miteinander gemischt.

Gehaltsbestimmung [2]

In 500 cm^3 dest. Wasser werden 3...5 g $NaNO_2$ (analytisch abgewogen) gelöst. In einem Titrierkolben werden 50 cm^3 0,1 n-$KMnO_4$-Lösung auf 250 cm^3 verdünnt, mit 50 cm^3

10%iger H_2SO_4 angesäuert und sodann auf etwa 40 °C erwärmt. Mit der $NaNO_2$-Lösung wird so lange titriert, bis eine Entfärbung der 0,1 n-$KMnO_4$-Lösung eintritt. Die Titration ist sehr langsam durchzuführen, sonst treten Fehler durch Substanzverluste auf (zu hoher Verbrauch an Nitritlösung).
Errechnung der Gesamtmenge 0,1 n-$KMnO_4$-Lösung, die von den 500 cm³ Nitritlösung verbraucht worden ist (x)

$$x = \frac{50 \cdot 500}{\text{verbrauchte Nitritlösung in cm}^3}$$

1 cm³ 0,1 n-$KMnO_4$-Lösung $\triangleq$ 0,00345 g $NaNO_2$

Einsatz

Bei der Diazotierung nach dem Färben mit Diazotierfarbstoffen unter Zusatz von HCl

$NaNO_2 + HCl \rightarrow HNO_2 + NaCl$ (intermediärer Vorgang)

Als Hilfsmittel bei der Entwicklung von Leukoküpenesterfarbstoffen nach dem Färben unter Zusatz von H_2SO_4
Diazotieren von noch nicht kupplungsfähigen Echtfarbbasen beim Färben von Entwicklungsfarbstoffen (Naphthol-AS-Färberei) zu unlöslichen Azofarbstoffen

4.5.11. Trinatriumphosphat Na_3PO_4

Dissoziation in Wasser: $Na_3PO_4 \rightleftharpoons 3\,Na^+ + PO_4^{3-}$
Alkalisch reagierendes Salz, das in wäßriger Lösung folgende Reaktionen zeigt:

$Na_3PO_4 + 3\,H_2O \rightleftharpoons 3\,NaOH + H_3PO_4$

Rel. Molmasse: 164

Chemische Besonderheiten

Darstellung der Na-Salze von H_3PO_4 mit NaOH läuft über 3 Stufen wie folgt ab:

1. $H_3PO_4 + NaOH \rightleftharpoons NaH_2PO_4 + H_2O$ — *p*H-Wert 4,4
   Natriumdihydrogenphosphat

   Es wird mit 0,1 n-NaOH gegen Methylorange von rot → zwiebelfarben titriert. 1 cm³ verbrauchte NaOH $\triangleq$ 9,799 mg H_3PO_4

2. $H_3PO_4 + 2\,NaOH \rightleftharpoons Na_2HPO_4 + 2\,H_2O$
   Dinatriumhydrogenphosphat
   (sek. Na-Phosphat) — *p*H-Wert 9,6

   Hier wird ebenfalls mit 0,1 n-NaOH gegen Phenolphthalein von farblos auf hellrotviolett titriert. 1 cm³ verbrauchte 0,1 n-NaOH $\triangleq$ 4,899 mg H_3PO_4

3. $H_3PO_4 + 3\,NaOH \rightleftharpoons Na_3PO_4 + 3\,H_2O$
   Trinatriumphosphat — *p*H-Wert 11,0
   (tert. Na-Phosphat)

   Trinatriumphosphat löst sich bei 20 °C zu 25,2 g · 100 g⁻¹ Wasser.

Nachweise

1. Mit $AgNO_3$ entsteht ein gelber Niederschlag von Silberphosphat Ag_3PO_4, der in HNO_3 oder NH_4OH löslich ist

   $Na_3PO_4 + 3\,AgNO_3 \rightarrow Ag_3PO_4\downarrow + 3\,NaNO_3$

2. Mit $BaCl_2$, das mit Ammoniumhydroxid NH_4OH annähernd neutral eingestellt wurde, entsteht ein weißer Niederschlag von Bariumphosphat $Ba_3(PO_4)_2$, der sich in CH_3COOH wieder auflöst.
3. Bei Einsatz von NH_4-Molybdat-Lösung nach dem Ansäuern mit HNO_3 konz. fällt bei schwachem Erwärmen gelbes NH_4-Molybdatophosphat aus.

Einsatz

Als Hilfsmittel zur Enthärtung von Rohwasser zwecks Beseitigung der Carbonat- und Nichtcarbonathärte; stellt jedoch ein sehr teures Verfahren dar.
Als Zusatzmittel beim Waschen von Synthesefaserstoffen.

4.5.12. Natriumcarbonat Na_2CO_3 (Soda)

Dissoziation in Wasser: $Na_2CO_3 \rightleftharpoons 2\,Na^+ + CO_3^{2-}$
Alkalisch reagierendes Hydrolysesalz, das in wäßriger Lösung folgende Reaktion zeigt:

$$Na_2CO_3 + 2\,H_2O \rightleftharpoons 2\,NaOH + H_2CO_3$$

$$H_2CO_3 \xrightarrow{\text{Kochprozeß}} CO_2\uparrow + H_2O$$

Rel. Molmasse: 106
1 n-Lösung enthält 53 g/l

Chemische Besonderheiten

Löslichkeit in Wasser von kalcinierter Soda

10 °C 7,1 g $Na_2CO_3 \cdot 100\ g^{-1}\ H_2O$

100 °C 45,5 g $Na_2CO_3 \cdot 100\ g^{-1}\ H_2O$

Soda kommt in kalcinierter Form als wasserfreies Salz Na_2CO_3 oder in kristallisierter Form als $Na_2CO_3 \cdot 10\,H_2O$ vor.

Gehaltsbestimmung [2]

8...10 g kalcinierte oder 25...30 g kristallisierte Soda werden analytisch abgewogen, in 1000 cm³ dest. Wasser gelöst und von dieser Lösung 50 cm³ mit 1 n-HCl gegen Methylorange titriert.

1 cm³ verbrauchte 1 n-HCl $\triangleq$ 0,053 g Na_2CO_3 kalciniert oder
0,1431 g $Na_2CO_3 \cdot 10\,H_2O$ kristallisiert

Einsatz

Als Zusatz beim Waschen von Cellulosefaserstoffen, um eine Quellung der textilen Faserstoffe zu erreichen. Der *p*H-Wert sollte etwa bei 9 bis 10 liegen.
Als Hilfsmittel beim Färben und Drucken von Cellulosefaserstoffen mit substantiven Farbstoffen (Quellung des Faserstoffes und bessere Egalisierung des Farbstoffes).

Als Hilfsmittel beim Färben und Drucken von Cellulosefaserstoffen mit Reaktivfarbstoffen, um den Farbstoff in die reaktionsfähige Form zu bringen.
Als Zusatzmittel in 2-Stufen-Waschmitteln der ersten Stufe z. B. Siliron R 90 oder Fedapon SH, die besonders in der Textilreinigung Anwendung finden. Der *p*H-Wert liegt hier in der ersten und zweiten Vorwäsche bei 10,5...11.
Als Zusatzmittel beim Bleichen von Cellulosefaserstoffen mit Natriumhypochlorit NaClO (Natronbleichlauge) zur Stabilisierung des *p*H-Wertes in der Bleichflotte.
Als Zusatzmittel in allen Industrie- und Haushaltswaschmitteln.

Konzentrationsverhältnisse von Sodalösungen Na_2CO_3 bei 20°C (kalziniert und kristallisiert) [3] vgl. Tabelle 15.

Tabelle 15: Dichte und Konzentration von Soda bei 20°C

ϱ in $g \cdot cm^{-3}$	°Bé	Soda calc. %	$g \cdot l^{-1}$	Soda krist. %	$g \cdot l^{-1}$
1,0086	1,2	1	10,09	2,7	27,2
1,0190	2,7	2	20,38	5,4	55,0
1,0294	4,5	3	30,88	8,1	83,7
1,0398	5,6	4	41,59	10,8	112,3
1,0502	6,8	5	52,51	13,5	142,0
1,0606	8,3	6	63,63	16,2	171,8
1,0711	9,5	7	74,98	18,9	202,7
1,0816	10,9	8	86,53	21,6	233,6
1,0922	12,4	9	98,30	24,3	265,6
1,1029	13,5	10	110,30	27,0	297,7
1,1136	14,75	11	122,50	29,7	331,0
1,1244	16,0	12	134,90	32,4	364,3
1,1354	17,25	13	147,60	35,1	398,8
1,1463	18,5	14	160,50	37,8	433,3

4.5.13. Natriumhydrogencarbonat $NaHCO_3$

Alkalisch reagierendes Hydrolysesalz, das in wäßriger Lösung folgende Reaktion zeigt:

$$NaHCO_3 + H_2O \rightleftharpoons NaOH + H_2CO_3$$

$$H_2CO_3 \xrightarrow{\text{Kochprozeß}} CO_2\uparrow + H_2O$$

Rel. Molmasse: 84

Chemische Besonderheiten

Weißes, monoklines Kristallpulver
Löslichkeit in Wasser [4]

0°C 6,9 g · 100 g^{-1} H_2O
15°C 8,8 g · 100 g^{-1} H_2O
30°C 11,02 g · 100 g^{-1} H_2O
45°C 13,86 g · 100 g^{-1} H_2O

Einsatz

Als Hilfsmittel beim Färben und Drucken von Cellulosefaserstoffen mit Reaktivfarbstoffen, um den Farbstoff in eine mit dem Faserstoff reaktionsfähige Form gelangen zu lassen. Der *p*H-Wert richtet sich dabei nach der eingesetzten Klasse von Reaktivfarbstoffen.

4.6. Wichtige Salze organischer Säuren

4.6.1. Natriumethanat (Natriumacetat) CH_3COONa

Struktur

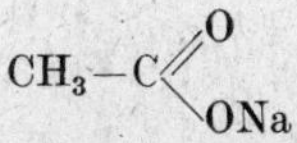

$$CH_3-C\begin{matrix}\nearrow O \\ \searrow ONa\end{matrix}$$

Dissoziation in Wasser: $CH_3COONa \rightleftharpoons CH_3COO^- + Na^+$
Alkalisch reagierendes Salz, das in wäßriger Lösung wie folgt vorliegt:

$$CH_3COONa + H_2O \rightleftharpoons CH_3COOH + NaOH$$

Rel. Molmasse: 82

Chemische Besonderheiten

Schmelzpunkt 324 °C, in Wasser und Ethanol sehr gut löslich

Nachweis

siehe Ethansäure (Essigsäure), Pkt. 2.4.2.

Einsatz

Zum Abstumpfen von Spülflotten nach dem Färben von Wolle mit 1:1-Metallkomplexfarbstoffen.
Als Puffersubstanz in der gesamten textilchemischen Analyse.
Zum Abpuffern saurer Flotten in der Textilveredlung

$$H_2SO_4 + 2\,CH_3COONa \rightarrow Na_2SO_4 + 2\,CH_3COOH$$

Anmerkung

Zur Herstellung von Standardacetatlösung für die elektrische *p*H-Wert-Messung benötigt man

50 cm^3 1 n-NaOH
100 cm^3 1 n-CH_3COOH
350 cm^3 H_2O dest.

---

*p*H-Wert 4,62 bei 18 °C

4.6.2. Ammoniumethanat (Ammoniumacetat) CH_3COONH_4

Dissoziation in Wasser: $CH_3COONH_4 \rightleftharpoons CH_3COO^- + NH_4^+$
Sauer reagierendes Salz, das in wäßriger Lösung folgende Reaktion zeigt:

$$CH_3COONH_4 + H_2O \rightleftharpoons CH_3COOH + NH_4OH \xrightarrow{\text{Kochprozeß}} NH_3\uparrow + H_2O$$

Rel. Molmasse: 77

Chemische Besonderheiten

Farblose, nadelförmige Kristalle, $\varrho = 1{,}71\ \mathrm{g\ cm^{-3}}$, Schmelzpunkt 117 °C

Einsatz

Als Hilfsmittel beim Färben von Wolle mit 1:2-Metallkomplexfarbstoffen.
Bei Kunstharzeinlagerungen in Cellulosefaserstoffen, wobei das Salz als Säurespender in Form des Katalysators benötigt (vgl. Ammoniumchlorid) wird.
Zum Neutralisieren alkalischer Flotten, vor allem bei Spülbädern.
Zum Färben von Halbwolle nach dem sauren Halbwolleinbadverfahren.

4.6.3. Ammoniummethanat (Ammoniumformiat) $HCOONH_4$

Dissoziation in Wasser: $HCOONH_4 \rightleftharpoons HCOO^- + NH_4^+$
Sauer reagierendes Hydrolysesalz, das in wäßriger Lösung folgende Reaktion zeigt:

$$HCOONH_4 + H_2O \rightleftharpoons HCOOH + NH_4OH \xrightarrow{\text{Kochprozeß}} NH_3\uparrow + H_2O$$

Rel. Molmasse: 63

Einsatz

siehe Ammoniumethanat, Pkt. 4.6.2.

5.1. Chemische Besonderheiten

Die in der Chemie häufigen Oxydationsprozesse sind auch in der textilchemischen Technologie typisch.
Jede Oxydation ist stets mit einer gleichzeitig ablaufenden Reduktion gekoppelt. Man spricht deshalb besser von Redoxprozessen. Ursprünglich definierte man dabei als Oxydation solche chemischen Reaktionen, bei denen Sauerstoff aufgenommen bzw. Wasserstoff abgegeben wird.

$$Zn + \frac{1}{2} O_2 \rightarrow ZnO$$

$$\underset{\text{Methanol}}{CH_3OH} \rightarrow \underset{\text{Methanal}}{CH_2O} + H_2$$

Eine Reduktion ist dann der jeweils umgekehrte Prozeß. Die Ionenlehre gestattet eine vertiefte und verallgemeinerte Definition der Redoxvorgänge:
Oxydation ist danach Elektronenabgabe und Erhöhung der Wertigkeit, während die Reduktion eine Elektronenaufnahme und Erniedrigung der Wertigkeit darstellt.

Beispiele

1. Die oxydierende Wirkung des Kaliumdichromats in saurer Lösung veranschaulicht die folgende Gleichung:

$$\overset{2\times6+}{Cr_2}O_7^{2-} + 6e^- + 14\,H^+ \rightarrow 2\,\overset{2\times3+}{Cr} + 7\,H_2O$$

Die Kaliumionen nehmen nicht an der Reaktion teil. Ein Mol $K_2Cr_2O_7$ nimmt also 6 Elektronen auf. Ein Val $K_2Cr_2O_7$ entspricht demzufolge 1/6 der relativen Molmasse.

$$1\ \text{Val} = \frac{K_2Cr_2O_7}{6} = \frac{294{,}2}{6} = 49{,}0\ \text{g}$$

2. Die folgende Redoxgleichung

$$\overset{7+}{Mn}O_4 + 8\,H^+ + 5\,Fe^{2+} \rightarrow Mn^{2+} + 5\,Fe^{3+} + 4\,H_2O$$

kann man in folgende Teilreaktionen zerlegen

$$\overset{7+}{Mn}O_4^- + 5e^- + 8\,H^+ \xrightarrow{\text{Reduktion}} Mn^{2+} + 4\,H_2O$$

$$5\,Fe^{2+} \xrightarrow{\text{Oxydation}} 5\,Fe^{3+} + 5\,e^-$$

Aus dieser Gleichung ergibt sich das unter 2.2. für eine $KMnO_4$-Maßlösung Gesagte: Aus den Beispielen ist zu erkennen, daß das Oxydationsmittel (MnO_4^-, $Cr_2O_7^{2-}$) selbst reduziert wird und das Reduktionsmittel selbst oxydiert wird. Die Anzahl der aufgenommenen bzw. abgegebenen Elektronen ist dabei stets gleich. Bei einigen Redoxreaktionen ist es günstig, nach JANDER [6] den Begriff der Oxydationsstufe einzuführen. Man muß sich aber im klaren darüber sein, daß diese eine formale Größe ist, die nicht immer mit der tatsächlichen Wertigkeit übereinstimmt. Im Wasserstoffperoxid liegt die Oxydationsstufe des Sauerstoffs mit -1 zwischen der des molekularen Sauerstoffs mit ± 0 und der des O_2^--Ions mit -2. Daraus wird verständlich, daß H_2O_2 sowohl als Reduktions- wie auch als Oxydationsmittel fungieren kann.

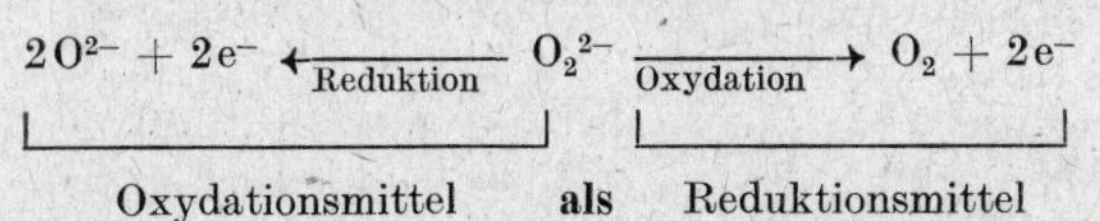

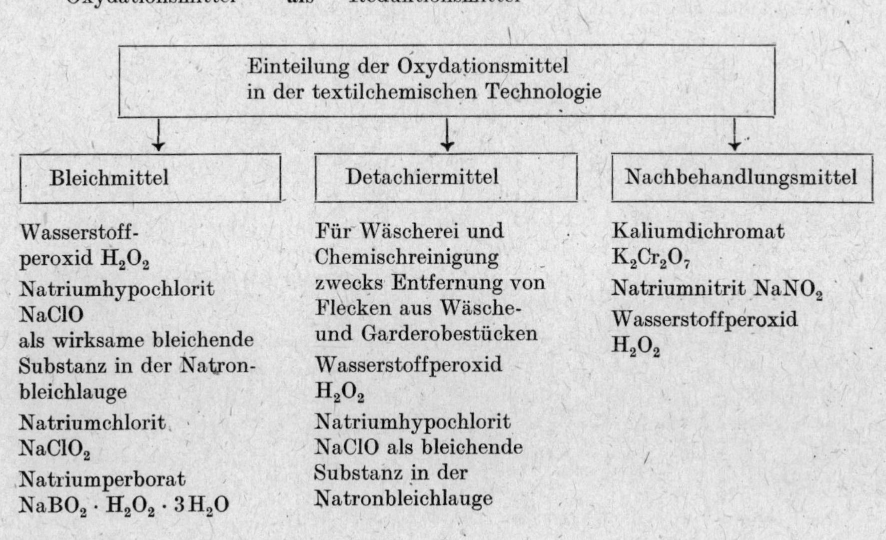

Einteilung der Oxydationsmittel in der textilchemischen Technologie
Bleichmittel
Detachiermittel
Nachbehandlungsmittel
Wasserstoffperoxid H_2O_2
Natriumhypochlorit NaClO als wirksame bleichende Substanz in der Natronbleichlauge
Natriumchlorit $NaClO_2$
Natriumperborat $NaBO_2 \cdot H_2O_2 \cdot 3H_2O$
Für Wäscherei und Chemischreinigung zwecks Entfernung von Flecken aus Wäsche- und Garderobestücken
Wasserstoffperoxid H_2O_2
Natriumhypochlorit NaClO als bleichende Substanz in der Natronbleichlauge
Kaliumdichromat $K_2Cr_2O_7$
Natriumnitrit $NaNO_2$
Wasserstoffperoxid H_2O_2

5.2. Wasserstoffperoxid H_2O_2

Rel. Molmasse 34
Dichte 1,47 g · cm^{-3} (35%ig)
Siedepunkt 158 °C; Gefrierpunkt −0,96 °C
Handelsübliche Konzentration: 35%ig
Dissoziation $H_2O_2 \rightleftharpoons H^+ + HOO^-$
Eine Wasserstoffperoxidlösung reagiert schwach sauer.
Die Dissoziationskonstante K

$$\frac{[H^+] \cdot [HO_2^-]}{H_2O_2} = K = 1{,}6 \cdot 10^{-12}\ \text{mol} \cdot \text{l}^{-1}$$

Die Peroxide Na_2O_2 und BaO_2 sind als Salze des Wasserstoffperoxids aufzufassen. Wasserstoffperoxid zerfällt in folgender Weise:

$$2H_2O_2 \rightarrow 2H_2O + O_2 \qquad \Delta H = -193{,}4\ \text{kJ}$$

Diesen Zerfall als exotherme Reaktion können Licht oder offenes Stehen noch sehr begünstigen. Da auch schon Staub oder allerkleinste Metallteilchen katalysierend auf die Zersetzung wirken, soll H_2O_2 möglichst in Plastflaschen aufbewahrt werden. Denn selbst schon die geringe Alkalimenge aus dem Glas wirkt auf H_2O_2 zersetzend.

Aus diesem Grund ist die handelsübliche Lösung stets mit Substanzen wie Harnsäure, Natriumdiphosphat, Citronen- oder Sulfanilsäure stabilisiert.
Als Bleichmittel ist die Reaktion des Wasserstoffperoxids wie folgt zu deuten:

1. Neutralisation: $HOOH + NaOH \rightarrow NaOOH + H_2O$
   $NaOOH + NaOH \rightarrow NaOONa + H_2O$
2. Dissoziation: $NaOONa \rightarrow NaOO^- + Na^+$
   $NaOO^- \rightarrow OO^{2-} + Na^+$
3. Redoxreaktion: $NaOO^- + 3H^+ + 2e^- + NaOH + H_2O$
   $OO^{2-} + 4H^+ + 2e^- \rightarrow 2HOH$

Die oxydierende Wirkung von H_2O_2 zeigt sich auch in der Oxydation von Bleisulfid PbS zu Bleisulfat $PbSO_4$.

$$PbS + 4H_2O_2 \rightarrow PbSO_4 + 4H_2O$$
schwarz weiß

Chemischer Nachweis

Wasserstoffperoxid wird mit H_2SO_4 leicht angesäuert und anschließend mit einer Titanylsulfatlösung ($TiOSO_4$) versetzt. Dabei bildet sich orangegelbes Peroxotitansulfat TiO_2SO_4.

Besonderheiten beim Bleichen

Bleicht man mit Wasserstoffperoxid H_2O_2, so darf das Wasser keine Fe- oder Mn-Salze enthalten, andernfalls kann es bei diesem Veredlungsprozeß zu einer Bleichkatalyse kommen.

$Fe^{3+} \rightarrow Fe^{2+} \rightarrow Fe^{5+} \rightarrow Fe^{3+}$

1. $2FeO + 3H_2O_2 \rightarrow Fe_2O_5 + 3H_2O$
   $\downarrow$
2. $Fe_2O_3 + O_2$
   Oxydationsstoß
3. $Fe_2O_3 + H_2O_2 \rightarrow 2FeO + H_2O + O_2$

Dabei stellen die Reaktionen 1 bis 3 Kettenreaktionen dar, wobei der Bleichprozeß unkontrollierbar wird und eine Faserschädigung eintritt.
Eine Verhinderung dieser Bleichkatalyse ist möglich, wenn man vorher eine Enteisenung des Wassers vornimmt oder eine Vorwäsche unter gleichzeitigem Zusatz von Hexametaphosphaten durchführt.

$$Na_2[Na_4(PO_3)_6] + Cu^{2+}$$
$$Fe^{2+} \rightarrow Na_2[CuFe(PO_3)_6] + 4Na^+$$

Konzentrationsbestimmung [5]

10 cm³ der zu bestimmenden H_2O_2-Lösung werden mit dest. Wasser auf 100 cm³ aufgefüllt und davon 10 cm³ als Vorlage für die Titration verwendet. Zu dieser Vorlage gibt

man 10 cm^3 H_2SO_4 (1:10) und titriert mit 0,1 n-$KMnO_4$-Lösung bis zum Eintreten einer schwachen Rosafärbung. Die Permanganattitration springt oft schwer an und wird dadurch nicht besonders genau. Man sollte deshalb in solchen Fällen die iodometrische Methode vorziehen.
Für Reihenuntersuchungen ist es auch sehr günstig, die potentiometrische Methode anzuwenden.

Berechnung

Verbrauchte cm^3 0,1 n-$KMnO_4$ · 0,8 $\triangleq$ mg aktiver Sauerstoff
Verbrauchte cm^3 0,1 n-$KMnO_4$ · 1,7 $\triangleq$ mg H_2O_2

Bei H_2O_2-Bleichflotten verwendet man 10 cm^3 Flotte, versetzt sie ebenfalls mit 10 cm^3 H_2SO_4 (1:10) und titriert mit 0,1 n-$KMnO_4$-Lösung bis zur schwachen Rosafärbung.

Berechnung

1 cm^3 verbrauchte 0,1 n-$KMnO_4$-Lösung $\triangleq$ 0,08 g · l^{-1} aktiver Sauerstoff vgl. Tabelle 16

Tabelle 16: Menge des aktiven Sauerstoffs in Gramm je Liter Flotte in Abhängigkeit von der Menge der bei der Titration verbrauchten 0,1 n-$KMnO_4$-Lösung in cm^3

cm^3	0	,1	,2	,3	,4	,5	,6	,7	,8	,9
1	0,08	0,088	0,096	0,104	0,112	0,120	0,128	0,136	0,144	0,152
2	0,16	0,168	0,176	0,184	0,192	0,200	0,208	0,216	0,224	0,232
3	0,24	0,248	0,256	0,264	0,272	0,280	0,288	0,296	0,304	0,312
4	0,32	0,328	0,336	0,344	0,352	0,360	0,368	0,376	0,384	0,392
5	0,40	0,408	0,416	0,424	0,432	0,440	0,448	0,456	0,464	0,472
6	0,48	0,488	0,496	0,504	0,512	0,520	0,528	0,536	0,544	0,552
7	0,56	0,568	0,576	0,584	0,592	0,600	0,608	0,616	0,624	0,632
8	0,64	0,648	0,656	0,664	0,672	0,680	0,688	0,696	0,704	0,712
9	0,72	0,728	0,736	0,744	0,752	0,760	0,768	0,776	0,784	0,792
10	0,80	0,808	0,816	0,824	0,832	0,840	0,848	0,856	0,864	0,872

Beispiel

Für 10 cm^3 Bleichflotte wurden 3,8 cm^3 0,1 n-$KMnO_4$-Lösung verbraucht. Nach der Tabelle enthält also das Bad 0,304 g · l^{-1} aktiven Sauerstoff.

Einsatz

Zum Bleichen von Wolle unter gleichzeitigem Zusatz von Ammoniumhydroxid NH_4OH und Stabilisierungsubstanzen. pH-Wert 8,5; Bleichtemperatur 50...55 °C
Als Nachbehandlungsmittel zwecks Aufoxydierung von Schwefel- oder Küpenfärbungen bzw. -drucken auf Cellulosefaserstoffen.
Als Hilfsmittel in der Detachur der Chemischreinigung und Wäscherei zur Beseitigung von Tee-, Blut-, Obst- und auch Sengflecken.
Als Hilfsmittel beim Waschen in der Textilreinigung. Der Zusatz erfolgt als 35%ige H_2O_2-Lösung mit 0,5 cm^3 · kg^{-1} Waschgut in der Klarwäsche.

5.3. Natriumhypochlorit NaClO

Rel. Molmasse 74,5
Basisch reagierendes Hydrolysesalz, das in wäßriger Lösung folgende Reaktion zeigt:

$NaClO + H_2O \rightleftharpoons NaOH + HClO$

Die unterchlorige Säure selbst ist eine sehr labile Verbindung. Das Na- oder auch K-Salz ist dagegen stabiler.

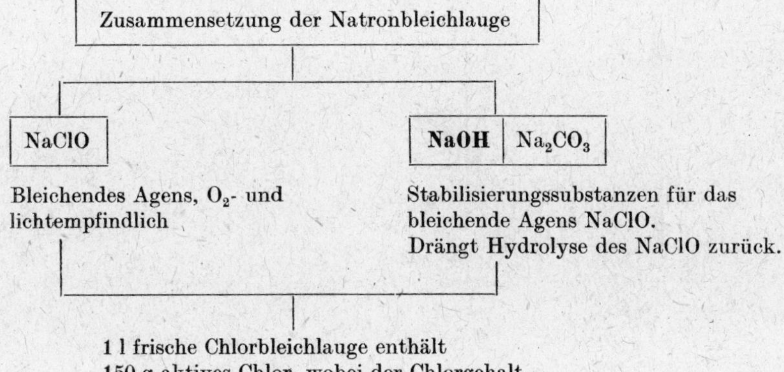
Zusammensetzung der Natronbleichlauge
NaClO
NaOH
Na_2CO_3
Bleichendes Agens, O_2- und lichtempfindlich
Stabilisierungssubstanzen für das bleichende Agens NaClO.
Drängt Hydrolyse des NaClO zurück.

1 l frische Chlorbleichlauge enthält
150 g aktives Chlor, wobei der Chlorgehalt
durch längere und unsachgemäße Lagerung abnimmt.

*p*H-Wert 13 bis 14

Wirkungsweise beim Bleichen

Der Bleichprozeß läuft in 3 Stufen ab

1. $NaClO + H_2O \rightleftharpoons HClO + NaOH$ — Hydrolyse, alkalische Reaktion, optimaler Bleich-*p*H-Wert 9,6
2. $HClO \rightarrow HCl + O$ — Austreten von atomarem Sauerstoff, exotherme Reaktion
3. $HCl + NaOH \rightarrow NaCl + H_2O$ — Neutralisation

Aus diesen drei Stufen ist ersichtlich, daß beim Bleichprozeß folgende Badkontrollen durchgeführt werden müssen:

laufende *p*H-Wert-Kontrolle
Beachtung des Flottenverhältnisses FV
Kontrolle der Bleichtemperatur
Kontrolle des Bleichmittelverbrauches
Kontrolle des Alkaligehaltes

Die *p*H-Wert-Kontrolle ist von großer Bedeutung, da die Bleichlösungen in den einzelnen *p*H-Wert-Bereichen einen unterschiedlichen Gehalt an NaClO, HClO und Cl_2 aufweisen. Dazu dient folgende Übersichtstafel [3] (Bild 5/1).

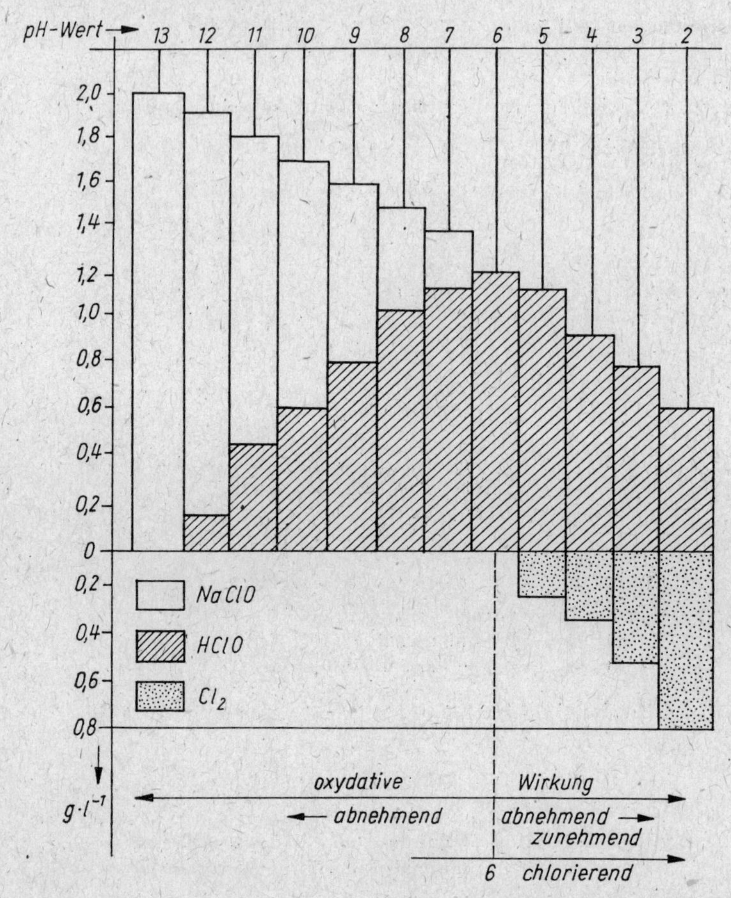

Bild 5/1: Übersicht über Einstellungsmöglichkeiten des *p*H-Wertes mit NaClO, HClO und Cl_2

Anmerkung

Zwischen *p*H-Wert 6 und 7 kommt es zwar zur höchsten Bleichwirkung, zugleich aber auch zur höchsten Faserschädigung.

Gehaltsbestimmungen an aktivem Chlor

1. Iodometrisch mit 0,1 n-$Na_2S_2O_3$-Lösung

Laugenkonzentrationsprüfung

50 cm³ Natronbleichlauge werden mit dest. Wasser auf 1000 cm³ aufgefüllt und davon 10 cm³ als Probevorlage verwendet, die in 10 cm³ einer 10%igen Kaliumiodlösung langsam zugegeben werden. Anschließend säuert man mit 10 cm³ 10%iger HCl an und titriert das ausgeschiedene Iod mit 0,1 n-$Na_2S_2O_3$-Lösung gegen Stärkeindikator von blau nach farblos.

Berechnung

1 cm³ verbrauchte 0,1 n-$Na_2S_2O_4$-Lösung ≙ 0,0035 g aktivem Chlor
≙ 0,355 g · l^{-1}

Bleichflottenbestimmung

10 cm³ Bleichflotte werden in eine 10%ige (überschüssige) Kaliumiodidlösung gebracht, mit etwas 10%iger HCl angesäuert und wieder gegen Indikator Stärke mit 0,1 n-$Na_2S_2O_3$-Lösung von blau auf farblos titriert.

Berechnung

1 cm³ verbrauchte 0,1 n-$Na_2S_2O_3$-Lösung ≙ 0,355 g · l^{-1} aktivem Chlor
≙ 0,262 g · l^{-1} HClO
≙ 0,372 g · l^{-1} NaClO

2. Arsenometrisch mit 0,1 n-H_3AsO_3 (arsenige Säure)

Bleichflottenbestimmung

Zu 10 cm³ der Bleichflotte läßt man unter stetem Umrühren solange 0,1 n-H_3AsO_3 (arsenige Säure) zufließen, wie beim Aufbringen eines Tropfens der zu prüfenden Lösung mit einem Glasstab auf Iodkaliumstärkepapier noch eine Blaufärbung entsteht. Das Ende der Reaktion ist erreicht, wenn durch einen Tropfen der zu prüfenden Bleichlösung auf dem Indikatorpapier nur noch ein ganz schwach blau gefärbter Ring vorhanden ist und dieser nach Zugabe eines weiteren Tropfens zur Bleichlösung dann auf dem Iodkaliumstärkepapier nicht mehr auftritt.

Berechnung

Verbrauchte cm³ an 0,1 n-H_3AsO_3-Lösung · 0,355 ≙ g · l^{-1} aktivem Chlor. Bei dieser Bleichflottenbestimmung mit arseniger Säure H_3AsO_3 ist äußerste Vorsicht geboten. Arsenige Säure ist ein Gift der Klasse I (vgl. Tabelle 17).

Tabelle 17: Menge des aktiven Chlors in Gramm je Liter Flotte in Abhängigkeit von der Menge der bei der Titration verbrauchten 0,1 n-H_3AsO_3-Lösung

cm³	0	,1	,2	,3	,4	,5	,6	,7	,8	,9
1	0,355	0,390	0,420	0,460	0,496	0,530	0,570	0,620	0,640	0,670
2	0,710	0,745	0,780	0,816	0,851	0,886	0,922	0,960	0,993	1,228
3	1,064	1,099	1,135	1,170	1,206	1,241	1,277	1,312	1,347	1,383
4	1,418	1,454	1,489	1,525	1,560	1,596	1,631	1,666	1,702	1,738
5	1,773	1,808	1,844	1,879	1,915	1,950	1,986	2,021	2,057	2,092
6	2,128	2,163	2,199	2,234	2,270	2,305	2,341	2,376	2,412	2,447
7	2,483	2,518	2,554	2,589	2,625	2,660	2,696	2,731	2,731	2,802
8	2,838	2,873	2,909	2,944	2,980	3,015	3,051	3,086	3,122	3,157
9	3,193	3,228	3,264	3,299	3,335	3,370	3,406	3,441	3,477	3,512
10	3,546	3,581	2,617	3,652	3,688	3,723	3,759	3,794	3,830	3,865
11	3,901	3,936	3,972	4,007	4,043	4,078	4,114	4,149	4,185	4,220
12	4,255	4,290	4,326	4,361	4,397	4,432	4,468	4,503	4,539	4,574
13	4,605	4,644	4,680	4,715	4,751	4,786	4,822	4,857	4,893	4,928
14	4,964	4,999	5,035	5,070	5,106	5,141	5,177	5,212	5,248	5,283
15	5,319	5,354	5,390	5,425	5,461	5,496	5,532	5,567	5,603	5,638

Beispiel

Wurden bei einer aktiven Chlorbestimmung 12,1 cm³ 0,1 n-H_3AsO_3-Lösung verbraucht, so entspricht dies einem Aktivchlorgehalt von 4,29 g · l^{-1} Bleichflotte

3. Bestimmung des Gehaltes an freiem Alkali und Soda Na_2CO_3

Freies Alkali (bezogen auf NaOH)

10 cm³ der zu untersuchenden Bleichlauge werden im Becherglas tropfenweise mit H_2O_2-Lösung versetzt, bis keine Gasentwicklung mehr eintritt, also sich der gesamte aktive Sauerstoff verflüchtigt hat. Danach wird die Lösung mit dest. Wasser auf 200 cm³ aufgefüllt.

$$NaClO + H_2O_2 \rightarrow NaCl + H_2O + O_2$$

Sodann wird zur Lösung eine 10%ige $BaCl_2$-Lösung, die vorher gegen Phenolphthaleinlösung neutral gestellt wurde, im Überschuß zugegeben, so daß das Na_2CO_3 (Soda) als $BaCO_3$ (Bariumkarbonat) ausgefällt wird. Nach Zugabe von Phenolphthaleinindikator wird mit 0,1 n-HCl bis farblos titriert.

Berechnung

1 cm³ verbrauchte 0,1 n-HCl $\triangleq$ 0,4 g · l^{-1} NaOH

Soda

10 cm³ der zu untersuchenden Bleichlauge werden im Becherglas tropfenweise mit H_2O_2-Lösung, die vorher gegen Methylorange neutral gestellt wurde, versetzt, bis keine Gasentwicklung mehr eintritt. Darauf wird die Lösung mit dest. Wasser auf 200 cm³ aufgefüllt. Nach Zugabe von Methylorangeindikator titriert man mit 0,1 n-HCl von gelb auf zwiebelfarben. Die Differenz aus den hierfür verbrauchten cm³ 0,1 n-HCl und der Menge cm³ an verbrauchter 0,1 n-HCl, die für die Ermittlung der Natronlauge verbraucht wurden, multipliziert man mit 0,53 und erhält damit den Gehalt an Soda in g · l^{-1}.

Einsatz

Zum Bleichen von allen Cellulosefaserstoffen außer Viskoseseide VI-S.
Als Zusatzmittel zum Waschbad in der Textilreinigung. Hier wird die entsprechende Menge an Natronbleichlauge (0,2...0,3 cm³ · kg^{-1} Wäsche) am günstigsten dem ersten Vorwaschbad zugesetzt.
Nach dem Bleichen und nachfolgenden Spülen müssen durch ein Reduktionsmittel Chlorlaugenreste aus der Ware beseitigt werden (siehe dort → Reduktionsmittel).

5.4. Natriumchlorit $NaClO_2$

Rel. Molmasse 90,5
Alkalisch reagierendes Hydrolysesalz, das in wäßriger Lösung folgende Reaktion zeigt:

$$NaClO_2 + H_2O \rightleftharpoons \underset{\text{chlorige Säure, sehr unbeständig}}{HClO_2} + NaOH$$

Wirkungsweise beim Bleichen im sauren Bereich

$$5\,NaClO_2 + 4\,HCl \xrightarrow[\text{pH-Wert 3,5}]{} 4\,ClO_2 + 5\,NaCl + 2\,H_2O$$

Erst im sauren Bereich ist $NaClO_2$ als Bleichmittel einsetzbar. Das Bleichmittel in Form des festen Salzes ist sehr stabil und bis 180 °C temperaturbeständig.

Gehaltsbestimmung

1. Festes Salz

2...3 g festes $NaClO_2$ wird analytisch abgewogen und in 1000 cm^3 dest. Wasser gelöst. 10 cm^3 werden als Probelösung entnommen und mit 5 cm^3 einer 10%igen KI-Lösung sowie mit 20 cm^3 einer 10%igen H_2SO_4-Lösung versetzt. Dann wird die gesamte Analysenprobe 3 Minuten verschlossen stehengelassen und anschließend das ausgeschiedene Iod gegen Stärkeindikator mit 0,1 n-$Na_2S_2O_3$-Lösung von blau nach farblos titriert.

Berechnung

1 cm^3 verbrauchte 0,1 n-$Na_2S_2O_3$ $\triangleq$ 0,226 g · l^{-1} $NaClO_2$

2. Bleichflottenuntersuchung

10 cm^3 Flotte werden ohne Verdünnung wie oben angegeben mit den notwendigen Chemikalien versetzt, mit 0,1 n-$Na_2S_2O_3$-Lösung titriert und ebenfalls wie oben berechnet.

Einsatz

Zum Bleichen aller Synthesefaserstoffe sowie Acetat-, Triacetat- und Viskoseseide im sauren Bereich sowie auch in einigen Fällen von Baumwolle.

5.5. Natriumperborat $NaBO_2 \cdot H_2O_2 \cdot 3\,H_2O$

Das Natriumperborat $NaBO_2 \cdot H_2O_2 \cdot 3\,H_2O$ stellt chemisch gesehen ein Additionsprodukt von Natriummetaborat, Wasserstoffperoxid und Wasser dar. Ebenso kann es aber auch als Additionsprodukt von Natriumtetraborat, Wasserstoffperoxid und Wasser als $Na_2B_4O_7 \cdot H_2O_2 \cdot 9\,H_2O$ vorliegen.

Eigenschaften

Farblose, monokline Kristalle, die in Wasser nur mäßig löslich sind.

Bei 15 °C 3,9 g · 100 g^{-1} H_2O

Gelöstes Natriumperborat spaltet infolge Hydrolyse bei kalter Temperatur langsam, bei höherer Temperatur schneller H_2O_2 bzw. Sauerstoff ab.
Die Sauerstoffabspaltung wird durch einen Stabilisator, z. B. Magnesiumsilikat gesteuert.

Gehaltsbestimmung [2]

0,2...0,3 g festes Natriumperborat wird analytisch abgewogen und in 50 cm^3 10%ige H_2SO_4 eingetragen.
Anschließend wird kalt mit einer 0,1 n $KMnO_4$-Lösung bis zur bleibenden Rosafärbung titriert.

Berechnung: 1 cm^3 verbrauchte 0,1 n $KMnO_4$-Lösung ≙ 0,0008 g aktiver Sauerstoff oder 0,0077 g $NaBO_2 \cdot H_2O_2 \cdot 3H_2O$

Einsatz

Als Zusatzmittel zu Waschmitteln, vor allem für Allein- und 2-Stufen-Waschmittel in der Textilreinigung zwecks Erhöhung des Weißgrades der Wäsche durch den bleichenden Effekt.

5.6. Kaliumdichromat $K_2Cr_2O_7$

Starkes Oxydationsmittel, schwach sauer reagierendes Hydrolysesalz
Rel. Molmasse 294,2
Dichte 2,676 bei 25 °C
Das Kaliumdichromat $K_2Cr_2O_7$ und auch das Natriumdichromat haben in der gesamten textilchemischen Technologie eine große Bedeutung. Als Salz $K_2Cr_2O_7$ ist es in Wasser sehr leicht löslich. Bei 0 °C lösen sich in 100 g Wasser 4,6 g $K_2Cr_2O_7$, bei 100 °C 94,1 g. Das Salz zeigt keinerlei Hygroskopizität. Es kristallisiert wasserfrei und ist auch bis 600 °C hitzebeständig.

Chemische Nachweise

1. Werden Lösungen von $K_2Cr_2O_7$ mit Schwefelwasserstoff, Ethanol, Iodwasserstoff, schwefliger Säure oder anderen Reduktionsmitteln versetzt, findet man durch die Umwandlung von $Cr^6 \rightarrow Cr^3$ stets einen Farbumschlag von orange nach grün.
2. Mit Bleiacetatlösung bildet sich Bleichromat $PbCrO_4$ als gelber Niederschlag.

Gehaltsbestimmung [2]

5 g $K_2Cr_2O_7$ werden analytisch abgewogen, in 1 l dest. Wasser gelöst und davon 50 cm^3 nochmals auf 100 cm^3 verdünnt. Danach werden die 100 cm^3 Probelösung mit 10 cm^3 einer 10%igen KI-Lösung und 30 cm^3 10%iger HCl versetzt. Das ausgeschiedene Iod wird dann gegen Stärkelösung als Indikator mit 0,1 n-$Na_2S_2O_3$-Lösung bis farblos titriert.

Berechnung

1 cm^3 verbrauchte 0,1 n-$Na_2S_2O_3$-Lösung ≙ 0,0049 g $K_2Cr_2O_7$

Einsatz

Nachbehandlung bestimmter substantiver Farbstoffe zwecks Erhöhung der Naß- und der Lichtechtheit.
Als Zusatzmittel zur Nachbehandlung von Wolle, die mit Nachchromierfarbstoffen gefärbt wurde. Meist wird zum Kaliumdichromat noch Methansäure oder Ethansäure zugesetzt. Diesen Prozeß bezeichnet man als Nachchromierung (*p*H-Wert 6).

Chemismus

$$K_2Cr_2O_7 + 8CH_3COOH \xrightarrow{+6e \quad +6H^+} 2(CH_3COO)_3Cr + 2CH_3COOK + 7H_2O$$

(Ausbildung eines Farbstoffchromkomplexes durch Reaktion von Farbstoff mit 3wertigem Chrom)

Anmerkung

Für Metachromfarbstoffe wird zum Färben als Hilfsmittel die Metachrombeize eingesetzt. Sie kann nach folgendem Prinzip aufgebaut sein

Mischung von K_2CrO_4, $(NH_4)_2CrO_4$ und $(NH_4)_2SO_4$

oder Na_2CrO_4

Reaktionschemismus

$(NH_4)_2CrO_4 \rightarrow H_2CrO_4 + 2\,NH_3$

$\downarrow$

$H_2O + Cr^{3+} + 3\,O$

⋮

hydratisiert vorliegend

$(NH_4)_2SO_4 \rightarrow 2\,NH_3 + H_2SO_4$

$H_2SO_4 + K_2CrO_4 \rightarrow H_2CrO_4 + K_2SO_4$

Zur Härtung von Siebdruckmustern auf Flachschablonen mittels Lichts.

6. Reduktionsmittel in der textilchemischen Technologie

6.1. Chemische Besonderheiten

Der der Oxydation entgegengesetzte Prozeß wird als Reduktion bezeichnet, die, wie unter 5.1. angeführt, unter Elektronenzufuhr abläuft.

$$Cu^{2+}O^{2-} + 2H^{\cdot} \rightarrow Cu + H^{+}OH^{-}$$

$$Pb^{4+} + 2e^{-} \rightarrow Pb^{2+}$$

Jede chemische Reaktion, die die Oxydationsstufe bzw. Wertigkeit eines chemischen Elementes erniedrigt, stellt damit eine Reduktion dar. Mittels geeigneter Meßanordnungen (s. Lehrbücher der Physikalischen Chemie) kann man die Metalle und Nichtmetalle nach ihren Normalpotentialen in eine elektrochemische Spannungsreihe einordnen. Je negativer das Normalpotential, um so stärker die Reduktionswirkung und umgekehrt (siehe auch NERNSTsche Gleichung).

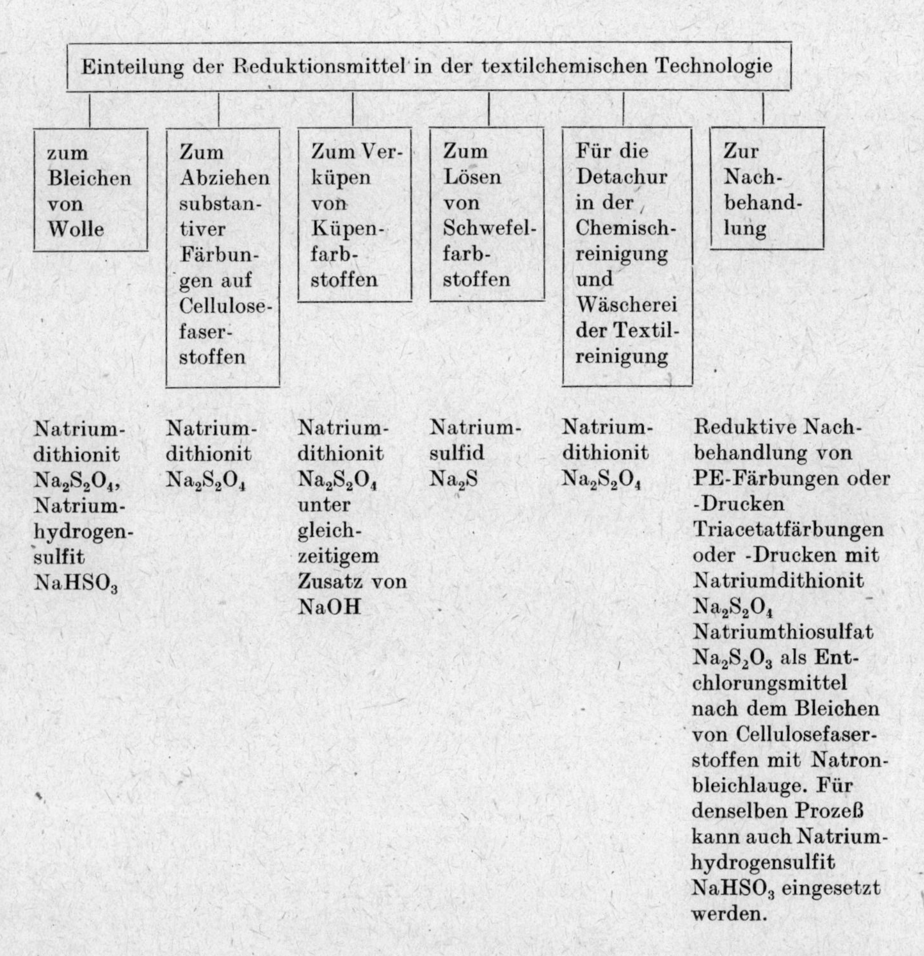

6.2. Natriumdithionit $Na_2S_2O_4$

Struktur

```
O    O–Na
 \\ /
  S
  |
  S
 // \
O    O–Na
```

Rel. Molmasse: 174

Das Salz ist sehr unbeständig und zeigt so hohe reduzierende Eigenschaften, daß sogar aus Salzlösungen edler Metalle durch $Na_2S_2O_4$ das entsprechende Metall ausgefällt wird. Bei zunehmender Temperatur und sinkendem *p*H-Wert steigt die Zersetzlichkeit. Deshalb ist sachgerechte Lagerung erforderlich.
Handelsübliche Formen existieren vor allem hinsichtlich der Konzentration.

100%ige Substanz
90%ige Substanz } zu 100% mit Phosphaten verschnitten.
50%ige Substanz

Wirkungsweise beim Bleichen

Grundsätzlich gilt, daß Natriumdithionit im alkalischen Bereich eine wesentlich höhere Reduktion aufzeigt als im neutralen Bereich. Dies ist insofern wichtig, als es textile Faserstoffe gibt, die gegen Alkalien äußerst empfindlich sind und deshalb neutral behandelt werden müssen, z. B. Wolle.

Reaktionsweise im neutralen Bereich

$$Na_2S_2O_4 + 2\,H_2O \rightarrow 2\,NaHSO_3 + 2\,H$$

Der Reduktionsmitteleinsatz für Wolle ist nicht zu hoch vorzunehmen, da es sonst zur Aufspaltung der Disulfidbrücken des Cystins (—S—S—) kommen kann und die Wolle geschädigt wird. Dies wirkt sich negativ auf die Festigkeit des Faserstoffes aus. Die Temperatur darf hier keinesfalls $> 60\,°C$ sein.

Reaktionsweise im alkalischen Bereich

$$Na_2S_2O_4 + 2\,NaOH + H_2O \rightarrow Na_2SO_3 + Na_2SO_4 + 4\,H$$

Gehaltsbestimmung [2]

Die Gehaltsbestimmung wird mit Ammoniumeisen(III)-sulfat vorgenommen, wobei 2 g dieses Salzes genau der Menge von 0,361 g Dithionit entsprechen.
Es werden 2 g des Salzes analytisch gewogen und in 15 cm^3 dest. Wasser unter gleichzeitigem Zusatz von 10 cm^3 Schwefelsäure (20%ig) gelöst. Danach wird die Lösung mit 3 bis 4 Tropfen Ammoniumthiocyanat NH_4SCN als Indikator gerötet und zum Schluß aus einer analytisch abgewogenen Menge $Na_2S_2O_4$ ganz vorsichtig kleinste Anteile dieses Salzes in die Lösung bis zur Entfärbung zugegeben. Die restliche Menge an $Na_2S_2O_4$ wird genau zurückgewogen.

Berechnung

$$\%Na_2S_2O_4 = \frac{0{,}361 \cdot 100}{\text{verbrauchtes } Na_2S_2O_4 \text{ g}}$$

Die Genauigkeit der Bestimmung ist jedoch nicht so hoch wie bei nachfolgend angeführter Methode, genügt aber den Anforderungen der Praxis.
Eine andere Methode beruht auf der Titration mit 0,1 m-$K_3[Fe(CN)_6]$-Lösung. Dabei wird 1 g $\cdot$ l^{-1} $Na_2S_2O_4$ analytisch eingewogen, mit 1 $cm^3 \cdot l^{-1}$ NaOH ($\varrho = 1{,}32$) auf einen *p*H-Wert von 10...11 eingestellt und mit Paraffinöl überschichtet.
50 cm^3 dieser Lösung werden mit 10 Tropfen frischer 10%iger $FeSO_4$-Lösung versetzt und ebenfalls mit Paraffinöl überschichtet. Abschließend wird mit 0,1 m-$K_3[Fe(CN)_6]$-Lösung bis zur Blaugrünfärbung titriert.

Berechnung

1 cm^3 verbrauchte 0,1 m-$K_3[Fe(CN)_6]$-Lösung $\triangleq$ 8,7 mg $Na_2S_2O_4$

Eine Reduktionswirkung ist nicht nur von der Konzentration des Natriumdithionits abhängig, sondern auch von der Temperatur der Lösung.
Auf diese Weise ist es auch möglich, in Flotten (Nachbehandlungsflotten nach der Färbung oder nach dem Druck) das Dithionit quantitativ zu bestimmen.
Allerdings ist es sehr nachteilig, wenn solche Nachbehandlungsflotten von überschüssig abgelöstem Farbstoff in irgendeiner Weise angefärbt werden. Dadurch ist der Äquivalenzpunkt (Endpunkt der Titration) oft sehr schwer zu erkennen. Ist die Flotte gelblich oder hellorangefarben, verschiebt sich meist der Umschlagspunkt mehr nach der grünen Seite hin.

Einsatz

Zum Bleichen von Wolle bei 60 °C ohne Alkali.
Zum Abziehen substantiver Färbungen auf Cellulosefaserstoffen. Da diese Farbstoffe meist Azogruppen (—N=N—) als chromophore Gruppen haben, werden diese durch $Na_2S_2O_4$ im alkalischen Bereich aufgespalten, so daß farblose Spaltprodukte entstehen (s. Azofarbstoffe, Pkt. 15.2.2.). Temperatur: 85...90 °C

$$\boxed{\text{Fb}} - N = N - R + 2H \rightarrow \boxed{\text{Fb}} - NH - NH - R$$

$$\boxed{\text{Fb}} - NH - NH - R + 2H \rightarrow \boxed{\text{Fb}} - NH_2 + H_2N - R$$

Zum Verküpen von Küpenfarbstoffen unter gleichzeitigem Zusatz von NaOH zwecks Überführung der Farbstoffe in die zum Färben von Cellulosefaserstoffen erforderliche gelöste Form.
Für die reduktive Nachbehandlung von Polyesterfaserstoffen mit NaOH nach der Färbung und nach dem Druck, um überschüssigen, an der Faseroberfläche noch anhaftenden Dispersionsfarbstoff zu reduzieren. Die Temperatur beträgt dabei 85 °C. Wird eine solche Nachbehandlung bei Triacetatfärbungen vorgenommen, so ist unbedingt ohne Alkali zu arbeiten, da es sonst zur Verseifung des Triacetatfaserstoffes kommt.
Als Detachiermittel in der Chemischreinigung und Wäscherei der Textilreinigung. Reduziert Obst-, Farb-, Iod-, Tinten- und Stockflecken. Die Art des Fasermaterials ist je-

doch bei Detachierprozessen unbedingt zu beachten, ebenso die Konzentration der $Na_2S_2O_4$-Lösung.

Anmerkung

Natriumdithionit $Na_2S_2O_4$ zeigt bei 85 °C die höchste Reduktionskraft. Deshalb ist für die Praxis zu beachten, daß das Dithionit nicht in Wasser gelöst zugesetzt werden darf, sondern daß man zweckmäßig z. B. beim Abziehen oder bei einer reduktiven Nachbehandlung zuerst auf 85 °C erwärmt und anschließend das Dithionit ins Bad einstreut.

Wichtige Handelsprodukte

Bilan B (Chemapol)
Hydrosulfit konz. BASF (BASF)
Burmol (BASF)
Blankit-Marken (BASF)
Hydrosulfit konz. (Sandoz)

6.3. Natriumthiosulfat $Na_2S_2O_3$ (Antichlor)

Alle Thiosulfate haben reduzierende Eigenschaften, da der Schwefel der Sulfangruppe die Oxydationsstufe −2 aufweist und das Schwefelatom der Sulfongruppe die Oxydationsstufe +6 zeigt.

$$(H-\overset{-2}{S}-\overset{+6}{S}O_3H)$$

Rel. Molmasse 158
Natriumthiosulfat kommt als $Na_2S_2O_3 \cdot 5\,H_2O$ in den Handel. Es darf kein Zusatz von $Na_2S_2O_3$ zu sauren Bädern vorgenommen werden.

Chemische Nachweise

Säure zerlegt $Na_2S_2O_3$ schon in der Kälte unter Abscheidung von Schwefel und SO_2, das man am Geruch erkennt, z. B.

$$2\,HCl + Na_2S_2O_3 \rightarrow 2\,NaCl + H_2S_2O \rightarrow H_2O + SO_2\uparrow + S$$

SO_2 kann sowohl am Geruch als auch durch Blaufärbung von Kaliumiodat-Stärkepapier erkannt werden.

$AgNO_3$ fällt weißes Silberthiosulfat

$$Na_2S_2O_3 + AgNO_3 \rightarrow Ag_2S_2O_3\downarrow + 2\,NaNO_3$$

geht durch weiteren Zusatz von $Na_2S_2O_3$ in Lösung über.
Farbänderungen von gelb → braun → schwarz.

Entfärbung von Iod-Kaliumiodid-Lösung

$$2\,Na_2S_2O_3 + I_2 \rightarrow 2\,NaI + \underset{\text{Na-Dithionat}}{Na_2S_4O_6}$$

Gehaltsbestimmung

25 g $Na_2S_2O_3$ in 10,00 cm³ dest. Wasser lösen und davon 25 cm³ der Lösung mit einer 0,1 n-Iodlösung gegen Stärkeindikator bis farblos titrieren.

Berechnung

1 cm³ verbrauchte 0,1 n-Iodlösung ≙ 0,0248 g $Na_2S_2O_3 \cdot 5H_2O$

Einsatz

Als Nachbehandlungsmittel nach dem Bleichen von Cellulosefaserstoffen mit Natronbleichlauge, um noch vorhandenes Chlor zu reduzieren bzw. zu binden.

$S_2O_3^{2-} + 4Cl_2 + 5H_2O \rightarrow 2SO_4^{2-} + 8Cl^- + 10H^+$ oder

$4HClO + Na_2S_2O_3 + H_2O \rightarrow Na_2SO_4 + H_2SO_4 + 4HCl$

Austretende HCl und H_2SO_4 werden im anschließenden Waschprozeß neutralisiert. Weiterhin hat das Entchloren die Aufgabe, vorhandene Chlor-Eiweiß-Verbindungen zu zerlegen. Diese Verbindungen, die Chloramine, bilden sich bei Einwirkung von Chlorbleichlauge auf pflanzliche Eiweiße.

$$R{-}NH_2 + NaClO \rightarrow \underset{\text{Chloramin}}{RNHCl} + NaOH$$

Chloramine können sich wiederum in HClO oder aber auch in HCl zersetzen und somit eine Schädigung der Cellulosefaser hervorrufen.

$4R{-}NHCl + Na_2S_2O_3 + 5H_2O \rightarrow R{-}NH_2 + Na_2SO_4 + H_2SO_4 + 4HCl$

6.4. Natriumhydrogensulfit $NaHSO_3$

Alle Hydrogensulfite zeigen reduzierende Eigenschaften und werden dabei selbst zu Sulfaten oxydiert. Beim Eindampfen entstehen unter Wasserabspaltung die sogenannten Pyrosulfite oder auch Disulfite genannt.

$$2NaHSO_3 \xrightarrow{+\text{Energie}} \underset{\text{Na-pyrosulfit}}{Na_2S_2O_5} + H_2O$$

Pyrosulfite bilden sich in Wasser sofort wieder zu Hydrogensulfiten zurück.
Rel. Molmasse 104
$NaHSO_3$ wird im Handel meist als Lösung geliefert, und zwar in der Konzentration von 40 °Bé ≙ einer Dichte von 1,384. Der SO_2-Gehalt liegt hier bei etwa 25%.

Bestimmung des SO_2-Gehaltes

0,2 g der Substanzprobe werden analytisch abgewogen und in ein Becherglas, das 100 cm³ dest. Wasser, 50 cm³ 0,1 n-Iodlösung und 5 cm³ 10%ige HCl enthält, gegeben. Nach vollständiger Lösung der Substanz wird mit 0,1 n-$Na_2S_2O_3$-Lösung das überschüssige Iod gegen Stärkelösung als Indikator titriert.

Berechnung

1 cm³ nichtzurücktitrierte 0,1 n-Iodlösung ≙ 0,0043 g

Einsatz

Als Nachbehandlungsmittel nach dem Bleichen von Cellulosefaserstoffen mit Natronbleichlauge (vgl. 6.3. Natriumthiosulfat $Na_2S_2O_3$!)

$HClO + NaHSO_3 \rightarrow NaHSO_4 + HCl$

Zum Bleichen von Wolle unter gleichzeitigem Zusatz von Schwefelsäure H_2SO_4

5...10% (der Warenmasse) $NaHSO_3$
1,5...2% (der Warenmasse) H_2SO_4 (96%ig)

30...45′ bei 30°C behandeln.

Diese Bleichmethode ist besonders günstig bei Wollartikeln mit Pepita- oder Melangeeffekt, wenn Weißanteile im Flächengebilde zu bleichen sind, ohne daß andere Farben dabei im Ton beeinträchtigt werden sollen.
Als Detachiermittel in der Chemischreinigung und Wäscherei. Reduziert Farb- und Obstflecke.

6.5. Natriumformaldehydsulfoxylat $NaHSO_2 \cdot CH_2O \cdot 2H_2O$

Rel. Molmasse 154
Das Formaldehydsulfoxylat stellt das Mononatriumsalz der unterschwefligen Säure (Sulfoxylsäure) dar. Es bildet, additiv an Methanal (Formaldehyd) gebunden, eine wichtige Gruppe von Reduktionsmitteln. Diese Verbindungen zeichnen sich meist dadurch aus, daß man sie sowohl zum Abziehen in der Färberei wie auch für den Ätzdruck in der Druckerei einsetzen kann.
All diese Substanzen sind sehr empfindlich gegen Feuchtigkeit und müssen deshalb ganz trocken gelagert werden. Eine Gehaltsbestimmung ist allerdings recht aufwendig.

Gehaltsbestimmung [2]

0,1701 g Indigotin ≙ 0,1 g Sulfoxylat
Eine ganz bestimmte Menge Indigokarmin, die 1,701 g Indigotin enthält, wird analytisch abgewogen und in 1000 cm³ dest. Wasser gelöst.
100 ml (sie enthalten 0,1701 g Indigotin) davon werden mit 15 cm³ CH_3COOH (98%ig) versetzt und unter Luftabschluß erhitzt. Danach wird die heiße Lösung mit einer 1%igen Methanalsulfoxylatlösung im Stickstoffstrom bis zur Entfärbung titriert.

Berechnung

1 cm³ verbrauchte Sulfoxylatlösung ≙ 0,1 g Na-formaldehydsulfoxylat.

Einsatz

Verküpung von Küpenfarbstoffen im Druck.
Für die Zerstörung des Farbstoffes auf dem Druckfond beim Weißätz- und Buntätzverfahren. Sie entwickeln ihre Reduktionsfähigkeit erst beim Dämpfen unter Wärme und Feuchtigkeit; vorher bilden sie noch absolut stabile Verbindungen.

Umsetzungen

$$NaHSO_2 \cdot CH_2O \cdot 2H_2O \xrightarrow{+\text{ Wärmeenergie}} CH_2O + NaHSO_2$$

$$2NaHSO_2 \xrightarrow{+\text{ Wärmeenergie}} Na_2S_2O_4 + 2H$$

$$Na_2S_2O_4 + 2KOH + H_2O \rightarrow K_2SO_3 + Na_2SO_4 + 4H$$

Erst in den 2 letzten Gleichungen wird der naszierende Wasserstoff frei (Dämpfprozeß).

Wichtige Handelsprodukte

Rongalit C (BASF)
Hydrosulfit R und FD (CIBA/Geigy)
Hydrosulfit RN (Sandoz)
Hydrosulfit RF (Rohner)
Rongeol NF (Francolor)
Rongalit H (BASF) $\triangleq$ Ca-Salz
Leptacit C (Chemapol)

6.6. Zinksulfoxylat

6.6.1. Primäres Zinksulfoxylat $HO-CH_2-SO_2-Zn-SO_2-CH_2-OH$

Anwendung wie unter Nr. 6.5. beschrieben.
Diese Verbindung als primäre Form ist wasserlöslich und wird für spezielle Druckverfahren als Reduktionsmittel eingesetzt. Gute Säurebeständigkeit dieser Reduktionsmittelgruppe steht im Vordergrund.

Wichtige Handelsprodukte

Decrolin löslich (BASF)
Hydrosulfit Z löslich (CIBA/Geigy)
Hydrosulfit AZL wasserlöslich (Rohner)
Redusol Z (CIBA/Geigy)
Deflazit ZA (BASF)

6.6.2. Sekundäres Zinksulfoxylat

Struktur

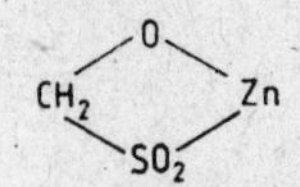

Im Gegensatz zum primären Salz ist die Verbindung als sekundäre Form in Wasser nicht löslich, jedoch in Methan- oder Ethansäure (Ameisensäure und Essigsäure). Der Einsatz erfolgt wie unter 6.5. beschrieben!

Wichtige Handelsprodukte

Decrolin (BASF)
Hydrosulfit BZ und Z (CIBA/Geigy)

6.7. Formamidinsulfinsäure

Struktur

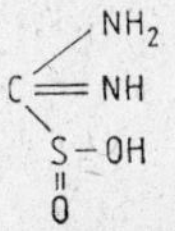

$$\mathrm{NH_2{-}C({=}NH){-}S({=}O){-}OH}$$

Reduktionsmittel für den sauren Küpendruck, empfindlich gegen Basen.

Umsetzung beim Dämpfen:

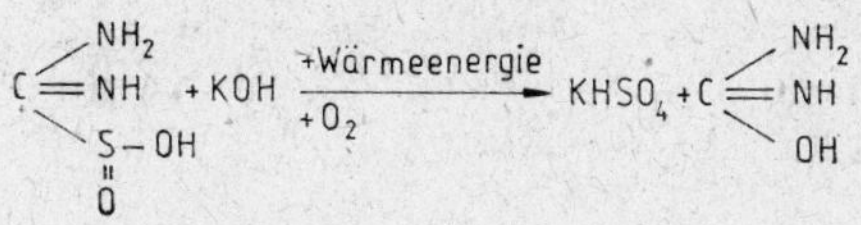

$$\mathrm{NH_2{-}C({=}NH){-}S({=}O){-}OH} + KOH \xrightarrow[+O_2]{+\text{Wärmeenergie}} KHSO_4 + \mathrm{NH_2{-}C({=}NH){-}OH}$$

7. Der *p*H-Wert

7.1. Begriff

Vom *p*H-Wert hängt der Ablauf vieler chemischer Reaktionen in wäßrigen Lösungen ab. Die Kenntnis und die Bestimmung des *p*H-Wertes sind deshalb auch in der textilchemischen Technologie der Textilveredlung und der Textilreinigung Voraussetzung und daher eine unentbehrliche Messung geworden. Um den Begriff des *p*H-Wertes definieren zu können, muß man sich zunächst mit einigen Grundlagen der Reaktionen von Wasser vertraut machen.
Wasser dissoziiert zu einem geringen Teil nach

$$H_2O \rightleftharpoons H^+ + OH^-$$

Nach dem Massenwirkungsgesetz errechnet sich die Dissoziationskonstante

$$K_{H_2O} = \frac{[H^+]\,[OH^-]}{[H_2O]}$$

Die molare Konzentration des Wassers — $[H_2O]$ — ergibt sich in guter Näherung als 1000 g (1 l Wasser) dividiert durch 18 (relative Molmasse des Wassers) zu 55,6 mol · l^{-1}, da Wasser praktisch zu 100% undissoziiert vorliegt. Man kann also $[H_2O]$ als Konstante betrachten und obige Gleichung wie folgt umstellen:

$$K_{H_2O} \cdot [H_2O] = [H^+] \cdot [OH^-]$$

Man erhält so eine neue Konstante, die als Ionenprodukt des Wassers bezeichnet und deren Zahlenwert bei 20 °C zu 10^{-14} bestimmt wurde. Bei 20 °C beträgt demzufolge im Wasser $[H^+]$ und $[OH^-]$ jeweils 10^{-7} mol · l^{-1}. Da über das Gesamtionenprodukt von 10^{-14} mol^2 · l^{-2} die H^+- und OH^--Ionenkonzentration eindeutig miteinander verknüpft sind, genügt die Angabe der Konzentration einer Ionenart, um auf die Konzentration der anderen schließen zu können. Zu diesem Zweck gibt man den negativen dekadischen Logarithmus der molaren $[H^+]$-Ionenkonzentration, den sogenannten *p*H-Wert, an (Tabelle 18).

$$pH = -\log\,[H^+]$$

Der *p*H-Wert ist temperaturabhängig (Tabelle 19).

Tabelle 18: Darstellung des *p*H-Wertes mit Hilfe der $[H^+]$- und $[OH^-]$-Ionenkonzentration

$[H^+]$ mol · l^{-1}	$[OH^-]$ mol · l^{-1}	*p*H-Wert	$[H^+]$ mol · l^{-1}	$[OH^-]$ mol · l^{-1}	*p*H-Wert
10^{-0}	10^{-14}	0	10^{-8}	10^{-6}	8
10^{-1}	10^{-13}	1	10^{-9}	10^{-5}	9
10^{-2}	10^{-12}	2	10^{-10}	10^{-4}	10
10^{-3}	10^{-11}	3	10^{-11}	10^{-3}	11
10^{-4}	10^{-10}	4	10^{-12}	10^{-2}	12
10^{-5}	10^{-9}	5	10^{-13}	10^{-1}	13
10^{-6}	10^{-8}	6	10^{-14}	10^{-0}	14
10^{-7}	10^{-7}	7			

Tabelle 19: *p*H-Wert und Leitfähigkeit von destilliertem Wasser bei verschiedenen Temperaturen

Temperatur °C	Gesamtionenprodukt [$mol^2 \cdot l^{-2}$]	[H^+] [$mol \cdot l^{-1}$]	*p*H-Wert	Leitfähigkeit Ω^{-1}
0	$0{,}078 \cdot 10^{-14}$	$0{,}28 \cdot 10^{-7}$	7,55	$1{,}0 \cdot 10^{-8}$
18	$0{,}61 \cdot 10^{-14}$	$0{,}78 \cdot 10^{-7}$	7,11	$3{,}8 \cdot 10^{-8}$
25	$1{,}0 \cdot 10^{-14}$	$1{,}0 \cdot 10^{-7}$	7,00	$6{,}0 \cdot 10^{-8}$
34	$2{,}1 \cdot 10^{-14}$	$1{,}45 \cdot 10^{-7}$	6,84	$9{,}0 \cdot 10^{-8}$
50	$5{,}4 \cdot 10^{-14}$	$2{,}3 \cdot 10^{-7}$	6,64	$17{,}0 \cdot 10^{-8}$

Als molare Leitfähigkeit bezeichnet man diejenige Leitfähigkeit in Ω^{-1} ausgedrückt, die durch 1 Mol $\cdot$ l^{-1} der betreffenden Substanz hervorgerufen wird. Man mißt dabei den Widerstand einer Lösung von 1 Mol des Elektrolyten in 1 l Lösungsmittel, der sich zwischen 2 Elektroden mit 1 cm Abstand befindet (ausgedrückt in Ω).

Molare Leitfähigkeit $= \Omega^{-1}\ cm^{-1}$

7.2. Einteilung der Meßbereiche

Der *p*H-Wert wird in 14 Stufen eingeteilt, wobei lt. Skala folgende Meßbereiche unterschieden werden (Bild 7/1).

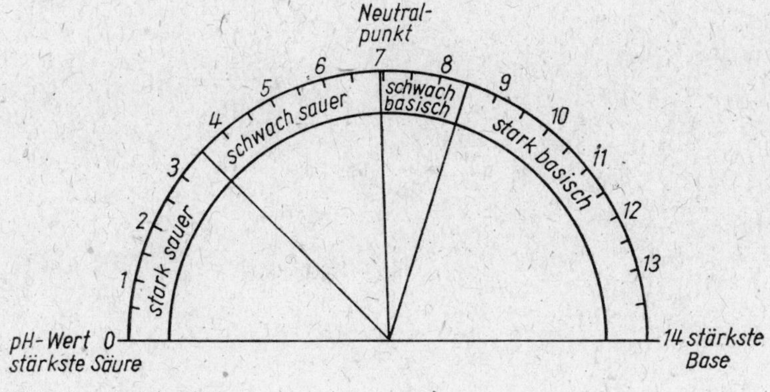

Bild 7/1: *p*H-Wert-Skala

*p*H 0 ≙ stärkste Säure
*p*H 0...3,5 ≙ stark sauer
*p*H >3,5...7 ≙ schwach sauer

*p*H 7 ≙ Neutralpunkt
*p*H >7...8,5 ≙ schwach basisch
*p*H >8,5...14 ≙ stark alkalisch
*p*H 14 ≙ stärkste Base

7.3. Berechnungen

1. Geg.: $[H^+] = 2{,}5 \cdot 10^{-5}\ mol \cdot l^{-1}$ Ges.: $[OH^-]\ mol \cdot l^{-1}$

$$OH^- = \frac{10^{-14}\ mol^2 \cdot l^{-2}}{[H^+]\ mol \cdot l^{-1}} = \frac{10^{-14}\ mol^2 \cdot l^{-2}}{2{,}5 \cdot 10^{-5}\ mol \cdot l^{-1}} = \frac{10 \cdot 10^{-15}\ mol^2 \cdot l^{-2}}{2{,}5 \cdot 10^{-5}\ mol \cdot l^{-1}}$$

$$[OH^-] = 4 \cdot 10^{-10}\ mol \cdot l^{-1}$$

2. Geg.: $[OH^-] = 3 \cdot 10^{-12}\ mol \cdot l^{-1}$ Ges.: $[H^+]\ mol \cdot l^{-1}$

$$[H^+] = \frac{10^{-14}\ mol^2 \cdot l^{-2}}{[OH^-]\ mol \cdot l^{-1}} = \frac{10^{-14}\ mol^2 \cdot l^{-2}}{3 \cdot 10^{-12}\ mol \cdot l^{-1}} = \frac{10 \cdot 10^{-15}\ mol^2 \cdot l^{-2}}{3 \cdot 10^{-12}\ mol \cdot l^{-1}}$$

$$[H^+] = 3{,}3 \cdot 10^{-3}\ mol \cdot l^{-1}$$

3. Geg.: $[H^+] = 1{,}8 \cdot 10^{-4}\ mol \cdot l^{-1}$ Ges.: $[OH^-]\ mol \cdot l^{-1}$ und *p*H-Wert

$$[OH^-] = \frac{10^{-14}\ mol^2 \cdot l^{-2}}{[H^+]\ mol \cdot l^{-1}} = \frac{10^{-14}\ mol^2 \cdot l^{-2}}{1{,}8 \cdot 10^{-4}\ mol \cdot l^{-1}} = \frac{10 \cdot 10^{-15}\ mol^2 \cdot l^{-2}}{1{,}7 \cdot 10^{-4}\ mol \cdot l^{-1}}$$

$$[OH^-] = 5{,}88 \cdot 10^{-11}\ mol \cdot l^{-1}$$

$$pH = -\lg 10^{-4} - \lg 1{,}8$$
$$= +4 - 0{,}25 = 3{,}75$$

4. Geg.: $[H^+] = 9{,}1 \cdot 10^{-2}\ mol \cdot l^{-1}$ Ges.: *p*H-Wert

$$pH = -\lg 10^{-2} - \lg 9{,}1$$
$$pH = +2 - 0{,}96$$
$$pH = 1{,}04$$

5. Geg.: $[H^+] = 2{,}3 \cdot 10^{-9}\ mol \cdot l^{-1}$ Ges.: *p*H-Wert

$$pH = -\lg 10^{-9} - \lg 2{,}3$$
$$pH = +9 - 0{,}36$$
$$pH = 8{,}64$$

6. Geg.: *p*H-Wert = 4,61 Ges.: $[H^+]\ mol \cdot l^{-1}$

$$[H^+] = 5 - 4{,}61$$
$$= 0{,}39$$
$$\text{Nm}\ 0{,}39 = 2{,}45$$
$$[H^+] = 2{,}45 \cdot 10^{-5}\ mol \cdot l^{-1}$$

7. Geg.: *p*H-Wert = 8,2 Ges.: $[H^+]\ mol \cdot l^{-1}$

$$[H^+] = 9 - 8{,}2$$
$$= 0{,}8$$
$$\text{Nm}\ 0{,}8 = 6{,}31$$
$$[H^+] = 6{,}31 \cdot 10^{-9}\ mol \cdot l^{-1}$$

Müssen Berechnungen der *p*H-Werte von Pufferlösungen vorgenommen werden, sei es in Form einer Säure und eines Salzes oder einer Base und eines Salzes, so sind gesonderte Berechnungen vorzunehmen.
Geht es um eine Säure und ein Salz, so lautet die allgemeine Formel für die freie Säure

$pH = p_K - \lg C_1 + \lg C_2$, wobei p_K

den negativen dekadischen Logarithmus der Dissoziationskonstanten, C_1 die Konzentration der freien Säure und C_2 die Konzentration des Salzes in der Pufferlösung darstellt.
Geht es in einer Pufferlösung um eine Base und ein Salz, so lautet die allgemeine Formel für die freie Base

$$pH = 14 - (p_K - \lg C_1 + \lg C_2)$$

Auch hier ist p_K der negative dekadische Logarithmus der Dissoziationskonstante, C_1 die Konzentration der freien Base und C_2 die Konzentration des Salzes in der Pufferlösung.

8. Der *p*H-Wert soll von einer Pufferlösung ermittelt werden, die aus einer

   0,2 n-CH_3COOH- und einer
   0,2 n-CH_3COONa-Lösung zusammengesetzt ist.

   $$pH = p_K - \lg C_1 + \lg C_2$$
   $$pH = 4,76 - \lg 0,2 + \lg 0,2$$
   $$pH = 4,76$$

9. Der *p*H-Wert einer Pufferlösung soll ermittelt werden, die aus einer

   0,01 n-NH_4OH- und einer
   0,1 n-NH_4Cl-Lösung zusammengesetzt ist.

   $$pH = 14 - (p_K - \lg C_1 + \lg C_2)$$
   $$pH = 14 - (4,75 - \lg 0,01 + \lg 0,1)$$
   $$pH = 14 - (4,75 + 2 - 1)$$
   $$pH = 14 - 4,75 - 2 + 1$$
   $$pH = 14 - 5,75$$
   $$pH = 8,25$$

7.4. pH-Werte wichtiger Normallösungen bei 20 °C

*p*H-Bezugslösungen für Eichzwecke

Standard-Acetat-*p*H-Wert 4,618 bei 18 °C
Lösung nach Michaelis:

50 cm³ 1 n-NaOH + 100 cm³ 1 n-CH_3COOH + 350 cm³ dest. Wasser

Bezugslösung nach Veibel: *p*H-Wert 2,038

6,71 g KCl in 1000 cm³ 0,01 HCl gelöst

Anm.: Für die Eichung von Meßketten gibt es handelsüblich Pufferlösungen für jeden *p*H-Wert. Außerdem sind für die Herstellung von Pufferlösungen die einschlägigen chemischen Tabellenbücher zu verwenden.

Tabelle 20: *p*H-Werte wichtiger Normallösungen

Substanz	Formel	2 n	1 n	0,1 n	0,01 n	0,001 n
Ameisensäure	$HCOOH$	1,7	1,85	2,35	2,85	3,35
Ammoniumhydroxid	NH_4OH	11,79	11,64	11,2	10,64	10,2
Ammoniumcarbonat	$(NH_4)_2CO_3$	—	13,9	12,9	12,0	11
Borsäure	H_3BO_3			5,2		
Essigsäure	CH_3COOH	2,2	2,37	2,87	3,37	3,87
Kaliumaluminiumsulfat	$KAl(SO_4)_2$	—	—	3,2	—	—
Calciumcarbonat	$CaCO_3$	—	—	—	11,7	10,8
Kohlensäure	H_2CO_3	—	—	3,8	—	—
Milchsäure	$CH-CH_3-CO-COOH$	1,8	2,0	2,4	3,0	3,5
Natriumhydrogencarbonat	$NaHCO_3$	—	—	8,4	—	—
Natriumcarbonat	Na_2CO_3			11,6	10,4	10,2
Natriumtetraborat (Borax)	$Na_2B_4O_7$	—	—	—	9,2	—
Natronlauge	$NaOH$	—	14,0	13,0	12,0	11,0
Oxalsäure	$(COOH)_2$	2,0	2,15	2,65	3,15	3,65
Salzsäure	HCl	—	0,00	1,08	2,0	3,0
Schwefelsäure	H_2SO_4	—	0,00	1,21	2,1	3,0
Trinatriumphosphat	Na_3PO_4			11,0		
Wasserglas	$Na_2CO_3 \cdot 4SiO_2$	—	10,4	10,3	10,2	10,0

7.5. Dissoziationskonstanten wichtiger Säuren und Basen

Wie bekannt ist, unterscheidet man nach dem Dissoziationsgrad starke und schwache Elektrolyte.

Man kann nun diese Dissoziation als Gleichgewichtsreaktion nach dem Massenwirkungsgesetz formulieren:

$$K_C = \frac{C_{A^+} \cdot C_{B^-}}{C_{AB}}$$

C_{A^+} und C_{B^-} und C_{AB} sind die molaren Konzentrationen der Gleichgewichtskomponenten, K_C ist die Dissoziationskonstante. Unter Einbeziehung des Dissoziationsgrades α (für 100%ige Dissoziation $\alpha = 1$) ergeben sich die Konzentrationen zu

$$C_{A^+} = \alpha \cdot C_0 \quad C_{B^-} = \alpha \cdot C_0 \quad C_{AB} = (1 - \alpha) \cdot C_0,$$

wenn man von der Gleichung $AB \rightleftharpoons A^+ + B^-$ ausgeht und C_0 die Ausgangskonzentration für AB vor der Dissoziation sei.

K_C wird dann zu

$$K_C = \frac{\alpha \cdot \alpha}{1 - \alpha} \cdot C_0 = \frac{2}{1 - \alpha} \cdot C_0$$

Vorstehender Ausdruck für die Dissoziationskonstante stellt das sogenannte Ostwaldsche Verdünnungsgesetz dar (siehe Lehrbücher der Physikalischen Chemie).

Tabelle 21: Dissoziationskonstanten von Säuren und basischen Verbindungen (nach RAUSCHER/VOIGT/WILKE)

Säure/Base	Formel	K_C	Dissoziationsstufe	$P_K = -\lg K$	°C
Ameisensäure	$HCOOH$	$1{,}77 \cdot 10^{-4}$	1	3,75	20
Arsenige Säure	H_3AsO_3	$6{,}00 \cdot 10^{-10}$	1	9,22	18
		$3{,}00 \cdot 10^{-14}$	2	13,52	
Benzoesäure	C_6H_5COOH	$6{,}46 \cdot 10^{-5}$	1	4,19	25
Borsäure	H_3BO_3	$7{,}30 \cdot 10^{-10}$	1	9,14	20
		$1{,}80 \cdot 10^{-13}$	2	12,74	
		$1{,}60 \cdot 10^{-14}$	3	13,80	
Chromsäure	H_2CrO_4	$1{,}80 \cdot 10^{-1}$	1	0,74	25
		$3{,}20 \cdot 10^{-7}$	2	6,49	
Essigsäure	CH_3COOH	$1{,}75 \cdot 10^{-5}$	1	4,76	25
Kohlensäure	H_2CO_3	$4{,}31 \cdot 10^{-7}$	1	6,37	25
		$5{,}60 \cdot 10^{-11}$	2	10,25	
Milchsäure	$CH_3CHOH-COOH$	$1{,}39 \cdot 10^{-4}$	1	3,86	25
Oxalsäure	$(COOH)_2$	$1{,}77 \cdot 10^{-4}$	1	3,75	25
Phenol	C_6H_5OH	$1{,}28 \cdot 10^{-10}$	1	9,89	20
Phosphorsäure	H_3PO_4	$7{,}52 \cdot 10^{-3}$	1	2,12	25
		$6{,}23 \cdot 10^{-8}$	2	7,21	
		$2{,}20 \cdot 10^{-13}$	3	12,66	
Salizylsäure	$C_6H_4OH-COOH$	$1{,}07 \cdot 10^{-3}$	1	2,97	25
		$3{,}60 \cdot 10^{-14}$	2	13,44	
Salpetrige Säure	HNO_2	$4{,}00 \cdot 10^{-4}$	1	3,40	25
Salzsäure	HCl	1,8	1	−0,108	
Schwefelsäure	H_2SO_4	$1{,}20 \cdot 10^{-2}$	2	1,92	25
Schwefelwasserstoff	H_2S	$5{,}70 \cdot 10^{-8}$	1	7,24	18
		$1{,}20 \cdot 10^{-15}$	2	14,92	
Sulfanilsäure	$C_6H_4NH_2SO_3H$	$6{,}20 \cdot 10^{-4}$	1	3,21	25
Trichloressigsäure	CCl_3COOH	$1{,}30 \cdot 10^{-1}$	1	0,89	25
Wasser	H_2O	$1{,}00 \cdot 10^{-14}$	1	13,96	25
Wasserstoffperoxid	H_2O_2	$2{,}40 \cdot 10^{-12}$	1	11,62	25
Weinsäure	$[CH(OH)COOH]_2$	$9{,}60 \cdot 10^{-4}$	1	3,02	25
		$2{,}90 \cdot 10^{-5}$	2	4,54	
Citronensäure	$C_6H_8O_7$	$8{,}70 \cdot 10^{-4}$	1	3,06	25
		$1{,}80 \cdot 10^{-5}$	2	4,74	
		$4{,}00 \cdot 10^{-6}$	3	5,40	
Ammoniumhydroxid	NH_4OH	$1{,}79 \cdot 10^{-5}$	1	4,75	25
Harnstoff	$CO(NH_2)_2$	$1{,}50 \cdot 10^{-14}$	1	13,82	25
Calciumhydroxid	$Ca(OH)_2$	$3{,}74 \cdot 10^{-3}$	1	2,43	25
		$4{,}00 \cdot 10^{-2}$	2	1,40	
Pyridin	C_5H_5N	$1{,}40 \cdot 10^{-9}$	1	8,85	25
Thioharnstoff	$CS(NH_2)_2$	$1{,}10 \cdot 10^{-15}$	1	14,96	25
Zinkhydroxid	$Zn(OH)_2$	$1{,}50 \cdot 10^{-9}$	1	8,82	25

Mit steigender Konzentration und Dissoziation treten erhebliche Abweichungen auf. Bei mehrbasigen Säuren und mehrsäurigen Basen, die in mehreren Stufen dissoziieren, hat jede Stufe ihre eigene Dissoziationskonstante. Der Dissoziationsgrad in der 2. Stufe ist stets kleiner als der in der 1. Stufe usw. (Tabelle 21).

7.6. Potentiometrische pH-Wert-Messung

Für die potentiometrische *p*H-Wert-Messung in der Praxis hat man eine geeichte *p*H-Wert-Skala aufgestellt, deren *p*H-Werte durch die Wasserstoffionenkonzentration bestimmter Pufferlösungen fixiert sind und damit sogenannte Bezugspunkte liefern. Dieser *p*H-Wert einer Pufferlösung wird dann mit einer Genauigkeit von 0,02...0,03 *p*H-Wert-Einheiten bestimmt.
Zur potentiometrischen *p*H-Wert-Messung braucht man dann eine galvanische Kette, die aus einer Bezugselektrode, meist einer Kalomelelektrode (als positiver Pol der galvanischen Kette) und einer Meßelektrode besteht. Diese Meßelektrode muß dann wieder ein von der Wasserstoffionenkonzentration abhängiges Potential haben. Meist dient in der textilchemischen Technologie dazu die Glaselektrode.
Die Kalomelelektrode als Bezugselektrode gehört zu den Elektroden zweiter Art. Sie besteht, wie aus Bild 7/2 ersichtlich ist, aus folgenden Bauelementen:

Glasgefäß
Quecksilber
Quecksilber(I)-chlorid Hg_2Cl_2
KCl-Lösung
Heber
Glasrohr und
Platindraht

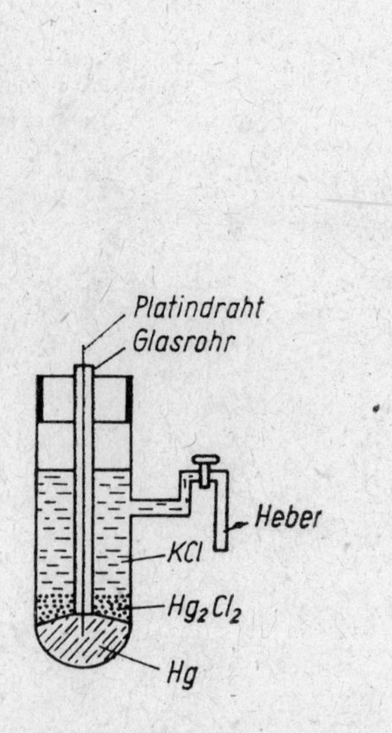

Bild 7/2: Kalomelelektrode [9]

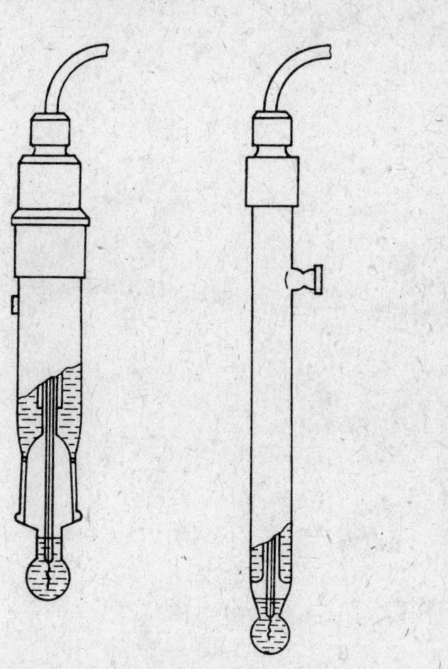

Bild 7/3: Glaselektroden [10]

Über dem Quecksilber befindet sich das Hg_2Cl_2 in fester Form, darüber eine mit Hg_2Cl_2 abgesättigte KCl-Lösung mit bekannter Aktivität. Die Stromzu- und -abführung besorgt ein Platindraht, der im Glasrohr eingeschmolzen ist und in das reine Metall Hg eintaucht [9].
Die Glaselektrode besteht aus einem am unteren Ende kugelförmig erweiterten Glasschaft. Das für Elektroden verwendete Spezialglas ist außerordentlich dünn und sehr empfindlich. Durch ihre breite Anwendung und die schnelle Einstellung des elektrischen Potentials verfügt die Glaselektrode über große Vorteile gegenüber anderen Elektroden.
Bei der *p*H-Wert-Messung taucht man die Glaselektrode, die mit einer Pufferlösung bekannten *p*H-Wertes gefüllt ist, in die Lösung mit unbekanntem *p*H-Wert ein. Durch eine vorherige Wasseraufnahme entstehen an den Grenzflächen Glasmembran/Elektrolytlösung zwei Quellschichten, die durch Ionenaustauschvorgänge eine bestimmte H-Ionen-Aktivität aufweisen [10].
Ein jeweiliges Potential bildet sich dann an den Phasengrenzschichten Innenlösung/Innenquellschicht und Außenlösung/Außenquellschicht aus.
Nach Gebrauch ist die Glaselektrode in destilliertem Wasser aufzubewahren.
Der potentialbildende Vorgang beruht auf der Gleichgewichtsreaktion

$$2\,Hg + 2\,Cl^- \rightleftharpoons Hg_2Cl_2 + 2e^-$$

Das Normalpotential e_0 der Elektrode wurde experimentell bei einer Temperatur von 25 °C mit dem Wert 0,2677 V gemessen. Das Einzelpotential der Kalomelelektrode ist lediglich abhängig von der Konzentration der KCl-Lösung. Es existieren die KCl-Lösungen in folgenden Konzentrationen mit den entsprechenden *e*-Werten:

0,1 n-KCl-Lösung	$e = 0{,}3338$ V
1 n-KCl-Lösung	$e = 0{,}2814$ V
gesättigte KCl-Lösung	$e = 0{,}2438$

Aufgabenbeispiel nach Bergmann *und* Trieglaff [10]

Die Elektrizität einer Wasserstoffelektrode wird gegen eine gesättigte Kalomelelektrode bei 25 °C mit 473 mV gemessen. Wie groß ist der *p*H-Wert der Lösung, in die die Meßelektrode eingetaucht wird?

$$pH = \frac{E\ \text{gem.} - \varphi\ Hg_2Cl_2\ (\text{ges.})}{0{,}059}$$

$$pH = \frac{0{,}473 - 0{,}2438}{0{,}059} = 3{,}8847$$

Die Gleichung

$$pH = \frac{E\ \text{gem.} - \varphi\ Hg_2Cl_2\ (\text{ges.})}{0{,}059}$$

leitet sich bei der Wasserstoff-Kalomelelektrode aus

$$E = \varphi_{Hg_2Cl_2(\text{ges.})} - 0{,}059 \cdot \lg a_{H^+} \qquad \text{ab.}$$

Das Potential der Wasserstoffelektrode beträgt bei 25 °C und bei einem Wasserstoffdruck von 760 Torr

$$\varphi = 0{,}05916 \cdot \lg a_H$$

Eine weitere wichtige Elektrode zur Messung des pH-Wertes ist die Bismutelektrode. Sie besteht aus einem Graphitstab, der elektrolytisch mit chemisch reinstem Wismut überzogen und poliert ist. Nach Gebrauch ist die Elektrode stets mit Filterpapier neu zu polieren. Nach [46] ist diese Elektrode rechnerisch zu beherrschen. Der Wert des Koeffizienten $\Delta E/\Delta p$H ist praktisch um 7 mV kleiner als er theoretisch vorliegt. Das Potential stellt sich sehr langsam ein. Die pH-Wert-Messung kann mit der Bismutelektrode für den Bereich pH 3 bis 14 vorgenommen werden. Zur Messung alkalischer pH-Wert-Bereiche ist diese Elektrode besonders geeignet. Im Handel sind Bismutketten mit geeichtem pH-Anzeigegerät erhältlich. Für alle Textilveredlungs- und Textilreinigungsverfahren hat die Bismutelektrode eine beachtliche Bedeutung erlangt.
Zusammengefaßt kann gesagt werden, daß Meßketten für die Praxis wie folgt Anwendung finden:

1. Für potentiometrische pH-Messungen, acidimetrische oder alkalimetrische Titrationen werden

   Glaselektrode—gesättigte Kalomelelektrode oder
   Bismutelektrode—gesättigte Kalomelelektrode eingesetzt.

   Wasserstoffelektroden sind infolge ihrer schwierigen Handhabung und ihrer Empfindlichkeit gegenüber Redoxsystemen für die Praxis nicht geeignet. Sie werden deshalb heute fast nur noch zur Standardisierung von Pufferlösungen benutzt.

2. Für potentiometrische Messungen der Redoxpotentiale und Redoxtitrationen werden

   blanke Pt-Elektrode gegen gesättigte Kalomelelektrode

   eingesetzt.
   Außer den gesättigten Kalomelelektroden werden für die Praxis keine anderen empfohlen.

Für die pH-Wert-Messung und die Säure-Basen-Titration liefert der Handel Einstabmeßketten. Selbstverständlich kann man aus den Messungen den pH- bzw. rH-Wert rechnerisch ermitteln. In der Praxis bevorzugt man außerdem die Ermittlung der Ergebnisse mit Eichkurven oder mit pH- oder Redoxpuffern geeichte Meßinstrumente. Industriell werden Einrichtungen auch für die kontinuierliche Redoxtitration von Färbe- und Bleichflotten angeboten.

7.7. Pufferlösungen

Pufferlösungen sind Gemische aus einem sauer reagierenden Salz und einer Base oder einem alkalisch reagierenden Salz und einer Säure. Diese Gemische sind dann relativ konstant gegen starke Säuren oder Basen, wenn deren Zusatz nicht zu hoch ist, und der pH-Wert ändert sich auch kaum.
Pufferlösungen können mit genau eingestelltem pH-Wert als Vergleichslösungen bei der Messung des pH-Wertes unbekannter Lösungen eingesetzt werden.
Viele in der textilchemischen Technologie eingesetzten Pufferlösungen bestehen meist aus schwachen Säuren oder Basen und den entsprechenden Salzen. Statt schwacher Säuren können auch Hydrogensalze eingesetzt werden.

8.1. Begriff

Unter dem rH-Wert versteht man den negativen dekadischen Logarithmus des Wasserstoffdruckes im Gleichgewicht. Er stellt damit gleichzeitig ein Maß für die Reduktionskraft des Reduktionsmittels dar.
Wichtig ist dabei, daß der rH-Wert stets vom pH-Wert der Lösung abhängig ist.

$$rH = -\lg pH_2$$

Ebenfalls beeinflußt auch der Wasserstoffdruck das Potential einer Wasserstoffelektrode. Das Einzelpotential der Elektrode, dessen rH-Wert zu bestimmen ist, soll e betragen. Damit ist

$$rH \doteq \frac{e\ \mathrm{V}}{0{,}029\ \mathrm{V}} + 2\,pH$$

Sehr günstig ist es, alle Werte für e aus den chemischen Tabellen nach [8] Kapitel 12 (Redoxsysteme) zu entnehmen.

8.2. Einteilung der Meßbereiche

Die rH-Skala umfaßt Werte von 0 (Wasserstoffelektrode) bis etwa 42 (Sauerstoffelektrode). Je niedriger der rH-Wert, um so größer ist das Reduktionsvermögen; je höher der rH-Wert, um so größer ist dann die Oxydationswirkung.

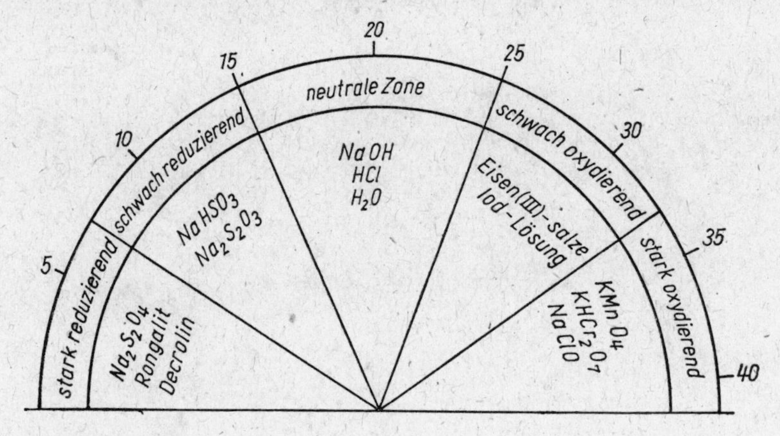

Bild 8/1: Darstellung des rH-Wert-Systems

Bei der rH-Wert-Skala ist es nicht möglich, einen genauen Neutralpunkt anzugeben, da die Begriffe Reduktion und Oxydation relativ sind.
Das folgende Beispiel soll dies demonstrieren.
Wenn eine Lösung einen rH-Wert von 35 aufweist, zeigt diese eine stark oxydierende Wirkung. Steht sie jedoch einer Lösung mit einem rH von 40 gegenüber, so wirkt die erstere reduzierend.

8.3. Messung

Der rH-Wert kann sowohl mit Indikatoren (siehe Kapitel 9) als auch mit Meßelektroden gemessen werden.
Zur Messung des Redoxpotentials mit Meßelektroden können die üblichen pH-Meßgeräte verwendet werden. Sie müssen neben dem direkt ablesbaren pH-Wert das Potential in V bzw. in mV anzeigen. Außerdem benötigt man ein Elektrodenpaar, wobei eine Elektrode wieder als Meßelektrode, die andere als Bezugselektrode mit bekanntem Potential dient.
Als Bezugselektrode wird vorzugsweise eine Kalomelelektrode angewendet, die man auch als Referenzelektrode bezeichnet. Sie ist ein Halbelement, d. h. Metall-Metallsalz-Lösung von definierter Zusammensetzung. Dieses Halbelement steht über einer Elektrolytbrücke mit der Maßlösung in Verbindung. Es hat die Aufgabe, ein konstantes und von der Zusammensetzung der Maßlösung unabhängiges, aber reproduzierbares Potential anzugeben. Als Meßelektrode wird die blanke Platinelektrode eingesetzt, wobei sich in einer Glaskugel eine mit Chinhydron gesättigte 0,1 n-HCl und eine Platin-Ableitelektrode befindet.
Vor dem ersten Gebrauch dieser Elektrode taucht man sie am zweckmäßigsten längere Zeit in destilliertes Wasser, damit sich an der Membran eine Gelschicht bilden kann. Wird sie nicht verwendet, ist sie ständig in destilliertes Wasser zu tauchen (Verhinderung des Eintrocknens). Nach HEERMANN/AGSTER läßt sich die Berechnung des rH-Wertes mittels einer Tabelle über Potentiale der Platin-Wasserstoff-Elektrode im Vergleich zur Kalomelelektrode bei 20 °C in Abhängigkeit des pH-Wertes sehr vereinfachen. Durch Subtraktion dieses Tabellenwertes vom gemessenen Gesamtpotential erhält man das Redoxpotential E und kann dann nach der Formel

$$rH = \frac{-E \text{ mV}}{29 \text{ mV}} + 2\,pH \qquad [12]$$

den rH-Wert errechnen.

9. Indikatoren

9.1. Begriff

Indikatoren sind meist Farbstoffe oder Farbstoffgemische, die in einem chemischen System einen bestimmten Zustand anzeigen, bei dem sie dann ihre Farbe ändern. Diese Farbänderung bezeichnet man jeweils als Umschlagsbereich.

9.2. Einteilung

Die für die textilchemische Technologie wichtigen Indikatoren kann man wie folgt untergliedern:

Indikatoren

*p*H-Indikatoren	Redoxindikatoren	Metallindikatoren	Fluoreszenzindikatoren
Farbstoffe, die bei einem bestimmten *p*H-Bereich ihre Farbe ändern. Diese Farbänderung bezeichnet man als Umschlagsbereich. Hierbei unterscheidet man einfache Indikatoren in Form von Einzelfarbstoffen und Indikatorengemische, bei denen mindestens 2 verschiedene Farbstoffe in einem bestimmten Verhältnis gemischt sind. Ein besonderes Indikatorengemisch stellen der Unitest-Indikator sowie die Spezialindikatoren dar, durch die der *p*H-Wert direkt abgelesen werden kann.	Farbstoffe, die das Redoxpotential einer Lösung, d. h. den Gehalt an einem bestimmten Oxydations- oder Reduktionsmittel anzeigen. Somit weisen sie in einem System mit oxydiertem Zustand eine andere Farbe als in einem reduzierten System auf. (*r*H-Wert)	Farbstoffe, die in einer Lösung den Gehalt bestimmter Metallionen anzeigen. Diese Metallionen bilden dann mit den Indikatoren Komplexverbindungen, deren Farbe sich eindeutig von der des Indikators allein wesentlich unterscheidet.	meist Farbstoffe, die in Lösung zugesetzt werden und dann diese Lösung bei Bestrahlung mit UV-Licht bei einem ganz bestimmten *p*H-Wert fluoreszieren lassen. Die Farbe der Fluoreszenz hängt vom jeweiligen *p*H-Wert der Lösung ab.

9.3. Indikatoren für die pH-Wert-Messung

Der *p*H-Wert einer Lösung läßt sich durch die Farbänderung von Indikatoren feststellen. Sie stellen Farbstoffe oder Farbstoffgemische dar, die bei einer ganz bestimmten H-Ionenkonzentration bzw. einem bestimmten *p*H-Wert ihre Farbe ändern. Eine solche Farbänderung wird durch Protonenabgabe oder Protonenaufnahme verursacht. Eine solche Erscheinung ist auf einen Mesomerieeffekt zurückzuführen.

Beispiel:

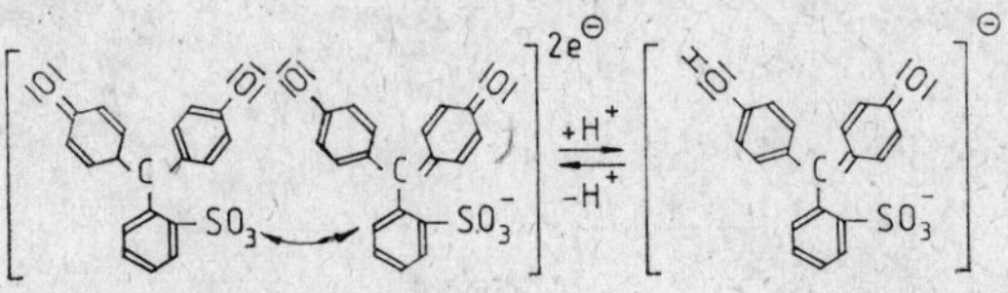

$2e^{\ominus}$ $\underset{-H^+}{\overset{+H^+}{\rightleftharpoons}}$ $^{\ominus}$

rot gelb

Bei einer Neutralisationstitration kann durch den Indikator der Äquivalenzpunkt als Punkt der vollständigen Titration sichtbar dargestellt werden. Dabei ist allerdings stets zu beachten, daß der Äquivalenzpunkt nicht immer mit dem Neutralisationspunkt zusammenfällt. Dieser liegt je nach dem Umschlagsbereich dann mehr im sauren oder alkalischen Bereich.

Übersicht über wichtige Indikatoren zur pH-Wert-Bestimmung in der textilchemischen Technologie (Tabelle 22).

Tabelle 22: Farbumschlag und Umschlagsbereich einiger Indikatoren

Indikator	Farbumschlag	Umschlags-*p*H-Bereich
Methanilgelb	rot → gelb	1,2 ... 2,3
Benzylorange	rot → gelb	1,9 ... 3,3
2,4-Dinitrophenol	farblos → gelb	2,0 ... 4,7
Methylgelb	rot → gelb	2,9 ... 4,0
Kongorot	blau → rot	3,0 ... 5,2
Methylorange	rot → orange	3,0 ... 4,4
2,5-Dinitrophenol	farblos → gelb	4,0 ... 5,8
Methylrot	rotviolett → gelborange	4,4 ... 6,2
4-Nitrophenol	farblos → gelb	4,7 ... 7,9
Bromthymolblau	gelb → blau	6,0 ... 7,6
3-Nitrophenol	farblos → gelb	6,8 ... 8,0
Neutralrot	rot → gelb	6,8 ... 8,0
Brillantgelb	gelb → rot	7,4 ... 8,5
Naphtholphthalein	rosa → blaugrün	7,3 ... 8,7
Phenolphthalein	farblos → rotviolett	8,0 ... 10,1
Alkaliblau 6 B	blaurot → orange	9,4 ... 14

Außer den Einzelindikatoren unterscheidet man auch noch Indikatorengemische.

Nach [8] lassen sich Indikatorengemische wie folgt zusammenstellen:

Universalindikator A

0,1 g Bromthymolblau
+ 0,1 g Methylrot
+ 0,1 g α-Naphtholphthalein
+ 0,1 g Thymolphthtalein
+ 0,1 g Phenolphthalein

werden in 500 cm³ Ethanol gelöst

Universalindikator B

0,1 g Phenolphthalein
+ 0,3 g Methylgelb
+ 0,2 g Methylrot
+ 0,4 g Bromthymolblau
+ 0,5 g Thymolblau

werden in 500 cm³ Ethanol gelöst

Universalindikator C

0,04 g Methylorange
+ 0,02 g Methylrot
+ 0,12 g α-Naphtholphthalein

werden in 400 cm³ Ethanol (70%ig) gelöst
(Tabelle 23)

Tabelle 23: Farbumschläge verschiedener Universalindikatoren

*p*H-Wert	Universalindikator		
	A	B	C
1			hellrosa
2		rot	
3			
4	rot	orange	blaßrosa
5	orange		orange
6	gelb	gelb	
7	grüngelb		gelbgrün
8	grün	grün	
9	blaugrün		dunkelgrün
10	blauviolett	blau	violett
11	rotviolett		

Darauf beruhen auch die Indikatoren Unitest, Spezialindikatoren sowie die Stuphanindikatoren. Bei den Stuphanindikatoren ist zu beachten, daß ein Tropfen der zu untersuchenden Lösung oder Flotte mittels eines Glasstabes auf die Indikatorenstelle getropft wird und die anschließende Färbung mit den drei oberen und unteren Farben verglichen und damit der *p*H-Wert ermittelt wird.
Alle Spezialindikatoren sowie Stuphanindikatoren ermitteln den *p*H-Wert auf 0,3 bis 0,5 *p*H-Wert-Einheiten genau.

9.4. Andere Indikatoren

9.4.1. Redoxindikatoren

Ebenso wie der *p*H-Wert kann der *r*H-Wert mit Farbstoffen bestimmt werden. Für die Redoxwerte stehen Indikatoren zur Verfügung, die bei einem bestimmten Redoxpotential, also bei einem bestimmten *r*H-Wert, ihre Farbe ändern. Jeder Redoxindikator kann in 2 Formen auftreten, entweder gefärbt oder farblos. Letztere ist die reduzierte Form. Im Umschlagsbereich stehen somit beide Formen im Gleichgewicht, das sich mit sinkendem *r*H-Wert nach der farblosen, mit steigendem *r*H-Wert nach der gefärbten Form verschiebt. Bei allen derartigen *r*H-Wert-Messungen ist darauf zu achten, daß stets ein Arbeiten unter Luftabschluß erfolgt, da alle Redoxindikatorenlösungen sehr sauerstoff- und zum Teil auch lichtempfindlich sind. Sie sollten daher auch immer frisch angesetzt verwendet werden.
Eine Übersicht wichtiger, für die textilchemische Technologie eingesetzter Redoxindikatoren zur Bestimmung des *r*H-Wertes in einem Redoxsystem ist in Tabelle 24 gegeben [8].

Tabelle 24: Farbumschlag und Umschlagsbereich von Redoxindikatoren

Indikator	Farbumschlag	Umschlags-*r*H-Bereich
Neutralrot	rot → farblos	2,0...4,5
Safranin	rot → farblos	4,0...7,5
Indigodisulfonat	blau → gelblich	8,5...10,5
Indigotrisulfonat	blau → gelblich	9,5...12,0
Indigotetrasulfonat	blau → gelblich	11,5...13,5
Methylenblau	blau → farblos	13,5...15,5
Thionin	violett → farblos	15,0...17,0
Toluylenblau	blauviolett → farblos	16,0...18,0
Thymolindophenol	blau → farblos	17,5...20,0
m-Kresolindophenol	blau → farblos	19,0...21,5
2,6-Dichlorphenolindophenol	blau → farblos	20,0...22,5

9.4.2. Metallindikatoren

Tabelle 25 zeigt eine Übersicht über wichtige Indikatoren zur quantitativen Bestimmung von Metallionen für die textilchemische Technologie [8].

9.4.3. Fluoreszenzindikatoren

Tabelle 26 zeigt eine Übersicht über wichtige Fluoreszenzindikatoren.

9.5. Herstellung wichtiger Maßlösungen für die textilchemische Praxis

Tabelle 27 gibt einen Überblick über die Herstellung wichtiger Maßlösungen.

Tabelle 25: Farbumschlag und Umschlagsbereich einiger Metallindikatoren

Indikator	Farbumschlag	Umschlags-pH-Bereich
Eriochromschwarz T	Cd, In, Mg, Pb Zn weinrot → blau Ca, Mn, Te, Hg	10...11
Murexid	Ca rot → violett	12...12,5
Tiron	Co, Cu, Ni gelb → violett Fe^{2+} blaugrün → gelb	2...3
Sulfosalizylsäure	Fe^{2+} rot → gelb	2...3
Brenzkatechinviolett	Bi blau → gelb	2...3

Tabelle 26: Fluoreszenz und Umschlagsbereich einiger Fluoreszenzindikatoren

Indikatoren	Fluoreszenz	Umschlags-pH-Bereich
Salizylsäure	keine → blau	2,5...4
Eosin	keine → gelbgrün	2,5...4
Fluorescein	schwach grün → grün	4,0...5,0
2-Naphthol	schwach blau → blauviolett	7...8,5
Cumarin	schwach grün → blaugrün	8...9,5
1-Naphthylamin	blau → schwach blau	12...13

Tabelle 27: Herstellung von Maßlösungen

Reagens	Herstellung
0,1 n-Schwefelsäure H_2SO_4	4,903 88 g H_2SO_4 (100%ig) zu 1 l dest. Wasser lösen
0,1 n-Salzsäure HCl	HCl = 1,184 g · cm⁻³ — Handelsübliche Konzentration = 360,7 g · l⁻¹ $Cx = \frac{360,7 \text{ g} \cdot l^{-1}}{36,465 \text{ g}} = 9,88 \text{ Val} \cdot l^{-1}$ $Vx = \frac{0,1 \cdot 1000}{9,88} = 10,1 \text{ cm}^3$ Es werden 10,1 cm^3 HCl auf 1 l mit dest. Wasser aufgefüllt

Tabelle 27 (Fortsetzung)

Reagens	Herstellung
1 n-Oxalsäure $(COOH)_2$	63,033 g wasserfreie Oxalsäure werden mit dest. Wasser zu einem Liter aufgefüllt
1%ige Pikrinsäure (2,4,6-trinitrophenol)	1 g Pikrinsäure krist. sind in 100 g der wäßrigen Lösung enthalten
0,1 n-arsenige Säure H_3AsO_3	4,95 g As_2O_3 (chem. pur) in 15 cm³ heißer NaOH (5%) lösen und in einen 1-l-Meßkolben überführen. Das Ganze mit dest. Wasser auf 200 cm³ verdünnen und gegen Phenolphthalein mit H_2SO_4 (1:10) tropfenweise neutralisieren. Abschließend 50 g Natriumborat (in Wasser gelöst) zusetzen, das ebenfalls chemisch rein sein muß
0,1 n Kalilauge KOH	5,611 g wasserfreies Ätzkali (KOH fest) werden mit dest. Wasser zu einem Liter aufgefüllt
0,1 n-Natronlauge NaOH	4,0 g wasserfreies Ätznatron (NaOH fest) werden mit dest. Wasser zu einem Liter aufgefüllt
0,1 n-Silbernitrat $AgNO_3$-Lösung	17 g $AgNO_3$ (chem. pur) werden mit dest. Wasser zu einem Liter aufgefüllt. Wegen der sehr starken Lichtempfindlichkeit sind zur Aufbewahrung dunkle Flaschen zu verwenden!
0,1 n-Natriumnitrit $NaNO_2$-Lösung	6,9 g $NaNO_2$ (chem. pur) werden mit dest. Wasser zu einem Liter aufgefüllt
0,1 n-Kaliumpermanganat $KMnO_4$-Lösung	3,2 g $KMnO_4$-Salz (chem. pur) werden mit dest. Wasser zu einem Liter aufgefüllt. Die Lösung ist in einer dunklen Flasche aufzubewahren!
0,1 n-Iod-Iod-Kalium-Lösung	12,7 g chemisch reines Iod und 25 g chemisch reines Kaliumiodid werden mit dest. Wasser zu einem Liter aufgefüllt. Lösung ist in dunkler Flasche aufzubewahren!
0,1 n-Natriumthiosulfat $Na_2S_2O_3$-Lösung	25 g chemisch reines $Na_2S_2O_3$ und 0,2 g Soda Na_2CO_3 calc. werden mit dest. Wasser zu einem Liter aufgefüllt
0,1 n-Kaliumbichromat $K_2Cr_2O_7$-Lösung	4,903 g chemisch reines $K_2Cr_2O_7$, das vorher bei 125 °C getrocknet wurde, wird mit dest. Wasser zu einem Liter aufgefüllt
0,1 m-Chelaplex-I-Lösung	19,11 g Nitrilotrieessigsäure werden mit 7,5 g Ätznatron und 200 cm³ dest. Wasser unter Erhitzen gelöst. Nach Abkühlung wird die Lösung mit 1 Tropfen Methylrot versetzt und mit 0,1 n-NaOH von rot → gelb titriert. Danach wird auf 1 l mit dest. Wasser aufgefüllt. Man erhält das Di-Salz mit einem *p*H-Wert von 6
0,1 m-Chelaplex-III-Maßlösung (Dinatriumethylendiamintetraacetat ≙ Di-Na-Salz der EDTE)	Rel. Molmasse vom wasserfreien Salz: 336,090 33,609 g wasserfreies Salz werden in 1 l dest. Wasser gelöst. Bei 100 cm³ Vorlage auf Härtegrade zu prüfenden Wassers werden von 1 cm³ 0,1 m-Chelaplex-III-Maßlösung 5,3 °dH angezeigt. Bei Verwendung einer speziell hergestellten m/56-Lösung würde 1 cm³ Verbrauch 1 °dH entsprechen.

Herstellung von fuchsinschwefliger Säure als Reagenslösung zum Alkanalnachweis

0,2 g reines Fuchsin werden in 120 cm³ dest. Wasser gelöst. Anschließend werden 2 g Na_2SO_3 calc. in 20 cm³ dest. Wasser gelöst und 2 cm³ konz. reine H_2SO_4 zugegeben. Sobald durch Mischen beide Komponenten vollständig entfärbt sind, ist die Lösung gebrauchsfertig.

Besonderheiten: Alkanale haben die Eigenschaft, die schweflige Säure, die mit dem Fuchsin in Form einer Additionsverbindung vorliegt, zu zerstören, so daß dann der rote Farbstoff Fuchsin wieder zum Vorschein kommt.

Der größte Teil der Maßlösungen wird im Handel als Ampullen geführt, deren Inhalt zu einem Liter dest. Wasser gelöst, sehr zuverlässig die gewünschten Maßlösungen ergibt. Diese Art der Herstellung ist nicht nur einfach, sondern auch äußerst praktisch in der Handhabung.

10. Wasser in der Textilindustrie

10.1. Einführung

10.1.1. Allgemeines

Für die Arbeit der Textilveredlungs- und Textilreinigungsbetriebe hat das Wasser große Bedeutung. Das gilt sowohl für das Betriebswasser als auch für das Kesselspeisewasser. Daraus leiten sich viele Anforderungen an das Wasser ab.
Das Wasser muß klar und farblos sein. Es darf also keinerlei Schwebe- oder Trübungsstoffe enthalten.
Das Abwasserproblem wird in der gesamten Volkswirtschaft ständig komplizierter, da durch das Entstehen neuer Chemiebetriebe bzw. durch die Chemisierung der Volkswirtschaft die Chemikalienkonzentration in den Abwässern zunimmt. Höhere Forderungen werden deshalb auch an die Abwasserreinigung in den Betrieben der Textilveredlung und -reinigung gestellt.
Da der Rohstoff Wasser immer kostbarer wird, ist es notwendig, in den Textilveredlungs- und -reinigungsbetrieben nach wassersparenden Technologien zu suchen, dazu gehören z. B. das Arbeiten in kurzen Flotten oder auf stehenden Bädern.
Im Gesetzblatt der DDR, Nr. 8, Teil II vom 22. 2. 1972 haben die Forderungen an die Reinhaltung der Gewässer und zum sparsamsten Umgang mit Wasser eine gesetzliche Grundlage.

10.1.2. Physikalisch-chemische Kennzahlen des Wassers

Der Schmelzpunkt liegt bei einem Druck von 760 Torr bei 0 °C, der Siedepunkt bei 100 °C.

Dichte ϱ: Bei 4 °C = 1

Wärmeeffekte: $H_2O_{fl.} \rightarrow H_2O_{Eis}$ $\quad \Delta H = -5{,}9453\ kJ \cdot mol^{-1}$

$H_2O_{Dampf} \rightarrow H_2O_{fl.}$ $\quad \Delta H = -40{,}6957\ kJ \cdot mol^{-1}$

Wie auch bei anderen Flüssigkeiten ist bei Wasser der Dampfdruck abhängig von der Temperatur. Mit steigender Temperatur steigt der Dampfdruck des Wassers. Die Änderung des Wasserdampfdruckes erfolgt logarithmisch mit der Temperatur.

Summenformel: H_2O

Strukturformel:

O
H 105° H

Dissoziation: $H_2O \rightarrow H^+ + OH^-$

Da das Wasser in seiner chemischen Struktur gewinkelt ist (105 °C), weist die Verbindung einen Dipolcharakter auf. Nach außen jedoch erscheint das Wasser elektrisch neutral. Nach der Struktur ist damit zu beachten, daß sich in der Nähe des Sauerstoffatoms mehr die negativen, in der Nähe der beiden Wasserstoffatome mehr die positiven Ladungen befinden (unterschiedliche Elektronegativität des Sauerstoffes bzw. Wasserstoffes). Dieser Dipolcharakter ist ebenso dafür verantwortlich, daß Wassermoleküle die Eigenschaft haben zu assoziieren (sogenannte Clusters), indem sie sich immer mit den entgegengesetzten Ladungsschwerpunkten anziehen $(H_2O)x$.

Nach [1] kann auch wie folgt das Dipolmoment errechnet werden

$M = e \cdot l$ — l Entfernung der Pole; e Elektrostatische Ladungseinheit

$M_{H_2O} = 1{,}84 \cdot 10^{18}$ elektrostatische Einheiten · cm oder
1,84 D, wobei

D = 1 Debye = $1 \cdot 10^{-18}$ elektrostatische Einheiten darstellt.

Für eine große Zahl von chemischen Verbindungen dient das Wasser als Lösungsmittel, wobei beim Lösen einer Substanz in Wasser die Konzentration kontinuierlich bis zur Sättigungskonzentration ansteigt. Diese Löslichkeit fester Substanzen steigt dann in der Regel mit Steigerung der Temperatur. Wasser kann in Form von Kristallwasser in chemischen Verbindungen als diskreter und stöchiometrischer Teil enthalten sein. Die Verbindungen mit Kristallwasser werden Hydrate genannt.

Beispiele: $CuSO_4 \cdot 5\,H_2O$
$Na_2CO_3 \cdot 10\,H_2O$ oder
$Na_2B_4O_7 \cdot 10\,H_2O$

10.1.3. Wasserarten

Wasserarten

Niederschlagswasser	Oberflächenwasser	Grundwasser	Destilliertes[1] Wasser Aqua destillata
Sehr reines, in der Natur vorkommendes Wasser. Enthält nur Bestandteile aus der Luft: gelöste Gase wie z. B. O_2, N_2, CO_2, SO_2 organischer oder mineralischer Staub Industrieabgase radioaktive Stoffe	Enthält folgende Verunreinigungen: Sink- und Schwebestoffe wie z. B. Schlamm, Ton organische Bestandteile von verwesenden Pflanzen oder Tieren Abfälle freier oder gebundener Sauerstoff	Klar und sauber durch die Filtrationswirkung der Erdschichten. Enthält gelöste Mineralien, wie z. B. NaCl Fe- und Mn-Salze Hydrogencarbonate des Ca und Mg Sulfate und Chloride des Ca und Mg (in höheren Mengen als im Oberflächenwasser)	Chemisch reines Wasser, das keinerlei weitere Stoffe enthält. Oft liegt es auch als doppelt-destilliertes Wasser (in Form von Aqua bidestillata) vor.

[1]) Die Destillation erfolgt, indem man Wasser durch Überführung in Dampf von seinen Beimischungen befreit und darauf durch Abkühlung wieder verflüssigt. Als Geräte benötigt man dazu den Liebigschen Kühler oder nach ähnlichem Prinzip arbeitende Destillationsanlagen.

10.2. Störsubstanzen des Wassers

Störsubstanzen

Sichtbare Störsubstanzen	Unsichtbare Störsubstanzen
Sink- und Schwebestoffe setzen sich während des Textilveredlungs- oder Textilreinigungsprozesses, besonders beim Waschen, auf der Ware ab. Folge: Erhöhung des Verschmutzungsgrades der Waren. Beim Färben geht es um die Beeinträchtigung brillanter Farbtöne. Beim Bleichen wird der Weißgrad vermindert.	Gelöste Substanzen meist als Salze vorliegend Fe- und Mn-Salze führen beim Färben zu Farbveränderungen, zerstören im Bleichprozeß das Bleichmittel, lösen auch beim Bleichen selbst eine Bleich-Katalyse aus und bewirken damit eine Faserschädigung (vgl. 5.2.!) Hydrogencarbonate, Chloride und Sulfate des Ca und Mg als Härtebildner beeinträchtigen sowohl den Waschprozeß als auch den Färbe- und Druckprozeß. Beim Waschen wird der Griff der textilen Ware hart und spröde, und die Ware vergraut. Meist ist dies durch eine Abscheidung von unlöslicher Kalk- oder Mg-Seife auf der Ware bedingt, falls mit Seife als Waschmittel gearbeitet wird. Beim Färben oder Drucken ergeben Härtebildner eine Verminderung der Reib- und Lichtechtheit sowie eine Fleckenbildung. Schon beim Farbstofflösen kann in Gegenwart von diesen Substanzen die Löslichkeit der Farbstoffe zurückgehen, oder es können manche Farbstoffe durch chemische Reaktion mit den härtebildenden oder auch anderen Metallionen einen anderen Farbton annehmen.

Es bestehen für Textilbetriebe somit die Forderungen an das Wasser, daß es sauber und farblos ist, daß es keine Fe- und Mn-Salze sowie keine Härtebildner enthält.

10.3. Wasserhärte und ihre Entstehung

Unter hartem Wasser versteht man Wasser mit einem hohen Gehalt an Hydrogencarbonaten, Chloriden und Sulfaten des Calciums und Magnesiums.

Die Wasserhärte ist abhängig von den jeweiligen Niederschlägen und der geologischen Lage.
Bei der Entstehung harten Wassers dringt Regenwasser mit CO_2-Gehalt der Luft zunächst in den Erdboden ein und wandelt wasserunlösliche Carbonate in wasserlösliche Hydrogencarbonate um.

$CaCO_3$	+ CO_2	+ H_2O	→ $Ca(HCO_3)_2$
Calciumcarbonat	Kohlendioxid	Regen-	Calciumhydrogencarbonat
H_2O-unlöslich	der Luft	wasser	H_2O-löslich

oder

$MgCO_3$	+ CO_2	+ H_2O	→ $Mg(HCO_3)_2$
H_2O-unlöslich			H_2O-löslich

In der gleichen Weise werden dann auch die in der Erde vorhandenen Chloride und Sulfate des Ca und Mg gelöst (Nichtcarbonathärtebildner).
Dieselben chemischen Vorgänge laufen für Eisencarbonat $FeCO_3$ ab.
In gleicher Weise kann auch Eisenkies FeS_2 in Eisenhydrogencarbonat $Fe(HCO_3)_2$ umgewandelt werden:

$$FeS_2 + 2\,CO_2 + 2\,H_2O \rightarrow Fe(HCO_3)_2 + H_2S + S$$

Da das Wasser neben CO_2 auch O_2 enthält, ist es möglich, daß das FeS_2 auch zu Eisensulfat $FeSO_4$ oxydiert wird:

$$FeS_2 + 2\,O_2 \rightarrow FeSO_4 + S$$

Ganz ähnlich verhalten sich hierzu auch die Reaktionen der in der Erde vorhandenen Mn-Salze.
Die Messung der Wasserhärte erfolgt immer in Härtegraden. Dabei unterscheidet man der Einteilung nach 3 verschiedene Arten von Härtegraden:

Grad deutscher Härte °dH
Grad französischer Härte °fH und
Grad englischer Härte °eH

$1\,°dH = 10\ mg \cdot l^{-1}\ CaO$ oder $7{,}19\ mg \cdot l^{-1}\ MgO$

$1\,°fH = 10\ mg \cdot l^{-1}\ CaCO_3$

$1\,°eH = 14{,}3\ mg \cdot l^{-1}\ CaCO_3$

$1\,°dH = 1{,}79\,°fH = 1{,}24\,°eH$
(Tabelle 28)

Tabelle 28: Umrechnung von Härtegraden des Wassers

°dH	°fH	°eH	°fH	°dH	°eH	°eH	°dH	°fH
1	1,79	1,25	1	0,56	0,7	1	0,80	1,43
2	3,58	2,50	2	1,12	1,40	2	1,60	2,86
3	5,37	3,75	3	1,68	2,10	3	2,40	4,29
4	7,16	5,00	4	2,24	2,80	4	3,20	5,72
5	8,95	6,25	5	2,80	3,50	5	4,00	7,15
6	10,74	7,50	6	3,36	4,20	6	4,80	8,58
7	12,55	8,75	7	3,92	4,90	7	5,60	10,01
8	14,32	10,00	8	4,48	5,60	8	6,40	11,44
9	16,08	11,25	9	5,04	6,30	9	7,20	12,87
10	17,90	12,50	10	5,60	7,00	10	8,00	14,30

Zur Berechnung der Wasserhärte wird in den meisten Fällen das Maß eines Grades deutscher Härte (°dH) zu Hilfe genommen. Als Bezugsbasis für die quantitative Aussage °dH dient die Konzentration von CaO bzw. die äquivalente Menge MgO, gleichviel, in welchen Verbindungen sie auftreten. Das Ergebnis für MgO in $mg \cdot l^{-1}$ wird dabei auf die Kalkhärte umgerechnet, indem es mit 1,4 multipliziert wird.

$$\frac{MgO}{CaO} = \frac{40}{56} = \frac{1}{1{,}4}$$

Hat man dann den Gehalt an CaO bzw. MgO gefunden, so braucht man diesen Wert nur durch 10 zu dividieren, um auf °dH zu kommen.

Will man umgekehrt den Faktor F von 1,4 finden, so geht man wie folgt vor:

$$F = \frac{M_{CaO}}{M_{MgO}} = \frac{56{,}1\ g \cdot mol^{-1}}{40{,}3\ g \cdot mol^{-1}} = 1{,}392 \approx \mathbf{1{,}4}$$

Damit entspricht 1 mg MgO 1,4 mg CaO
Da es unterschiedlich hartes Wasser gibt, hat man diesem bestimmte Härtegrade zugeordnet (vgl. auch Tabellen 29 und 30).

Tabelle 29: Einteilung der Wasserhärte

°dH	Wasser	Vorzufinden im Raum
0...4	sehr weich	Suhl, Karl-Marx-Stadt
4...8	weich	Zwickau
8...12	mittelhart	Dresden, Magdeburg
12...18	ziemlich hart	Gera
18...30	hart	Jena
>30	sehr hart	Würzburg, Halle

Tabelle 30: Seifenverbrauch beim Waschen mit Wasser verschiedener Härtegrade [10]

Deutsche Härtegrade °dH	1 m³ Wasser vernichtet g 60%ige Handelsseife	20 m³ Wasser vernichten kg 60%ige Handelsseife	Bei einem täglichen Verbrauch von 20 m³ Wasser werden in einem Jahr mit 300 Arbeitstagen kg Seife vernichtet
1	169	3	1014
5	845	17	5070
10	1690	34	10140
15	2535	51	15210
20	3380	68	20280
25	4225	85	25350
30	5070	101	30420
35	5915	118	35490
40	6760	135	40560

Neuerdings erfolgt die Angabe der Härte in

$m\ mol \cdot l^{-1}$ oder
$m\ val \cdot l^{-1}$.

$1\ m\ mol\ l^{-1}\ CaO = 2\ m\ val^{-1}\ CaO = 5{,}6\ °dH$

Die Umrechnung wird dann in folgender Weise vorgenommen:

	°dH	m mol · l⁻¹	m val · l⁻¹	mg · l⁻¹ CaO
1 m mol · l⁻¹	5,6	1	2	56
1 m val · l⁻¹	2,8	0,5	1	28
1 °dH	1	0,1785	0,357	10

10.4. Härtearten

Aus der Tatsache, daß hartes Wasser einen hohen Gehalt an Hydrogencarbonaten, Chloriden und Sulfaten (evtl. Spuren von Nitraten) des Ca und Mg aufweist, lassen sich 2 Härtearten ableiten, aus denen die Gesamthärte zusammengesetzt ist; einmal die Härte, die durch die Hydrogencarbonate des Ca und Mg hervorgerufen wird, zum anderen die Härte, die durch die Chloride, Sulfate und Spuren von Nitraten des Ca und Mg entsteht.

Gesamthärte

Carbonathärte KH

temporäre oder zeitweilige Härte

$Ca(HCO_3)_2$
$Mg(HCO_3)_2$

Diese Härtebildner sind nur dann im Wasser, solange das Wasser nicht erhitzt bzw. gekocht wird.
Wird das Wasser gekocht, so fallen sie nach der Gleichung

$$Ca(HCO_3)_2 \xrightarrow[\text{energie}]{\text{+ Wärme-}} CaCO_3\downarrow + CO_2\uparrow + H_2O$$

oder

$$Mg(HCO_3)_2 \xrightarrow[\text{energie}]{\text{+ Wärme-}} MgCO_3\downarrow + CO_2\uparrow + H_2O$$

Härtebildner vorhanden — Härtebildner beseitigt

aus.
Diese Reaktionen zeigen dann den umgekehrten Vorgang der Härteentstehung. Wichtig ist, daß eine Kesselsteinbildung in Dampfkesseln vorwiegend durch diese 2 Härtebildner hervorgerufen wird. Bilden sich beispielsweise in einem Kessel die ersten Kalkansätze durch Einsatz von hartem Wasser, so werden es bald dickere Schichten. Da Kalkschichten mit einer geringen Schichtdicke eine gute Isolierwirkung aufweisen, wird der Wärmeaustausch behindert. Es ist folglich mehr Heizenergie erforderlich, um eine bestimmte bzw. gleiche Menge Dampf zu erzeugen. Außerdem kann es bei Rißbildung oder Abplatzen der Kalkablagerungen an den Heizrohren zu Ausbeulungen und Rissen und letztlich zur Kesselexplosion kommen.

Nichtcarbonathärte NKH

permanente oder bleibende Härte

$CaCl_2$ $CaSO_4$
$MgCl_2$ $MgSO_4$

Diese Härtebildner bleiben durch Erhitzen chemisch unverändert, und es erfolgt damit keine Ausfällung.
Werden diese obengenannten Salze jedoch einer Seifenlösung zugesetzt, so bildet sich ein Niederschlag von Kalk- oder Mg-Seife.

$2\,C_{15}H_{31}COONa + CaCl_2$
Seife
(Na-Salz der Hexadecansäure)

$\downarrow$

$(C_{15}H_{31}COO)_2Ca\downarrow + 2\,NaCl$
Kalkseife
(Ca-Salz der Hexadecansäure)

Durch diese Reaktion, die Entstehung von Kalk- oder Mg-Seife, verliert die Seife ihre Waschwirkung.
Für die Textilveredlung und -reinigung besteht deshalb die Forderung nach Verwendung weichen Wassers. Neben dem hohen Seifenverlust bei hartem Wasser sind auch Qualitätsmängel, die durch hartes Wasser eintreten können, zu beachten.
Die Ca- oder Mg-Seifen haben durch ihren fettähnlichen Charakter wasserabweisende Eigenschaften. Die gewaschene Ware weist dann eine schlechte Saugwirkung auf. Aus all diesen Gründen ist man von den Seifen auf synthetische WAS übergegangen.

10.5. Wasseruntersuchungen

10.5.1. *p*H-Wert

Zur Bestimmung des *p*H-Wertes von Wasser im textilchemischen Labor oder in der Produktion setzt man vorzugsweise zuerst das Unitestpapier® für eine Grobprüfung und danach, wenn es um genauere Meßangaben gehen soll, Stuphan®- oder *p*H-Spezialindikatoren ein. Wie schon beschrieben, kann mit dem Unitest®-Indikator nur der *p*H-Bereich in ganzen Stufen von 1 bis 11 ermittelt werden, während man mit den Spezialindikatoren Werte von 0,3 bis 0,4 *p*H-Wert-Einheiten genau erhält.

10.5.2. Wichtige Kationennachweise (qualitativ)

K^+-Ionen

2 cm^3 Lösung werden mit 5 bis 10 Tropfen HCl und anschließend in der Kälte mit 1 cm^3 Perchlorsäure $HClO_4$ versetzt. Bei Anwesenheit von K^+-Ionen entsteht ein weißer, feinkristalliner Niederschlag von $KClO_4$.

Fe^{3+}-Ionen

2 cm^3 Lösung werden zuerst mit 10 bis 15 Tropfen HCl und anschließend mit 10 Tropfen Ammoniumthiocyanatlösung NH_4SCN versetzt. Bei Anwesenheit von Fe^{3+}-Ionen entsteht eine blutrote Färbung von Eisenthiocyanat $Fe(SCN)_3$.

Cu^{2+}-Ionen

Zu 2 cm^3 Lösung gibt man 5 bis 10 Tropfen NH_4OH. Bei Anwesenheit von Cu^{2+}-Ionen entsteht zunächst ein blauer Niederschlag, der sich jedoch bei weiterer Zugabe von NH_4OH im Überschuß auflöst. Die tiefblaue Farbe bleibt bestehen.

NH_4^+-Ionen

Siehe unter 3.3.3. Ammoniumhydroxid.

Mn-Ionen

100 cm^3 Probewasser werden zunächst mit 10 cm^3 Schwefelsäure H_2SO_4 (25%ig) angesäuert und die Chloride durch eine 0,1 n-$AgNO_3$-Lösung ausgefällt. Die Lösung wird sodann filtriert und 10 min auf einem Wasserbad mit vorheriger Zugabe von 1...2 g Persulfat stehengelassen. Anschließend wird abgekühlt und die Lösung in einen Kolorimetrier-Zylinder gegeben. In einem gleichen Zylinder werden dest. Wasser + 10 cm^3 H_2SO_4 (25%ig) gegeben und mit 0,01 n-$KMnO_4$-Lösung bis zur Farbgleichheit des ersten Zylinderinhaltes titriert.

1 cm^3 verbrauchte 0,01 n-$KMnO_4$ $\triangleq$ 0,316 mg $KMnO_4$
$\triangleq$ 0,11 mg Mn

10.5.3. Wichtige Anionennachweise (qualitativ)

Carbonationen CO_3^{2-}

20 cm^3 der Probe werden mit HCl angesäuert und entweichende Gase in Bariumhydroxidlösung eingeleitet. Bei Anwesenheit von CO_3^{2-}-Ionen trübt sich die $Ba(OH)_2$-Lösung, es

entsteht Bariumcarbonat $BaCO_3$. Man kann aber auch einfach einen mit Barytwasser benetzten Glasstab hineinhalten. Es bildet sich ein weißer Überzug.

Nitrationen NO_3^- (Tüpfelreaktion)

Auf der Tüpfelplatte werden $FeSO_4$-Kristalle mit 3 Tropfen verdünnter, dann 2 Tropfen konzentrierter Schwefelsäure versetzt und anschließend 2...3 Tropfen der zu untersuchenden Lösung zugesetzt. Bei Anwesenheit von Nitrationen entsteht an der Berührungsstelle der Kristalle von $FeSO_4$ eine violette Färbung, die auf Bildung von Eisennitrosulfat $[Fe(NO)]SO_4$ hinweist (Komplexsalzbildung).

Nitritionen NO_2^-

Durchzuführen wie bei der Bestimmung von Nitrationen. Bei Anwesenheit von Nitritionen entsteht an der Berührungsstelle der Kristalle von $FeSO_4$ eine braune Färbung; s. auch 4.5.10.!

Sulfationen SO_4^{2-}

Siehe Nachweis Schwefelsäure unter 2.3.1.!

Sulfidionen S^{2-}

Siehe Nachweis Natriumsulfid unter 4.5.9.!

10.5.4. Härtebestimmungen

10.5.4.1. Gesamthärtebestimmung mit Seifenlösung nach Boutron-Boudet

Zur Gesamthärtebestimmung mit Seifenlösung nach Boutron-Boudet benötigt man folgende Geräte und Chemikalien:

Geräte

1. Spezialschüttelflasche mit den Markierungen von 10 bis 40
2. Hydrotiometer mit den Graduierungen °dH von 1 bis 20

Chemikalien

1. Verdünnte NaOH (n/10-Lösung)
2. Phenolphthalein-Indikator
3. Spezialseifenlösung nach Boutron-Boudet
4. Probewasser

Durchführung der Bestimmung

Die Schüttelflasche wird bis zum Eichstrich 40 ml (bei sehr hartem Wasser bis 20 ml bzw. 10 ml) mit Probewasser gefüllt. Füllt man sie bis zur Markierung von 20 bzw. 10 ml an, muß sie bis zum Eichstrich 40 ml mit destilliertem Wasser aufgefüllt werden. Danach wird diese Lösung mit einem Tropfen Phenolphthalein-Indikator und 1...2 Tropfen verdünnter NaOH bis zur schwachen Rosafärbung versetzt (pH $\approx$ 8). Das Hydrotiometer ist sodann mit Spezialseifenlösung nach Boutron-Boudet bis zur Marke 0 anzufüllen. Aus diesem wird jetzt unter stetem Schütteln so lange Seifenlösung in das Probewasser getropft, bis ein Schaum von etwa 1 cm Höhe 2 bis 3 min bestehen bleibt.

Der Härtegrad wird dann am Hydrotiometer durch die verbrauchte Seifenlösung abgelesen.
War die Schüttelflasche am Anfang nur bis zur Marke 20 ml mit Probewasser gefüllt, muß der abgelesene Wert am Hydrotiometer mit 2 multipliziert werden (bei Anfüllung bis zur Marke 10 ml mit 4). Alle Ergebnisse drücken die Gesamthärte in °dH aus. Zu bemerken ist, daß diese Art der Untersuchung für hartes Wasser recht ungenau ist. Diese Untersuchungsmethode ist jedoch zur Kontrolle von bereits enthärtetem Wasser zu empfehlen. Bei dieser Methode bildet sich erst ein bleibender Schaum, wenn sich alle Härtebildner im Probewasser mit der Seife in Form von Ca- oder Mg-Salz chemisch gebunden haben, d. h., wenn alle Härtebildner als Ca- oder Mg-Seifen verbraucht sind.

Anmerkung

Hartes Wasser < 15 °dH	Schüttelflasche bis zur Marke 40 ml anfüllen
Hartes Wasser von 15...30 °dH	Schüttelflasche bis zur Marke 20 ml anfüllen
Hartes Wasser > 30 °dH	Schüttelflasche bis zur Marke 10 ml anfüllen

10.5.4.2. Gesamthärtebestimmung mit Chelaplex-III-Maßlösung

Eine sehr genaue und zuverlässige Untersuchungsmethode zur Bestimmung der Gesamthärte ist die mit Chelaplex-III-Maßlösung (auch Komplexon-III-Maßlösung).

Geräte

1. Erlenmeyerkolben (Inhalt 200 cm^3)
2. Titrierpipette (20 cm^3)
3. Meßzylinder (100 cm^3)

Chemikalien

1. Ammoniumsalze oder Boraxlösung $Na_2B_4O_7$ (1%ig) als Puffersubstanzen
2. Eriochromschwarz-T-Indikator ($\triangleq$ 1 g Eriochromschwarz T mit 200 g NaCl vermischt und anschließend zu feinkörnigem Pulver verrieben)
3. Chelaplex-Maßlösung 0,056 m
4. Probewasser

Durchführung der Prüfung

Im Maßzylinder abgemessene 100 cm^3 Probewasser werden im Erlenmeyerkolben mit 10 Tropfen Boraxlösung und einer Spatelspitze Eriochromschwarz-T-Indikator versetzt. Es entsteht dabei eine weinrote Lösung. Daraufhin titriert man mit Chelaplex-III-Maßlösung aus der Titrierpipette so lange, bis ein Farbumschlag nach blau erfolgt. Man achte darauf, daß es keinesfalls zu einer Übertitrierung kommt. Günstig ist es auch, das Probewasser im erwärmten Zustand (40...50 °C) zu titrieren.

Berechnung

1 cm^3 verbrauchte 0,056 m Chelaplex-III-Maßlösung entspricht 1 °dH. Da 100 cm^3 Probewasser vorlagen, kommt 1 mg CaO auf diese Menge. Für 1 l Wasser ergibt das dann die Menge von 10 mg CaO. Denn 1 °dH $\triangleq$ 10 mg CaO $\cdot$ l^{-1} Wasser.

10.5.4.3. Bestimmung der Carbonathärte KH

Zur Bestimmung der Carbonathärte KH (temporäre oder vorübergehende Härte) benötigt man folgende Geräte und Chemikalien:

Geräte

1. Erlenmeyerkolben (Inhalt 200 cm^3)
2. Titrierpipette (10 cm^3)

Chemikalien

1. 0,1 n-HCl-Lösung
2. Methylorange-Indikatorlösung

Durchführung der Prüfung

100 cm^3 Probewasser werden im Erlenmeyerkolben mit 1 bis 2 Tropfen Methylorange-Indikatorlösung versetzt und dann mit 0,1 n-HCl-Lösung aus der Titrierpipette von gelb auf zwiebelfarben titriert.

Berechnung

1 cm^3 verbrauchte 0,1 n HCl $\triangleq$ 2,8 °dH, da 1 cm^3 0,1 n HCl 2,8 mg CaO bei Verwendung von 100 cm^3 Probewasser entspricht. Daraus folgt

x cm^3 0,1 n HCl · 2,8 = °dH (KH)

Chemischer Vorgang

$$Ca(HCO_3)_2 + 2\,HCl \rightarrow CaCl_2 + CO_2 + 2\,H_2O$$

$$2\,HCl \triangleq CaO = 56\,°dH$$

$$1\,HCl \triangleq \frac{CaO}{2} = 28\,°dH$$

Für 100 cm^3 entspricht dies 2,8 °dH

10.5.4.4. Bestimmung der Nichtcarbonathärte NKH

NKH = GH − KH

10.5.4.5. Bestimmung der Kalkhärte CaH

Folgende Geräte und Chemikalien werden für diese Untersuchung benötigt:

Geräte

1. Erlenmeyerkolben (200 cm^3 Inhalt)
2. Titrierpipette (20 cm^3)

Chemikalien

1. Verdünnte Natronlauge (0,1 n-Lösung)
2. Murexid-Indikator, herzustellen durch Mischen des Farbstoffes mit NaCl im Masseverhältnis 1 : 200 und Verreiben zu feinkörnigem Pulver, analog dem Eriochromschwarz-T-Indikator (s. Pkt. 10.5.4.2.).
3. Chelaplex-III-Maßlösung 0,56 m

Durchführung der Prüfung

100 cm^3 Probewasser werden im Erlenmeyerkolben zunächst mit 1...3 cm^3 0,1 n NaOH auf einen *p*H-Wert von 10...12 eingestellt. Bei diesem *p*H-Wert werden alle Mg-Ionen als schwerlösliches $Mg(OH)_2$ ausgefällt und somit bei der Titration nicht mehr mit erfaßt, so daß jetzt nur noch die Ca-Ionen mit der Maßlösung reagieren können (der *p*H-Wert-Nachweis erfolgt mit Unitest). Daraufhin wird die Lösung mit einer Spatelspitze Murexid-Indikator versetzt. Es entsteht eine rotviolette Lösung, die mit Chelaplex-III-Maßlösung auf blauviolett titriert wird.

Berechnung

1 cm^3 verbrauchte 0,56 m-Chelaplex-Maßlösung $\triangleq$ 1 °dH (CaH)

Mit dieser Prüfung hat man alle Ca-Salz-Anteile erfaßt. Aus der abzuleitenden Magnesium-Härte

Magnesiumhärte = Gesamthärte − Kalkhärte

kann man dann alle Mg-Salz-Anteile ermitteln.

10.6. Wasseraufbereitung

10.6.1. Allgemeines

Die Wasseraufbereitung ist ein Prozeß, in dessen Verlauf Rohwasser seinem jeweiligen Verwendungszweck entsprechend so aufbereitet wird, daß es den damit verbundenen Anforderungen voll gerecht wird. Je nach den Störsubstanzen sichtbarer und unsichtbarer Art richtet sich die Art des Wasseraufbereitungsverfahrens.

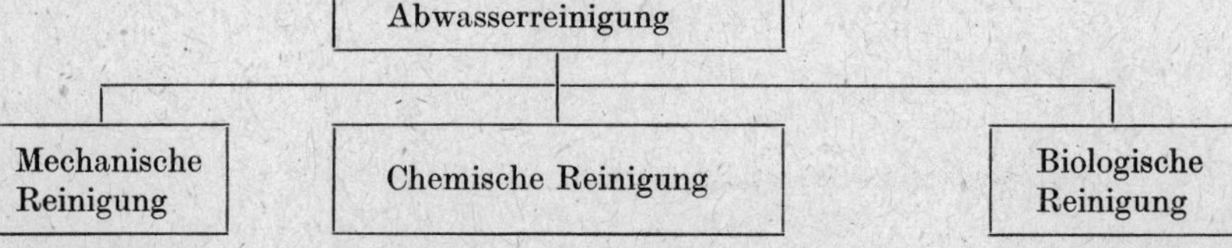

Mechanische Reinigung: Wird durchgeführt mittels Siebhaarfängern oder Filtern, in Absatzbecken oder Mischbecken.

Chemische Reinigung: Cu-, Fe-, Mn- oder Bi-Salze werden in Form von Hydrogencarbonaten mittels O_2 als Hydroxide ausgefällt (Lufteinblasung). Auch die Wasserenthärtung fällt unter die chemische Abwasserreinigung. Ausflockung kolloider Verunreinigung durch Zusatz von Flockungsmittel, wie z. B. $Al_2(SO_4)_3$ oder $FeCl_3$.

$$3\,Ca(HCO_3)_2 + Al_2(SO_4)_3 \downarrow 2\,Al(OH)_3 + 3\,CaSO_4\downarrow + 6\,CO_2\uparrow$$

$$3\,Ca(HCO_3)_2 + 2\,FeCl_3 \downarrow 3\,CaCl_2 + Fe(OH)_3\downarrow + 6\,CO_2\uparrow$$

Biologische Reinigung: natürlich künstlich

Schmutzstoffe werden durch Bakterien zerstört. Dazu ist ebenfalls viel Sauerstoff notwendig.

10.6.2. Klärung/Filtration

Die Klärung von sink- und schwebestoffhaltigem Wasser erfolgt durch die 3-Kammer-Filtrieranlage, die im folgenden anhand einer Prinzipskizze dargelegt wird.

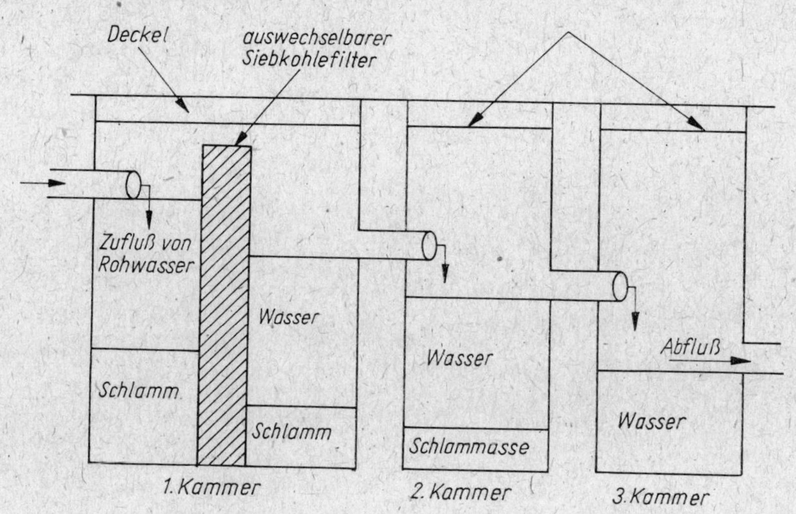

Bild 10/1: 3-Kammer-Filteranlage

10.6.3. Enteisenung

Eisen und Mangan liegen meistens in Form von Hydrogencarbonaten in 2wertiger Form vor, nämlich Eisen-2-hydrogencarbonat $Fe(HCO_3)_2$ und Mangan-2-hydrogencarbonat $Mn(HCO_3)_2$. Ihre Beseitigung durch Ausfällung geschieht mittels Einblasens von Luft aus Kompressoren nach folgenden Gleichungen

$$2\,Fe(HCO_3)_2 \rightarrow 2\,Fe(OH)_2 + 4\,CO_2\uparrow$$

$$2\,Fe(OH)_2 + \frac{1}{2}\,O_2 + H_2O \rightarrow 2\,Fe(OH)_3\downarrow$$

und

$$2\,Mn(HCO_3)_2 \rightarrow 2\,Mn(OH)_2 + 4\,CO_2\uparrow$$

$$2\,Mn(OH)_2 + O_2 \rightarrow 2\,MnO(OH)_2$$

Hydrat des Mangan-(IV)-oxides

$$Mn(HCO_3)_2 + MnO(OH)_2 + H_2O \rightarrow 2\,Mn(OH)_3\downarrow + 2\,CO_2\uparrow$$

Eine Enteisenung bzw. Entmanganung des Rohwassers wird meist in einer Enteisenungsanlage vorgenommen.

10.6.4. Wasserenthärtung

10.6.4.1. Übersicht

Unter Wasserenthärtung versteht man die Beseitigung aller Härtebildner aus dem Wasser auf chemischem Wege.

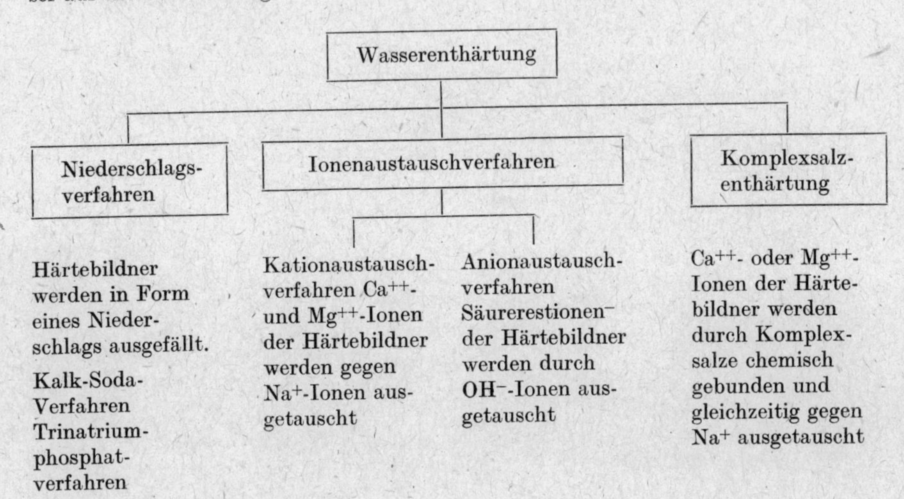

10.6.4.2. Niederschlagsverfahren

1. Kalk-Soda-Verfahren

Alle Niederschlagsverfahren werden in einem Rührbehälter vorgenommen, der mit einer Dosiervorrichtung versehen ist. Die abgeschiedenen Reaktionsprodukte werden in Absatzbehältern abgeschieden. Beim Kalk-Soda-Verfahren liegt Kalk in Form von $Ca(OH)_2$ vor und beseitigt die Carbonathärte, das Soda Na_2CO_3 beseitigt dagegen die Nichtcarbonathärte.

Fällungschemismus

$$Ca(HCO_3)_2 + Ca(OH)_2 \rightarrow 2\,CaCO_3\downarrow + 2\,H_2O$$

$$CaSO_4 + Na_2CO_3 \rightarrow CaCO_3\downarrow + Na_2SO_4$$

Besonderheiten

Das Kalk-Soda-Verfahren ist für die Betriebe ein sehr billiges Verfahren. Es wird dort angewandt, wo hohe Wasserhärten vorhanden sind. Nachteilig sind die laufende Kontrolle des Verfahrens, die Notwendigkeit, exakte Zusätze an $Ca(OH)_2$ und Na_2CO_3 sowie die Temperaturabhängigkeit für die Enthärtung selbst. Tabelle 31 gibt Aufschluß über verschieden angewandte Temperaturen während des Enthärtens im Kessel.
Bei 15 °C bis 25 °C erfolgt keine Enthärtung, so daß eine hohe Resthärte bestehen bleibt.

Tabelle 31: Abhängigkeit der Enthärtungswirkung von der Temperatur

Temperatur des Rohwassers °C	°dH
60	3
70	2
80	0,8
90	0,5
100	0,3

2. Trinatriumphosphatverfahren

Bei dem Trinatriumphosphatverfahren werden die Carbonathärtebildner und die Nichtcarbonathärtebildner durch Trinatriumphosphat Na_3PO_4 gleichzeitig entfernt. Alle Härtebildner werden dabei als Ca- oder Mg-Phosphat ausgefällt.

Fällungschemismus

$$3\,Ca(HCO_3) + 2\,Na_3PO_4 \rightarrow Ca_3(PO_4)_2\downarrow + 6\,NaHCO_3$$

$$3\,CaSO_4 + 2\,Na_3PO_4 \rightarrow Ca_3(PO_4)_2\downarrow + 3\,Na_2SO_4$$

Entsprechende Gleichungen treffen zu, wenn es sich um Mg-Salze handelt.

Besonderheiten

Das Trinatriumphosphatverfahren ist ein relativ teures Verfahren, eine Enthärtung des Rohwassers ist jedoch bei 70 °C bis zu 0,1 °dH möglich. Dieses Verfahren wird meist für die Restenthärtung von Kesselspeisewasser angewandt. Man arbeitet deshalb mit einem Na_3PO_4-Überschuß, um im Kessel noch vorhandene Ca- und Mg-Verbindungen als sogenannten Kesselschlamm abzuscheiden (Phosphate des Ca oder Mg).

10.6.4.3. Ionenaustauschverfahren

1. Kationenaustauschverfahren

Das Funktionsprinzip des Kationenaustauschverfahrens beruht darauf, daß Wasser zunächst durch Filtersubstanzen geleitet wird, die in der Lage sind, Kationen abzugeben und Ca- und Mg-Ionen dafür aufzunehmen. Anschließend erfolgt ein Rückspülen und zum Schluß das Regenerieren des Ionenaustauschers. Es kommt dabei zu keiner Schlammbildung wie bei den Niederschlagsverfahren. Nachteilig ist allerdings, daß freies CO_2, Öle oder andere organische Substanzen nicht beseitigt werden. Bei stark eisenhaltigem Wasser ist vorher eine Enteisenung durchzuführen. Da Kation- und auch Anionaustauscher auch gegen Schlamm sehr empfindlich sind, ist eine sorgfältige Klärung vor der Enteisenung vorzunehmen.
Das wichtigste Kationenaustauschverfahren stellt das Wofatit-Verfahren dar.
Hier werden die Ca- und Mg-Ionen der Härtebildner gegen Na-Ionen des Wofatits ausgetauscht.

Das Verfahren gliedert sich in folgende Teilprozesse:

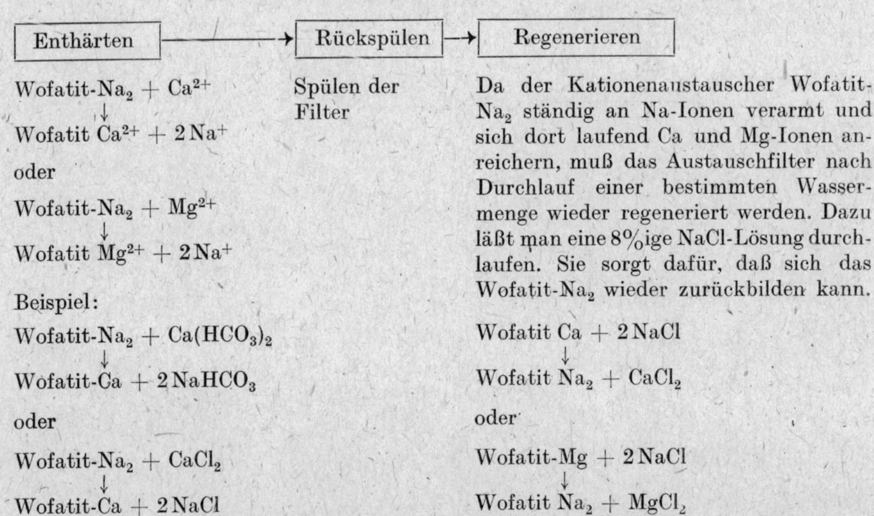

Enthärten
Rückspülen
Regenerieren
Wofatit-Na2 + Ca2+
↓
Wofatit Ca2+ + 2 Na+
oder
Wofatit-Na2 + Mg2+
↓
Wofatit Mg2+ + 2 Na+
Beispiel:
Wofatit-Na2 + Ca(HCO3)2
↓
Wofatit-Ca + 2 NaHCO3
oder
Wofatit-Na2 + CaCl2
↓
Wofatit-Ca + 2 NaCl
Spülen der Filter
Da der Kationenaustauscher Wofatit-Na2 ständig an Na-Ionen verarmt und sich dort laufend Ca und Mg-Ionen anreichern, muß das Austauschfilter nach Durchlauf einer bestimmten Wassermenge wieder regeneriert werden. Dazu läßt man eine 8%ige NaCl-Lösung durchlaufen. Sie sorgt dafür, daß sich das Wofatit-Na2 wieder zurückbilden kann.
Wofatit Ca + 2 NaCl
↓
Wofatit Na2 + CaCl2
oder
Wofatit-Mg + 2 NaCl
↓
Wofatit Na2 + MgCl2

Die Wofatite sind chemisch gesehen Kondensationsprodukte zwischen Methanal und Phenolsulfonsäuren. Dabei wird im Prinzip Methanal HCHO mit Phenol polykondensiert und anschließend das Polykondensationsprodukt mit Schwefelsäure H_2SO_4 sulfoniert. Zuletzt wird mit NaOH neutralisiert, um zu den Na-Salzen zu gelangen. Wesentlich sind am Wofatit die $-SO_3Na$-Gruppen, bei denen am Na-Ion der jeweilige Austausch erfolgt.

Ein anderes Kationenaustauschverfahren stellt das Silikataustauschverfahren dar. Als Silikataustauscher (Permutit) finden oft Na-Al-Silikate Verwendung.

2. Anionenaustauschverfahren

Meist sind die Anionenaustauscher dazu befähigt, die OH-Gruppe quarternärer Ammoniumverbindungen gegen die Säurerestionen der Härtebildner, also Chlorid Cl^-, Sulfat SO_4^{2-} oder Hydrogencarbonat HCO_3^{2-} auszutauschen.

Enthärten

Wofatit-$(OH)_2$ + Me^{2+} + $2Cl^-$ → Wofatit $(Cl^-)_2$ + $Me^{2+}(OH)_2$

Regenerieren

Wofatit-$(Cl)_2^-$ + $2Na^+OH^-$ → Wofatit $(OH)_2^-$ + $2NaCl$

3. Vollentsalzung

Bei den bisher beschriebenen Verfahren wurden nur die Härtebildner oder Anionen aus dem Rohwasser entfernt. Durch eine Vollentsalzung ist es möglich, alle Salze im Wasser zu beseitigen. Dazu schaltet man einen Kationenaustauscher eines H-Typs und einen Anionenaustauscher hintereinander.

Kationenaustausch	Anionenaustausch
Wofatit-H_2 + Ca^{2+}	Wofatit $(OH)_2$ + SO_4^{2-}
↓	↓
Wofatit-Ca^{2+} + $2H^+$	Wofatit SO_4^{2-} + $2OH^-$

Zuerst erfolgt dabei der Kationenaustausch, dann wird das Wasser vom Kationenaustauscher zum Anionenaustauscher geleitet. Die Wofatitbase bindet die Säure, allerdings keine Kohlensäure.
Auch hier muß das Wasser vorher von Kieselsäure, Ölen oder anderen organischen Substanzen befreit werden.

Bindungschemismus

1. Kationenaustausch

Wofatit-H_2 + $Ca(HCO_3)_2$ → Wofatit-Ca^{2+} + $2CO_2$ + $2H_2O$
Wofatit-H_2 + $MgCl_2$ → Wofatit-Mg^{2+} + $2HCl$
Wofatit-H_2 + Na_2SO_4 → Wofatit Na_2 + H_2SO_4

2. Wiederbelebung mit Salzsäure HCl

Wofatit-Ca^{2+} + $2HCl$ → Wofatit H_2 + $CaCl_2$
Wofatit-Mg^{2+} + $2HCl$ → Wofatit H_2 + $MgCl_2$
Wofatit-Na_2 + $2HCl$ → Wofatit-H_2 + $2NaCl$

3. Anionenaustausch

Wofatit-$(OH)_2$ + $2HCl$ → Wofatit-Cl_2^- + $2H_2O$
Wofatit-$(OH)_2$ + H_2SO_4 → Wofatit-SO_4^{2-} + $2H_2O$

Eine Teil- oder Vollentsalzung verursacht einen relativ hohen ökonomischen Aufwand. Deshalb ist vorher die Notwendigkeit einer so intensiven Wasseraufbereitung sorgfältig zu prüfen.

10.6.4.4. Komplexsalzenthärtung

Zur Bindung bzw. Entfernung unerwünschter Metallverbindungen werden die störenden Kationen (auch hier Kationen der Härtebildner und andere Kationen von Me-Salzen) durch Komplexsalze in leicht lösliche Komplexe eingebaut. Auch dadurch kann die Wasserhärte unwirksam werden. Da die hierfür erforderlichen Produkte sehr teuer sind, setzt man sie nur in ganz besonderen Fällen ein, so z. B. beim Waschen oder bei besonderen Färbetechnologien.

Arten von Komplexsalzen

Anorganische Verbindungen

Na-meta-hexaphosphat

$Na_2[Na_4(PO_3)_6]$

Na-meta-pyrophosphat

$Na_2[Na_2(P_2O_7)]$

Wichtige Handelsprodukte:

Tapolox (VEB Fettchemie Karl-Marx-Stadt)
Neutrasent®
Calgon T®

Zusatz zur Flotte:

0,1 ... 0,3 g · l^{-1} je °dH

Organische Verbindungen

Na-Salze komplexbildender organischer Säuren

1. Nitriloethansäure

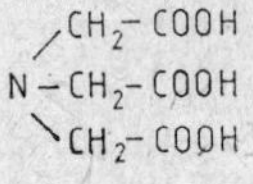

$$N(-CH_2-COOH)_3$$

Produkte:

Chelaplex I®
Komplexon I®
Titriplex I®
Trilon A®

2. Ethylendiamintetraethansäure
(abgekürzt als EDTE oder EDTA bezeichnet)

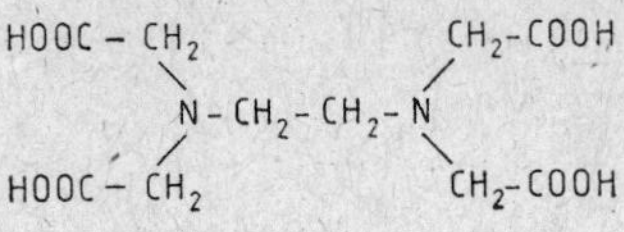

$$(HOOC-CH_2)_2N-CH_2-CH_2-N(CH_2-COOH)_2$$

Handelsprodukte:

Chelaplex II (VEB Feinchemie Sebnitz)
Komplexon II (Merck)
Titriplex II (Merck)

3. Dinatriumsalz der Ethylendiamintetraethansäure

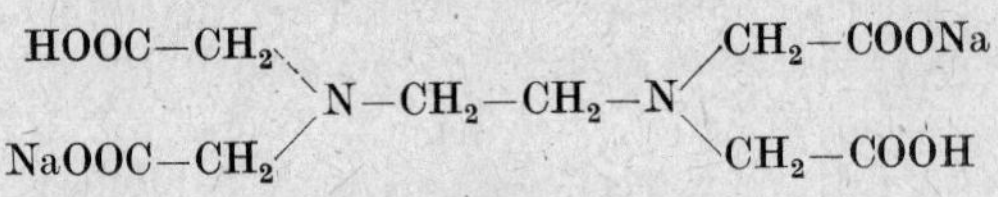

$$(HOOC-CH_2)(NaOOC-CH_2)N-CH_2-CH_2-N(CH_2-COONa)(CH_2-COOH)$$

Wichtige Handelsprodukte:

Chelaplex III (VEB Feinchemie Sebnitz)
Komplexon III (Merck-Darmstadt)
Titriplex III (Merck-Darmstadt)
Berliplex (VEB Berlin-Chemie) Trinatriumsalz
Chelaplex TL (VEB Berlin-Chemie) Tetranatriumsalz
Syntron A, B und C (Chemapol)
Irgalon ST (CiBA/Geigy) Tetranatriumsalz
Aquamollin BC, BCS und FE (Casella)
Plexophor HB (Sandoz)
Trilon FE, TA, TB und TBV
Zusatz: 0,1 ... 0,3 g/°dH im Liter

Bindungschemismus für Natriummetahexaphosphat

$$Na_2[Na_4(PO_3)_6] + CaCl_2 \rightarrow Na_2[Na_2Ca(PO_3)_6] + 2\,NaCl$$
Bindung eines Mol $CaCl_2$

$$Na_2[Na_4(PO_3)_6] + 2\,CaCl_2 \rightarrow Na_2[Ca_2(PO_3)_6] + 4\,NaCl$$
Bindung zweier Mol $CaCl_2$

$$Na_2Na_4(PO_3)_6 + (C_{17}H_{35}COO)_2Ca \rightarrow Na_2[Na_2Ca(PO_3)_6] + 2\,C_{17}H_{35}COONa$$

Größte Vorsicht ist geboten beim Färben mit Nachkupferungsfarbstoffen auf Cellulosefaserstoffe oder Metallkomplexfarbstoffen auf Woll- oder Polyamidfaserstoffe, da die Komplexsalze auch den Farbstoffkomplexen das Metall entreißen können. Damit würden solche Farbstoffe nicht nur ihren Farbton ändern, die Färbungen würden auch eine schlechtere Lichtechtheit sowie schlechtere Naßechtheiten aufweisen.
Der Bindungschemismus der Pyrophosphate ist analog dem der Metahexaphosphate.

Beispiel:

$$Na_2[Na_2(P_2O_7)] + MgSO_4 \rightarrow Na_2[Mg(P_2O_7)] + Na_2SO_4$$

Der Bindungschemismus von Chelaplex I mit Ca^{2+}-Ionen wird nach [1] wie folgt als innerer Komplex dargestellt:

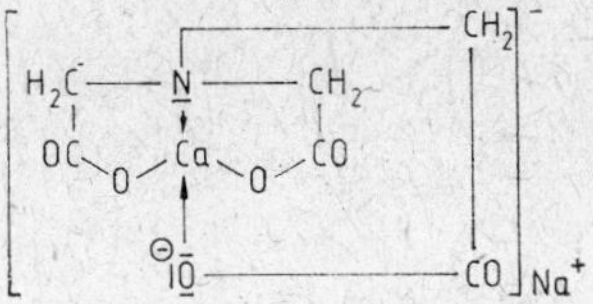

```
 ┌  ┌──────────────── CH2┐ -
 │  │                  │  │
 │ H2C ── N ──── CH2   │  │
 │   |    ↓      |     │  │
 │  OC   Ca      CO    │  │
 │    \O/  \O/         │  │
 │        ↑            │  │
 │      ⊖|O̲ ────────── CO ┘ Na+
 └
```

10.7. Abwasserprobleme

Den Abwasserproblemen ist größte Aufmerksamkeit zu widmen, da sich Verunreinigungen als Folge einer Chemikalienkonzentration in Abwässern außerordentlich negativ auf die Flußläufe auswirken. Um einer weiteren Verschmutzung bzw. Verunreinigung der Flüsse wirksam entgegenzutreten, ist jeder Industriebetrieb entsprechend den geltenden Gesetzen verpflichtet, seine Abwässer selbst vorzureinigen. Aus der Verwirklichung dieser Forderung ergibt sich, daß die Betriebe das vorgereinigte Wasser mehrfach nutzen können bzw. vorgereinigtes Wasser in die Flüsse geleitet wird. Damit können die Industriebetriebe zur Abdeckung des ständig steigenden Wasserbedarfs beitragen und den Forderungen des Umweltschutzes entsprechen.
In den Betrieben der Textilveredlung und Textilreinigung werden große Anstrengungen unternommen, um mit Wasserschwierigkeiten und Abwasserproblemen fertig zu werden. So wird versucht, textile Erzeugnisse in organischen Lösungsmitteln zu reinigen, zu färben oder auszurüsten. Wichtige Erfahrungen sind hierzu aus der Chemischreinigung bekannt. Ein wesentlicher Vorteil liegt in der Rückgewinnung des Lösungsmittels einschließlich seiner Destillation. Arbeiten auf kurzen Flotten oder stehenden Bädern in der Textilveredlung sparen Wasser. Auch in den Textilreinigungsbetrieben (Wäschereien) werden Flotten wiederverwendet, die vorher aufgefangen wurden.

11. Organische Lösungsmittel

11.1. Lösungen (Übersicht)

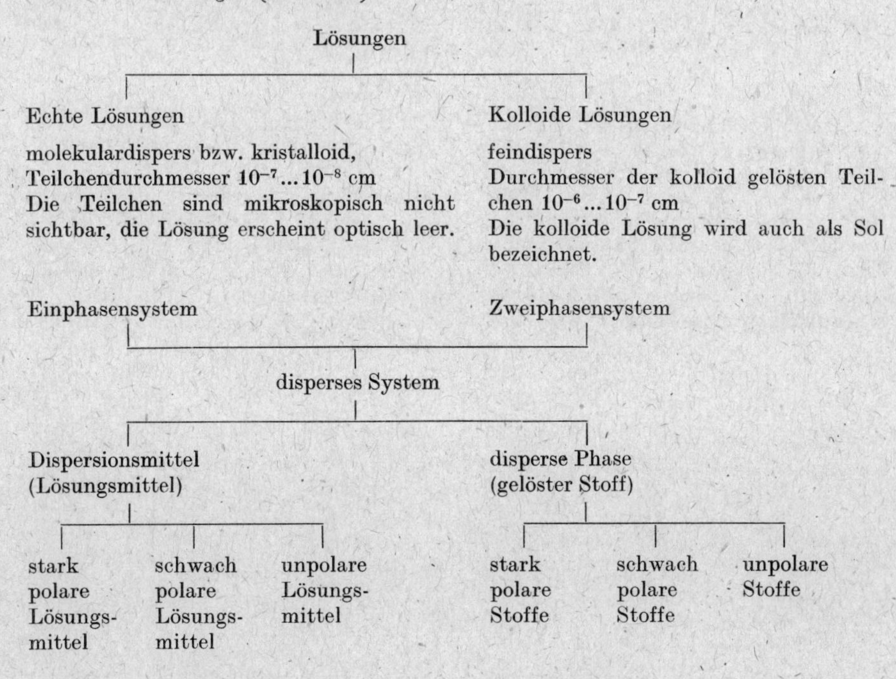

Unterschiedsmerkmale kolloider Lösungen und echter Lösungen:

1. Kolloide Lösungen wandern nicht durch Membranen (Schweinsblase, Pergamentpapier), echte Lösungen sind dazu imstande. Dadurch ist es auch möglich, bei kolloiden Lösungen sowohl eine Trennung des Dispersionsmittels auch auch molekular disperser Zusätze vorzunehmen (Dialyse).
2. Kolloide Lösungen üben folglich auch keinen osmotischen Druck auf eine solche Membran aus.
3. Die feindispersen Teilchen kolloider Lösungen wandern im elektrischen Feld (Elektrophorese).
4. Teilchen einer kolloiden Lösung zeigen unter dem Elektronenmikroskop die BRAUNsche Molekularbewegung.
5. Kolloide haben ausgeprägtes Oberflächenadsorptionsvermögen.
6. Kolloide Teilchen können durch Zusätze ausgeflockt werden. Treffen Kolloidteilchen entgegengesetzter Ladungen aufeinander, so vereinigen sich die Teilchen miteinander, und die elektrische Ladung wird beseitigt. Die Folge davon ist eine Koagulation.
7. Durch Entzug von Lösungsmitteln oder durch eine Koagulation entsteht aus einem Sol ein Gel.
8. Reversible Kolloide lassen sich bei der Koagulation wieder in Lösung bringen, während dies bei irreversiblen Kolloiden nicht möglich ist.
9. Kolloide Teilchen zeigen bei seitlichem Lichteinfall den TYNDALL-Effekt. Er beruht auf der Beugung des Lichtes durch die kolloiden Teilchen (optischer Trübungseffekt).

Bei den Kolloiden unterscheidet man

Hydrophobe Kolloide

Metallsulfide
Silberhalogenide

Sie können keine Moleküle vom Dispersionsmittel, z. B. Wasser, anlagern.

$KI + AgNO_3 \rightarrow AgJ\downarrow + KNO_3$
Silberiodidsol

Alle hydrophoben Kolloide koagulieren am isoelektrischen Punkt. Meistens stellen sie irreversible Kolloide dar.

$$\text{Sol} \xrightarrow{\text{Koagulation}} \text{Gel}$$

Hydrophile Kolloide

Gelatine
Stärke
Leim
Seife (WAS)
Eiweiße
$Al(OH)_3$

Hier kommt es zur Anlagerung von Dispersionsmittelmolekülen, z. B. Wasser, unter Ausbildung von Hydrathüllen.

Alle hydrophilen Kolloide koagulieren am isoelektrischen Punkt nicht, da sie, wie oben beschrieben, durch die Hydratation stabilisiert sind, meist stellen sie reversible Kolloide dar.

$$\text{Sol} \underset{\text{Peptisation}}{\overset{\text{Koagulation}}{\rightleftarrows}} \text{Gel}$$

Eine Koagulation, vor allem der hydrophilen Kolloide, erfolgt durch Zusatz höherer Mengen an Elektrolyten oder durch Zusatz von organischen Lösungsmitteln, die mit Wasser mischbar sind.
Die Tenside zählen zu den Assoziationskolloiden. Die Assoziation erfolgt in Mizellenform verschiedener Art, wie z. B. Band oder Stab (Bändchen- oder Stäbchenmizellen).

11.2. Organische Lösungsmittel

11.2.1. Begriff

Ein organisches Lösungsmittel ist eine organische Flüssigkeit, die mit einem zu lösenden Stoff keine chemische Verbindung eingeht. Diese Flüssigkeit muß sich aus den betreffenden Lösungen mehr oder weniger verflüchtigen lassen, damit der gelöste Stoff unverändert zurückbleibt (z. B. Eindampfen, Abdestillieren).

Organische Lösungsmittel
- polar (lösen Stoffe mit polaren Strukturen)
- unpolar (lösen Stoffe mit unpolaren Strukturen)

Üblicherweise werden diejenigen Flüssigkeiten den Lösungsmitteln zugeordnet, deren Siedepunkt bei 760 Torr nicht höher als 250 °C liegt.

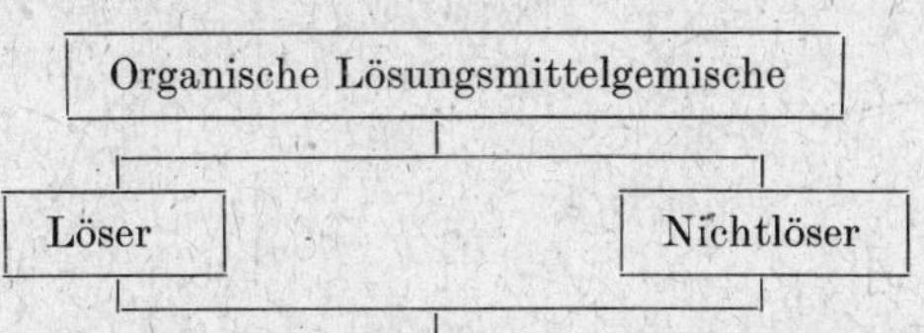

Wenn bei Lösungsmittelgemischen das eine Lösungsmittel als Löser, das andere dagegen als Nichtlöser für einen zu lösenden Stoff fungiert

Als Beispiel für Lösungsmittelgemische seien hier bestimmte Arten von Fettlösern genannt, die als Zusatzmittel in Waschbädern verwendet werden.

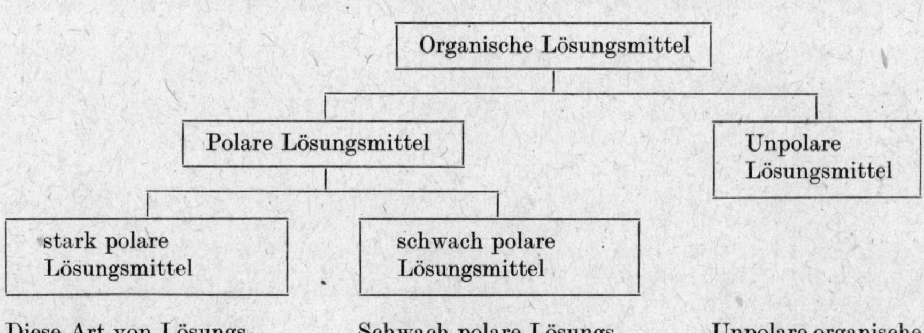

Diese Art von Lösungsmitteln haben polare Gruppen und mischen sich auch meist mit Wasser. Diese polaren Gruppen stellen sogenannte funktionelle Gruppen am Lösungsmittelmolekül dar. Hierunter zählen insbesondere die Alkanole mit kurzer Molekülgröße (OH-Gruppen) oder Säuren mit kürzerer Molekülgröße (COOH-Gruppen).

Schwach polare Lösungsmittel sind die in der Chemischreinigung bekannten Lösungsmittel, wie z. B. Trichlorethylen, Perchlorethylen, Fluorkohlenwasserstoffe, aber auch solche wie Propanon (Aceton), Dimethylether, Mono-, Di-, Tri- und Tetrachlormethan.

Unpolare organische Lösungsmittel haben keine polaren Gruppen. Für die in der Chemischreinigung eingesetzten Lösungsmittel sind die Benzine zu nennen.

11.2.2. Einteilung organischer Lösungsmittel

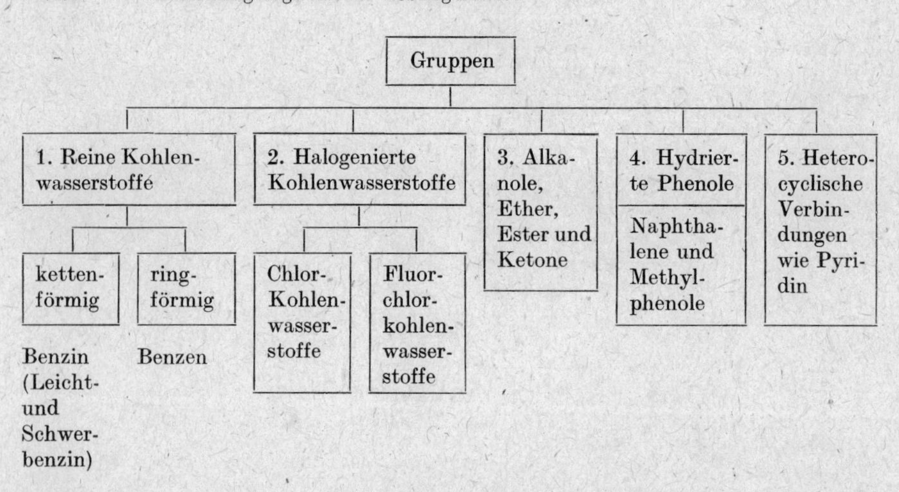

In der Chemischreinigung werden lediglich die Lösungsmittel der Gruppen 1 und 2 eingesetzt. Alle genannten organischen Lösungsmittel haben außerdem die wichtige Funktion als Fettlöser. Darunter versteht man Stoffe, die imstande sind, Fette und fettartige Substanzen zu lösen. In reinem Zustand werden sie in der Chemischreinigung, in der Detachur, aber auch in der Textilveredlung als Farbstofflösemittel verwendet.
Ebenfalls können Waschmittel, so z. B. Fettalkoholsulfate, Zusätze an Fettlösern enthalten. Dadurch wird es leichter möglich, auch fettartige Substanzen in einem Waschprozeß von textilen Faserstoffen zu entfernen. Da jedoch organische schwach polare und unpolare Lösungsmittel in Form von Fettlösern mit Wasser kaum oder nicht mischbar sind, liegen diese oft mit den Waschmitteln in emulgierter Form vor (Emulsion). Wichtige chemische Verbindungen von Fettlösern sind vor allem die kettenförmigen Chlorkohlenwasserstoffe sowie auch spezielle ringförmige Verbindungen.

11.2.3. Anforderungen an organische Lösungsmittel für die Chemischreinigung

Die Anforderungen an organische Lösungsmittel sind folgende:

Lösen aller vorhandenen Fettsubstanzen
keine Erzeugung von eventuellen Berufskrankheiten durch das Lösungsmittel und keine Toxizität
keine Zerstörung von Maschinenwerkstoffen bzw. keine Auslösung einer Korrosion
keine Schädigung von textilen Faserstoffen
Lösungsmittel darf keine Nebensubstanzen enthalten
leichte Zurückgewinnung
einfache und möglichst wirtschaftliche Herstellung.

11.2.4. Kennzahlen organischer Lösungsmittel

11.2.4.1. Siedepunkt

fest		flüssig		gasförmig
Gefrierpunkt	→	Schmelzpunkt	→	Siedepunkt
		Kondensationspunkt	←	┘

Die Siedepunktunterschiede organischer Lösungsmittel werden besonders für den Destillationsprozeß benötigt, damit man weiß, welche Temperaturen in der Destillierblase des Gesamtreinigungssystems angesetzt werden müssen, um das Lösungsmittel vom Schmutz zu trennen.

11.2.4.2. Dichte ϱ

Die Dichte ist die Masse von 1 cm^3 eines Stoffes in g ausgedrückt. In der Technik wird die Dichte einer Flüssigkeit mit einem Aräometer bestimmt. Die Dichten der organischen Lösungsmittel sind sehr unterschiedlich (Benzin < 1, Chlorkohlenwasserstoff $1 \ldots 1{,}5$ und Fluorchlorkohlenwasserstoffe $> 1{,}5$). Maßeinheit der Dichte ϱ ist also immer $g \cdot cm^{-3}$. Die Dichte eines organischen Lösungsmittels ist immer wichtig für die Einrichtung des Wasserabscheiders einer Chemischreinigungsanlage. Man muß hierzu wissen, ob das Lösungsmittel leichter oder schwerer als Wasser ist.

11.2.4.3. Flammpunkt

Der Flammpunkt ist diejenige niedrigste Temperatur bei 1013 h Pa, bei der sich aus der zu prüfenden Flüssigkeit Dämpfe in solcher Menge entwickeln, daß sie mit der über dem Flüssigkeitsspiegel stehenden Luft ein entflammbares Gemisch ergeben. Die Angabe des Flammpunktes erfolgt in °C. Bei der Flammpunktsbestimmung ist ein absolut windgeschützter Raum auszuwählen. Eine maßgebliche Rolle spielt diese Bestimmung bei dem in der Chemischreinigung angewandten Schwerbenzin. Alle übrigen in der Chemischreinigung eingesetzten organischen Lösungsmittel sind unbrennbar, z. B. alle halogenierten Kohlenwasserstoffe.

11.2.4.4. Verdunstungszahl

Die Verdunstungszahl eines organischen Lösungsmittels ist diejenige Zeit, in welcher die jeweilige Verbindung verdunstet. Diese Verdunstungszahl wird durch das Bezugslösungsmittel Diethylether $C_2H_5-O-C_2H_5$ bestimmt, dessen Verdunstungszahl als 1 festgelegt wurde.
Ist die Verdunstungszahl eines zu prüfenden Lösungsmittels z. B. 3, so heißt dies, daß dieses Lösungsmittel die dreifache Zeit zum Verdunsten benötigt wie Diethylether.
Alle Prüfzeiten müssen mit der Stoppuhr unter gleichen Prüfbedingungen ermittelt werden, damit man zu korrekten Werten gelangt.
Flammpunkt, Verdunstungszahl und Siedepunkt sind drei wichtige Parameter. Sie sind voneinander abhängig bzw. voneinander nicht zu trennen.

11.2.4.5. MAK-Wert

MAK heißt **M**aximale **A**rbeitsplatz**k**onzentration. Der MAK-Wert drückt das Vorhandensein von *n* mg Lösungsmittel (gasförmig) je m³ Luft im Arbeitsraum aus, ohne daß dabei während einer 8stündigen Einatmung ein gesundheitlicher Schaden im menschlichen Organismus hervorgerufen wird.
Es geht also um die Schädlichkeitsgrenze organischer Lösungsmittel bei ständiger Einatmung am Arbeitsplatz und um die Kontrolle der Einhaltung der MAK-Werte. Dies dient wiederum dem vorbeugenden Arbeits- und Gesundheitsschutz.

Beispiel

MAK Trichlorethylen = 100, d. h. 100 mg Trichlorethylendämpfe in 1 m³ Arbeitsraum wirken bei 8stündiger Einatmung »gerade noch nicht gesundheitsschädigend« (Grenzpunkt der Schädlichkeit für den menschlichen Organismus). Wäre der Wert 100 überschritten, so würde man gegen den Gesundheitsschutz am Arbeitsplatz verstoßen. Ständig höhere MAK-Werte organischer Lösungsmittel am Arbeitsplatz bewirken starke Schädigungen im menschlichen Körper, wie z. B. Störungen im Zentralnervensystem oder Schädigungen der Leber und des Magen-Darm-Traktes.

Anmerkung

Der MAK-Wert für Benzen wird neuerdings mit 0 angegeben.

11.2.5. Kohlenwasserstoffe

11.2.5.1. Benzen

Struktur

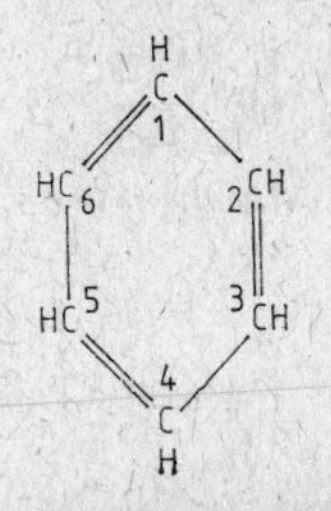

Das Benzen stellt ein Ringsystem aus 6 C-Atomen dar, dessen H-Atome durch andere Atomgruppen substituiert werden können. Der im Ring eingesetzte Kreis deutet auf 6π-Elektronen hin, die nicht lokalisiert vorliegen.
Die Gewinnung erfolgt aus Steinkohlenteer, aus dem Erdöl (fraktionierte Destillation) oder durch Trimerisation von Äthin C_2H_2 bei 400...500 °C. Benzen ist eine farblose, lichtbrechende und brennbare Flüssigkeit von charakteristischem Geruch.

Chemische Kennzahlen

Schmelzpunkt	5,5 °C
Siedepunkt	80,1 °C
Dichte	0,89
Flammpunkt	−8 °C

Benzen stellt ein sehr wichtiges Ausgangsprodukt für sehr viele Farbstoffe und auch textile Faserstoffe, z. B. Polyesterfaserstoffe dar. Außerdem wird es als Lösungsmittel eingesetzt. Bei Kochtemperatur erleiden PVC-Faserstoffe einen Zerfall. Vollständig in Lösung gehen die Polyethylene. Als organisches Lösungsmittel für die Chemischreinigung ist es wegen seiner Giftigkeit nicht geeignet.

11.2.5.2. Leichtbenzin

Das Leichtbenzin ist keine einheitliche Substanz eines bestimmten Kohlenwasserstoffes, sondern ein Gemisch aus kettenförmigen Kohlenwasserstoffen der Alkanreihe zwischen C_5H_{12} und C_9H_{20} einschließlich deren Isomere.

Strukturen

$CH_3-(CH_2)_3-CH_3$	Pentan
$CH_3-(CH_2)_7-CH_3$	Nonan

Chemische Kennzahlen

Siedebereich	60...110 °C
Dichtebereich	0,734...0,803
Verdunstungszahl	3,5
Flammpunktbereich	−2...0 °C

11.2.5.3. Schwerbenzin

Das Schwerbenzin stellt ebenso wie das Leichtbenzin ein Teilfraktionsprodukt des Rohbenzins dar und unterscheidet sich lediglich durch seinen höheren Siedebereich, der hier zwischen 100 °C und 180 °C liegt. Das Schwerbenzin wird vor allem als Lösungsmittel in der Chemischreinigung eingesetzt und hat den Vorzug, textile Faserstoffe weitestgehend schonend zu reinigen. Das gilt besonders für Acetatfaserstoffe. Außerdem wirkt es nicht so stark fettentziehend, wie das bei den Chlorkohlenwasserstoffen der Fall ist, wird also besonders vorteilhaft für Wollerzeugnisse eingesetzt, deren restlose Entfettung (Wollfett) nicht erwünscht ist.

11.2.6. Chlorkohlenwasserstoffe

11.2.6.1. Tetrachlormethan

Durch Substitution der H-Atome am Methan mit elementarem Chlor Cl_2 gelangt man über 4 Stufen (stufenweise Chlorierung) zum Tetrachlormethan.

$CH_4 + Cl_2 \rightarrow CH_3Cl + HCl$	Monochlormethan (Methylchlorid)
$CH_4 + 2\,Cl_2 \rightarrow CH_2Cl_2 + 2\,HCl$	Dichlormethan (Methylenchlorid)
$CH_4 + 3\,Cl_2 \rightarrow CHCl_3 + 3\,HCl$	Trichlormethan (Chloroform)
$CH_4 + 4\,Cl_2 \rightarrow CCl_4 + 4\,HCl$	Tetrachlormethan (Tetrachlorkohlenstoff, Tetra)

Heute überführt man das Methan mit Schwefel in Schwefelkohlenstoff CS_2, der dann zu CCl_4 chloriert wird.

Struktur

```
     Cl
     |
Cl — C — Cl
     |
     Cl
```

Schmelzpunkt	−22,9 °C
Siedepunkt	76,7 °C
Flammpunkt	keiner
Dichte	1,594
Verdunstungszahl	4

Tetrachlormethan ist eine farblose, schwere Flüssigkeit, die süßlichen Geruch aufweist. Tetrachlormethan ist nicht brennbar und hat sehr gute Löseeigenschaften für Fette, Öle, Wachse und Harze. In der Detachur kann es als Lösungsmittel zur Fleckentfernung eingesetzt werden. Allerdings ist ein längeres Einatmen dieses Lösungsmittels gesundheitsgefährdend, da es einen sehr niedrigen MAK-Wert von 10 hat. Tetrachlormethan löst kochend Polyethylenfaserstoffe.
Ebenso spielen die Verbindungen Mono-, Di- und Trichlormethan eine wichtige Rolle als Lösungsmittel (vgl. Tabelle 32).

Tabelle 32: Dichte und Siedepunkt von Methan und dessen Chlorderivaten

Substanz	Formel	Dichte in $g \cdot cm^{-3}$	Siedepunkt in °C
Methan	CH_4	0,72	−161,5
Monochlormethan	CH_3Cl	2,037	−24,0
Dichlormethan	CH_2Cl_2	1,336	+40,0
Trichlormethan	CH_3Cl	1,489	+61,2

Das Dichlormethan CH_2Cl_2 in 20%iger Konzentration wird zur Herstellung der Spinnmasse für die Triacetatfaserstoffe verwendet. Diese Faserstoffe lösen sich auch wiederum dann in diesem Lösungsmittel.
Das Trichlormethan $CHCl_3$ (auch Chloroform genannt) stellt ebenfalls ein bedeutendes Lösungsmittel für alle Fette und fettartige Substanzen dar. Jedoch auch Triacetat- und PVC-Faserstoffe lösen sich in diesem Lösungsmittel. Acetatfaserstoffe werden heiß angelöst und ergeben eine schleimige Masse. Polyethylenfaserstoffe fangen in Trichlormethan an zu quellen.
Umsetzung von CCl_4 mit Wasser:

$$CCl_4 + H_2O \xrightarrow[O_2\text{ und Licht}]{\text{Katalysator}} 2\,HCl + \underset{\text{Phosgen}}{COCl_2}$$

Daraus ergibt sich die Forderung nach einer lichtgeschützten Lagerung.

11.2.6.2. Trichlorethen

Das Trichlorethen ist ein Substitutionsprodukt des Alkens Ethen C_2H_4, und zwar durch Substitution von 3 Wasserstoffatomen durch 3 Chloratome.

Darstellung

$$\underset{\text{Tetrachlorethan}}{2\,Cl_2{-}CH{-}CH{-}Cl_2} + Ca(OH)_2 \rightarrow \underset{\text{Trichlorethen}}{2\,Cl{-}CH{=}CCl_2} + 2\,H_2O + CaCl_2$$

Struktur

```
Cl       Cl
  \     /
   C = C
  /     \
H        Cl
```

Schmelzpunkt	73 °C
Siedepunkt	86,7 °C
Dichte	1,46
Flammpunkt	keiner
Verdunstungszahl	3,8

Trichlorethen wird als Lösungsmittel in der Chemischreinigung eingesetzt und zeigt eine sehr stark fettentziehende Wirkung. Es hat wie das Tetrachlormethan einen süßlichen Geruch. Bei Behandlung von Acetat- oder nachchlorierten PVC-Faserstoffen mit Trichlorethen kommt es zu einer sehr starken Quellung beider Faserstofftypen.

11.2.6.3. Tetrachlorethen

Bei der Verbindung Tetrachlorethen sind alle 4 Wasserstoffatome des Ethens durch Chloratome substituiert.

Darstellung

$$\underset{\text{Trichlorethen}}{\ce{(Cl)(H)C=C(Cl)(Cl)}} + Cl_2 \xrightarrow[\text{Aktivkohle als Katalysator}]{300\,°C} \underset{\text{Tetrachlorethen}}{\ce{(Cl)(Cl)C=C(Cl)(Cl)}} + HCl$$

Struktur

$$\ce{(Cl)(Cl)C=C(Cl)(Cl)}$$

Schmelzpunkt	−22,2 °C
Siedepunkt	121 °C
Flammpunkt	keiner
Dichte	1,62
Verdunstungszahl	12

11.2.7. Fluorchlorkohlenwasserstoffe

11.2.7.1. Allgemeines

In den letzten Jahren haben die Fluorkohlenwasserstoffe an Bedeutung stark zugenommen. In der Chemischreinigung wirkt diese Gruppe von Lösungsmitteln weniger aggressiv auf textile Faserstoffe als die Chlorkohlenwasserstoffe. Aber auch die Löslichkeit der Farbstoffe von Färbungen liegt bei den Fluorchlorkohlenwasserstoffen wesentlich niedriger als bei den Chlorkohlenwasserstoffen.
Wichtig ist vor allem bei dieser Lösungsmittelgruppe, daß arteigenes Fett, wie es z. B. bei Wolle der Fall ist, stets im betreffenden Faserstoff erhalten bleibt.
Auch Kunstleder wird bei der Behandlung mit Fluorchlorwasserstoffen nicht ausgemagert, und einplastizierte Weichmacher bleiben dem Kunstleder ebenfalls erhalten.
Dadurch wird auch die Sortierung wesentlich vereinfacht. Lediglich bei lose gewebten Artikeln ist eine Vorsortierung von heller und dunkler Ware angezeigt. Bei der Behandlung behalten auch die textilen Faserstoffe ihre natürliche Feuchtigkeit bei, da bei der sehr niedrigen Trockentemperatur nur das durch Reinigungsverstärker zugesetzte Wasser verdampft. Daraus resultiert wiederum eine geringe elektrostatische Aufladung von Synthesefaserstoffen. Geht es um eine Behandlung von Lederartikeln, so ist auch durch die kurze Chargendauer keine Farbtonänderung möglich und damit der ursprüngliche Farbton garantiert.
Lediglich Celluloseacetat, nachchloriertes PVC- und Polyethylenfaserstoffe quellen ohne jegliche Schädigung unter dem Einfluß von Fluorchlorkohlenwasserstoffen etwas an. Durch ihre sehr geringen Siedepunkte wird auch hier eine Lösung dieser Faserstoffe umgangen.

11.2.7.2. Trifluortrichlorethan

Das Trifluortrichlorethan ist ein Substitutionsprodukt des Ethans C_2H_6.

Darstellung

Stufenweise Fluorierung von Hexachlorethan C_2Cl_6 mit Antimon(III)-fluorid SbF_3

$C_2Cl_6 + SbF_3 \rightarrow C_2F_3Cl_3 + SbCl_3$

	Trifluor-trichlor-ethan	Antimon-(III)-chlorid

Struktur

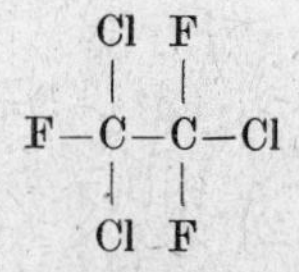

Siedepunkt	47,57 °C
Flammpunkt	keiner
Dichte	1,58
Verdunstungszahl	1

11.2.7.3. Monofluortrichlormethan

Das Monofluortrichlormethan ist ein Substitutionsprodukt des Methans CH_4.

Darstellung

Fluorierung von Tetrachlormethan mit Fluorwasserstoff HF

$CCl_4 + HF \rightarrow CFCl_3 + HCl$

	Monofluor-trichlor-methan	

Struktur

```
    Cl
    |
Cl—C—F
    |
    Cl
```

Siedepunkt	23,8 °C
Flammpunkt	keiner
Dichte	1,627
Verdunstungszahl	1

Anmerkung

Wegen der niedrigen Siedepunkttemperaturen sowie der geringen Verdunstungszahlen sind in den entsprechenden Chemischreinigungsanlagen Kühlsysteme eingebaut, damit eine Verdunstung dieser Verbindungen vermieden wird.

11.2.8. Übersicht über chemisch-physikalische Kennzahlen

vgl. Tabelle 33

Tabelle 33: Physikalisch-chemische Kennzahlen wichtiger organischer Lösungsmittel

Substanz	Struktur	Schmelzpunkt in °C	Siedepunkt in °C	Dichte in $g \cdot cm^{-3}$	Verdunstungszahl	Flammpunkt in °C	MAK-Wert in $mg \cdot m^{-3}$
Benzen	 (Benzenring)	5,5	80,1	0,89	–	–10	5, nach neuesten Angaben 0
Benzin	Gemisch aus kettenförmigen Alkanen	–	60...180	0,7...0,8	3,5	–2	300
Tetrachlormethan	CCl_4	–22,9	76,7	1,594	4	–	20
Trichlorethen	$Cl_2C{=}CClH$	–73	86,7	1,46	3,8	–	250
Perchlorethen	$Cl_2C{=}CCl_2$	–22,5	121	1,62	12	–	300
Trifluortrichlorethan	$CClF_2{-}CCl_2F$	–35	47,54	1,58	1	–	5000
Monofluortrichlormethan	CCl_3F	–111	23,8	1,627	1	–	5000

11.2.9. Andere organische Lösungsmittel

11.2.9.1. Methanol CH_3OH

Struktur

$$H_3C{-}OH$$

Darstellung

$$CO + 2H_2 \xrightarrow[400\,°C/20\,MPa]{ZnO/Cr_2O_2} CH_3OH \quad \Delta H = 90{,}5\ kJ$$

Siedepunkt 64,6 °C

Farblose Flüssigkeit, die mit blaßblauer Flamme verbrennt und mit Wasser in jedem Verhältnis mischbar ist. Methanol ist sehr giftig. 25 g wirken für den Menschen bereits tödlich.

Nachweis [2]

1 cm³ der zu untersuchenden Probe wird mit 10 Tropfen BECKMANNscher Lösung durch vorsichtiges Erhitzen oxydiert (50 g $K_2Cr_2O_7$ und 28 cm³ H_2SO_4 (1,84) werden in 300 cm³ dest. Wasser gelöst).
Abschließend werden der Lösung 5 cm³ dest. Wasser, 1 cm³ H_2SO_4 konz. und nach Abkühlung 5 cm³ Fuchsinlösung zugesetzt. Innerhalb einer Zeitspanne von 15 Minuten stellt sich bei Anwesenheit von Methanol eine blauviolette Färbung ein.
THINIUS [14] beschreibt eine komplexe Versuchsreihe zum qualitativen Nachweis von Methanol, Ethanol, n- und i-Propanol. Dabei wird als Reagens eine 0,5%ige Vanillinlösung in konzentrierter Schwefelsäure verwendet.
Bei der Durchführung der Prüfung geht es darum, daß 2 cm³ der Reagenslösung mit 3 bis 4 Tropfen des zu untersuchenden Lösungsgemisches versetzt und sodann tropfenweise dest. Wasser zugegeben wird.
Es ergeben sich nach einer gewissen Wartezeit folgende Färbungen:

Methanol:	gelb → rosa
Ethanol:	grünblau → hellgrün → verblassend
n-Propanol:	gelb → dunkelgelb → rot
i-Propanol:	gelb → dunkelgelb → blauviolett

Verwendungszweck

Gutes Lösemittel für Phthalocyaninfarbstoffe

11.2.9.2. Propanon (Aceton) $CH_3-CO-CH_3$

Propanon $CH_3-\underset{\underset{\displaystyle O}{\|}}{C}-CH_3$ ist ein Alkanon und stellt daher ein Oxydationsprodukt des sekundären Alkanols i-Propanol i-C_3H_7OH dar. Aus diesem i-Propanol erfolgt auch die technische Darstellung

$$CH_3-\overset{\overset{\displaystyle H}{|}}{\underset{\underset{\displaystyle OH}{|}}{C}}-CH_3 \xrightarrow[-H_2]{Cu/250\,°C} CH_3-\underset{\underset{\displaystyle O}{\|}}{C}-CH_3$$

i-Propanol — Dimethylketon
i-C_3H_7OH — Propanon

Eigenschaften

Farblose, brennbare Flüssigkeit, die sich gut mit Wasser, Ethanol oder Dimethylether in jedem Verhältnis mischt.

Siedepunkt	56,2 °C
Dichte	0,792

Bei Lichteinfall soll es nicht opalisieren.

Nachweis

Mit Natrium-nitrosyl-prussiat $Na_2[Fe(CN)_5NO]$. Die auf Propanon zu untersuchende Probe wird zuerst mit wenig Wasser verdünnt und sodann mit wenigen Tropfen Natronlauge und Natriumnitrosyl-prussiat-Lösung versetzt. Bei positiver Reaktion entsteht eine kirschrote Färbung, die bei Zusatz von Ethansäure CH_3COOH in einen violetten Farbton umschlägt (LEGALsche Probe).

Einsatz

Propanon ist in der textilchemischen Technologie ein sehr wichtiges organisches Lösungsmittel. Gute Dienste leistet es in der Faserstoffanalyse. Acetatfaserstoffe und PVC-Faserstoffe werden schon bei Normaltemperatur in Propanon sehr schnell gelöst.
Es ist ebenfalls ein sehr starkes Fettlösemittel. Auch als Detachiermittel in der Detachur der Chemischreinigung findet es breite Anwendung, z. B. bei der Entfernung von Fettflecken aus PE-Fasermaterial, von Harzleimflecken. In der Arbeitsvorbereitung der Wäscherei wird Aceton für den Stempelprozeß in der Wäschekennzeichnungsmaschine zusammen mit Wasser benötigt, um das aus Acetatfaserstoffgewebe bestehende Kennzeichnungsband mittels Wärme, Drucks und eines Propanon-Wasser-Gemischs (Verhältnis 9:1) auf das entsprechende Wäschestück fest aufzubringen.

11.2.9.3. Diethylether $C_2H_5-O-C_2H_5$

Allgemein kann man die Ether als Anhydride der Alkohole auffassen oder auch als Dialkylderivate des Wassers [1]. Die Darstellung kann aus 2 Molekülen Ethanol C_2H_5OH mit konzentrierter H_2SO_4 bei 140 °C unter Austritt von Wasser erfolgen oder bei 200 °C an einem Al_2O_3-Kontakt.

$$\underset{\text{Ethanol}}{C_2H_5-\boxed{OH + H}}-\underset{\text{Ethanol}}{O-C_2H_5} \xrightarrow[H_2SO_4\ \text{konz.}]{140\,°C} \underset{\text{Diethylether}}{C_2H_5-O-C_2H_5} + H_2O$$

Ether ist eine brennbare, leichtbewegliche Flüssigkeit, die sich an der Luft sehr schnell verflüchtigt. Ether-Luft-Gemische sind hochexplosiv. Der Siedepunkt liegt bei 34,6 °C, die Dichte bei 0,714. Mit Wasser ist die Flüssigkeit nur beschränkt mischbar, da Ether nicht wie die Alkanole Assoziate bilden können. Mit Alkanolen jedoch ist die Mischbarkeit gut. Diethylether ist ein sehr gutes Lösungsmittel für alle Fette und fettartige Substanzen.

11.2.9.4. Pyridin C_5H_5N

Struktur

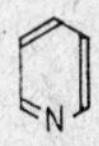

Seine Gewinnung erfolgt aus dem Steinkohlenteer durch fraktionierte Destillation oder synthetisch aus Ethin C_2H_2 und Ammoniak NH_3.

Siedepunkt: 115 °C

Pyridin ist als organisches Lösungsmittel mit Wasser mischbar.
Da Pyridin auch in sehr vielen Fettlöserprodukten enthalten ist, spielt es für die textilchemische Praxis eine sehr wichtige Rolle. Auch sein Gehalt in bestimmten Färbereihilfsmitteln bewirkt, daß solche Produkte dann speziell als Farbstofflösemittel eingesetzt werden.

Nachweis [14]

Die zu untersuchende Lösung wird mit einigen Tropfen frischem Aminobenzen (Anilin) und 2...3 cm³ einer Bromcyanlösung (pro analysi[1]) versetzt.
Bei Anwesenheit von Pyridin C_5H_5N tritt je nach Konzentration eine gelbe bis rote Färbung ein. Dieser Nachweis ist äußerst empfindlich und noch in einer Verdünnung von $1:10^6$ (Pyridin/Wasser) positiv.
(Außerordentlich giftig, Vorsicht beim Umgang mit angefertigter Lösung!)

11.2.10. Wichtige Analysen für die Praxis

11.2.10.1. Wassernachweis in organischen Lösungsmitteln

In der Praxis ist es oft wichtig zu wissen, ob sich in einem organischen Lösungsmittel Wasser befindet. Die Prüfung erfolgt, indem wasserfreies Kaliumkarbonat K_2CO_3 mit wasserfreiem Kupfersulfat $CuSO_4$ im Verhältnis 5:1 gemischt und eine Menge dieses Gemisches einer Probe des zu untersuchenden Lösungsmittels zugegeben wird. Ist Wasser im Lösungsmittel vorhanden, wird das Salzgemisch blau angefärbt.

11.2.10.2. Bestimmung des pH-Wertes

1. Mit Stuphan-Indikator

5 cm³ des zu untersuchenden Lösungsmittels werden mit 5 cm³ dest. Wasser versetzt, das Ganze dann leicht geschüttelt und der *p*H-Wert mit Stuphanpapier gemessen.

---

[1]) 2 g NaBr
+ 1,5 g $NaBrO_3$
+ 1,5 g NaCN
+ 70 g dest. Wasser

Diese Mischung wird mit 1,6 cm³ H_2SO_4 konz. tropfenweise versetzt.

2. Mit Bromthymolblaulösung

10 cm^3 des zu untersuchenden Lösungsmittels werden mit 10 cm^3 Bromthymolblaulösung in einem Reagenzglas 1 min lang leicht geschüttelt. Anschließend wird der Farbton der wäßrigen Schicht ausgewertet. Bleibt der grüne Farbton der Indikatorenlösung bestehen, liegt ein *p*H-Wert von 7 vor. Ein Farbumschlag nach blau entspricht einem *p*H-Wert > 7, ein Umschlag nach gelb < 7. Ist der *p*H-Wert in den Neutralbereich abgefallen, so hat eine Nachstabilisierung in Form eines Zusatzes von Triethylamin und Methylphenol (Kresol) zu erfolgen. Diese Nachstabilisierung ist allerdings erst nach mehreren Destillationsprozessen vorzunehmen. Der durchschnittliche *p*H-Wert eines organischen Lösungsmittels, besonders der der Chlorkohlenwasserstoffe Tri- und Perchlorethylen, liegt normal bei etwa 7...7,5.

11.2.10.3. Nachweis von Chlor in Chlorkohlenwasserstoffen

Zum Nachweis von Chlor in Chlorkohlenwasserstoffen glüht man einen Kupferdraht im Bunsenbrenner aus, taucht ihn anschließend in das zu untersuchende Lösungsmittel und hält ihn sodann wieder in die Flamme. Beim Vorhandensein von Chlor (in Atombindung gebunden) färbt sich die Flamme grün (BEILSTEINprobe). Wichtig ist, daß jedoch der Chlorionennachweis (Cl^-) in einem Chlorkohlenwasserstoff stets negativ ausfallen muß. Es darf sich also durch Zusatz von Silbernitratlösung zum organischen Lösungsmittel kein Niederschlag von AgCl bilden,

$$Cl^- + AgNO_3 \rightarrow AgCl\downarrow + NO_3^-$$

da eine solche Reaktion dann immer auf eine Zersetzung des organischen Lösungsmittels hindeutet.

11.2.10.4. Nachweis von Doppelbindungen im Lösungsmittel

1 cm^3 der Lösungsmittelsubstanz wird mit 0,5 cm^3 einer Sodalösung (1:10) und soviel Ethanol versetzt, bis eine klare Lösung eingetreten ist. Versetzt man nun diese Lösung mit 3...5 Tropfen einer frischen sodaalkalischen 0,1 n-Kaliumpermanganatlösung, tritt bei Vorhandensein von Doppelbindungen im organischen Lösungsmittel sofort eine Entfärbung ein. Dieser Nachweis beruht auf der Oxydierbarkeit von Doppelbindungen.

11.2.10.5. Nachweis von ketten- und ringförmigen Kohlenwasserstoffen

In je einem Reagenzglas werden 1 cm^3 Benzen C_6H_6 und 1 cm^3 Benzin mit 1 cm^3 Wasser versetzt. In beiden Fällen beobachtet man, daß sich weder Benzen noch Benzin mit Wasser mischen. Nach Zusatz von wenig konzentrierter Schwefelsäure H_2SO_4 zu beiden Proben stellt man fest, daß sich das Benzen langsam mit Wasser mischt (Gelbfärbung), das Benzin hingegen keine Reaktion mit der Schwefelsäure eingeht und farblos bleibt.

12.1. Tenside

12.1.1. Grenzflächenspannung

Die Grenzflächenspannung ist eine Kraft, die an Grenzflächen flüssiger Phasen wirkt und die dann stets bestrebt ist, die Oberfläche zu verkleinern. Dazu muß also eine ganz bestimmte Arbeit aufgewendet werden. Nach [4] wird diese Grenzflächenspannung so definiert, daß sie eine in der Oberfläche senkrecht zur Längeneinheit wirkende Kraft darstellt, die in $N \cdot cm^{-1}$ ausgedrückt wird. Diese fluide Grenzflächenspannung beruht damit auf der gegenseitigen Anziehung von Flüssigkeitsmolekülen. Innerhalb einer Flüssigkeit heben sich dann die Anziehungskräfte infolge gleicher Beeinflussung auf (*2* in Bild 12/1), an der Oberfläche dagegen werden diese Kräfte durch die angrenzende Gasphase nicht aufgehoben. Damit resultiert eine senkrecht zur Flüssigkeitsoberfläche nach innen gerichtete Kraft (*1* im Bild). Alle Flüssigkeiten zeigen durch möglichst wenig Moleküle in ihrer Oberfläche eine kleinste Form, nämlich die Kugelform, bzw. sind bestrebt, eine solche anzunehmen. Deshalb muß auch zur Vergrößerung der Oberfläche dann eine entsprechende Oberflächenenergie aufgewendet werden. Auftretende Wärmeeffekte positiver oder negativer Art sollen hierbei unberücksichtigt bleiben.

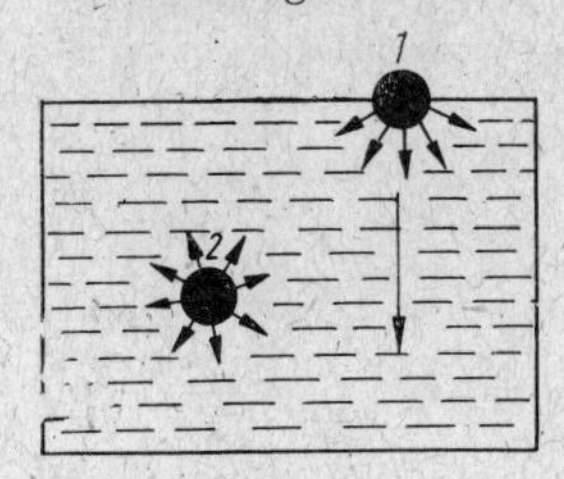

Bild 12/1: Darstellung der Grenzflächenspannung [4]
1 Anziehungskräfte zwischen den Flüssigkeitsmolekülen an der Oberfläche, *2* Anziehungskräfte im Inneren der Flüssigkeit

Diejenige Spannung, die dann eine Verkleinerung der Oberfläche bewirkt, bezeichnet man als Grenzflächenspannung. Sie ist die Kraft, die auf einer in der Oberfläche gedachten Linie von 1 cm wirkend bestrebt ist, diese Oberfläche zu verkleinern. Die Maßeinheit ist also für die Oberflächenspannung $mN \cdot m^{-1}$. Will man diese Grenzflächenspannung herabsetzen, benötigt man zahlenmäßig die gleiche, jedoch entgegengesetzte Kraft. Die Spannung von reinen Flüssigkeitsoberflächen ist unabhängig von der Größe der Oberfläche.
Die Bestimmung der Grenzflächenspannung von Flüssigkeiten kann durch vielerlei Methoden erfolgen. Eine sehr günstige Methode ist die Kapillarmethode nach Traube. Hier bestimmt man die Tropfenzahl n eines bestimmten Volumens V der zu untersuchenden Flüssigkeit (Stalagmometrie). Das Stalagmometer besteht aus einer Glaskapillare, die am unteren Ende in eine horizontale und plangeschliffene Verbreiterung ausläuft.
Die Oberflächenspannung aus der Tropfenzahl der zu untersuchenden Flüssigkeit und der des Wassers wird für die Berechnung wie folgt vorgenommen:

$$\sigma = \frac{n_1 \cdot \varrho_1}{n_2 \cdot \varrho_2} \cdot 72{,}6$$

n_1 Tropfenzahl der zu untersuchenden Flüssigkeit
n_2 Tropfenzahl des Wassers
ϱ_1 Dichte der zu untersuchenden Flüssigkeit
ϱ_2 Dichte des Wassers
72,6 σ von Wasser

Die Oberflächenspannung kann aus der Tropfenmasse wie folgt bestimmt werden:

$$\sigma = \frac{m \cdot g}{2r \cdot \pi}$$

m Masse in g
g Gravitationskonstante
r Radius der Abtropfstelle

Sehr vorteilhaft ist diese Methode bei dem Vergleich der Grenzflächenspannungen von zwei verschiedenen Flüssigkeiten, da dann

$$\frac{\sigma_1}{\sigma_2} = \frac{n_2 \cdot \varrho_1}{n_1 \cdot \varrho_2}$$

und bei verdünnten Lösungen mit dem gleichen Lösungsmittel

$$\frac{\sigma_1}{\sigma_2} = \frac{n_2}{n_1}$$

Damit sind die Grenzflächenspannungen den Tropfenzahlen umgekehrt proportional.
Da diese Methode nur für Relativwerte von δ günstig ist, muß bei Bestimmung von Absolutwerten die Tropfenzahl einer Flüssigkeit mit bekannter Oberflächenspannung gemessen werden (z. B. Wasser, s. dort!).
Eine zweite wichtige Methode zur Bestimmung der Oberflächenspannung ist die mit einem Tensiometer (Ringmethode).
Hierbei bringt man einen 0,6 g schweren Ring aus Platindraht mit einem Umfang L von 4,0 cm, der an einem Haltedraht befestigt ist, auf die Oberfläche der zu untersuchenden Lösung und bestimmt mit der Tensionswaage durch Auflegen von Gewichten in die Waagschale diejenige Kraft, die aufgewendet werden muß, um den Pt-Ring von der Flüssigkeitsoberfläche abzuheben (Abreißen des Ringes).
Das zum Abreißen notwendige Gewicht wird als m in der Berechnungsgleichung eingesetzt.

$$\sigma = \frac{m \cdot g}{2L} \quad \text{in N} \cdot \text{cm}^{-1}$$

L Umfang des Ringes = 4 cm
g Gravitationskonstante
m Tara des Ringes bzw. Masse des aufgelegten Gewichtes bei der Tensionswaage

Das Tensiometer nach Du Noüy ist statt mit einer Tensionswaage mit einem Draht ausgestattet und dieser mit einem Platinring verbunden. Ein am Torsionsdraht angebrachter Zeiger ermöglicht das Ablesen des Drehwinkels, wenn der Ring von der Oberfläche abgerissen bzw. abgehoben wird.
Bei modernen Tensiometern kann die Oberflächenspannung direkt in N · cm^{-1} abgelesen werden. Die Genauigkeit beläuft sich hier auf 0,1 N · cm^{-1}. Die Prüfungen sind damit sehr einfach und schnell durchzuführen (Tabelle 34).

12.1.2. Begriff Tensid

Unter Tensiden versteht man grenzflächenaktive Substanzen, die sich bevorzugt an Grenzflächen anlagern und dort deren Spannungen herabsetzen oder auch gänzlich aufheben.

Tabelle 34: Oberflächenspannung wichtiger Flüssigkeiten [15]

Flüssigkeit	Temperatur °C	Oberflächenspannung in $N \cdot cm^{-1}$
Schwefelsäure	25	54,5
Wasser	20	72,6
Pentan	20	16,9
Heptan	20	20,3
Nonan	20	22,9
Benzen	22	28,4
Methanol	22	22,5
Ethanol	22	22,3
Methansäure	35	36,1
Ethansäure	22	27,5
Aceton	22	23,3
Diethylether	22	16,5
Trichlormethan	25	26,3
Tetrachlormethan	22	28,0
Glycerol	22	66,4
Glykol	22	47,6

12.1.3. Chemisches Aufbauprinzip

Das Molekül eines grenzflächenaktiven Textilhilfsmittels besteht immer aus einem wasserabweisenden, hydrophoben Teil und einem wasserfreundlichen, hydrophilen Teil (Bild 12/2).

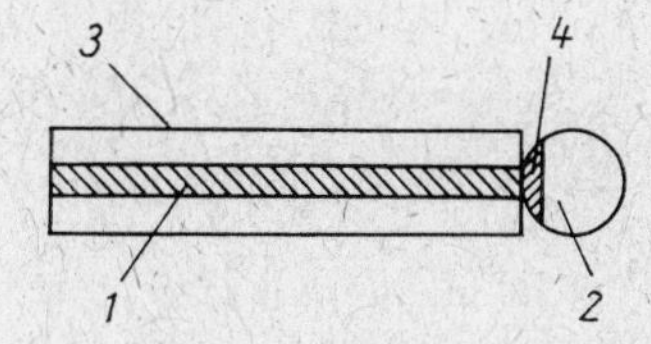

Bild 12/2: Schematische Darstellung des chemischen Aufbaus eines Tensids
1 hydrophober Teil, *2* hydrophiler Teil, *3* hydrophobe Grenzfläche, *4* hydrophile Grenzfläche

Der hydrophobe Rest stellt entweder einen Alkanrest ($-C_nH_{2n+1}$), einen Alkenrest ($-C_nH_{2n-1}$) oder einen dieser beiden Alkylreste, kombiniert mit einem Arylrest dar.

Variante 1	Variante 2	Variante 3
Alkanrest $-C_nH_{2n+1}$	Alkenrest $-C_nH_{2n-1}$	Alkanrest kombiniert mit einem Arylrest vom Typ Benzen

Variante 4	Variante 5	Variante 6
Alkenrest kombiniert mit einem Arylrest vom Typ Benzen	Alkanrest kombiniert mit einem Arylrest vom Typ Naphthalen	Alkenrest kombiniert mit einem Arylrest vom Typ Naphthalen

Die Varianten 1 bis 2 sind Alkylreste, die Varianten 3 bis 6 Alkylarylreste.

Der hydrophile Teil ist immer durch funktionelle Gruppen gekennzeichnet, die dann durch ihre wasserfreundliche Eigenschaft (Wasseranlagerung) auch für die Wasserlöslichkeit des gesamten Tensides verantwortlich sind.
Die Verringerung bzw. Herabsetzung der Grenzflächenspannung von Flüssigkeiten durch Tenside wird dadurch hervorgerufen, daß deren Moleküle in der Oberfläche der betreffenden Flüssigkeit adsorbiert werden und sich dort so lange anreichern, bis sich eine monomolekulare Schicht (auch Mizellenschicht genannt) gebildet hat. Die hydrophoben Reste der Tensidmoleküle orientieren sich dabei stets vom Wasser weg, während sich die hydrophilen Gruppen immer zum Wasser hin orientieren. Diesen Vorgang bezeichnet man als orientierte Adsorption.
Bei Überschreitung der für das Tensid bei einer bestehenden Temperatur charakteristischen Konzentration (kritische Konzentration) bilden sich Molekülaggregate in einer Größe, die dem kolloiden Zustand entspricht.

12.1.4. Wasserlöslichkeit

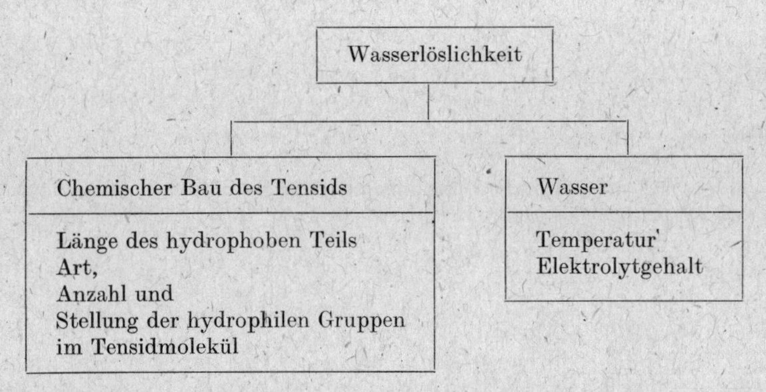

Mit Minderung der Löslichkeit steigt die Neigung der Aggregation (Mizellenbildung).

12.1.5. Gruppenzugehörigkeit

Da die hydrophilen Gruppen als funktionelle Gruppen bei einem Tensid für die Wasserlöslichkeit verantwortlich sind, bestimmen sie aber auch gleichzeitig die Ionogenität des betreffenden Tensides.
Tenside, deren hydrophiler Rest ein Anion ist, also eine negative Ladung aufweist, bezeichnet man als anionaktive Tenside. Im Gegensatz dazu sind diejenigen Tenside zu nennen, deren hydrophiler Rest ein Kation ist, also eine positive Ladung zeigt. Diese werden als kationaktive Tenside bezeichnet. Eine dritte Gruppe sind diejenigen Tenside, die in Wasser überhaupt keine Dissoziation aufweisen und daher nichtionogene Tenside genannt werden.

Eine Sonderstellung außer den drei genannten Tensidgruppen nehmen die Amphotenside ein. Ihr Aufbau weist einen positiv und negativ geladenen Teil im Gesamtmolekül auf. Damit haben sie wie die Aminosäuren einen amphoteren Charakter.

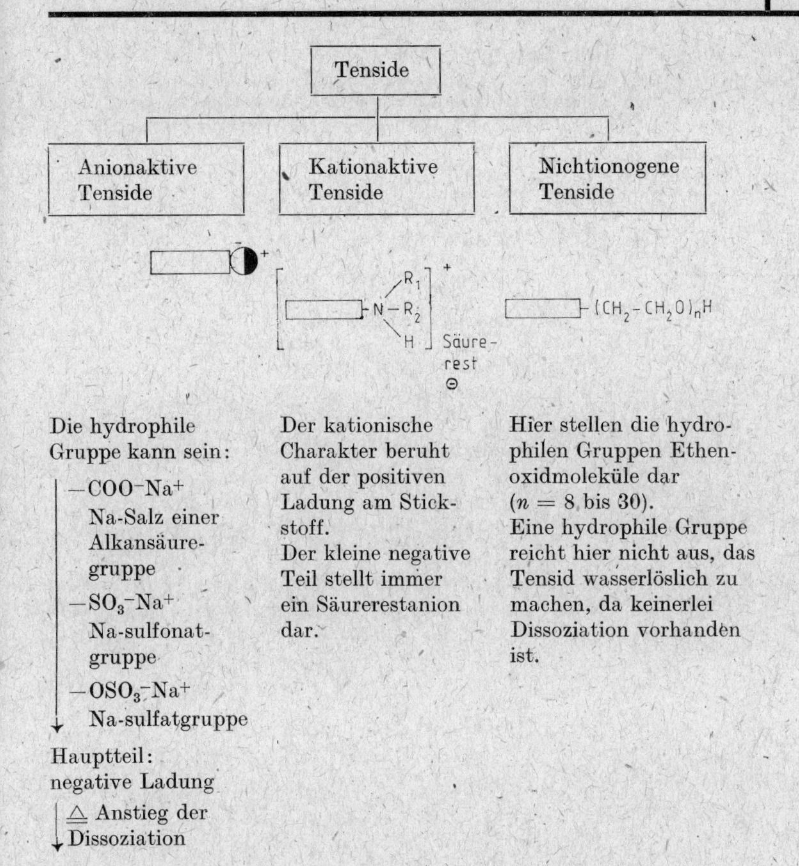

Die hydrophile Gruppe kann sein:

- $-COO^-Na^+$ Na-Salz einer Alkansäuregruppe
- $-SO_3^-Na^+$ Na-sulfonatgruppe
- $-OSO_3^-Na^+$ Na-sulfatgruppe

Hauptteil: negative Ladung

△ Anstieg der Dissoziation

Der kationische Charakter beruht auf der positiven Ladung am Stickstoff.
Der kleine negative Teil stellt immer ein Säurerestanion dar.

Hier stellen die hydrophilen Gruppen Ethenoxidmoleküle dar ($n = 8$ bis 30).
Eine hydrophile Gruppe reicht hier nicht aus, das Tensid wasserlöslich zu machen, da keinerlei Dissoziation vorhanden ist.

Bei einem *p*H-Wert von über 8 zeigen diese Tenside anionaktiven Charakter, bei *p*H-Wert unter 6 verhalten sie sich wie ein kationaktives Tensid. Im *p*H-Wert-Bereich 6 bis 8 sind sie elektrochemisch neutral, und im isoelektrischen Bereich bilden sie innere Salze und sind in Wasser relativ schwerlöslich.

Allgemeines Strukturmodell

$$\boxed{C_{12}-C_{14}}-CO-NH-(CH_2)_3-\overset{R}{\underset{R}{\overset{+|}{N}}}-CH_2-COO^-$$

- $-CO-NH-$: Säureamidgruppe
- $\overset{+}{N}R_2$: quartäres Ammonium-Salz
- $-CH_2-COO^-$: Karboxylgruppe

Säureamidgruppe, quartäres Ammonium-Salz und Karboxylgruppe: funktionelle Gruppen

12.1.6. Wirkungsweise nach chemischer Struktur

Die folgenden Strukturbilder sollen die Abhängigkeit der Tenside von deren chemischem Bau veranschaulichen. Sie zeigen deutlich erkennbare Gesetzmäßigkeiten.

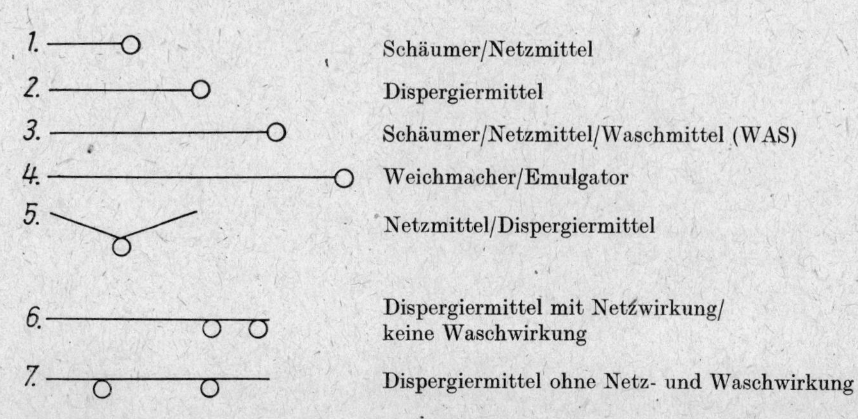

Hinsichtlich der Wirkungsweise grenzflächenaktiver Textilhilfsmittel in Abhängigkeit von der Länge des hydrophoben Restes ergibt sich von oben nach unten folgender Richtungssinn:

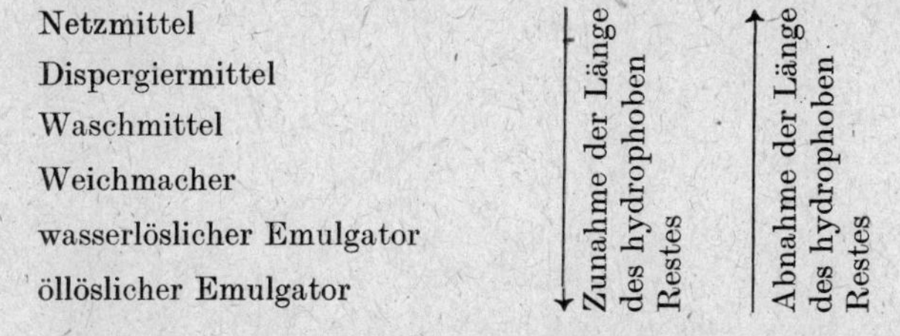

Die Wirkungsweise kann auch nochmals einzeln durch Veränderung des hydrophoben Teiles, aber auch durch Veränderung des hydrophilen Teiles maßgeblich beeinflußt werden.

Hydrophober Rest

Zunahme der Kettenlänge ↓
Zunahme der Kettenverzweigungen ↑
Zunahme der Doppelbindungen ↑

Hydrophile Gruppen

Zunahme der Gruppen ↑
Endständige Gruppen ↓
Mittelständige Gruppen ↑

12.1.7. Wirkungsweise in Lösung

12.1.7.1. Netzen

12.1.7.1.1. Begriff

Unter Netzen versteht man das Eindringen von Wasser in die Kapillaren (Hohlraumsysteme) eines textilen Faserstoffes bzw. Erzeugnisses bei gleichzeitiger Verdrängung der Luft, so daß der Auftrieb des Faserstoffes in der Lösung vermindert wird.

12.1.7.1.2. Darstellung

Durch die orientierte Adsorption der Netzmittelmoleküle wird die Grenzflächenspannung zwischen Wasser und Luft sowie zwischen Wasser und dem textilen Faserstoff herabgesetzt. Das Wasser kann sich ausbreiten und in das Kapillarsystem eindringen. Ohne Netzmittel schwimmt das Baumwolläppchen längere Zeit auf der Wasseroberfläche, sinkt jedoch bei Netzmittelzusatz in einem zweiten Becherglas kurze Zeit darauf unter.
Zu beachten ist, daß die Baumwolläppchen gleiche Abmessungen haben, die Gefäße gleiche Größe aufweisen und die Wassermengen sowie die Temperatur in beiden Gefäßen gleich sind.
Die Untersinkzeiten werden mit der Stoppuhr gemessen. Damit ist es möglich, durch Versuchsreihen die Wirkung verschiedener Netzmittel zu prüfen.

12.1.7.1.3. Prüfung der Netzkraft durch die Eintauchmethode

Das Prinzip dieser Methode besteht darin, daß ein weißes, rundes Stück ungebleichtes Baumwollgewebe (3,5 cm Durchmesser), das an einem 35 mm langen Polyamidfaden und dieser wieder am anderen Ende an einem Drahtbügel befestigt ist, in ein Becherglas (von 800 cm^3 Fassungsvermögen) mit 500 cm^3 Prüfflüssigkeit gebracht wird.

Prüfflüssigkeit 1: Destilliertes Wasser und Netzmittel
Prüfflüssigkeit 2: Hartes Wasser von 10°dH und Netzmittel
Temperatur jeweils 25°C (± 2 K)

Mit der Stoppuhr wird ermittelt, wann die Gewebeproben zu sinken beginnen und welche Zeit zwischen dem Eintauchen des Baumwolläppchens und dem Auffallen auf dem Boden des Becherglases gebraucht wird. Die Netzmittelkonzentrationen ($g \cdot l^{-1}$) sollen so ermittelt werden, daß die Untersinkzeiten einen Wert von > 3 s aufweisen. Die Konzentrationen betragen meist 1 $g \cdot l^{-1}$. Die Versuche sind mehrfach zu wiederholen, um zu einem sinnvollen Durchschnittswert zu gelangen.

12.1.7.2. Dispergieren

12.1.7.2.1. Begriff

Unter Dispergieren versteht man die Feinstverteilung eines festen Stoffes in einem flüssigen Medium.
Beispiele sind die Dispersion von wasserunlöslichen Farbstoffen (z. B. Dispersionsfarbstoff) oder in einer Wasch- oder Lösungsmittelflotte dispergierte Schmutzpartikel.

12.1.7.2.2. Darstellung

Durch die orientierte Adsorption der Dispergatoren wird die Grenzflächenspannung zwischen Wasser und dem zu verteilenden Stoff (Farbstoffmolekül oder Schmutzteilchen) herabgesetzt. Damit können sich die Teilchen dann feinst verteilen.

12.1.7.3. Emulgieren

12.1.7.3.1. Begriff

Unter Emulgieren versteht man die Verteilung zweier nicht ineinander löslicher Flüssigkeiten, deren eine in Form unterschiedlich kleiner Tröpfchen sich in der anderen Phase befindet. Beispiele: Emulsionen aus Wasser mit Öl (auch umgekehrt) oder andere Flüssigkeiten mit Wasser.
Durch die orientierte Adsorption der Emulgatormoleküle wird die bestehende Grenzflächenspannung, die zwischen den beiden Flüssigkeiten besteht, herabgesetzt, so daß mehr oder weniger feine Verteilungen der einen flüssigen Phase in der anderen möglich werden. Der erreichbare Verteilungsgrad und damit die Stabilität einer solchen Emulsion ist von einer Vielzahl von Einflußfaktoren abhängig (Art der Flüssigkeiten, Art und Menge der eingesetzten Emulgatoren, Temperatur, Art der mitwirkenden Bewegungsenergie u. a.).

Prüfung des Emulgiervermögens

Das Emulgiervermögen wird nach 3 wichtigen Kriterien ermittelt [16]:

1. Messung der Stabilität der Emulsion:

Man emulgiert zunächst Öl durch einen Dampfstrom, das dann in einem Wasserbad bei höherer Temperatur wieder demulgiert wird. Sodann wird volumetrisch die Abscheidung der Öl- oder Wasserphase nach bestimmten Zeiten ermittelt und somit die Stabilität der Emulsion festgelegt.

2. Messung der Viskosität

Viskositätsmessungen an Flüssigkeiten werden meist heute nach der Kapillarmethode mit Strömungsviskosimetern vorgenommen. Wichtige Geräte sind dabei die Viskosimeter nach Ubbelohde, Staudinger, Engler und Ostwald.
Die Maßeinheit für die dynamische Viskosität wird in mPa · s^{-1} ausgedrückt.
Wichtig ist, daß beim Arbeiten mit Strömungsviskosimetern die Ausflußzeit t einer bestimmten Flüssigkeitsmenge V aus einer Kapillare gemessen wird.
Beim Ubbelohde-Viskosimeter (Bild 12/3) wird das Rohr 1 mit soviel Prüfflüssigkeit mit konstanter Temperatur versetzt, bis das Gefäß B 4/5 gefüllt ist. An einem zweiten Rohr (Rohr 2) wird ein Schlauch aufgesetzt und die Flüssigkeit durch die Kapillare hochgezogen, bis das Gefäß D zur Hälfte gefüllt ist. Rohr 3 wird mit dem Daumen verschlossen. Werden Rohr 1 und 2 wieder geöffnet, tritt Luft durch Rohr 3 in das Gefäß C ein und trennt die zu prüfende Flüssigkeit in zwei Teile.
Dabei beginnt jetzt die Flüssigkeit mit dem Volumen V durch Kapillare 4 an der Gefäßwand von C auszulaufen. Die Ausflußzeit wird mittels einer Stoppuhr festgehalten.
Alle Ubbelohde-Viskosimeter werden mit fünf unterschiedlichen Kapillargrößen gehandelt, wobei konstante Werte in Eichkonstanten zusammengefaßt werden.

Kapillare	0	1	2	3	4
Eichkonstante	0,001	0,01	0,1	1	10

Dadurch ist es möglich, Flüssigkeiten aller Viskositäten zu bestimmen [46].

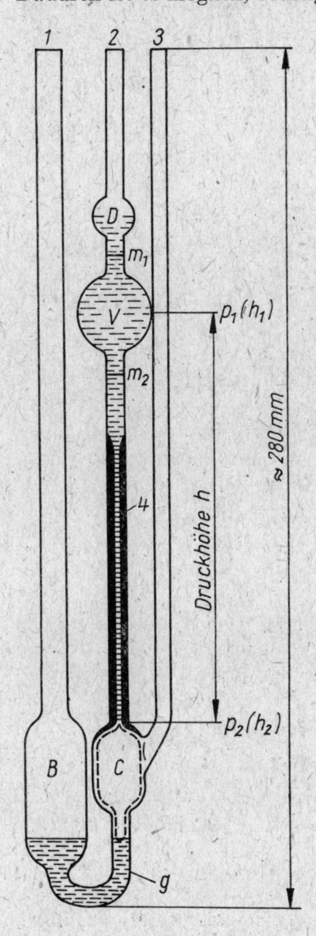

Bild 12/3: Ubbelohde-Viskosimeter

Ebenso kann die Messung der Viskosität einer Emulsion mit dem Engler-Viskosimeter vorgenommen werden. Hier wird das Ergebnis in Engler-Graden °E angegeben.
Diese Messung beruht darauf, daß die zu prüfende Flüssigkeit wieder durch ein Kapillarröhrchen in einen Meßkolben ausläuft.
Die Viskosität ergibt dann das Verhältnis

$$E_t = \frac{\text{Auslaufzeit von 200 cm}^3\text{ Flüssigkeit bei t °C}}{\text{Auslaufzeit von 200 cm}^3\text{ dest. Wasser bei 20 °C}}$$

ausgedrückt in °E.
Die Auslaufzeit von destilliertem Wasser (20 °C) beträgt nach [2] 50...52 s.

3. Ermittlung der Tropfengröße

Durch Anfertigung von Mikrofotos können sowohl ganz exakt der Tröpfchendurchmesser als auch die Anzahl der Tropfen der Emulsion ermittelt werden.

12.1.7.3.2. Emulsionen

Emulsionen stellen ein grobdisperses Zweiphasensystem dar, bei dem sowohl der verteilte Stoff als auch der zu verteilende Stoff in flüssiger Form vorliegen. Beide Flüssigkeiten trennen sich jedoch wieder, wenn nicht ein Tensid, in diesem Fall ein Emulgator, zugesetzt wird, der die Grenzflächenspannung beider flüssiger Phasen herabsetzt.
Bei der Mischung beider Phasen geht es um eine grobdisperse Verteilung in Form von Tröpfchen. Der Durchmesser dieser Teilchen beträgt etwa $10^{-5} \ldots 10^{-4}$ cm.

Arten

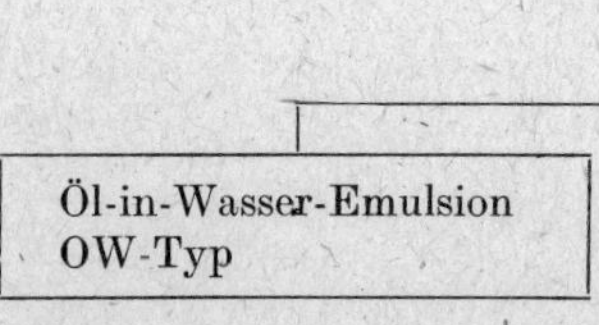

Wasser-in-Öl-Emulsion
WO-Typ

Öl ist die innere Phase, das Wasser die äußere Phase.

Notwendiger Emulgator:
wasserlöslicher Emulgator.
Gelbe Eigenfarbe, bei Verdünnung mit Wasser weiß. OW-Emulsionstypen werden häufig als Schmälzen eingesetzt, ebenso als Präparationsmittel für textile Faserstoffe sowie als Weichmacher.

Wasser ist die innere Phase, das Öl die äußere Phase.

Notwendiger Emulgator:
öllöslicher Emulgator.
Diese Emulsionen sind sahne- bis pastenartig.
WO-Emulsionstypen werden meist als Emulsionsverdickungen für die Druckerei verwendet, z. B. Wasser/Lackbenzin.

Anmerkung

Eine Phasenumkehr ist durch Konzentrationsänderung möglich.
Eine brauchbare Emulsion muß mindestens 24 Stunden beständig sein.

Nachweis einer OW- oder WO-Emulsion

1. Ein wasserlöslicher und ein öllöslicher Farbstoff (z. B. Methylenblau und Sudanrot) werden auf die zu prüfende Emulsion gebracht. Färbt der wasserlösliche Farbstoff die Emulsion an, so handelt es sich um einen OW-Typ (äußere Phase wird durch Methylenblau blau gefärbt). Färbt dagegen ein fettlöslicher Farbstoff (z. B. Sudanrot) die Emulsion, so liegt ein WO-Typ vor (äußere Phase wird rot gefärbt).
2. OW-Emulsionen ergeben auf trockenem, mit Kobalt-II-chlorid $CoCl_2$ gefärbtem Filterpapier eine Aufhellung mit einem Farbtonumschlag von blau nach rosa. WO-Typen dagegen zeigen nur eine geringe Veränderung ihres Blautones.
3. Ein WO-Typ läßt sich mit Öl, ein OW-Typ mit Wasser verdünnen.

Eine Emulsion ist um so stabiler, je größer die Viskosität der äußeren Phase und je kleiner der Durchmesser der betreffenden Tröpfchen ist. Eine Erhöhung der Viskosität und damit eine erhöhte Stabilisierung kann mittels Quellkolloiden erfolgen. Es kommt dabei zur Ausbildung von Solvatationshüllen.

12.1.7.3.3. Emulgatoren

Ein Emulgator ist in seiner chemischen Struktur gekennzeichnet durch das Verhältnis seiner hydrophoben (lipophilen) und hydrophilen Gruppierungen zueinander. Dieses Verhältnis bezeichnet man als Hydrophilic-Lipophilic-Balance oder HBL-Wert.
Ermitteln läßt sich der Wert aufgrund der Zusammensetzung, Schätzung des Verhaltens in Wasser und der Papierchromatographie.
Dieser HBL-Wert ist vor allem für nichtionogene Emulgatoren interessant.
Alle Emulgatoren sind nicht nur grenzflächenaktiv, sie stellen auch hydrophile Kolloide dar, wie z. B. Eiweißkörper, natürliche oder synthetische Schleime. Letztere werden besonders als Stabilisierungsmittel für Emulsionen eingesetzt.
Beim Einsatz von Emulgatoren ist außerdem auf deren Ionogenität zu achten. Dies ist äußerst wichtig bei allen Textilveredlungsprozessen wie Färben, Drucken oder Appretieren. Die Anwendung der Emulgatoren richtet sich also nach der Art des textilen Faserstoffes, nach Färberei- und Druckereihilfsmittel- sowie nach Appreturmitteleinsatz.
Schließlich gibt es Spezialemulgatoren, die emulsionsbildend wirken. Sie unterscheiden sich im Aufbau und in der Handhabung von den üblichen Emulgatoren grundlegend.

1. Alkylarylsulfonat + Quellkolloid = Stabilisator
2. Alkylarylpolyglykolether, Waschmittel mit starker Entfettungswirkung
3. Oxyethyliertes Amid, oleophiler Emulgator mit begrenzt hydrophilem Charakter
4. Kationaktive Fettkondensationsprodukte. Sehr gut geeignet zur Herstellung von OW-Emulsionen. Die dispersen Teilchen haben eine positive Ladung und in einer derartigen Emulsion das Bestreben, sich an den Grenzflächen negativ geladener Substrate (textiler Faserstoff) durch Ladungsausgleich zu adsorbieren [3].

12.1.7.4. Waschprozeß

12.1.7.4.1. Begriff

Der Prozeß des Waschens ist ein Komplexvorgang, der sich aus den Teilvorgängen Netzen, Dispergieren und Emulgieren zusammensetzt, wobei gleichzeitig die statische Abstoßung der Schmutzteilchen eine wichtige Rolle spielt.

12.1.7.4.2. Teilvorgänge des Waschprozesses

1. Orientierte Adsorption der grenzflächenaktiven WAS-Moleküle an der Grenzfläche Schmutz/Waschmittellösung
2. Herabsetzung der Grenzflächenspannung durch die grenzflächenaktiven Moleküle
3. Verdrängung des Schmutzes von der Faser und Benetzung der vom Schmutz befreiten Faser durch die Moleküle der WAS, wobei eine Ablösung des Schmutzes sehr gefördert wird. Bei einer z. B. mit Öl verschmutzten Ware erfolgt die Dispergierung nicht sofort, sondern die Ölteilchen nehmen erst Halbkugel- und dann Kugelform an (nach Kling). Diese Kugeln sitzen dann nur noch sehr locker auf der Faseroberfläche und werden durch die Waschmittellösung mit in die Flotte getragen.
4. Dispergierung des Schmutzes und Stabilisierung der Schmutzdispersion durch die WAS-Moleküle (hydratisierender Teil) und die statische Abstoßung der Schmutzteilchen. Da Faserstoff und Schmutz in wäßrigem Medium im allgemeinen negative Ladungen aufweisen, müßten sie theoretisch die Schmutzteilchen schon im wäßrigen

Medium von der Faser abstoßen. Diese Kräfte sind jedoch zu gering, man muß sie deshalb durch Zusatz anionaktiver Waschmittel erhöhen. In gleicher Weise ist es möglich, den *p*H-Wert der Waschflotten nach der alkalischen Seite hin zu verschieben, wobei man ebenfalls durch die Bildung von OH-Ionen$^-$ die negativen Ladungen erhöht und damit die elektrostatische Abstoßung der Schmutzteilchen von der Faser wesentlich fördert.

Bei der Halbkugel-Kugelbildung kann man ebenfalls bestimmte Randwinkelbeziehungen feststellen, und zwar eine ständige Verkleinerung der Randwinkel und damit eine Verringerung der Kontaktfläche (Haftfläche) und der Haftkräfte (Bild 12/4).

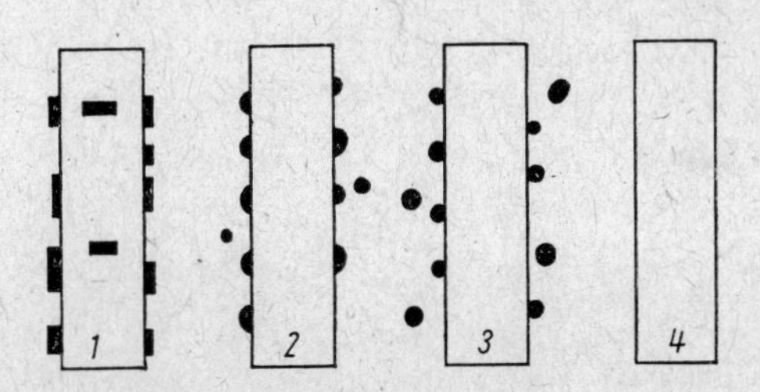

Bild 12/4: Reinigung einer ölverschmutzten Ware nach Kling, Langer und Hausner
1 total verschmutzte Faser, *2* Angriff der WAS (Halbkugelbildung), *3* Emulgierung des Schmutzes (Kugelbildung), *4* gereinigte Faser

12.1.7.4.3. Faktoren, die das Waschergebnis maßgeblich beeinflussen

1. Art, Menge und Verteilungsgrad des Schmutzes
2. Art des verschmutzten textilen Faserstoffmaterials
3. *p*H-Wert der Waschflotten
4. Wasserhärte
5. Affinität der WAS zur Faser (z. B. Ionogenität)
6. Konzentration der WAS in der Flotte
7. Waschtemperatur
8. Waschzeit
9. Art der zugeführten Energie
10. Flottenverhältnis (WAS in g · l^{-1} oder % der Warenmasse)
11. Füllverhältnis (WAS in g · kg^{-1} der Ware)
12. Schutzkolloidwirkung von WAS und/oder hydrophilen Kolloiden (in Wasser kolloid gelöste Polymere)
    Darunter versteht man die Stabilisierung disperser Phasen fest/flüssig und den speziellen Schutz gegen die koagulierende Wirkung von Elektrolyten [17]. Gute Schutzkolloidwirkung weisen die Eiweißfettsäurekondensationsprodukte auf, sie werden jedoch in ihrer Wirkung von nichtionogenen WAS vom Typ Fettalkohol-ethenoxid-Polyadditionsprodukt noch übertroffen. Die Schutzkolloidwirkung ist das Hauptkriterium des Schmutztragevermögens. Auch nichtwaschaktive Substanzen, wie Carboxymethylcellulose, modifizierte Stärken und andere in Wasser kolloidal gelöste Polymere, haben ausgeprägtes Schmutztragevermögen.
13. Schmutztragevermögen der WAS
    Nach [17] versteht man darunter die Fähigkeit der WAS in der Flotte, die Redeposition von Schmutzteilchen aus der Flotte zum textilen Faserstoff zu verhindern. Bei zu geringem Schmutztragevermögen der Waschflotte wird stets eine Vergrauung des Textilgutes eintreten.

14. Schaumwirkung
Die Schaumwirkung der WAS hat auf das Waschergebnis nach neueren Erkenntnissen eine sehr untergeordnete Bedeutung. Die heute verfügbaren Waschmittel sind meist schaumarm bzw. durch spezielle Zusätze schaumgebremst, da der Schaum beim Waschprozeß störend wirkt (Schwimmen der Ware, keine Flottenstandkontrolle, unnötig lange Spülprozesse).

12.1.7.4.4. Besonderheiten anionaktiver und nichtionogener waschaktiver Substanzen

Anionaktive WAS	Nichtionogene WAS
Wolle und andere textile Faserstoffe können in Abhängigkeit vom *p*H-Wert einen gewissen Anteil an WAS-Molekülen binden. Das führt zwar einerseits zu einer Verarmung an WAS-Molekülen, verbessert aber meist den Griff der Ware.	Sie zeigen hohe Waschwirkung gegenüber Wolle und synthetischen Faserstoffen. Da keine hohe Sorption der WAS durch die Faserstoffgruppen zu verzeichnen ist und hier nur die elektrostatische Abstoßung der negativ geladenen Schmutzteilchen in Erscheinung tritt, läßt sich schlußfolgern, daß die Ionaktivität (elektrische Ladung des waschaktiv wirkenden Ions der WAS) im Komplexvorgang Waschen nicht allein ausschlaggebend ist.
Faseraffine WAS	Farbstoffaffine WAS

Kationaktive Tenside verhalten sich grundsätzlich entgegengesetzt. Da sie im Hauptteil in einer positiven Ladung vorliegen, die Schmutzteilchen aber negativ geladen sind, verringern sie nicht nur die negative Ladung des Faserstoffes und des Schmutzes, sie verschlechtern auch damit die gesamte Waschwirkung (negative Waschwirkung = Inversion). Eine positive Waschwirkung wäre dann erst bei sehr hohen Zusätzen zu erwarten.

12.1.7.5. Weichmachen (Avivage)

12.1.7.5.1. Begriff

Weichmachen ist ein Prozeß, bei dem Tenside oder durch Tenside hergestellte Emulsionen den textilen Faserstoffen eine bestimmte Weichheit und damit auch eine höhere Scheuerfestigkeit sowie Geschmeidigkeit verleihen.

12.1.7.5.2. Darstellung

Der Weichmacher (besonders der kationaktive) zeigt eine gewisse Affinität zu textilen Faserstoffen. Durch kationaktive Weichmacher wird außerdem bei Synthesefaserstoffen die elektrostatische Aufladung herabgesetzt, jedoch nicht so ausgeprägt wie die speziell hergestellten Antistatika. Da bei allen Weichmachern sehr lange hydrophobe Reste vorliegen, erhalten textile Faserstoffe durch Auflagerung solcher Hilfsmittel einen weichen Griff.

12.1.7.5.3. Einteilung

Weichmacher bewirken immer eine glättende Wirkung des textilen Faserstoffes, wobei der Reibwiderstand auf der Oberfläche des textilen Faserstoffes vermindert wird.
Eine sehr sinnvolle Gliederung hinsichtlich des Einsatzes von Weichmachern kann nach [18] wiedergegeben werden:

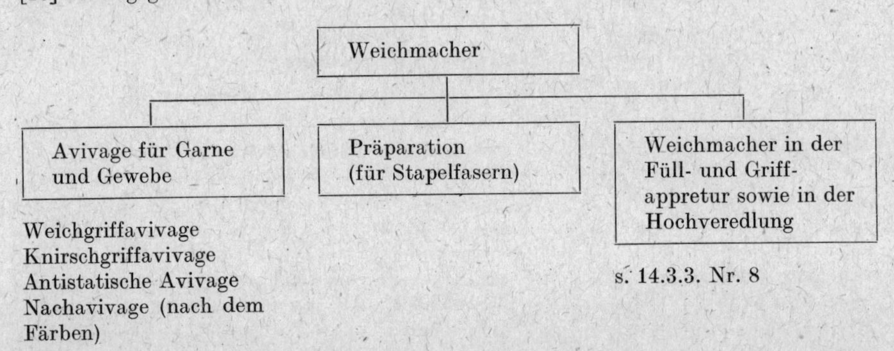

Weichgriffavivage
Knirschgriffavivage
Antistatische Avivage
Nachavivage (nach dem Färben)

s. 14.3.3. Nr. 8

Ebenso ist es möglich, Weichmacher Bleich- oder Färbeflotten zuzusetzen, d. h., das Weichmachen mit einem anderen Textilveredlungs- oder Textilreinigungsprozeß zu koppeln.

12.1.7.5.4. Gehaltsbestimmung

Aus der Flotte
Eine bestimmte Menge Flotte wird eingedampft und der Rückstand auf der Analysenwaage gewogen (Blindversuch notwendig).

Auf der Faser
Extraktion im SOXHLET-Apparat mit Trichlorethen, wobei die Masse des textilen Erzeugnisses vor und nach der Extraktion bestimmt wird.
Eine andere Methode besteht darin, nach der Extraktion den Extrakt im Kolben auszuwiegen und daraus die Menge der Faserauflage (in Prozent zur extrahierten, trockenen Probemasse) zu berechnen.
Bei Cellulosefaserstoffen ist es günstig, die Fettauflage mit einem Gemisch aus Benzen und Methanol im Verhältnis 61:39 abzulösen.

12.1.8. Anionaktive Tenside

12.1.8.1. Seifen

Seifen als Waschmittel sind Na-, K- oder NH_4-Salze von Alkansäuren ab C_{14} bis C_{18}. Oft werden auch mit der gleichen C-Atom-Zahl Alkensäuren verwendet.

Alkansäuren
$C_{13}H_{27}COOH$ Tetradecansäure
$C_{14}H_{29}COOH$ Pentadecansäure

$C_{15}H_{31}COOH$ Hexadecansäure
$C_{17}H_{35}COOH$ Octadecansäure
$C_{17}H_{33}COOH$ Octadecensäure

Allgemeine Formeln

$C_nH_{2n+1}-COOH$ Alkansäure
$C_nH_{2n-1}-COOH$ Alkensäure

Alle Na-, K- und NH_4-Salze dieser Alkan- bzw. Alkensäuren sind wasserlöslich, dagegen ihre Mg-, Ca- oder Al-Salze wasserunlöslich.

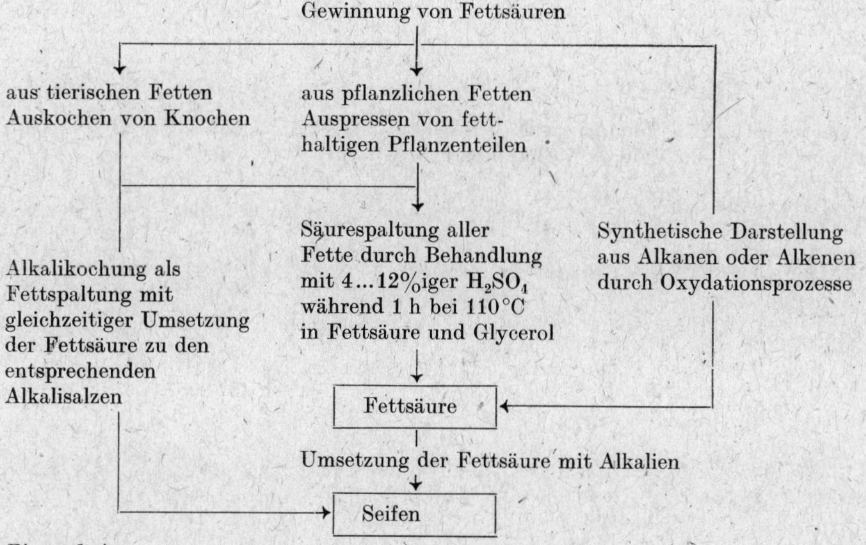

Eigenschaften

1. Seifen von Alkensäuren weisen bessere Kaltlöslichkeit auf als Seifen von Alkansäuren
2. Hydrolytische Spaltung durch Wasser und alkalische Reaktion:

   $C_{15}H_{31}COONa + H_2O \rightleftarrows C_{15}H_{31}COOH + NaOH$

   alkalische Reaktion als Folge der Hydrolyse in wäßriger Lösung
3. Nicht säurebeständig

   $C_{15}H_{31}COONa + HCl \rightarrow C_{15}H_{31}COOH + NaCl$

   freie, wasserunlösliche Hexadecansäure
4. Nicht härtebeständig

   $2\,C_{15}H_{31}COONa + CaCl_2 \rightarrow (C_{15}H_{31}COO)_2Ca + 2\,NaCl$

   wasserunlösliches Ca-Salz ohne Waschwirkung

Damit weisen die Seifen Eigenschaften auf, die sich bei textilchemischen Prozessen der Textilveredlung oder Textilreinigung sehr negativ auswirken können. Das war auch der

wichtigste Grund, synthetische Waschmittel zu entwickeln, die diese Nachteile nicht aufweisen.
Zum Beispiel können Alkylbenzensulfonate als Zusatz den Seifen eine höhere Säurebeständigkeit verleihen (s. dort!).
Der Zusatz von Polysulfaten zu Seifen verhindert die Bildung von Kalkseife.

Handelsprodukte

Na- und NH_4-Seifen	Feinseifen
K-Seifen	Schmierseifen
Na- oder NH_4-Seifen aus Ölsäure (Alkensäure)	Marseiller Seife

12.1.8.2. Sulfierte Öle

Sulfierte Öle sind Verbindungen, die aus Alkensäuren und Schwefelsäure mit abschließender Neutralisation durch NaOH dargestellt werden.

I. $CH_3-(CH_2)_7-CH{=}CH-(CH_2)_7-COOH + H_2SO_4 \rightarrow$
(Octadecensäure $C_{17}H_{33}COOH$)

$CH_3-(CH_2)_7-CH_2-CH(O-SO_3H)-(CH_2)_7-COOH$ sulfiertes Öl mit freier Schwefelsäuregruppe

II. $CH_3-(CH_2)_7-CH_2-CH(OSO_3H)-(CH_2)_7-COOH + NaOH \rightarrow$

$CH_3-(CH_2)_7-CH_2-CH(OSO_3Na)-(CH_2)_7-COOH + H_2O$

Eigenschaften

Je nach Sulfierungsgrad säure- und härtebeständiger als Seife, ebenfalls beständig gegen Basen. Dies ist durch die Anwesenheit einer starken Säuregruppe begründet.

Wirkungsweise

Gute Dispergiermittel

Wichtige Handelsprodukte

Rolavin P und T (VEB Fettchemie Karl-Marx-Stadt)
Türkischrotöl (Eberle)
Monopolbrillantöl (Stockhausen)
Cekit OM (Stockhausen)
Prästabitöl V als höchstsulfiertes Produkt (Stockhausen)
Türkonöl S (VEB Polychemie)
Avirol DKM (VEB Dresden Chemie)
Sandozol SB (Sandoz)
Türkischrotöl (VEB Waschmittel Glauchau)

Elvausan SO (VEB Polychemie) Weichmacher als Präparationsmittel
Smotilon SK (VEB Fettchemie) Spinpräparation für PA- und PE-Faserkabel

Mit steigendem Sulfierungsgrad nehmen auch alle Chemikalienbeständigkeiten zu. Eine solche Sulfierung erreicht man mit Chlorsulfonsäuren.

12.1.8.3. Esteröle

Esteröle sind Verbindungen, die aus sulfierten Oxyalkensäuren bei abschließender Veresterung mit Alkanolen sowie durch Neutralisation mit NaOH hergestellt werden.

$$CH_3-(CH_2)_5-\underset{\displaystyle OH}{\underset{|}{CH}}-CH_2-CH{=}CH-(CH_2)_7-COOH + H_2SO_4 \rightarrow$$

Ricinolsäure

$$CH_3-(CH_2)_5-\underset{\displaystyle O-SO_3H}{\underset{|}{CH}}-CH_2-CH{=}CH-(CH_2)_7-COOH + H_2O \rightarrow$$

sulfierte Ricinolsäure

$+ C_4H_9OH$
n-Butanol

$$CH_3-(CH_2)_5-\underset{\displaystyle O-SO_3H}{\underset{|}{CH}}-CH_2-CH{=}CH-(CH_2)_7-COO-C_4H_9 + H_2O$$

mit Butanol veresterte sulfierte Ricinolsäure

$+ NaOH$

$$CH_3-(CH_2)_5-\underset{\displaystyle O-SO_3Na}{\underset{|}{CH}}-CH_2-CH{=}CH-(CH_2)_7-COO-C_4H_9 + H_2O$$

fertiges Esteröl

Eigenschaften

Säure-, basen- und härtebeständig

Wirkungsweise

Keine ausgeprägte Waschwirkung, jedoch sehr gutes Dispergiermittel, mit einer gewissen Netzwirkung

Wichtige Handelsprodukte

Rolavin AH extra (VEB Fettchemie Karl-Marx-Stadt)
Avirol DAH extra (VEB Dresden-Chemie)
Sandozol KB (Sandoz)
Tinopolöl (CIBA-Geigy)

12.1.8.4. Alkylsulfate (Fettalkoholsulfate FAS)

Alkylsulfate sind saure Schwefelsäureester aus höheren Alkanolen von C_{12} bis C_{22} und Schwefelsäure, die nach der Veresterung durch NaOH neutralisiert werden (Entstehung des neutral reagierenden Na-Salzes des sauren Schwefelsäureesters).

1. (C_{12} bis C_{22})$-OH + H_2SO_4 \rightarrow$ (C_{12} bis C_{22})$-O-SO_3H + H_2O$
saurer Schwefelsäureester

2. (C_{12} bis C_{22})$-O-SO_3H + NaOH \rightarrow$ (C_{12} bis C_{22})$-O-SO_3Na + H_2O$
Na-Salz des sauren Schwefelsäureesters des entsprechenden Alkanols

Eigenschaften

Nicht der Hydrolyse unterworfen, neutrale Reaktion, säure-, basen- und härtebeständig. Bei Einwirkung relativ konzentrierter starker Säuren und Basen kommt es jedoch zur Esterspaltung (nicht als Karbonisierhilfsmittel einsetzen!). Ungesättigte FAS sind weniger stark faseraffin als gesättigte FAS.
Die Schwefelsäureester von Alkanolen unter 6 bis 8 C-Atomen zeigen keine Grenzflächenaktivität. Bei Weichmachern mit C_{19} ist die Härtebeständigkeit sehr gering.

Wirkungsweise

Die Wirkungsweise hängt ausschließlich von der Länge des hydrophoben Restes ab, insbesondere jedoch die optimale Waschwirkung in bestimmten Temperaturbereichen:

C_{12} bis C_{14} Kaltwaschmittel
C_{15} bis C_{18} Heißwaschmittel
C_{19} bis C_{22} Weichmacher.

Wichtige Handelsprodukte

Waschmittel

Ditalan-Marken (VEB Fettchemie Karl-Marx-Stadt)
Limpigen-Marken (VEB Fettchemie Karl-Marx-Stadt)
Transferin W (VEB Dresden-Chemie)
Sapidan FA (VEB Dresden-Chemie)
Levapon ML (Bayer)
Lissapol C (ICI)
Syntapon CP (Chemapol)

Weichmacher

Marvelan PP (VEB Fettchemie Karl-Marx-Stadt)
Cerafil HMG (VEB Dresden-Chemie)
Viscosil SAF (VEB Fettchemie Karl-Marx-Stadt)
Viscosil E 120 (VEB Fettchemie Karl-Marx-Stadt)
Marvelan T 149 (VEB Fettchemie Karl-Marx-Stadt)

Antistatika

Volturin FA (VEB Fettchemie Karl-Marx-Stadt)
Volturin P hochkonz. (VEB Fettchemie Karl-Marx-Stadt)

Weichmacher als Präparationsmittel

Elvausan WP (VEB Polychemie) Kombination freier und sulfatierter Fettsäuren mit Alkylsulfat, anionaktiv
Elvausan ZB (VEB Polychemie) Kombination von Fettsäuresulfaten mit Mineralölen, anionaktiv
Elvausan SC (VEB Polychemie) Sulfat pflanzlicher Fette mit Mineralölen kombiniert, anionaktiv

Alkylsulfate sind nicht nur aus gesättigten höheren Alkanolen darstellbar, sondern auch aus ungesättigten Alkanolen mit Doppelbindungen. Als Ausgangsprodukt dient der Oleylalkohol (Oktadecenol, früher chemisch Octadecylalkohol genannt), der aus dem Spermöl von Walen gewonnen wird.

$C_{18}H_{35}OH$

▭=▭–OH

Die Sulfierung muß sehr vorsichtig erfolgen, damit sich die entsprechende Sulfatgruppe auch endständig und nicht an der Stelle der Doppelbindung unter Auflösung zur Einfachbindung ausbildet. Dies ist einmal möglich mit Pyridin und Schwefelsäure, neuerdings auch mit Amidosulfonsäure und Schwefelsäure.

$$\square{=}\square{-}OH + H_2SO_4 \xrightarrow[\text{sulfonsäure}]{\text{Amido-}} \square{=}\square{-}O{-}SO_3H + H_2O$$

$$\square{=}\square{-}O{-}SO_3H + NH_4OH \rightarrow \square{=}\square{-}O{-}SO_3NH_4 + H_2O$$

Eigenschaften

Sehr viel bessere Löslichkeit gegenüber den gesättigten Alkylsulfaten
sehr gut walkende Eigenschaften (Speiseflüssigkeit)
optimale Waschwirkung bei 30...50 °C
Biologische Abbaubarkeit ist sehr gut, keine Abwasserprobleme

Anwendung

Zum Waschen von Rohwolle, Wolle, zum Walken von Wolle, sehr gut netzend und egalisierend beim Färben. Dient ebenso als Faserschutzmittel beim Bleichen von Wolle mit H_2O_2 und beim Bleichen von Cellulosefaserstoffen mit Natronbleichlauge.

Einsatzmenge $1...3\ g \cdot l^{-1}$

Handelsprodukte

Ditalan HDS 45 (VEB Fettchemie Karl-Marx-Stadt)
Rofanol P 80 (VEB Fettchemie Karl-Marx-Stadt)

Eine weitere Möglichkeit der Darstellung eines FAS ist nach [17] in folgender Weise möglich (Sulfate substituierter Polyglykolether):

$$\square{-}O{-}(CH_2{-}CH_2{-}O)_nH + H_2SO_4 \rightarrow$$

$$\square{-}O{-}(CH_2{-}CH_2{-}O)_nSO_3H + H_2O \rightarrow$$
$$+ NaOH$$

$$\square{-}O{-}(CH_2{-}CH_2{-}O)_nSO_3Na + H_2O$$

$R = C_{12}$ bis C_{16}
$n = 3$ bis 4
≙
Waschmittel

Handelsprodukte

Präwozell OFAS-H (Waschmittel) (VEB Chemische Werke Buna)

12.1.8.5. Alkylsulfonate

12.1.8.5.1. Primärer Typ

$R-SO_3^-Me^+$ — Bau

Darstellung

$R-CH_2-O-SO_3Na + Na_2SO_3$
Alkylsulfat
(FAS) ↓
$R-CH_2-SO_3Na + Na_2SO_4$

Gute Waschmittel

12.1.8.5.2. Sekundärer Typ

$R_1-CH(SO_3^-Me^+)-R_2$ — Bau

Darstellung

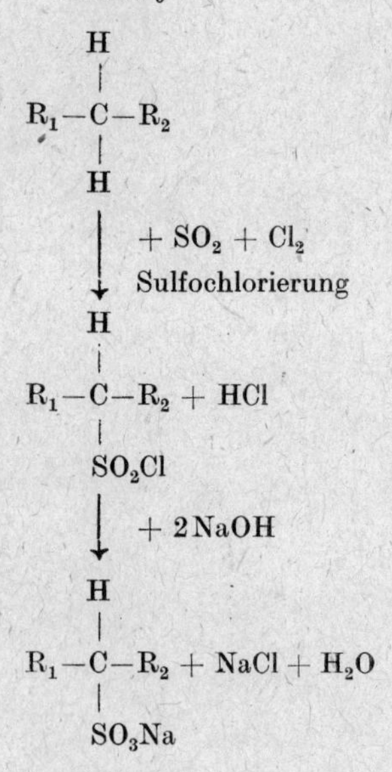

gereinigtes Alkan als gesättigter Kohlenwasserstoff mit einer Alkylkette von C_{14} bis C_{16}

Alle sekundären Alkylsulfonate wirken auf textile Faserstoffe sehr entfettend. Da gegenüber dem primären Typ hier die hydrophile Gruppe intern vorliegt, ist auch die Schmutztragewirkung zugunsten der Netz-Dispergier- und Emulgierwirkung herabgesetzt. Alle sekundären Alkylsulfonate sind NaCl-haltig,
sehr hygroskopisch und meist
pastenförmig im Handel

Eigenschaften

Säure-, basen- und härtebeständig

Einsatz

WAS mit starker Netz- und Dispergierwirkung

Wichtige Handelsprodukte

Spellin W und FL (VEB Fettchemie Karl-Marx-Stadt)
Wofapon W und DL (VEB Chemiekombinat Bitterfeld)
Degosil (VEB Chemiekombinat Bitterfeld)
Konzentrat W 50 (VEB Leuna-Werke)
Melavin B (VEB Leuna-Werke)
Syntapon EP (VEB Dresden-Chemie)
Limpigen P als Fettlöser bestehend aus Alkylsulfonaten und hohen Zusätzen chlorierter Kohlenwasserstoffe (VEB Fettchemie Karl-Marx-Stadt)
Inferol NFK (VEB Dresden-Chemie)
Inferol BAV, HM (VEB Dresden-Chemie)
Precosolve S und Precosolve PO (VEB Agrotex)
Hilomin OG (VEB Fettchemie Karl-Marx-Stadt) WAS
Emulgator G (VEB Chemiekombinat Bitterfeld) öllöslich
Emulgator 656 (VEB Chemiekombinat Bitterfeld) öllöslich
Drapin F (VEB Gerove Cottbus) WAS
Acidol K (VEB Dresden-Chemie) Netzmittel für Karbonisieren, auch Färben
Wofapon AH konz. (VEB Chemiekombinat Bitterfeld)
Levapon ML (Bayer)
Levapon T (Bayer)

12.1.8.6. Alkylarylsulfonate

Bau

1. ▭–C₆H₄–$SO_3^-Na^+$ Alkylbenzensulfonate
2. ▭–C₁₀H₆–$SO_3^-Na^+$ Alkylnaphthalensulfonate

Darstellungen

1. $C_{12}\ldots C_{14}$–Cl + Benzen $\xrightarrow[AlCl_3]{40\,°C}$ $C_{12}\ldots C_{14}$–C₆H₅ + HCl

Chloralkan Benzen Alkylbenzen

$C_{12}\ldots C_{14}$–C₆H₅ + H_2SO_4 (konz.) → $C_{12}\ldots C_{14}$–C₆H₄–SO_3H + H_2O

Alkylbenzensulfonsäure

$C_{12}\ldots C_{14}$–C₆H₄–SO_3H + NaOH → $C_{12}\ldots C_{14}$–C₆H₄–SO_3Na + H_2O

Alkylbenzensulfonat

Tensid mit sehr guter Waschwirkung

2. C_8H_{17}–Cl + Naphthalen → C_8H_{17}–C₁₀H₇ + HCl

Octylchlorid Naphthalen Octylnaphthalen

C_8H_{17}–C₁₀H₇ + H_2SO_4 → C_8H_{17}–C₁₀H₆–$SO_3^-H^+$ + H_2O

Octylnaphthalensulfonsäure

$$\boxed{C_8H_{17}}-C_{10}H_6-SO_3H + NaOH \longrightarrow \boxed{C_8H_{17}}-C_{10}H_6-SO_3Na + H_2O$$

Tensid mit mäßiger Waschwirkung

Eine Alkylierung des Naphthalens ist auch mit Alkenen möglich.

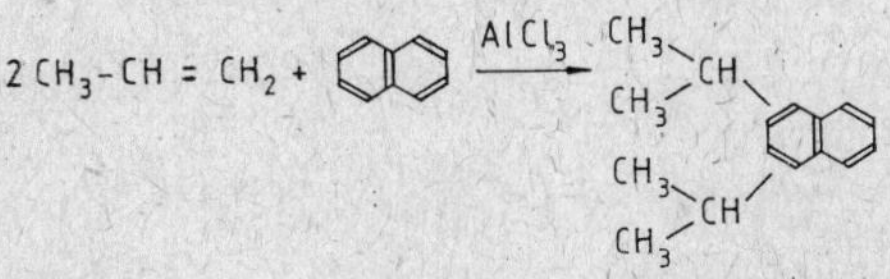

$$2\,CH_3-CH=CH_2 + C_{10}H_8 \xrightarrow{AlCl_3} (CH_3)_2CH-C_{10}H_6-CH(CH_3)_2$$

Propen Naphthalen Diisopropyl-naphthalen
Nekal-A-Typ®

Abschließend erfolgt wieder die Sulfonierung und eine Neutralisation mit NaOH.

Eigenschaften

Alle Alkylarylsulfonate sind säure-, basen- und härtebeständig

Wirkungsweise

Je nach Kettenlänge des Alkylrestes und Art des Arylrestes werden diese Produkte als Netz-, Dispergier- und Waschmittel eingesetzt.

Wichtige Handelsprodukte

Egalisiermittel/Netzmittel

Precolor-Typen (VEB Agrotex) Kaltnetzmittel
Präwozell N-BX (VEB Chemische Werke Buna)
Wotamol WS (VEB Chemiekombinat Bitterfeld)
Nekal BX (BASF)
Nekanil S (BASF)
Leonil DB (Hoechst)
Avolan P (Bayer)
Erkantol BX (Bayer)
Resolin B (Sandoz)
Perminal BX (ICI)
Univadin PS (CIBA-Geigy)
Neokal (Chemapol)

Waschmittel

Stokopol N 56 (VEB Polychemie Limbach-Oberfrohna)
Leonil-Marken (Hoechst)
Neopermin N und L (VEB Chemiewerk Agrotex)
Basopal NA (BASF)
Supralan-Marken (Zschimmer und Schwarz)
Hostapal-Marken (Hoechst)

Weichmacher

Talfurol (VEB Dresden-Chemie)

12.1.8.7. Fettsäurekondensationsprodukte

Bau

$$\boxed{R} - \left[\begin{array}{c} CO-NH-CH \\ \quad\quad\quad | \\ \quad\quad\quad R \end{array} \right]_n - COO^- Na^+$$

Typ Cordesin (VEB Berlin-Chemie)
Soromin B und S (BASF)

Neben guter Waschwirkung zeigen diese Tenside auch hohe Schutzkolloidwirkung und hohe Dispergierwirkung.
Statt der COONa-Gruppe kann auch eine SO_3Na-Gruppe stehen, wie z. B. bei den Tauriden

$$R-CO-NH-CH_2-CH_2-SO_3^-Na^+$$

oder den Methyltauriden vom Typ

$$R-CO-\underset{\displaystyle CH_3}{\underset{|}{N}}-CH_2-CH_2-SO_3^-Na^+$$

Wichtige Handelsprodukte

Hostapon T-Marken (Hoechst) WAS Elvausan AF (VEB Polychemie)
Ebrolin BG (Eberle)

12.1.8.8. Anionaktive Tenside auf Basis Phosphatester

Bau

$$R-O-(CH_2-CH_2-O)_n=\underset{\displaystyle O-Na}{\underset{|}{P}}=O$$

und

$$R-O-(CH_2-CH_2-O)_n-P\begin{array}{l} \diagup O-Na \\ =O \\ \diagdown O-Na \end{array}$$

R Alkyl- oder Alkylphenolrest

Wirkungsweise

Wasch- oder Netzmittel oder Weichmacher mit Schmälzeigenschaften. Bei Waschmitteln ist durch die Einführung von Ethenoxidgruppen eine bessere Löslichkeit und ein höheres Schmutztragevermögen gegeben.

Wichtige Handelsprodukte

Leomin-Marken (Hoechst) Antistatikum
Zerostat SL-TR (CIBA/Geigy) }
Zerostat AN (CIBA-Geigy) } Weichmacher als Präparationsmittel
Zerostat AN konz. (CIBA-Geigy) }
Hostaphat-Marken (Hoechst) Antistatikum

12.1.9. Kationaktive Tenside

12.1.9.1. Chemischer Bau

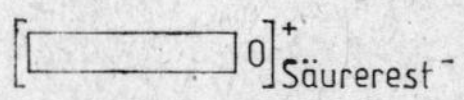

$$\left[\boxed{\quad\quad}\,\mathrm{O}\right]^{+}\text{Säurerest}^{-}$$

Alle kationaktiven Tenside können in wäßriger Lösung dissoziieren. Das Kation stellt einen höhermolekularen hydrophoben Rest dar, dem organische Basen wie z. B. Amine zugrunde liegen. Das Stickstoffatom trägt damit die positive Ladung. Als Anion fungiert das Säurerestion, das vorliegen kann als

Cl^-, Br^-, SO_4^{2-}, $HCOO^-$ oder CH_3COO^-.

Entscheidend für die Wirkungsweise kationaktiver Tenside ist die Größe des hydrophoben Teiles.

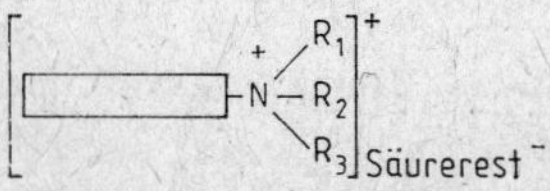

$$\left[\boxed{\quad\quad}-\overset{+}{N}(R_1)(R_2)(R_3)\right]^{+}\text{Säurerest}^{-}$$

12.1.9.2. Verhalten gegen textile Faserstoffe

Da der Hauptteil der kationaktiven Tensidmoleküle positive Ladung aufweist und die meisten textilen Faserstoffe in wäßriger Lösung ein negatives Oberflächenpotential haben, zeigen die kationaktiven Tenside gegenüber textilen Faserstoffen eine gewisse Affinität.
Aufgrund dieser Affinität lassen sich diese Produkte sehr gut als Weichmacher für Synthesefaserstoffe und als Antistatika[1]) für diese Fasertypen einsetzen. Ungeeignet sind sie jedoch als Waschmittel (siehe 12.7.7.4.).

12.1.9.3. Kationaktive Teile auf Alkylhalogenidbasis

Darstellung

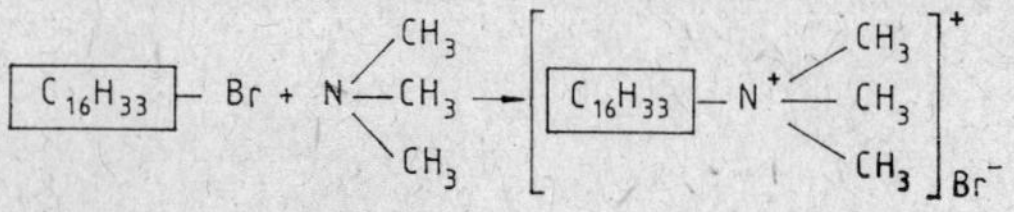

$$\boxed{C_{16}H_{33}}-Br + N(CH_3)_3 \longrightarrow \left[\boxed{C_{16}H_{33}}-\overset{+}{N}(CH_3)_3\right]^{+}Br^-$$

Hexadecylbromid — Trimethylamin

Typ eines Farbstoffabziehmittels (quartäre Ammoniumverbindung, die dissoziiert)

Wichtige Handelsprodukte

Lissolamin V (ICI)

---

[1]) Unter der elektrostatischen Aufladung textiler Faserstoffe versteht man die Ansammlung von Elektronen auf der Faseroberfläche, bedingt durch Reibung, unter gleichzeitiger Bildung elektromagnetischer Kraftfelder mit kurzen Feldlinien.

12.1.9.4. Kationaktive Tenside auf Basis höherer Alkansäuren

Darstellung 1

$$\boxed{C_{17}H_{35}}-COOH + H_2N-CH_2-CH_2-N{<}^{C_2H_5}_{C_2H_5} \longrightarrow$$

Octadecansäure N, N-Diethyl-ethylen-diamin

$$\boxed{C_{17}H_{35}}-CO-NH-CH_2-CH_2-N{<}^{C_2H_5}_{C_2H_5} + H_2O$$

$$+ HCl \longrightarrow$$
(Löslichmachen)

$$\left[\boxed{C_{17}H_{35}}-CO-NH-CH_2-CH_2-\overset{+}{N}{<}^{C_2H_5}_{C_2H_5}-H\right]^{+} Cl^{-}$$

Hydrochlorid des Kondensationsproduktes — Ammoniumverbindung (hydrolysiert)

Nachbehandlungsmittel für substantive Färbungen auf Cellulosefaserstoffen

Prinzip

$$[Fb-SO_3]^{-} Na^{+} + \left[R-\overset{+}{N}{<}^{R}_{H}-R\right]^{+} \text{Säurerest}^{-} \rightarrow [Fb-SO_3]^{-} \cdot \left[R-N{<}^{R}_{H}-R\right]^{+}$$

Anionischer Farbstoff (z. B. substantiver Farbstoff) — Kationaktives Nachbehandlungsmittel — Reaktionsprodukt Farbstoff-kationisches Nachbehandlungsmittel (Fb-Mol-Vergrößerung-Naßechtheitsverbesserung)

Wichtige Handelsprodukte

Wofafix WWS (VEB Chemiekombinat Bitterfeld)
Wofafix S spez. (VEB Chemiekombinat Bitterfeld)
Wofafix LD (VEB Chemiekombinat Bitterfeld)
Wofafix KLW (VEB Chemiekombinat Bitterfeld)
Wofafix KDS (VEB Chemiekombinat Bitterfeld)
Levogen-Marken (Bayer)
Tinofix EW (CIBA-Geigy)
Tinofix WS (CIBA-Geigy)
Cuprofix SL (Sandoz)
Resofix CU (Sandoz)
Sandofix WE und WE fl. (Sandoz)
Fixanol PN (ICI)
Fixanol C (ICI)
Solidiogen B, BSE, FFL, FR und FRT (Casella)
Syntefix und Syntefix WW (Chemapol)
Lufixan LF (BASF)

Darstellung 2

$$N(C_2H_4OH)_3 + C_{17}H_{35}\text{–}COOH$$

Triethanolamin Octadecansäure

$$\downarrow$$

$$N(C_2H_4OH)_2(C_2H_4-OOC-C_{17}H_{35}) + H_2O$$

$$\downarrow + HCOOH$$

$$\left[H-\overset{+}{N}(C_2H_4OH)_2(C_2H_4-OOC-C_{17}H_{35})\right]^+ HCOO^-$$

Ammoniumverbindung

Weichmacher-Typ

Möglichkeiten zur Darstellung quartärer Ammoniumverbindungen aus tertiären Aminen[1]:

$$\left[C_{17}H_{33}-CO-NH-CH_2-CH_2-\overset{+}{N}(C_2H_5)_2H\right]^+ Cl^-$$

Ammoniumverbindung (alkaliempfindlich und hydrolysierende Eigenschaft)

$$\downarrow +C_6H_5CH_2Cl \text{ Benzylchlorid}$$

$$\left[C_{17}H_{33}-CO-NH-CH_2-CH_2-\overset{+}{N}(CH_2C_6H_5)(C_2H_5)_2\right]^+ Cl^- + HCl$$

Quartäre Ammoniumverbindung (nicht alkaliempfindlich mit gleichzeitiger Ausbildung einer stärkeren Dissoziation)

12.1.9.5. Kationaktive Tenside auf Pyridinbasis

Darstellung

$$C_{16}H_{33}-Cl + C_5H_5N \rightarrow \left[C_{16}H_{33}-\overset{+}{N}C_5H_5\right]^+ Cl^-$$

Hexadecylchlorid Pyridin

Nachbehandlungsmittel für substantive Färbungen (s. auch 10.3.)

---

[1]) Die Quarternierung tertiärer Amine kann auch mit Dimethylsulfat $(CH_3)_2SO_4$ vorgenommen werden.

Andere Strukturen für kationaktive Tenside auf Pyridinbasis können sein

$$[C_{12}H_{25}-C_5H_5N^+]HSO_4^- \quad \text{oder} \quad [C_{12}H_{25}-C_5H_5N^+]Br^-$$

N-Dodecylpyridinium-hydrogensulfat — N-Dodecylpyridinium-bromid

Liegen Pyridinverbindungen mit einem hydrophoben Rest von C_{18} vor, können diese Produkte normal als Weichmacher eingesetzt werden, z. B.

$$6\,C_{18}H_{37}OH + (HCHO)_6 + 2\,AlCl_3$$

Octadecanol — Paraform-aldehyd

$$\downarrow$$

$$6\,C_{18}H_{37}-O-CH_2-Cl + 2\,Al(OH)_3$$

Octadecylchlormethylether (wasserunlöslich)

$$C_{18}H_{37}-O-CH_2-Cl + C_5H_5N \longrightarrow [C_{18}H_{37}-O-CH_2-C_5H_5N^+]Cl^-$$

Octadecylchlor-methylether — Pyridin — N-Octadecylchlormethyl-pyridiniumchlorid (Typ Acral) Weichmacher[1])

Durch Trockenhitze der Verbindung von 5 min bei 140 °C oder 10 min bei 130 °C erhält man eine waschbeständige Hydrophobierung (in Gegenwart von CH_3COONa)

$$[C_{18}H_{37}-O-CH_2-C_5H_5N^+]Cl^- + CH_3COONa \longrightarrow [C_{18}H_{37}-O-CH_2-C_5H_5N^+]CH_3COO^- + NaCl$$

Pyridinacetatform

Dies ist bis 90 °C beständig. Es darf nicht kochend gelöst werden, sonst flockt die freie Base wie folgt aus:

$$[C_{18}H_{37}-O-CH_2-C_5H_5N^+]OH^-$$

[1]) Kationaktive Weichmacher haben anionaktiven Weichmachern gegenüber den Vorteil, auf textile Faserstoffe eine gewisse Substantivität aufzuweisen. Deshalb kann man diese auch für lange Flotten im Ausziehverfahren einsetzen.

12.1.9.6. Kationaktive Tenside auf Morpholinbasis

Neuerdings wurden Antistatika entwickelt, mit denen man besonders bei Acetat-, PAN-, VI-Faserstoffen antistatische Effekte erzielen kann. Vergleiche dazu Kapitel 14.3.4.3.!

Wichtige Handelsprodukte

Weichmacher/Antistatika:

Marvelan FT (VEB Fettchemie)
Marvelan SF und SFL (VEB Fettchemie)
Marvelan KK (VEB Fettchemie)
Viskosil SKN (VEB Dresden-Chemie)
Kationic 20 SP (VEB Dresden-Chemie) Alkylmethylol-triazin-acetat,

Weichmacher mit Hydrophobiereffekt

Kationic 601 (VEB Dresden-Chemie) Alkylmethylol-triazin-hydrochlorid
Sapamin MS (CIBA-Geigy)
Sapamin WLS (CIBA-Geigy)
Sapamin WL (CIBA-Geigy)
Sapamin OC (CIBA-Geigy)
Sapamin APN (CIBA-Geigy)
Liovatin KB (Sandoz)
Ceranin HCS (Sandoz)
Ceranin AW (Sandoz)
Ceranin PNS (Sandoz)
Cirrasol AC, HA und OD (ICI)
Fibramol CW und H (Casella)
Persoflat AC, BLS, AFS, CS, PLC und WFK (Bayer)
Basosoft AFK, B, FK, GK, ON, SK, UK und WK (BASF)
Syntamin OC 281 (Chemapol)
Syntamin KX (Chemapol)

Zerostat C (CIBA-Geigy)
Weichmacher als
Präparationsmittel

12.1.10. Nichtionogene Tenside

12.1.10.1. Allgemeines

Nichtionogene Tenside sind meist Additionsprodukte zwischen Ethenoxid $CH_2{-}CH_2$ (über O verbrückt) und höheren Alkanolen, Alkansäuren oder Alkylarylverbindungen. Die jeweiligen polyaddierten Ethenoxidmoleküle am Gesamtprodukt ergeben den hydrophilen Teil. Da dieser keinerlei Dissoziation aufweist, zeigen alle nichtionogenen Tenside nahezu elektrische Neutralität.

$[-COO-(CH_2-CH_2-\underline{O})_nH]$

H
Ö ← Wasseranlagerung durch Wasserwolkenbildung (Wasserstoffbrückenbildung)
H

Die Wirkungsweise eines nichtionogenen Tensides ist also abhängig von

der Art und der Länge des hydrophoben Teiles und von
der Anzahl der polyaddierten Ethenoxidmoleküle n, die zwischen 5 und 30 differiert.

Das Ethenoxid kann wie folgt dargestellt werden:

a) $H_2C=CH_2 + HClO \longrightarrow HO-CH_2-CH_2-Cl$

Ethen — unterchlorige Säure — Chlorhydrin

b) $HO-CH_2-CH_2-Cl + NaOH \longrightarrow CH_2-CH_2 \text{ (über O verbrückt)} + NaCl + H_2O$

Ethenoxid[1]

12.1.10.2. Oxyethylierungsprodukte auf Basis höherer Alkanole

Darstellung

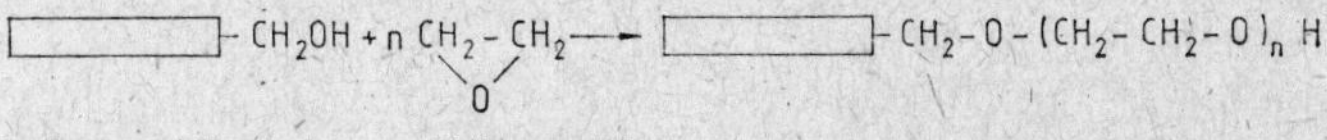

$[\quad]-CH_2OH + n\,CH_2-CH_2 \text{ (über O verbrückt)} \longrightarrow [\quad]-CH_2-O-(CH_2-CH_2-O)_nH$

höheres Alkanol — Ethenoxid

12.1.10.3. Oxyethylierungsprodukte auf Basis höherer Alkansäuren

Darstellung

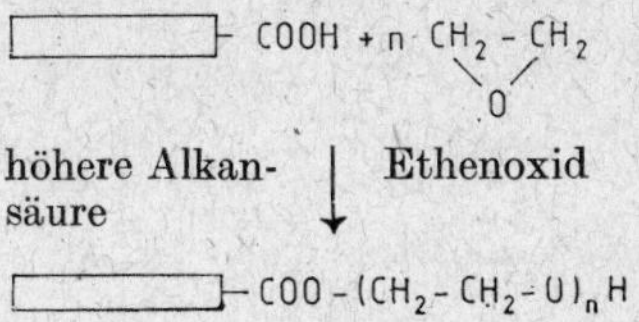

$[\quad]-COOH + n\,CH_2-CH_2 \text{ (über O verbrückt)}$

höhere Alkansäure — Ethenoxid

$\downarrow$

$[\quad]-COO-(CH_2-CH_2-O)_nH$

12.1.10.4. Oxyethylierungsprodukte auf Basis von Alkylarylverbindungen

Darstellung

Allgemein:

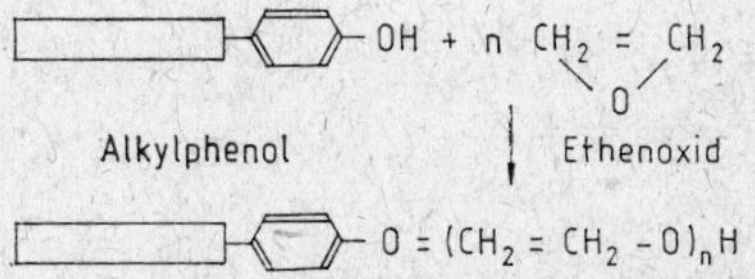

$[\quad]-C_6H_4-OH + n\,CH_2=CH_2 \text{ (über O verbrückt)}$

Alkylphenol — Ethenoxid

$\downarrow$

$[\quad]-C_6H_4-O=(CH_2=CH_2-O)_nH$

---

[1]) Die Giftigkeit des Ethenoxids ist mit der von Blausäure vergleichbar.

Spezielle Darstellungen:

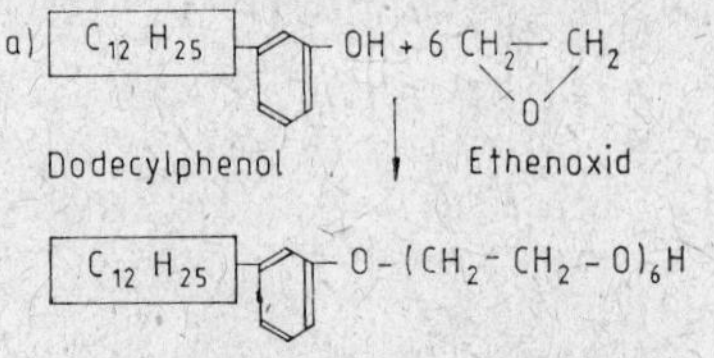

a) $C_{12}H_{25}-C_6H_4-OH + 6\ CH_2-CH_2$ (über O verbrückt)

Dodecylphenol + Ethenoxid

$$C_{12}H_{25}-C_6H_4-O-(CH_2-CH_2-O)_6H$$

Typ: Öllöslicher Emulgator

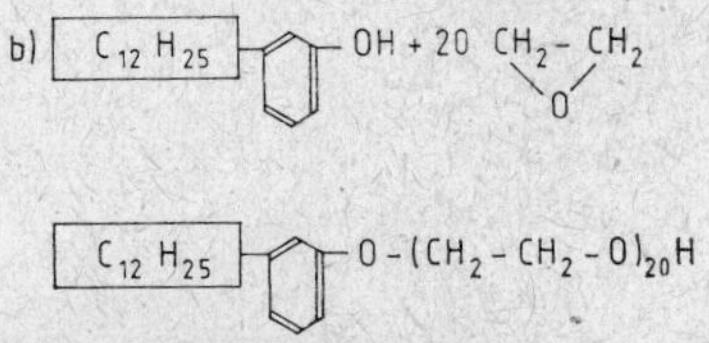

b) $C_{12}H_{25}-C_6H_4-OH + 20\ CH_2-CH_2$ (über O verbrückt)

$$C_{12}H_{25}-C_6H_4-O-(CH_2-CH_2-O)_{20}H$$

Typ: Wasserlöslicher Emulgator

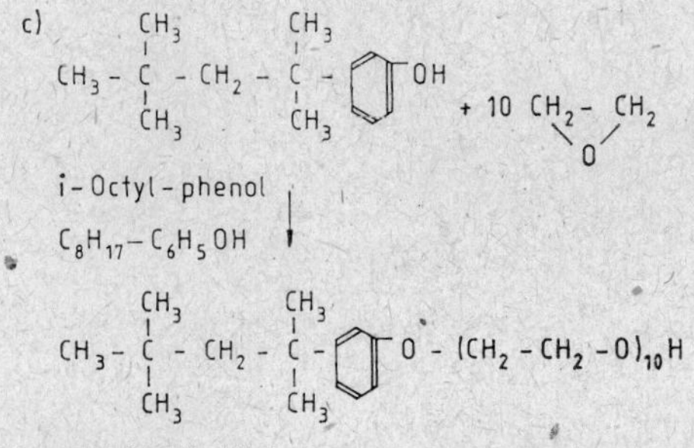

c) $CH_3-C(CH_3)_2-CH_2-C(CH_3)_2-C_6H_4-OH + 10\ CH_2-CH_2$ (über O verbrückt)

i-Octyl-phenol

$C_8H_{17}-C_6H_5OH$

$$CH_3-C(CH_3)_2-CH_2-C(CH_3)_2-C_6H_4-O-(CH_2-CH_2-O)_{10}H$$

Typ: Waschmittel

12.1.10.5. Oxyethylierungsprodukte auf Basis Hydroxyalkylfettsäureamide

Darstellung

$$\boxed{C_{12}\ldots C_{15}}-COOH + H_2N-CH_2-CH_2-OH$$

Alkansäure ↓ Aminoethanol (aus NH_3 + Ethenoxid)

$$\boxed{C_{12}\ldots C_{15}}-CO-NH-CH_2-CH_2OH + H_2O$$

Wirkungsweise

Schaumstabilisierend, können nur mit WAS in Lösung gebracht werden.

12.1.10.6. Polyadditionsprodukte aus Propenoxid

Vor allem für die Herstellung von WAS sowie Emulgatoren werden Reaktionen beschrieben [17], wobei Polypropenoxide mit mehr als sechs Einheiten als hydrophober Teil verwendet und Ethenoxidmoleküle als hydrophiler Teil angekettet werden. Ebenso

ist es möglich, Produkte herzustellen, die ein Alkanol als hydrophoben Teil enthalten und an dem in genügender Menge Polypropenoxid- und Ethenoxidmoleküle angelagert sind.
Der Vorteil solcher Verbindungen ist, daß sie bei niedrigen Temperaturen löslich sind und eine geringe Schaumwirkung haben.

12.1.10.7. Eigenschaften nichtionogener Tenside

Die Eigenschaften der nichtionogenen Tenside sind von der Art der Kettenlänge des hydrophoben Teiles sowie der Anzahl der hydrophilen Gruppen abhängig. Aufgrund fehlender Dissoziation sind sie gut säure-, alkali- und härtebeständig. Sie weisen folglich keine angreifbaren Stellen im Molekül auf. Bei kurzkettigen hydrophilen Teilen ist eine Öllöslichkeit zu verzeichnen, die bei Zunahme der Kettenlänge zur Wasserlöslichkeit führt. Bei weiterem Anstieg des hydrophilen Teils verliert das Produkt jedoch seine Wirksamkeit, wenn nicht gleichzeitig der hydrophobe Teil vergrößert wird. Hydrophober und hydrophiler Teil müssen daher hinsichtlich ihrer Länge stets in einem bestimmten Verhältnis zueinander stehen.
Alle nichtionogenen Egalisiermittel und teilweise auch WAS weisen nicht nur eine Wasser-, sondern auch Farbstoffanlagerung auf, wie es das Strukturbild im Punkt 12.1.10.1. zeigt. Diese über Wasserstoffbrücken gebundenen Wasser- oder Farbstoffmoleküle werden allerdings bei erhöhter Temperatur wieder abgespalten, d. h., diese Wasserstoffbrückenbindung wird wieder aufgehoben.

$$\boxed{}-\underbrace{COO}_{H_2O\ \ H_2O}-(CH_2-CH_2-\underbrace{O}_{H_2O\ \ H_2O})_nH$$

Bei niedriger Temperatur binden solche Produkte zunächst einen größeren Teil des Farbstoffes an sich und geben diesen bei ansteigender Temperatur wieder langsam über die Flotte bzw. Druckpaste an den Faserstoff ab. Das Resultat ist ein gleichmäßiges Anfärben oder Ausdrucken, eine gleiche Färbung oder ein gleicher Druck. Diese Eigenschaft würde dann auch ein nichtionogenes Waschmittel zeigen. Dies trifft vor allem zu beim Färben von Wolle oder PA-Faserstoffen.
Lösungen von nichtionogenen Tensiden trüben sich mit steigender Temperatur ein (bei Erwärmung über 30 °C und höher). Der Trübungspunkt der Lösung ist abhängig von der Anzahl der Ethenoxidmoleküle im hydrophilen Teil des Tensides. Diesem Vorgang der reversiblen Eintrübung liegt eine Dehydratation zugrunde.

$$-CH_2-\underset{\underset{HOH}{\vdots}}{\overline{\underline{O}}}-CH_2- \underset{\text{Dehydratation}}{\overset{\text{Hydratation (Mizellenbildung)}}{\rightleftarrows}} -CH_2-\overline{\underline{O}}-CH_2- + H_2O$$

12.1.10.8. Wichtige Handelsprodukte

1. Egalisier- und Färbereihilfsmittel mit Dispergierwirkung

Wolysin K (VEB Chemiekombinat Bitterfeld)
Wofalansalz EM (VEB Chemiekombinat Bitterfeld)
Präwozell F-O (VEB Chemische Werke Buna)

Präwozell E-O (VEB Chemische Werke Buna)
Präwozell G (VEB Chemische Werke Buna) Farbstofflösemittel
Rolavin TW (VEB Fettchemie)
Slovaton CR, O und U (Chemapol)
Slovagen SMK (Chemapol)
Nekanil A und O (BASF)
Peregal O (BASF)
Uniperol O (BASF)
Avolan IW, AV, SC und SCN 150 (Bayer)
Levegal KS (Bayer)
Irgasol NA und P (CIBA-Geigy)
Albegal SW (CIBA-Geigy)
Cibalansalz A und N (CIBA-Geigy)
Ekalin F (Sandoz)
Remol-Marken (Hoechst)
Hostapal-Marken (Hoechst) Netzmittel als Schlichtehilfsmittel
Dispersogen-Marken (Hoechst)
Azopol A (ICI)
Dispersol A (ICI)

2. Waschmittel

Präwozell W-OFCN, W-OFK 40, W-OFK 100, W-OFP 100/N (VEB Chemische Werke Buna)
Präwozell W-ON 33 (VEB Chemische Werke Buna)
Präwozell W-ON 100 (VEB Chemische Werke Buna)
Leuna Ri 51 (VEB Leuna Werke »Walter Ulbricht«)
Slovapon C und N (Chemapol)
Diazopon A (BASF)
Tissocyl-Marken (Zschimmer und Schwarz)
Dionil SH und W (Chemische Werke Hüls)
Tinovetin JU (CIBA-Geigy)
Eriopon SW (CIBA-Geigy)
Ultravon AN (CIBA-Geigy)
Levapon 100 und 150 (Bayer)
Levapon NWA (Bayer)
Hostapol-Marken (Hoechst)

3. Emulgatoren

Emulgator DW (VEB Chemiekombinat Bitterfeld) wasserlöslich
Emulgator MF (VEB Chemische Werke Buna) öllöslich
Luprintol E, M, OU, P und PL (BASF)
Emulgator DMR (Hoechst)
Lyporint EV (CIBA-Geigy) wasserlöslich
Diphasol OL (CIBA-Geigy) öllöslich
Emulgator PH (Bayer) öllöslich
Emulgator U (Bayer) wasserlöslich
Sandozin Ni und W konz. (Sandoz)
Dispersol PR (ICI)
Lissapol N (ICI) öllöslich

4. Weichmacher/Antistatika

Marvelan ND (VEB Fettchemie)
Smotilon O (VEB Fettchemie)
Smotilon S (VEB Fettchemie)
Viskosil SNF (VEB Fettchemie)
Permastat 17 (VEB Dresden-Chemie) speziell als Antistatikum
Cerafil PED (VEB Dresden-Chemie)
Soromin SG (BASF) Präparationsmittel + Weichmacher
Basosoft FB, PEN und SG (BASF)
Ceramin SG (Sandoz)
Cirrasol FP und GM (ICI)
Avivan FG (CIBA-Geigy)
Persoftal FN, PE spez., VA und WRK (Bayer)

5. Weichmacher als Präparationsmittel

Smotilon KS (VEB Fettchemie) Fettsäurepolyglykolester nichtionogen, Finish-Präparation mit antistatischem Effekt für PE-Faserstoffe
Smotilon O (VEB Fettchemie) Fettsäurepolyglykolester nichtionogen für Vi-F
Smotilon PC (VEB Fettchemie) Präparationsöl, nichtionogen, für PA-S Polyfile
Smotilon S (VEB Fettchemie) Fettsäurepolyglykolester + Polyethylenglykol, nichtionogen, Präparationsmittel mit Weichmacherwirkung für synthetische Faserstoffe
Smotilon TS (VEB Fettchemie) Fettsäurepolyglykolester, nichtionogen, Präparationsmittel für PE-Konverter-Kabel
Präwozell P-FK (VEB Chemische Werke Buna) nichtionogen, Präparationsmittel für Vi-F
Präwozell P-FO (VEB Chemische Werke Buna) nichtionogen, Präparationsmittel für Vi-F
Präwozell P-NT (VEB Chemische Werke Buna) nichtionogen, Präparationsmittel für Vi-F
Präwozell P-S (VEB Chemische Werke Buna) nichtionogen, Präparationsmittel für Vi-F
Präwozell P-WST 60 (VEB Chemische Werke Buna) nichtionogen, Präparationsmittel für PAN-Faserstoffe
Elvausan WD (VEB Polychemie) Mineralöl + ÄO-Addukte, nichtionogen

12.1.11. Strukturzusammenfassungen

1. Anionaktive Tenside

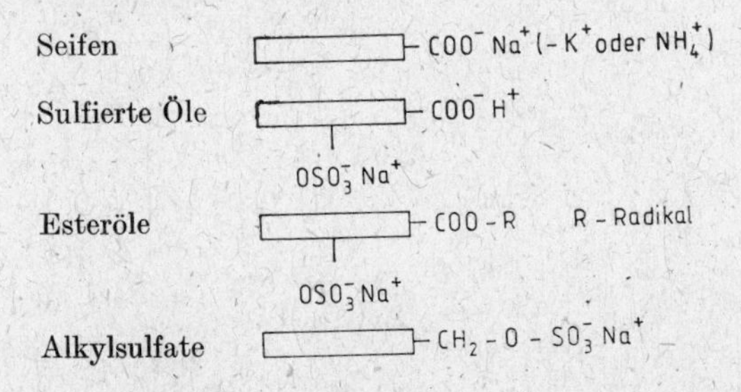

Alkylsulfonate

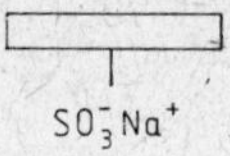

$SO_3^- Na^+$

Alkylarylsulfonate

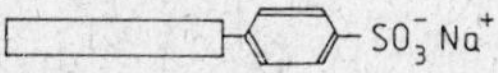

$SO_3^- Na^+$

2. Kationaktive Tenside

Quartäre Ammoniumverbindungen

$[\,—\overset{+}{N}(R_1)(R_2)(R_3)]^+$ Säurerest$^-$

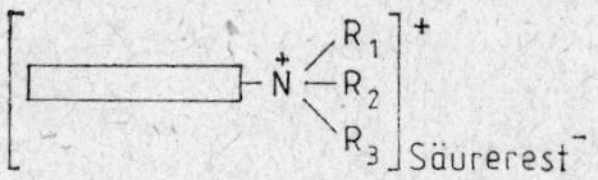

Salze tertiärer Ammoniumverbindungen

$[\,—\overset{+}{N}(R_1)(R_2)(H)]^+$ Säurerest$^-$

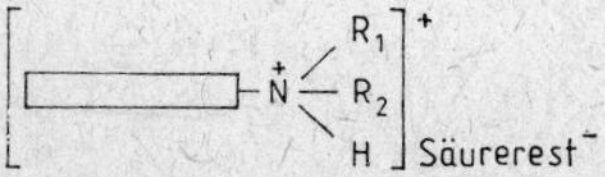

Kationaktives Tensid auf Pyridinbasis

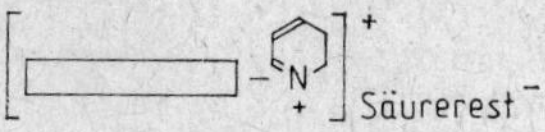

$[\,—N^+ (\text{Pyridin})]^+$ Säurerest$^-$

3. Nichtionogene Tenside

Oxyethylierungsprodukte auf Basis höherer Alkansäuren:

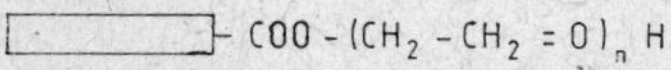

$—COO-(CH_2-CH_2=O)_n\,H$

Oxyethylierungsprodukte auf Basis höherer Alkanole:

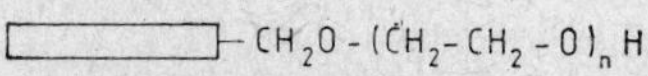

$—CH_2O-(CH_2-CH_2-O)_n\,H$

Oxyethylierungsprodukte auf Basis Alkansäureamide:

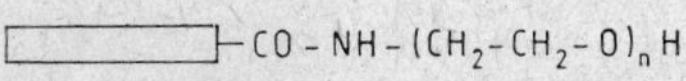

$—CO-NH-(CH_2-CH_2-O)_n\,H$

Oxyethylierungsprodukte auf Basis Alkylphenolen:

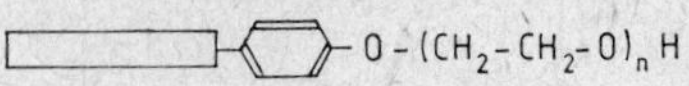

$—C_6H_4—O-(CH_2-CH_2-O)_n\,H$

Polyadditionsprodukte auf Basis Propenoxid:

$$HO-\underset{\uparrow}{\overset{CH_3}{CH}}-CH_2O-(\overset{CH_3}{CH}-CH_2-O)_n H \qquad n > 5 \ldots 13$$

Einsatz als WAS und Emulgatoren

Anlagerung von Ethenoxid am hydrophoben Teil

Kondensationsprodukte mit Polyoxyverbindungen:

$$\begin{array}{c} \qquad\qquad\qquad O-(CH_2-CH_2-O)_nH \\ \qquad\qquad | \\ COO-CH_2-CHOH-CH-CH-CHOH-CH_2 \\ \qquad\qquad\qquad \llcorner\!\!-\!\!-\!\!-O-\!\!-\!\!-\!\!\lrcorner \end{array}$$

12.1.12. Bestimmung der Gruppenzugehörigkeit durch Nachweis anionaktiver, kationaktiver und nichtionogener Tenside (Vorproben) nach Linsenmeyer

1%ige Lösung des zu untersuchenden THM wird versetzt

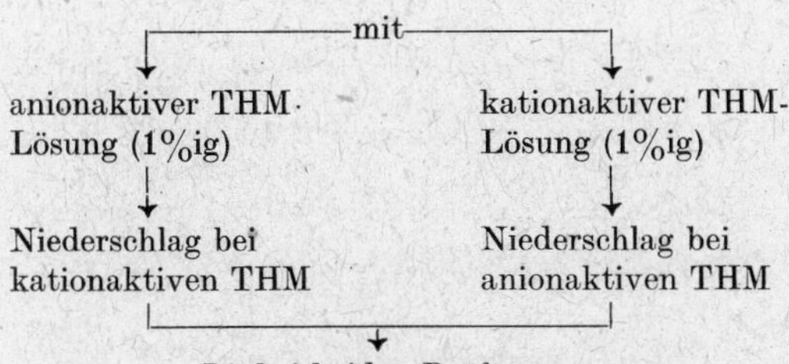

Ist bei beiden Prüfungen kein Niederschlag vorhanden, handelt es sich um ein nichtionogenes Tensid

Versetzt man weiterhin eine 1%ige kationaktive THM-Lösung mit einer 5%igen Nitroprussidnatriumlösung, so entsteht ein gelblich-orange-brauner Niederschlag.
Versetzt man eine 1%ige anionaktive THM-Lösung mit einer $(CH_3COO)_3Al$-Lösung, so erhält man einen weiß-gelblichen Niederschlag.
Versetzt man eine 1%ige nichtionogene THM-Lösung mit einer Ammoniumkobaltrhodanidlösung (14,7 g NH_4SCN + 2,8 g $Co(NO_3)_2$ werden in 1000 cm^3 dest. Wasser gelöst), so entsteht eine blaue Fällung, die sich nach der 10fachen Verdünnung mit dest. Wasser wieder löst unter Entstehung einer rosa bis weinroten Farbe. Bleibt die Lösung trüb und geht kein Farbumschlag vor sich, so ist nochmals auf eine kationaktive Substanz zu prüfen!

Hauptuntersuchungen

1. Seifen und Fettlöserseifen
2. Sulfierte Öle
3. Hochsulfierte Öle
4. Alkylarylsulfonate
5. Alkylsulfate
6. Alkylsulfonate (Mersolate)
7. Fettsäurekondensationsprodukte
8. Fettsäureeiweißkondensationsprodukte
9. Ethenoxidkondensationsprodukte

Alle Reaktionen sind mit geringen Substanzmengen durchzuführen! (30 mg $\triangleq$ Spatelspitze bei festen Produkten, 3 bis 5 Tropfen bei flüssigen Produkten)

1. Die Substanz wird in 1 cm³ dest. Wasser gelöst und mit 3 cm³ 5%iger CH_3COOH aufgekocht.
2. Die Substanz wird nach Auflösen in 1 cm³ dest. Wasser mit 10 cm³ $CaCl_2$ (20°dH) aufgekocht.

Zersetzung oder Fällung:	Keine Zersetzung:		
1. und 2. Gruppe	3. bis 9. Gruppe		
	Substanzmenge in 3 cm³ dest. Wasser lösen und kalt 1 Tropfen 25%ige HCl zusetzen		
	Starke Trübung: 3. und 8. Gruppe	keine Zersetzung 4., 5., 6., 7. und 9. Gruppe	
		Substanzmenge in 2 cm³ dest. Wasser lösen, mit 5 cm³ 25%iger HCl dreimal aufkochen, dazwischen etwa 3 min stehenlassen, dann in 10 cm³ kaltes dest. Wasser gießen und umrühren.	
		Starke Trübung; 4. und 5. Gruppe	Keine Zersetzung 6., 7. und 9. Gruppe
Trennung A	Trennung B	Trennung C	Trennung D

Trennung A

Substanz (trocken) in Alkohol lösen, filtrieren, eindampfen und veraschen. Bei der 2. Gruppe ist der Sulfatnachweis in der Asche positiv.

Durchführung:
Das unbekannte THM trocknet man zunächst, da es wasserfrei sein muß. Sodann wird es in Alkohol gelöst (meist verwendet man dazu CH_3OH), wobei sich alle alkohollöslichen Substanzen lösen. Die unlöslichen Substanzen werden dann durch Filtrieren beseitigt. Danach wird der Alkoholauszug eingedampft, so daß das reine THM vorliegt. Die feste THM-Substanz wird jetzt verascht, die Asche in dest. Wasser gelöst und mit $BaCl_2$-Lösung auf Sulfationen geprüft. Bei der 2. Gruppe ist der Nachweis positiv, bei der ersten Gruppe negativ.

Trennung 2. und 3. Gruppe: In kaltem Wasser netzt 3. Gruppe besser als die 2. Gruppe

Trennung B

Die Biuretreaktion ist bei der 8. Gruppe positiv.

Durchführung:
Der Probe werden 1 bis 2 Tropfen 10%ige $CuSO_4$-Lösung und etwas NaOH zugesetzt. Wird darauf erwärmt, sieht man bei Eiweißanwesenheit eine violette Färbung.

Trennung C

4. Gruppe ergibt nach Zusatz von $CuSO_4$-Lösung eine Fällung (blaugrün).

Trennung D

Bei Prüfung der 7. Gruppe fällt der N-Nachweis positiv aus. (Kochen mit 25%iger NaOH und Nachweis der Dämpfe, die in ein zweites Reagenzglas geleitet werden, mit NESSLER-Reagens.) In Alkohol gelöst, filtriert, verascht, positiver SO_4-Nachweis in der Asche.
Die 9. Gruppe ergibt keinen Ascherückstand, bei Zusatz von C_6H_5OH-Lösung entsteht ein weißer, käsiger Niederschlag.

Trennung 5. und 7. Gruppe: Die THM der 7. Gruppe entfärben eine 0,1 n-$KMnO_4$-Lösung (Umschlag nach gelb). Substanzmenge wird in 5 cm^3 dest. Wasser gelöst und mit 5 Tropfen 0,1 n-$KMnO_4$-Lösung versetzt (Ausnahme Oleinalkoholsulfate).

Trennung 5. und 6. Gruppe: Kochen mit 25%iger HCl. Die THM der 5. Gruppe weisen eine Zersetzung auf (an der Oberfläche dunkle Abscheidungsprodukte). Die THM der 6. Gruppe sind beständig. Vorhandensein einer Emulsion und Schaumbildung beim Schütteln.

12.2. Schmälzen

12.2.1. Begriff

Das Schmälzen ist ein Anfetten textilen Faserstoffmaterials als Flocke, Kammzug oder Konverterband vor dem Spinnprozeß. Dabei muß die Schmälze möglichst leicht und vollständig auswaschbar sein. Durch den hohen Wassergehalt der Schmälzemulsion erhalten die textilen Faserstoffe eine zusätzliche Feuchtigkeit.

12.2.2. Zweck

Das Schmälzen dient dazu, eine Öl- oder ölähnliche Schicht feinst verteilter Öltröpfchen um die textilen Faserstoffe zu legen, damit sie beim Wolfen, Kämmen oder Strecken vor mechanischen Schädigungen geschützt sind. Dieser Effekt wird als Verzugsschutz bezeichnet.

12.2.3. Schmälzen auf Neutralöl-Basis

Bei dieser Art von Schmälzen handelt es sich um Emulsionen flüssiger pflanzlicher Fette, wie z. B. Olivenöl oder Erdnußöl.

```
———————— = ————————COO\
———————— = ————————COO—C3H7
———————— = ————————COO/
```

12.2.4. Mineralölschmälzen

Mineralöle stammen vorwiegend aus der Alkanreihe und weisen meist eine Kettenlänge von C_{12} bis C_{14} auf. Die als Schmälzen eingesetzten Emulsionen sind relativ schwer auswaschbar, bringen aber gute spinntechnische Eigenschaften (hohes Gleitvermögen), sind wirtschaftlich und billig.

12.2.5. Fettfreie Schmälzen

Diese Schmälzen werden auch als Waschschmälzen bezeichnet und sind aus verschiedenen Polyglykolethern unterschiedlicher Molekülmassen aufgebaut. Die Waschschmälzen sind sehr gut auswaschbar.
Eine andere Gruppe fettfreier Schmälzen sind kolloidale Dispersionen von SiO_2, das durch Verbrennen von Kieselsäureestern erhalten wird. Solche Schmälzen sind besonders zum Schmälzen von Cellulosefaserstoffen geeignet. Diese neutralen Dispersionen erhöhen die Festigkeit der Garne, die auch nach dem Waschprozeß erhalten bleibt, obwohl die Schmälze ausgewaschen wird. Die höhere Festigkeit wird also durch höhere Verzugsfähigkeit bewirkt.

12.2.6. Schmälzen als Emulsionen

Es sind meist die OW-Emulsionen, die als Schmälzen eingesetzt werden. Sie sollen eine optimale Gleit-Haft-Wirkung bei möglichst geringer Fettauflage erreichen lassen. Der Schmälzmittel-Tröpfchen-Durchmesser soll einen Wert zwischen 0,001...0,002 mm haben. Liegt der Wert $>$ 0,003 mm, ist die Fettauflage zu hoch, $<$ 0,001 mm zu niedrig.
Schmälzen mit unpolarem Aufbau verbrauchen mehr Emulgator als polargebaute Schmälzen.
Ebenso spielt die Ionogenität des Emulgators eine wesentliche Rolle. Die ionaktiven Emulgatoren zeigen z. B. eine mangelnde Beständigkeit gegenüber Elektrolyten. Dabei wird der Emulgator in die Dissoziation zurückgedrängt, eine Aggregation und Brechung der Emulsion sind die Folge.
Anionaktive Emulgatoren zeigen auf Wolle, die eine Chromfärbung erhalten hat, eine schlechte Auswaschbarkeit (das Chrom im Farbstoff bindet sich mit dem Emulgator).
Die nichtionogenen Emulgatoren verlieren mit steigender Temperatur an Wirksamkeit.
Höhere Elektrolytzusätze mindern die Stabilität der Emulsionen.

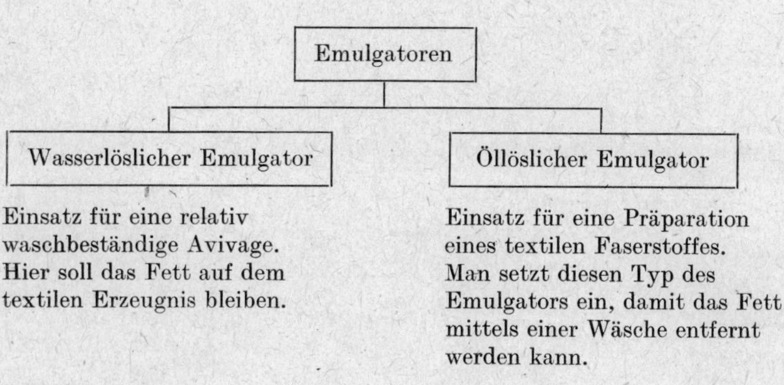

Emulgatoren
Wasserlöslicher Emulgator
Öllöslicher Emulgator
Einsatz für eine relativ waschbeständige Avivage. Hier soll das Fett auf dem textilen Erzeugnis bleiben.
Einsatz für eine Präparation eines textilen Faserstoffes. Man setzt diesen Typ des Emulgators ein, damit das Fett mittels einer Wäsche entfernt werden kann.

Schmälzmitteltypen

1. Oleinschmälzen

Oleinschmälzen sind technische Ölsäureprodukte. Die »Textiloleine« dürfen keine zu hohen Anteile an Neutralölen enthalten. Der Gehalt an ungesättigten Fettsäuren darf nur gering sein, da Oxydationsvorgänge als exotherme Prozesse zur Erhitzung bis zur Selbstentzündung von Faserstoffen führen können. Es kann als Folge oxydativer Veränderungen zu Verharzungen kommen und dadurch zu schwerer Entfernbarkeit bei Waschprozessen.

Chemisch-physikalische Kennzahlen

Flammpunkt	etwa 160 °C
Viskositätswert	< 6 °E
Säurezahl	175...195
Verseifungszahl	190...205

Gegebenenfalls müssen die Oleinschmälzen noch korrosionsverhindernde Zusätze enthalten, um eine mögliche Korrosion an Maschinenteilen zu vermeiden. Oleinschmälzen sind leicht emulgierbar. Die Fettauflage ist allerdings bei Mineralölschmälzen niedriger, aber schwerer auswaschbar, falls nicht hochwertige Emulgator(en)systeme enthalten sind.

2. Mineralölschmälzen

Sie sind schwer emulgierbar, kaum verseifbar, sehr schwer auswaschbar, haben jedoch sehr gute spinntechnische Eigenschaften. Um sie auszuwaschen, werden meistens nichtionogene WAS eingesetzt. Zur Herstellung werden nur gut raffinierte Spindel- oder Vaselinöle verwendet. Nach Engler soll die Viskosität dieser Schmälzen zwischen 2...6 °E liegen. Die Öle dürfen ferner keine Harzanteile enthalten und müssen mineralsäurefrei sein. Als Emulgatoren werden Kombinationen bevorzugt, die im Mineralöl löslich und härtebeständig sind. Bei diesen Emulgatoren muß das Schwergewicht auf der hydrophoben Seite liegen, da beim Auswaschen bei zu hoher Hydrophilie des Emulgators dieser dem Mineralöl zu schnell entzogen würde, ohne daß er dabei das Mineralöl in die Waschflotte mitnimmt. Die Folge wäre dann eine schlechte Auswaschbarkeit. Bei Wolle ist ferner die Auswaschbarkeit abhängig von der Grenzschicht und dem *p*H-Wert des textilen Faserstoffes. Wolle lädt sich unterhalb des isoelektrischen Punktes positiv auf. Um sie ausreichend negativ aufzuladen, muß der *p*H-Wert mindestens 9,2 betragen.

3. Kombinationsschmälzen

Durch Kombination von Olein- und Mineralölschmälzen werden Nachteile beider Schmälzen ausgeschaltet.

Wichtige Handelsprodukte von Schmälzen

Schmälzöle

Ostendol GGS (VEB Fettchemie) Ostendol SG (VEB Fettchemie) Ostendol SL (VEB Fettchemie)	Spindelöl + nichtionogener Emulgator für Kamm- und Streichgarnspinnerei
Smotilon DS (VEB Fettchemie)	Mineralöl + anionaktiver Emulgator für VI-F
Smotilon GT (VEB Fettchemie)	Spezialöl + nichtionogener Emulgator für PA-S
Smotilon H (VEB Fettchemie)	Spindelöl + anionaktiver Emulgator für VI-S
Smotilon MG (VEB Fettchemie)	Spindelöl + anionaktiver Emulgator für PA-S
Elvausol PR (VEB Polychemie)	Kombination flüssiger Kohlenwasserstoffe mit Rizinusölsulfat und Wachsen für VI-S
Elfugin-Marken (Sandoz)	Spezielle Paraffinöle, nichtionogen
Spolex 15 und Spolex 20 (Chemapol)	Vaselinölemulsion

13.1. Detachiermittel

13.1.1. Begriff

Detachiermittel sind anorganische oder organische chemische Verbindungen, mit denen man aus textilen Erzeugnissen Flecken beseitigen kann, die sich durch die Grundreinigung mit organischen Lösungsmitteln nicht beseitigen ließen.
Sie wirken entweder physikalisch, indem sie Fremdstoffe lösen, dispergieren oder emulgieren, oder sie wirken chemisch, indem sie Fremdstoffe umsetzen oder oxydierende und reduzierende Reaktionen bzw. Redoxvorgänge bewirken.

13.1.2. Einteilung und Einsatzgebiete

13.1.2.1. Allgemeines

Zum Detachieren von Flecken kann man sowohl konventionelle chemische Verbindungen (meist anorganische oder organische Textilchemikalien) als auch konfektionierte Detachiermittel einsetzen. Der Vorteil der letztgenannten Gruppe besteht darin, daß man mit einem Produkt gleich mehrere Fleckengruppen auf verschiedenen textilen Flächengebilden bearbeiten kann, während sich mit einem konventionellen Detachiermittel nur einzelne Fleckenarten beseitigen lassen. Beim Einsatz aller Detachiermittel sind zu beachten:

vorliegende Faserstoffe und die
Art des verwendeten Farbstoffes bei farbigen textilen Erzeugnissen.

Für die Vordetachur verwendet man ein Gemisch aus drei Teilen Tetrachlorethen (Perchlorethen), einem Teil Wasser und einem Teil Reinigungsverstärker (Mischungsverhältnis 3:1:1).

13.1.2.2. Konventionelle Detachiermittel

In Tabelle 35 nach Richter/Knofe [19] werden 23 konventionelle Detachiermittel alphabetisch geordnet dargestellt und ihre Einsatzmöglichkeit in der Detachur angegeben.

Tabelle 35: Konventionelle Detachiermittel und ihre Einsatzgebiete

Stoff	Formel	Einsatz
Ammoniumhydroxid	NH_4OH	wirkt lösend auf Kopierstift-, Gras-, Blut- und Fettflecke
Ethanol	C_2H_5OH	löst Obst-, Gras- und Kaffeeflecke
Ethansäure	CH_3COOH	löst Kopierstiftflecke, kationische Farbstoffe, Obst- und Firnisflecke
Aceton	$CH_3-C(=O)-CH_3$	löst Flecken von Teer, Harzen, Ölen, Nagellack und Duosanleim

Tabelle 35 (Fortsetzung)

Stoff	Formel	Einsatz
Benzin	Gemisch von kettenförmigen Kohlenwasserstoffen zwischen C_5H_{12} und C_9H_{20}	löst Fett-, Öl- und Schmutzflecke
Diethylether	$C_2H_5-O-C_2H_5$	löst Fette, Harze und Öl
Enzyme	Organische Fermente, aufgebaut auf hochmolekularen Eiweißen	Blut-, Milch-, Eiweiß- und Eiterflecke, bauen auch spezifische Fette und Stärken ab
Essigsäurepentylester	$CH_3-COO-C_5H_{11}$	löst Fette, Harze, Lippenstift und Nagellack
Glycerol (siehe Propantriol)		
Kaliumhydrogenfluorid	KHF_2	reduziert Metalloxid-, Obst- und Rostflecke
Kaliumiodid	KI	beseitigt $AgNO_3$- und Fixiersalzflecke
Kaliumpermanganat	$KMnO_4$	bleicht durch Oxydation Obst-, Gras- und Vergilbungsflecke, besonders bei Wolle und Naturseide
Methansäure	HCOOH	löst Obstflecke
Natriumdithionit (Natriumhydrosulfit)	$Na_2S_2O_4$	reduziert Obst-, Farb-, Iod-, Tinten-, Stock- und Rostflecke
Natriumhypochlorit	NaClO	bleicht durch Oxydation Obst-, Farbstoff- und Tintenflecke
Natriumcarbonat (Soda)	Na_2CO_3	wirkt lösend auf Fett-, Öl- und frische Tintenflecke
Natriumthiosulfat	$Na_2S_2O_3$	beseitigt Cl-Reste, Ag- und Fixiersalzflecke durch Reduktion
Oxalsäure	$(COOH)_2$	reduziert Flecke von Metalloxiden, Metallhydroxiden und Metallsalzen
Propantriol	CH_2-OH / $CH-OH$ / CH_2-OH	löst Parfüm-, Kaffee-, Tee-, Gerbstoff-, tierische Leim- und Iodflecke
Salzsäure	HCl	beseitigt hartnäckige Rostflecke
Schweflige Säure	H_2SO_3	reduziert Obst- und Farbflecke
Trichlormethan (Chloroform)	$CHCl_3$	löst Teer-, Harz-, Öl- und Fettflecke
Wasserstoffperoxid	H_2O_2	oxydierendes Bleichmittel, beseitigt Tee-, Blut-, Obst- und Sengflecke

13.1.2.3. Konfektionierte Detachiermittel

Tabelle 36 gibt einen Überblick über konfektionierte Detachiermittel und ihren Einsatz.

Tabelle 36: Übersicht über konfektionierte Ilmtex-Produkte und ihre Einsatzgebiete

Produktenname	Möglichkeiten der Fleckenentfernung
Ilmtex A	Fette, Öle, Schmiere und Graphit, besonders für Acetat geeignet. Auch für die Vordetachur anwendbar
Ilmtex E	Milch, Eiweiße
Ilmtex F	Öle, Fette, Ölfarben, Teer und Harze
Ilmtex G	Tee, Kaffee, Gras, Obst
Ilmtex K	Kugelschreiber, Tinte, Kopierstift, Teer und Asphalt
Ilmtex M	alle Metalloxide wie Rost, Grünspan sowie auch Eisengallustinten
Ilmtex V	für alle Fleckenarten, die wasserlöslich sind
Detachiermittel HT (VEB Waschmittel Glauchau)	Öle, Fette, Wachse und Bitumen
Effektol S (VEB Dresden-Chemie) kombiniert aus Alkylsulfonaten mit Cl-KW	für die Naßdetachur

13.2. Reinigungsverstärker

13.2.1. Begriff

Unter Reinigungsverstärker versteht man ein Zusatzmittel zur Chemischreinigungsflotte, das die Reinigungswirkung erhöht, indem durch gleichzeitigen Wasserzusatz zum Lösungsmittel auch wasserlösliche Verunreinigungen von den textilen Erzeugnissen entfernt werden können.
Jeder Reinigungsverstärker ist damit im organischen Lösungsmittel molekulardispers verteilt, beide können erst dann den Schmutz vollständig binden, wenn sie Wasser aufgenommen haben (Lösungsmittel-Wasser-Mischung).

13.2.2. Zusammensetzung

Der Reinigungsverstärker besteht aus einer Mischung kohlenwasserstofflöslicher und wasserlöslicher waschaktiver Substanzen anionaktiven oder nichtionogenen Typs mit Zusätzen von

Emulgator
hydrotropen Substanzen
Stellmittel (Wasser und Lösungsmittel)
bleichenden Agenzien und optischen Aufhellern
Weichmachern
desodorierenden Substanzen
desinfizierenden Substanzen

1. Waschaktive Substanzen anionaktiven oder nichtionogenen Typs sind

   anionaktive WAS

   primäre und sekundäre Alkylsulfonate
   Eiweißfettsäurekondensationsprodukte
   Alkylarylsulfonate

   nichtionogene WAS

   Oxyethylierungsprodukte auf Basis höherer Alkanole
   Oxyethylierungsprodukte auf Basis höherer Alkansäuren
   Oxyethylierungsprodukte auf Basis von Alkylphenolen
   Kondensationsprodukte mit Polyoxyverbindungen

   Anionaktive oder nichtionogene WAS können allein oder in Mischung im Reinigungsverstärker enthalten sein.

2. Der Emulgator als Zusatzmittel im Reinigungsverstärker hat die Aufgabe, das Lösungsmittel und Wasser zu einer Emulsion zu mischen. Meist sind die Emulgatoren öllösliche Emulgatoren nichtionogenen Aufbaus.

3. Hydrotope Substanzen sind chemische Substanzen, die imstande sind, mittels polarer Gruppen schwerlösliche Verbindungen höhermolekularer Konstitution zu lösen. Damit fungieren sie als Lösungsvermittler.
   Solche hydrotopen Substanzen können Phenol, Nitrobenzen, Aminobenzen (Anilin), höhermolekulare Alkanole, Harnstoff, Methanol u. a. sein.

Aus der Zusammensetzung eines Reinigungsverstärkers kann analog die Wirkungsweise abgeleitet werden. Ohne Einsatz eines Reinigungsverstärkers in der Chemischreinigung wäre der Reinigungsprozeß nur ein Ablöseprozeß für fettartige Substanzen, wobei es ebenso zur Redeposition der Schmutzteilchen käme.

13.2.3. Anforderungen an einen Reinigungsverstärker

Um einen optimalen Qualitätsausfall in der Grundreinigung zu erhalten, ist es wichtig, daß ein Reinigungsverstärker 10 wichtige Anforderungen innerhalb des Reinigungsprozesses mit organischen Lösungsmitteln erfüllt [20].

1. Mit vorhandenen Dosiereinrichtungen muß das Produkt für alle Reinigungsanlagen leicht und genau zugesetzt werden können.
2. Der Reinigungsverstärker muß sehr gut filtergängig sein, damit der Filterdruck nicht erhöht und die Durchflußleistung der Chemischreinigungsanlage nicht vermindert wird.
3. Reinigungsverstärkerlösung darf sich durch Wasserzusätze nicht absetzen und keine Substanzen enthalten, die eine Demulgierung hervorrufen. Er muß stets die Funktion als gutes Wasserbinde- und Wasserrückhaltemittel aufweisen.
4. Wenig Schaumbildung beim Destillierprozeß
5. Reinigungsverstärker darf keine Korrosionsschäden auf metallischen Maschinenwerkstoffen verursachen.
6. Der Reinigungsverstärker darf eine nach der Grundreinigung vorgenommene Hydrophobausrüstung der Garderobestücke nicht negativ beeinflussen.
7. Der Reinigungsverstärker darf nicht die Färbung der betreffenden Garderobestücke beeinträchtigen, vor allem keine Farbtonänderung des textilen Erzeugnisses hervorrufen.

8. Der Reinigungsverstärker soll für alle Lösungsmittel einsetzbar sein.
9. Der Reinigungsverstärker soll ein hohes Emulgier- und Dispergiervermögen aufweisen, damit erstens zwischen organischem Lösungsmittel und Wasser eine homogene Mischung erzielt wird und zweitens die Schmutzteilchen in der Flotte so stabilisiert werden, daß eine Redeposition vermieden wird. Zur Kontrolle wird weißes Baumwollgewebe mit bestimmter Abmessung 2mal mitgereinigt und danach die Vergrauung gegenüber dem Standardgewebe ermittelt. Die Weißgraddifferenz darf 8% nicht überschreiten.
10. Der Reinigungsverstärker darf keine toxischen Nebenwirkungen aufweisen.

13.2.4. Wichtige Handelsprodukte

	Ionogenität
Benzapon KR (VEB Polychemie Limbach-Oberfrohna)	a
Benzapon WL (VEB Polychemie Limbach-Oberfrohna)	a
Leupurol S (VEB Leuna-Werke »Walter Ulbricht«)	a + n
Limpigen BN (VEB Fettchemie Karl-Marx-Stadt)	a
Limpigen CBN (VEB Fettchemie Karl-Marx-Stadt)	a
Imerol DC (Sandoz)	a
Imerol DCA (Sandoz)	n
Imerol DW (Sandoz)	a
Diavadin EP (Bayer)	a
Diavadin EWN und EWN 200% (Bayer)	n

a anionaktiv, n nichtionogen

14.1. Färbereihilfsmittel

14.1.1. Einteilung

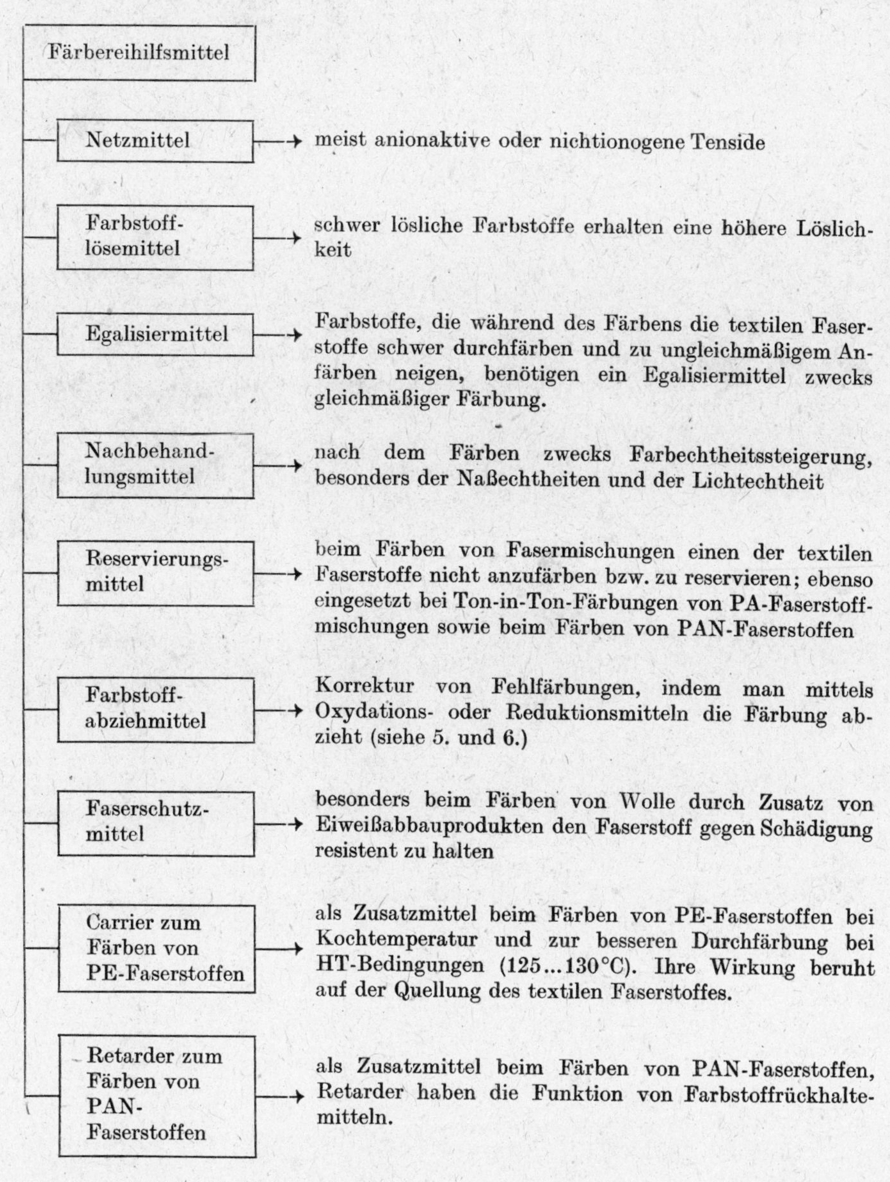

Färbereihilfsmittel
Netzmittel
meist anionaktive oder nichtionogene Tenside
Farbstofflösemittel
schwer lösliche Farbstoffe erhalten eine höhere Löslichkeit
Egalisiermittel
Farbstoffe, die während des Färbens die textilen Faserstoffe schwer durchfärben und zu ungleichmäßigem Anfärben neigen, benötigen ein Egalisiermittel zwecks gleichmäßiger Färbung.
Nachbehandlungsmittel
nach dem Färben zwecks Farbechtheitssteigerung, besonders der Naßechtheiten und der Lichtechtheit
Reservierungsmittel
beim Färben von Fasermischungen einen der textilen Faserstoffe nicht anzufärben bzw. zu reservieren; ebenso eingesetzt bei Ton-in-Ton-Färbungen von PA-Faserstoffmischungen sowie beim Färben von PAN-Faserstoffen
Farbstoffabziehmittel
Korrektur von Fehlfärbungen, indem man mittels Oxydations- oder Reduktionsmitteln die Färbung abzieht (siehe 5. und 6.)
Faserschutzmittel
besonders beim Färben von Wolle durch Zusatz von Eiweißabbauprodukten den Faserstoff gegen Schädigung resistent zu halten
Carrier zum Färben von PE-Faserstoffen
als Zusatzmittel beim Färben von PE-Faserstoffen bei Kochtemperatur und zur besseren Durchfärbung bei HT-Bedingungen (125...130°C). Ihre Wirkung beruht auf der Quellung des textilen Faserstoffes.
Retarder zum Färben von PAN-Faserstoffen
als Zusatzmittel beim Färben von PAN-Faserstoffen, Retarder haben die Funktion von Farbstoffrückhaltemitteln.

14.1.2. Netzmittel

Alle Netzmittel dienen (siehe auch 12.1.7.) dazu, ein besseres Einwandern von Wasser oder Färbeflotte in ein textiles Erzeugnis und weiter in den textilen Faserstoff zu garantieren.
Ein solcher Zusatz zum Färbebad begünstigt das Eindringen der Flotte in das textile Erzeugnis.
Alle Netzmittel können ebenso eine egalisierende Wirkung während des Färbeprozesses zeigen. Es sind Tenside anionaktiven oder nichtionogenen Typs.

14.1.3. Farbstofflösemittel

Die Farbstofflösemittel haben die Aufgabe, schwer löslichen Farbstoffen eine bessere Löslichkeit zu verleihen und damit die Farbstoffmoleküle auch stabil in Lösung zu halten.
Farbstofflösemittel werden ebenso zum Anzeigen von Farbstoffen verwendet und weisen oft auch eine dispergierende Wirkung auf. Deshalb unterteilt man in

1. Lösemittel (nicht grenzflächenaktiv)
   meist Gemisch heterocyclischer Basen
2. Lösemittel als Tensid mit dispergierender Wirkung, z. B. sulfiertes Öl (anionaktiv) oder nichtionogene Tenside
3. Kombination von 1. und 2.

Zur ersten Gruppe gehören einfachere Verbindungen wie z. B. Phenolderivate, niedrigere Alkanole wie Ethanol, Tetrahydrofurylalkohol, Derivate des Glycols oder Glycerols sowie Pyridin und dessen Derivate
Ebenso werden Substitutionsprodukte von Ethanolaminen verwendet. Zur zweiten Gruppe gehören normale anionaktive oder nichtionogene Tenside in Form von Dispergiermitteln.

Wichtige Handelsprodukte zu 1.

	Ionogenität
Glykoprint TG (Chemapol)	—
Glyecin A und PED (BASF)	—
Precoprint SFD (VEB Agrotex)	—
Ciconat PEN (VEB Fettchemie Karl-Marx-Stadt)	a
Ciconat T (VEB Fettchemie Karl-Marx-Stadt)	—
Transferin A (VEB Dresden-Chemie)	n

Handelsprodukte zu 2.

Olypon AFE (VEB Berlin-Chemie)	a
Wofaprint L (VEB Chemiekombinat Bitterfeld)	n
Wolysin S (VEB Chemiekombinat Bitterfeld)	a

14.1.4. Egalisiermittel

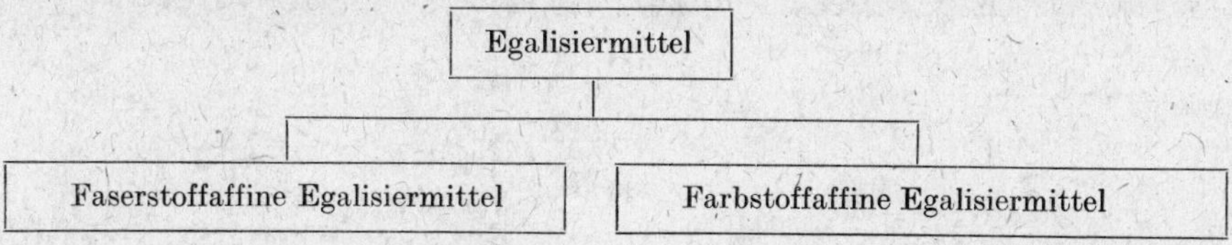

Egalisiermittel
- Faserstoffaffine Egalisiermittel
- Farbstoffaffine Egalisiermittel

Faserstoffaffine Egalisiermittel

Zunächst binden sich ionaktive Tenside mit den funktionellen Gruppen des Faserstoffes, damit der Farbstoff aus der Flotte nur langsam auf den textilen Faserstoff aufziehen kann.
Bei höherer Temperatur werden die THM-Moleküle dann durch die Farbstoffmoleküle verdrängt.

Einsatz:

Anionaktive Tenside beim Färben von Wolle, PA- und Cellulosefaserstoffen. Bei der letzteren Gruppe spielt die Sorption noch eine entscheidende Rolle, d. h., es tritt eine Veränderung des Adsorptionsverhaltens an den Grenzflächen Flotte/Faserstoff ein.
Eine ähnliche Wirkung zeigt zum Teil auch der Einsatz von Na_2SO_4 beim Färben von Wolle.
Kationaktive Tenside werden als Retarder für PAN-Färbungen eingesetzt.

Farbstoffaffine Egalisiermittel

1. Eiweißverbindungen, hydrophile Kolloide und vor allem nichtionogene Tenside. Hier bilden die THM-Moleküle sogenannte Addukte, so daß auch hier der Farbstoff nur sehr langsam auf den textilen Faserstoff aufziehen kann. Dies geschieht über H-Brücken-Bindung zwischen THM und Farbstoff gemäß

$$R-(CH_2-CH_2-O)_nH + Fb-SO_3^-H^+ \rightarrow \left[R-\left(CH_2-CH_2-\underset{\underset{H}{\cdot\cdot}}{O}-\right)_n\right]^+ Fb-SO_3^-$$

   Einsatz:

   Färben von Wolle, PA- und Cellulosefaserstoffen

2. Kationaktive Tenside

   Einsatz:

   Färben von Cellulosefaserstoffen mit Küpenfarbstoffen. Auch hier bildet der Farbstoff in der Küpensäureform mit dem THM ein Addukt.

3. Anionische Retarder beim Färben von PAN-Faserstoffen mit kationischen Farbstoffen

14.1.5. Nachbehandlungsmittel

14.1.5.1. Allgemeines

Die Nachbehandlung einer Färbung soll die Farbechtheiten, insbesondere die Naßechtheiten, zum Teil auch die Lichtechtheit, maßgeblich verbessern. Wenn es sich nicht um eine reduktive Nachbehandlung oder Nachwaschen (»Nachseifen«) nach dem Färben handelt, geht meist das Nachbehandlungsmittel mit dem Farbstoff irgendeine Bindung ein, wobei dann das Farbstoffmolekül vergrößert und dadurch oder durch Blockierung wasserfreundlicher Gruppen die Wasserlöslichkeit vermindert wird.

14.1.5.2. Einteilung wichtiger Nachbehandlungsmethoden

Nachbehandlung nach dem Färben

Nachbehandlung substantiver Färbungen mit kationaktiven THM

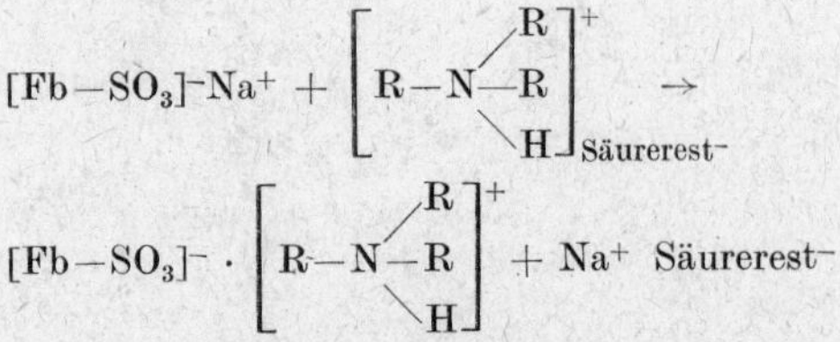

$$[Fb-SO_3]^- Na^+ + \left[R-N\begin{matrix} R \\ -R \\ H \end{matrix} \right]^+ \text{Säurerest}^- \rightarrow$$

$$[Fb-SO_3]^- \cdot \left[R-N\begin{matrix} R \\ -R \\ H \end{matrix} \right]^+ + Na^+ \text{ Säurerest}^-$$

Vergrößerung des Farbstoffmoleküls, 1...3% der Trockenmasse des Textilgutes je nach Farbtiefe

Metallsalznachbehandlung mit $CuSO_4$ und $K_2Cr_2O_7$

Beide Metallsalznachbehandlungen können für substantive Färbungen auf Cellulosefaserstoffen vorgenommen werden, $K_2Cr_2O_7$ zusätzlich zur Nachbehandlung von Färbungen auf Wolle mit Nachchromierfarbstoffen.
Mit dieser Nachbehandlung wird gleichzeitig die Lichtechtheit der Färbungen verbessert.
Das Wirkprinzip besteht darin, daß das im Salz gebundene Metallion mit einem dafür durch seine chemische Konstitution geeigneten Farbstoff eine Komplexbindung eingeht.

Nachseifen

Das Nachseifen ist eine Behandlung mit Waschmittel und Soda (meist kochend), um überschüssigen Farbstoff auf der Faseroberfläche zu beseitigen. Eine kochende Nachseife wird für Cellulosefaserstoffe angewandt, die mit folgenden Farbstoffen gefärbt wurden:

Küpenfarbstoffe
Leukoküpenesterfarbstoffe
Naphtholfarbstoffe
Reaktivfarbstoffe (Entfernung des chemisch nicht an den Farbstoff fest gebundenen Farbstoffes)

Durch ein eventuelles Nachseifen von Wolle nach der Färbung werden nichtionogene WAS und NH_4OH eingesetzt. Die Temperatur wird auf 45...50 °C eingestellt.

Reduktive Nachbehandlung

Eine reduktive Nachbehandlung hat das Ziel, textile Faserstoffe aus Polyester oder Triacetat, mit Dispersionsfarbstoffen gefärbt, nach dem Färben durch eine Behandlung mit

NaOH, $Na_2S_2O_4$ und nichtionogener WAS von überschüssigen, auf der Faseroberfläche gelegenen Farbstoffen zu befreien, um insbesondere Naßechtheit, Reibechtheit und Thermofixierechtheit wesentlich zu erhöhen.
Das Wirkungsprinzip besteht darin, daß das $Na_2S_2O_4$ als Reduktionsmittel im alkalischen Medium (s. dort) den überschüssigen Farbstoff reduziert. Wichtig ist, daß bei Triacetatfärbungen der NaOH-Zusatz weggelassen werden muß und die nichtionogene WAS durch eine anionaktive WAS ersetzt wird.
Je nach Farbtiefe und Polyesterfaserstofftyp für Polyesterfärbungen wird eine Rezeptur von

3...8 g · l^{-1} NaOH (32%ig)
1...3 g · l^{-1} $Na_2S_2O_4$ (30 min bei 80...85 °C) und
0,5 g · l^{-1} nichtionogene WAS

angesetzt.

Sonstige Nachbehandlungen

Nachbehandlung von substantiven Cellulosefärbungen mit Methanal zwecks Erreichung höherer Gesamtechtheiten (Bindung zwischen Methanal und Farbstoff ergibt Molvergrößerung).
Oxydative Nachbehandlungen von Schwefel- und Küpenfärbungen auf Cellulosefaserstoffe mit Oxydationsmitteln vom Typ $K_2Cr_2O_7$ oder H_2O_2 zwecks Bildung des richtigen und endgültigen Farbtones der Färbung (bei Küpenfärbungen vor dem kochenden Nachseifen).
Nachbehandlung von Polyamidfärbungen mit ausgesuchten schwachsauer ziehenden Säurefarbstoffen zwecks Verbesserung der Schweiß- und Reibechtheit (*p*H-Wert 4,6).

Wichtige Handelsprodukte

Ciconat PA (VEB Fettchemie Karl-Marx-Stadt)
Mesitol PNR (Bayer) anionaktiv
Cibatex FB (CIBA-Geigy) anionaktiv
Solidogen FRT (Casella)

14.1.6. Reservierungsmittel

Reservierungsmittel sind chemische Verbindungen, die beim Färben von Fasermischungen (besonders Wolle mit Cellulosefaserstoffen) verhindern können, daß ein Fasertyp angefärbt wird. Ebenso ist es aber auch möglich, Reservierungsmittel dort einzusetzen, wo Fasermischungen Ton-in-Ton (uni) zu färben sind, bei denen ein Mischungspartner zu dunklerer Anfärbung neigt, z. B. beim Färben von Polyamid/Wolle oder Polyamid/Viskose bzw. Polyamid/Baumwolle.

Als Reservierungsmittel zum Erhalt von Weißeffekten bei Mischungen Wolle mit Cellulosefaserstoffen werden meist Tannin, Kondensationsprodukte aus sulfoniertem Naphthalen und Benzylchlorid, geschwefelten Phenolen, Phenolen oder Naphtholen mit Benzoin oder Oxyarylsulfonsäuren, Methanal und Naphthalen eingesetzt [21].
Für das Ton-in-Ton-Färben von Fasermischungen aus Polyamid/Wolle oder Polyamid/Viskose bzw. Polyamid/Baumwolle verwendet man als Färbereihilfsmittel hochmolekulare Sulfonsäuren und deren Kondensationsprodukte mit Methanal oder anderen Sulfonsäuretypen [21]. Dieselben Produkte setzt man auch allein gegen das Streifigfärben von textilen Flächengebilden aus reinen Polyamidfaserstoffen ein.

Wichtige Handelsprodukte

Lametex (VEB Berlin-Chemie)
Wotamol PN (VEB Chemiekombinat Bitterfeld)
Nylotan MS (Sandoz)

Wirkungschemismus der Wollreservierungsmittel

1. Aminogruppenblockierung der Wolle durch Tannine

NH_3......OOC– (OH, OH) –O–C(=O)– (OH, OH, OH)

2. Einsatz von Schwefel-Phenol-Kondensaten sowie Kondensaten aus aromatischen Sulfonsäuren mit Benzoin

HS–(OHx)–S–S–(OHx)–SH
geschwefelter Phenolkörper

xOH–(Naphthalen)–CH_2–(Benzol)–OHx
benzylierter Kohlenwasserstoff

x Blockierung der NH_2-Gruppen der Wolle

Die Reservierung muß bei einem *p*H-Wert von 6 bis 8 vorgenommen werden, da sonst die freie Phenolform im Bad vorhanden ist. Die Folge davon wäre eine Verschmierung des Warengutes. Die Anwendung kann nur 2badig erfolgen, da sonst das Hilfsmittel das Ziehvermögen des substantiven Farbstoffes auf Cellulose herabsetzt. Die Dosierung wird mit 2...5% der Warenmasse vorgenommen.

Wichtige Handelsprodukte

Wotamol NPA (VEB Chemiekombinat Bitterfeld)
Katanol SLN (Casella)
Albatex WS (CIBA-Geigy)
Erional L (CIBA-Geigy)
Setamol WS (BASF)
Thiotan RS (Sandoz)
Mesitol HWS (Bayer)
Mesitol WL (Bayer)

Mesitol WLS (Bayer)
Lyxol HW (Sandoz)

Handelsprodukte

(Reservierungsmittel für Polyamid beim Färben von Polyamidfasermischungen, wie z. B. PA/Wo oder PA/Cellulosefaserstoffe)

Precoreserv NPA (VEB Agrotex) Na-sulfonat eines Phenol-Formaldehyd-Kondensates
Mesitol HWS (Bayer)
Mesitol NBS (Bayer)
Erional RF (CIBA-Geigy)
Edolan A (Bayer) Triphenylmethan-Derivat als Bremsmittel beim Färben von Wolle/Polyamid-Faserstoffmischungen (anionisch)
Nylofixan P (Sandoz) reserviert gegen substantive Farbstoffe
Nylotan M (Sandoz)
Nylotan R (Sandoz) als Bremsmittel beim Unifärben von Wolle/Polyamid-Faserstoffmischungen

Die Retardierwirkung beim Färben von Polyacrylnitrilfaserstoffen mit kationischen Farbstoffen unter Zusatz von Retardern kann sowohl mit anionischen als auch mit kationischen Retardern erreicht werden. Dabei fungieren die anionischen Typen als farbstoffaffine und die kationischen als faserstoffaffine Retarder. Als anionische Retarder werden Monosulfonate oder Derivate von Katanoltypen® eingesetzt. Die Dosierung beträgt etwa 0,3...0,5 g · l^{-1}. Bei steigender Temperatur hydrolysiert die Farbstoff-THM-Bindung, und der Farbstoff wandert sodann langsam auf die Faser.

$$\boxed{\text{Retarder}} - SO_3^- \cdot {}^+\left[(CH_3)_2N^+{=}C_6H_4{=}C(R){-}R\right]$$

Handelsprodukte

Wotamol WS (VEB Chemiekombinat Bitterfeld)
Lyogen PAA (Sandoz)

Die kationischen Retarder reservieren erst den textilen Faserstoff, so daß der Farbstoff nicht so schnell aufziehen kann.

$$\left[R_2\overset{\oplus}{N}R_2\right]^+ \cdot {}^-\left[OOC-CH\begin{matrix}R\\R\end{matrix}\right]$$

kationischer Retarder | textiler Faserstoff

Wichtige Handelsprodukte

Zabulen EP konz. (VEB Fettchemie Karl-Marx-Stadt)
Astragal PAN, TR, M und AFN (Bayer)
Tinegal A und PAC (CIBA-Geigy)
Lyogen AN und BPN (Sandoz)
Basacrylsalzmarken (BASF)

Neuerdings werden ausschließlich kationische Retarder eingesetzt.

14.1.7. Farbstoffabziehmittel

Farbstoffabziehmittel sind Hilfsmittel, die den Farbstoff auf oxydativem oder reduktivem Wege zerstören. Hauptsächlich werden als Farbstoffabziehmittel das Natriumhypochlorit (5.3.) als Oxydationsmittel sowie die Reduktionsmittel $Na_2S_2O_4$ (6.2.), Natriumformaldehydsulfoxylat [$NaHSO_2 \cdot CH_2O \cdot H_2O$], Zinksulfoxylat und Formamidinsulfinsäure (6.5., 6.6. und 6.7.) verwendet. Die Wirkungsprinzipien sind dort beschrieben. Bei der praktischen Anwendung solcher Produkte muß man die Art des textilen Faserstoffes beachten, dessen Färbung abgezogen werden soll, die richtige Dosierung des Produktes, die Behandlungszeit, die Behandlungstemperatur, das Flottenverhältnis und den *p*H-Wert der Flotte.

14.1.8. Faserschutzmittel

Ein Faserschutzmittel als ein Färbereihilfsmittel hat die Aufgabe, textile Faserstoffe — besonders Wolle — während des Färbens vor mechanischen, thermischen und chemischen Einflüssen zu schützen und sie weitgehend stabil zu halten. Solche Einflüsse sind mechanische Beanspruchungen, höhere Temperaturen sowie die Einwirkungen von Säuren, vor allem aber von Basen.
Wolle ist im isoelektrischen Bereich (*p*H-Wert 4,5 bis 4,8) am stabilsten und damit die Gefahr ihrer Schädigung am geringsten. Die Notwendigkeit des Einsatzes eines Wollschutzmittels ist um so dringender, je stärker der *p*H-Wert vom isoelektrischen Bereich entfernt liegt und je feiner (und damit empfindlicher) die Wolle ist.
Als Verbindungen werden eingesetzt:

1. Eiweißspaltprodukte

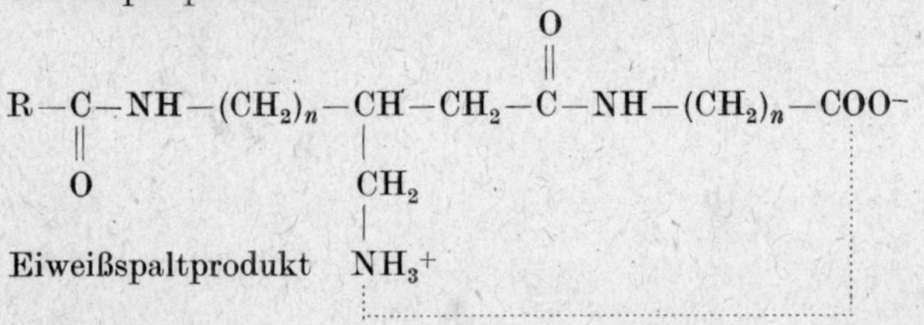

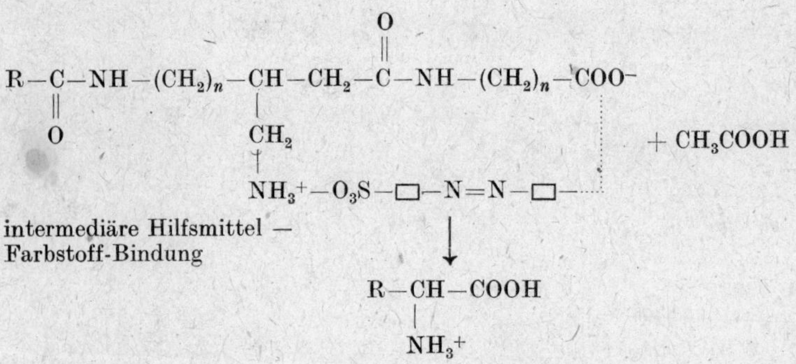

$$R-\underset{\underset{O}{\|}}{C}-NH-(CH_2)_n-\underset{\underset{NH_3^+}{|}}{\underset{CH_2}{|}}{CH}-CH_2-\overset{\overset{O}{\|}}{C}-NH-(CH_2)_n-COO^-$$

Eiweißspaltprodukt

$$R-\underset{\underset{O}{\|}}{C}-NH-(CH_2)_n-\underset{\underset{NH_3^+-O_3S-\square-N=N-\square-}{\uparrow}}{\underset{CH_2}{|}}{CH}-CH_2-\overset{\overset{O}{\|}}{C}-NH-(CH_2)_n-COO^- \quad + CH_3COOH$$

intermediäre Hilfsmittel — Farbstoff-Bindung

$$\downarrow$$

$$R-\underset{\underset{NH_3^+}{|}}{CH}-COOH$$

Die Spaltung der Cystinbrücken der Wolle wird stark herabgesetzt. Produkte dieser Art haben noch zusätzlich eine egalisierende Wirkung.

Außerdem wirken sie
als Säurepuffer (auf den sauren Bereich bezogen),
als Verbindung so, daß die Lösungstension der Färbeflotte gegenüber der Wollfaser herabgesetzt wird,
als Mittel, das auch im alkalischen Bereich die Schädigung des Faserstoffes vermindert.

Handelsprodukte
Olypon E (VEB Berlin-Chemie)
Cordesin F (VEB Berlin-Chemie)
Atefix (VEB Dresden-Chemie)
Perkolloid B (Holtmann)

2. Eiweißfettsäurekondensationsprodukte

$$CH_3-(CH_2)_n-\underset{\underset{O}{\|}}{C}-NH-\underset{\underset{R-NH_3^+}{|}}{CH}-(CH_2)_n-\overset{\overset{O}{\|}}{C}-NH-R-COO^-$$

Waschkomponente — Eiweißkomponente

Wirkungsweise
Faserschutzwirkung
Dispergier-/Emulgierwirkung (Waschwirkung)

Dosierung: 2...4 g · l^{-1}

Wichtige Handelsprodukte
Olypon A (VEB Berlin-Chemie)
Lamepon A (VEB Berlin-Chemie)
Lanasan CL (Sandoz)

3. NH_4-Salze von Alkyl- und Alkylarylsulfonsäuren
Ein typisches Handelsprodukt ist das Sustilan N (Bayer), das auch Verkochungserscheinungen von Farbstoffen verhindert.

4. Sulfitablauge-Derivate
(Hemicellulosemischungen, Pflanzeneiweiße, Lignin u. a.) Diese Produkte weisen keine Waschwirkung auf, sie bewirken lediglich eine Herabsetzung der Lösungstension des Faserstoffes.

Dosierung: 3 g · l^{-1}

Handelsprodukte
Protektol W (VEB Chemiekombinat Bitterfeld)
Protektol-Typen (BASF)

14.1.9. Carrier zum Färben von Polyesterfaserstoffen

Carrierprodukte sind Zusatzmittel beim Färben von Polyesterfaserstoffen, Triacetatfaserstoffen oder PVC-Faserstoffen mit Dispersionsfarbstoffen. Sie bewirken ein besseres Diffundieren der Farbstoffmoleküle in den textilen Faserstoff. Das betreffende Carrierprodukt kann auch zusätzlich zwecks besserer Durchfärbung textiler Erzeugnisse aus PE-Faserstoffen beim Färben nach dem Hochtemperaturverfahren eingesetzt werden. Die Carrierprodukte für das Färben von Polyesterfaserstoffen mit Dispersionsfarbstoffen sollen hier im Vordergrund stehen.

Wirkungsweise eines Carriers:

1. Quellung des Faserstoffs, Auflockerung seiner Struktur
2. Erhöhung der Wasseraufnahme der Faser
3. Der Carrier bildet mit dem Farbstoff einen Komplex und trägt ihn in das Faserinnere
4. Der Carrier fördert die Löslichkeit des Farbstoffes in der Färbeflotte
5. Der Carrier umhüllt den textilen Faserstoff als Film und löst den Farbstoff besser im Faserstoff
6. Der Carrier ist eine Flüssigkeit innerhalb des textilen Faserstoffes, die den Farbstoff molekulardispers löst
7. Der Carrier erhöht die Farbstoffadsorption und schafft somit bessere Voraussetzungen für die Farbstoff/Faserstoff-Wechselbeziehungen über Nebenvalenzkräfte

Jede Carrierverbindung sollte einen hohen Schmelzpunkt haben, damit es zur Vermeidung von Flecken kommt, die durch das Auftropfen des Carriers auf den textilen Faserstoff hervorgerufen werden können. Ist der Carrier unter 100 °C flüssig, so muß er sehr gut emulgiert werden. Ferner darf der Carrier auch nicht flüchtig oder mäßig flüchtig sein, da er sich sonst an kälteren Teilen der Färbemaschine oder des Färbeapparates ansammelt und von dort aus als nichtemulgiertes Öl entweder in die Färbeflotte tropft oder auf dem Färbegut die gefürchteten Carrierflecke bilden kann. Eine letzte Anforderung an einen Carrier ist die, daß er sich nach dem Färben, also durch den Spülprozeß, leicht entfernen läßt, damit die Echtheiten der Färbung, insbesondere die Reib- und Lichtechtheit, nicht negativ beeinflußt werden. Auch die Toxizität spielt eine ganz besondere Rolle.

Carrierverbindungen

1. Aromate

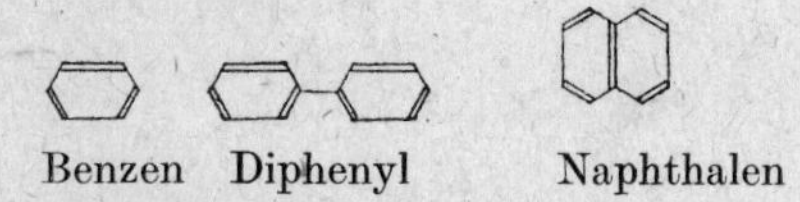

Benzen Diphenyl Naphthalen

2. Substituierte Produkte

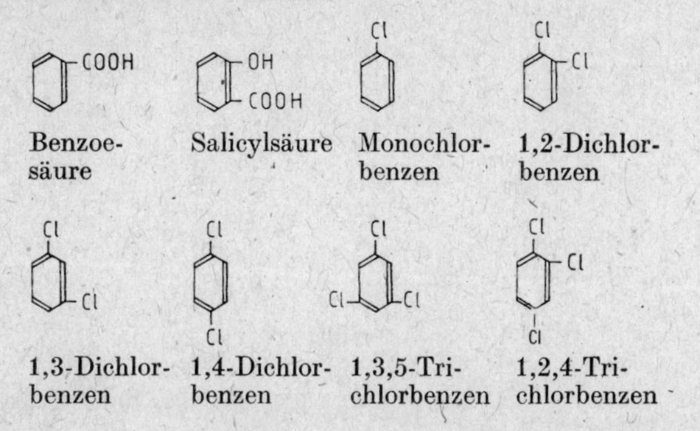

Benzoesäure, Salicylsäure, Monochlorbenzen, 1,2-Dichlorbenzen

1,3-Dichlorbenzen, 1,4-Dichlorbenzen, 1,3,5-Trichlorbenzen, 1,2,4-Trichlorbenzen

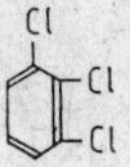

1,2,3-Trichlorbenzen

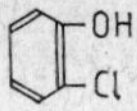

3-Chlorphenol

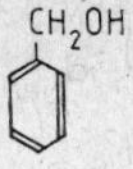

Benzylalkohol

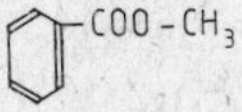

Benzoesäuremethylester

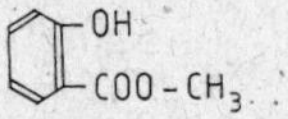

Methylsalicylat (Salicylsäuremethylester, Wintergrünöl)

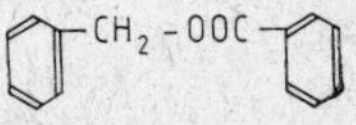

Benzylbenzoat (Benzoesäurebenzylester)

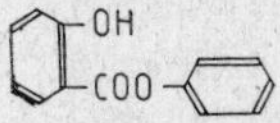

Phenylsalicylat (Salol)

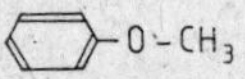

Phenylmethylether (Anisol)

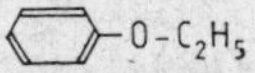

Phenylethylether (Phenetol)

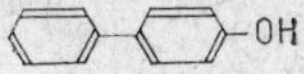

4-Oxy-diphenyl

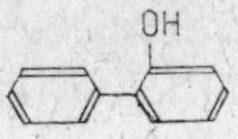

2-Oxy-diphenyl

Wichtige Handelsprodukte

Carrier 531 W (VEB Berlin-Chemie)
Carrier EHT (VEB Chemiekombinat Bitterfeld)
Levegal PT und PEW (Bayer)
Levegal DTE (Bayer)
Levegal TBE (Bayer)
Invalon OBS (CIBA-Geigy)
Invalon PR und TC (CIBA-Geigy)
Palanilcarrier A, AN und B (BASF)
Dilatin DB, DPA, OD, TC und TCR (Sandoz)
Spolapren OF 35 (Chemapol)
Spolapren D (Chemapol)
Remol-Marken (Hoechst)

14.2. Druckereihilfsmittel

14.2.1. Einteilung

Viele Färbereihilfsmittel werden auch als Druckereihilfsmittel verwendet, obwohl im Druck keine Flotte, sondern eine Druckpaste vorliegt, d. h. also eine pastenartige Substanz, die eine ganz bestimmte Konsistenz haben muß (Viskosimetrische Messung).

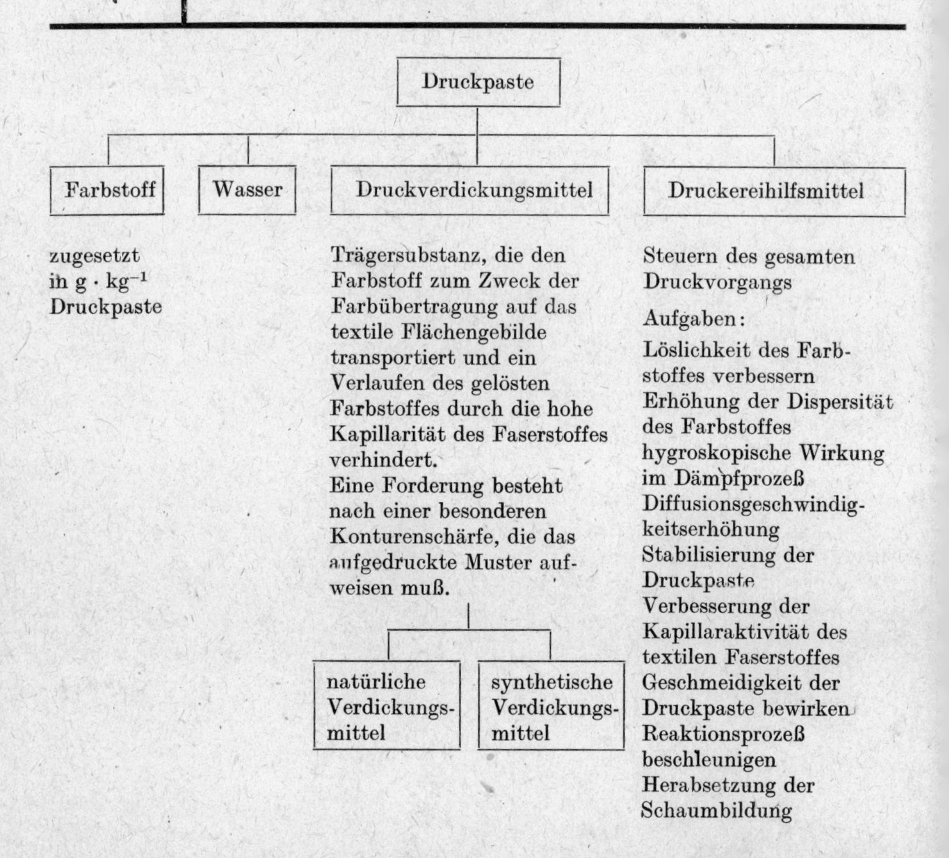

Die erforderliche Viskosität der Druckpaste wird durch Einsatz von Druckverdickungsmitteln erreicht. Die eigentlichen Druckereihilfsmittel, die zusätzlich noch zugesetzt werden müssen, steuern — wie die Färbereihilfsmittel beim Färbeprozeß — den gesamten Druckvorgang. Im weitesten Sinn können die Druckverdickungsmittel auch zu den Druckereihilfsmitteln gezählt werden.

14.2.2. Verdickungsmittel

14.2.2.1. Begriff

Verdickungsmittel, die mit Wasser gequollen werden, stellen kolloide, viskose Pasten dar, die ein ganz bestimmtes Fließvermögen aufweisen und damit auch eine ganz bestimmte Fließgeschwindigkeit haben. Vom Fließvermögen ist wiederum die Viskosität entscheidend abhängig.
Haftfestigkeit, alle Eigenschaften und Strukturbeschaffenheit der Trockensubstanz sowie die Quellfähigkeit eines Verdickungsmittels sind entscheidend für ihren Einsatz und ihr Verhalten beim Druckprozeß.

14.2.2.2. Einteilung

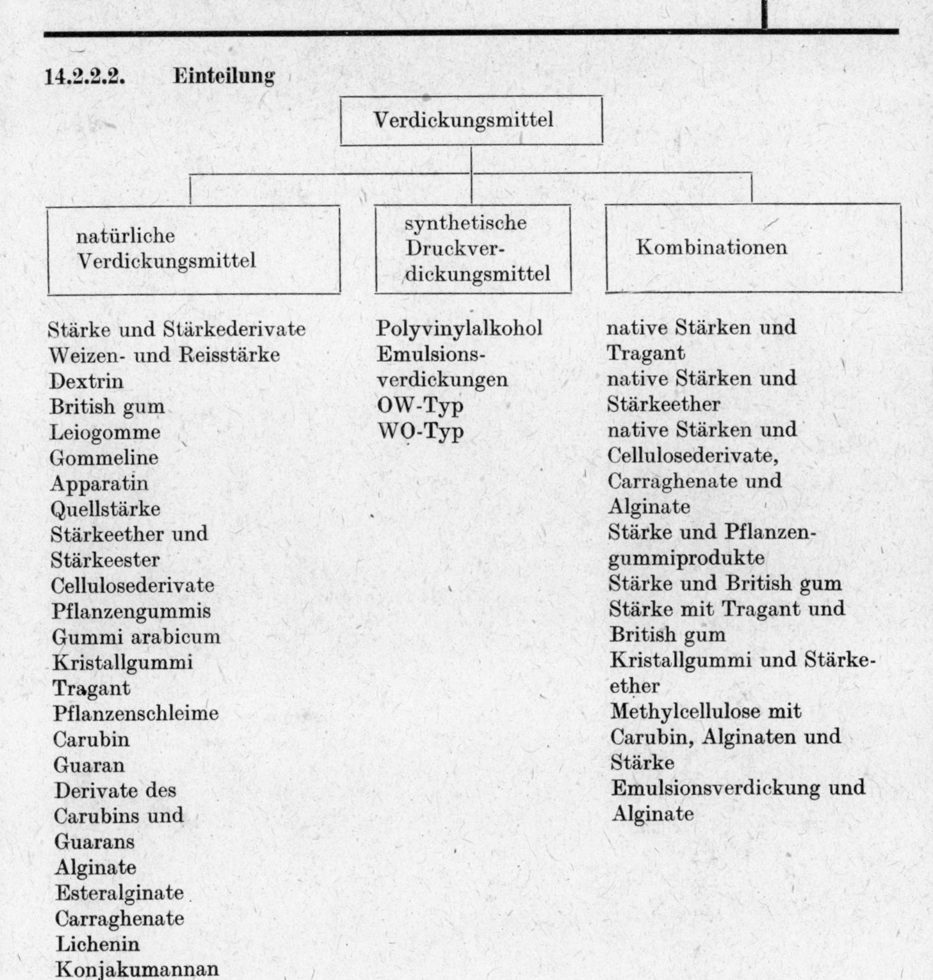

14.2.2.3. Natürliche Verdickungsmittel

1. Stärke und Stärkederivate (vgl. auch 14.4.2.)

Weizenstärke Reisstärke Maisstärke	Polysaccharid aus α-Glukosemolekülen $(C_6H_{10}O_5)_n$, besteht aus 15...40% Amylopektin durch starke Mineralsäuren wird Abbau durch Hydrolysation bewirkt. Beständig gegen Metallsalze und Alkalien
Dextrin	durch Umwandlung von Kartoffelstärke durch Erhitzen gewonnen
British gum	wird durch Rösten von Reis- oder Maisstärke gewonnen

Leiogomme	wird durch Rösten von Kartoffelstärke gewonnen
Gommeline	wird durch Rösten von Weizenstärke gewonnen
Stärkeether- und Celluloseether-carbonsäuren	durch vorhandene Carboxylgruppen zeigen beide Verbindungen anionischen Charakter und somit unter anderem auch eine Reaktionstendenz zu Metallsalzen
2. Pflanzengummis	
Gummi arabicum	Saft der Stämme aus Akaziaarten. Hauptbestandteil Arabinsäure, deren Bausteine d-Galactose, l-Arabinose, d-Glucuronsäure und l-Rhamnose sind. Alle Bausteine liegen in einer stark verzweigten Form vor. In Wasser gut löslich. Hydrolysieren in sauren wäßrigen Lösungen. Gute Auswaschbarkeit
Kristallgummi	Saft von Stämmen bestimmter Baumarten in Indien. Bausteine sind D-Galactose, L-Rhamnose und D-Galacturonsäure. In Wasser nur schwer löslich
Tragant	aus der Rinde von Astragalussträuchern gewonnen. Vorkommen in Griechenland und Kleinasien. In Wasser quellbar. Bausteine sind im verzweigten Polysaccharid D-Galactose, L-Arabinose, D-Galacturonsäure und D-Xylose. Auswaschbarkeit mäßig bis gut
3. Pflanzenschleime	
Carubin Guaran	Im Johannisbrotkernmehl vorhanden. (Fruchtkerne des Johannisbrotbaums) Quillt in Wasser stärker als Tragant. Bausteine des Polysaccharids sind in der Hauptsache D-Mannose und D-Galactose. Dasselbe gilt für Guaran, das aus dem Guarbohnenmehl gewonnen wird. Beide sind wasserlösliche Produkte und als Molekül stark verknäult. Gegen Elektrolyse relativ beständig, nur gegen NaOH nimmt bei Carubinlösung die Viskosität ab. Beide hydrolysieren in saurer wäßriger Lösung.
Alginate	Zellbestandteil der Braunalgen. Poly-D-Mannuronsäure, eine Gruppe der Pektinverbindungen. Da das Ca-Salz der Poly-D-Mannuronsäure in Wasser unlöslich ist, ist weiches Wasser beim Ansatz der Druckpaste zu verwenden. Alginate sind empfindlich gegen starke Alkalien (Koagulationsbildung). Leicht auswaschbar. Werden in Kombination mit Emulsionsverdickungen eingesetzt. Esteralginate sind ebenfalls gut wasserlöslich. Reagieren nicht mit Metallsalzen wie die Alginate
Carraghenate	Bestandteil der Rotalgen — auch daraus gewonnen. Gehen beim Kochen in eine schleimige Masse über. Gut anwendbar für den Druck mit Säurefarbstoffen. Sie sind gut säurebeständig. Auch die Alkalienbeständigkeit ist gut.

Lichenin	ist im isländischen Moos (Flechtenart) enthalten und wird auch daraus gewonnen. Ähnlicher Aufbau wie Cellulose, jedoch in Wasser löslich.
Konjakumannan	gewonnen aus dem Konjakumehl einer Pflanze in Ostasien. Dieses Verdickungsmittel wird bei uns nicht mehr eingesetzt.

14.2.2.4. Synthetische Verdickungsmittel

1. Polyvinylalkohol

$$\left[-CH_2-\underset{\displaystyle OH}{\underset{|}{CH}}- \right]_n$$

Verdickungsmittel für textile Flächengebilde aus PA-Faserstoffen. Wird gewonnen aus Polyvinylacetat (vgl. auch 14.4.5.)

2. Emulsionsverdickungen

WO-Typ	Geringer Wassergehalt
OW-Typ	Wassergehalt sehr viel höher als beim WO-Typ. Damit können auch der Emulsion wasserlösliche Stoffe zugeführt werden. Wird Wasser in Lackbenzin eingerührt, so sind solche Kohlenwasserstoffe zu verwenden, die einen Siedebereich um 200 °C haben, da diese Verbindungen beim Trocknen verdampft sein müssen.

14.2.2.5. Einsatz

Besonderheiten des Verdickungsmitteleinsatzes	Art des textilen Faserstoffes
Stärke, Stärkederivate, Carubin, Guaran, Pflanzengummi, Pflanzenschleime und Emulsionsverdickungen	Baumwolle
Kein Tragant oder Kristallgummi einsetzen:	VI-F VI-S
gebrannte Stärken Gummi arabicum Kristallgummi	Wolle/Naturseide
— Tragant	
— Kristallgummi	Acetat
— Kernmehlether mit Stärkederivaten oder Tragant	PA Triacetat
— Polyvinylalkohol	PA
— Kernmehlether mit Cellulosederivaten — Kernmehlether + Stärkederivate	PAN
— Kristallgummi — Stärkederivate — beides auch in Mischung — WO-Emulsionsverdickung	PE

Alle Verdickungsmittel in Kombination angewandt, werden als Verschnittverdickungen bezeichnet. Wichtige Prüfungen vor Anwendung der Verdickungsmittel sind:

1. Viskositätsmessung (mit Rheo-Viskosimeter)
2. Durchdruckmessung (mit Pulfrich-Fotometer)
3. Prüfung des Haftvermögens
4. Prüfung der Reduktionskraft (iodometrisch) mit eventueller *r*H-Messung

Farbstoffklasse	Druckverdickungsmittel	Besonderheiten
1. Substantive Farbstoffe	Alle	Auf hohen Salzgehalt achten! Aussalzung möglich.
2. Säurefarbstoffe	alle außer Alginate	säureempfindlich
3. 1:2-Metallkomplexfarbstoffe	alle außer Alginate oder Alginat-Emulsionskombinationen	
4. 1:1-Metallkomplexfarbstoffe	alle außer entsprechenden metallsalzempfindlichen Verdickungsmitteln	
5. Kationische Farbstoffe	British gum und Tragant oder Kristallgummi Celluloseether	
6. Küpenfarbstoffe		
Pottascheverfahren	keine Alginate, Kernmehle und Celluloseether verwenden Einsatz reduzierend wirkender Stärke- oder Stärkederivate	
2-Phasen-Druck	Alginate Carubin Cellulosederivate	
7. Leukoküpenesterfarbstoffe	Alginate nur bedingt einsetzbar	
8. Naphtholfarbstoffe	alle Verdickungsmittel, die nicht alkalienempfindlich sind	
9. Reaktivfarbstoffe	Alginate Carraghenate Alginat und Emulsionskombination	
10. Pigmentfarbstoffe	Emulsionsverdickung	
11. Dispersionsfarbstoffe	Emulsionsverdickung	

14.2.2.6. Wichtige Handelsprodukte

Stärkeprodukte	siehe 14.4.2.
Alginsäureprodukte	Dialgin (Diamalt) Cohäsol (Laue) Protakyp K (Protan) Alg-gum HV (Maton) Manutex SA, KR und RS (Alginate)
Johannisbrotkernmehl	Diagum D (Diamalt) Leicogummi (Leico) Ceratoniagummi (Kästner) Meypro-Gum K (Meypro) Meypro-Gum CR und CRX (Meypro) Alkagum NS (Diamalt) Alkaprint (Diamalt)
Alkylcellulosen	Tylose TWA (Kalle) Tylose DKL (Kalle)
Celluloseether-Carbonsäuren	Verdickung V extra (BASF) Verdickung HD (BASF) Rekose V (CIBA-Geigy)
Stärkeether	Solvitose-Typen (Sichel) Verdickung KL (BASF) Monagum Super N (Diamalt)
Acetylcellulose	Serikose LC (BASF)
Emulsionsverdickungen	Verdickung UN (VEB Fettchemie) Benzin-Wasser-E. Emulsionsverdickung (VEB Fettchemie) Benzin-Wasser-E. Acrapon A (Bayer)
Kombination von Polyacrylsäureester und modifizierten Alkylpolyglykolethern	Levalin T (Bayer) für Drucke auf PE/BW

14.2.3. Farbstofflöse- und Dispergiermittel

Die Farbstofflöse- und Dispergiermittel für die Druckerei haben als sogenannte hydrotrope Substanzen die gleiche Aufgabe wie diese Produkte für die Färberei. Durch sie soll der Druck feucht gehalten werden, bevor er nach dem Drucken und Trocknen zum Dämpfen gelangt, damit der Farbstoff dann besser in das Innere des textilen Faserstoffes einwandern kann.
Gute Lösemittel für das Anteigen von Pulverfarbstoffen, besonders von kationischen Farbstoffen, sind Methyl- und Ethylalkohol.
Weitere Produkte sind Glykol $\begin{array}{l} CH_2-OH \\ | \\ CH_2-OH \end{array}$ für Säurefarbstoffe und Leukoküpen-

esterfarbstoffe. Auch der Monoethylether des Glykols leistet gute Dienste. Diethylenglykol, Triethylenglykol und Triethanolamin werden meist als hydrotrope Mittel für Küpenfarbstoffe eingesetzt.
Glycerol dient nicht nur als Lösemittel, sondern auch als Mittel, das die Geschmeidigkeit der gesamten Druckpaste bewirkt. Ein wichtiges Farbstofflösemittel und gleichzeitig stark hydrotrop wirkende Substanz ist der Harnstoff

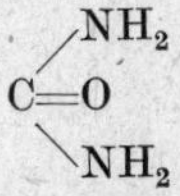

$$NH_2-C(=O)-NH_2$$

Er wird beim Drucken mit substantiven, Säure-, Leukoküpenester-, Küpen- und Dispersionsfarbstoffen eingesetzt. Als Dispergiermittel werden übliche Tenside verwendet. Einige Substanzen wirken allerdings gleichzeitig als Farbstofflösemittel und Dispergiermittel.
Besondere Typen sind dabei:

1. Na-benzyl-sulfonattyp

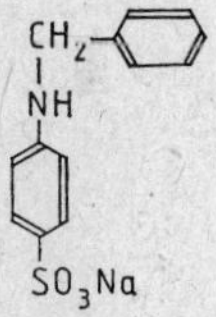

$$C_6H_5-CH_2-NH-C_6H_4-SO_3Na$$

Handelsprodukte

Solutionssalz B (BASF)
Liovatin (Sandoz)
Solution Salt BN 200 (ICI)
Tinosol G (CIBA-Geigy)

2. Natrium-m-N,N-dimethylaminobenzensulfonat

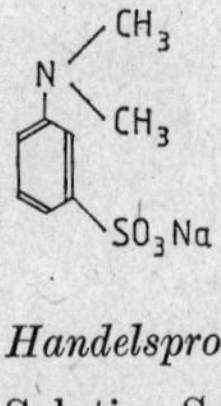

$$(CH_3)_2N-C_6H_4-SO_3Na$$

Handelsprodukte

Solution Salt SV (ICI)

14.2.4. Antischaummittel

Sie setzen in der Druckpaste die Schaumwirkung von anderen Zusatzsubstanzen herab, um Konturen zu verschärfen. Dazu werden Butylphosphate, Silikone, Fette und Terpentinöl (Drucköl) eingesetzt.

Wichtige Handelsprodukte

Elvauprint O (VEB Polychemie)
Drucköl RM (VEB Chemiekombinat Bitterfeld)
Drucköl (VEB Berlin-Chemie)
Antimussol WL (Sandoz)
Printegal C (Cassella)
Etingal A (BASF)
Entschäumer RS und SF (Hoechst)
Fumexol AS (CIBA-Geigy)
Fumexol B (CIBA-Geigy) auf Silikonbasis
Fumexol SD (CIBA-Geigy)
Respumit SI (Bayer)
Silvatol J (CIBA-Geigy)

14.2.5. Reduktionsmittel

(siehe auch 6.2., 6.5. bis 6.7.)

Reduktionsmittel bei der Druckpastenzusammenstellung sind alle Ätzmittel, die zum Ätzen der Fonds, entweder als Weiß- oder Buntätze, verwendet werden.

1. Natrium-formaldehyd-sulfoxylat

   $CH_2O \cdot NaHSO_2$ (siehe auch Kapitel 6.5.)

   Wenn Wasserstoff durch dieses Mittel abgegeben wird, so entsteht im Ätzdruck folgende Reaktion

   $$\mathrm{Fb{-}N{=}N{-}R + 2\,H \rightarrow Fb{-}\underset{H}{\underset{|}{N}}{-}\underset{H}{\underset{|}{N}}{-}R + H_2 \rightarrow Fb{-}NH_2 + H_2N{-}R}$$

   Reaktion bei gleichzeitiger Anwesenheit von Alkali (im Dämpfer):

   $$\mathrm{2\,CH_2O \cdot NaHSO_2 \xrightarrow[+H_2O]{2\,KOH} 2\,CH_2O + K_2SO_3 + Na_2SO_4 + 6\,H}$$

   Reaktion bei Anwesenheit von Kaliumcarbonat (im Dämpfer):

   $$\mathrm{K_2CO_3 + H_2O \rightarrow KHCO_3 + KOH}$$

2. Formaldehydstabilisiertes Zn-Sulfoxylat

   primäre Form $\mathrm{HO{-}CH_2{-}SO_2{-}Zn{-}SO_2{-}CH_2{-}OH}$

   sekundäre Form $\mathrm{CH_2\langle {}^{O}_{SO_2} \rangle Zn}$ (siehe 6.6.)

3. Zink-acet-aldehyd-sulfoxylat

   $$\mathrm{\begin{array}{l} SO_2 \text{———————┐} \\ | \qquad\qquad\quad | \\ Zn{-}O{-}CH_2{-}CH{-}CH_3 \end{array}}$$

4. Natriumdithionit $Na_2S_2O_4$ (siehe 6.2.)

5. Reduktionsmittelverstärker

Als Reduktionsmittelverstärker verwendet man die Verbindungen Anthrachinon, Hydrochinon und stabilisiertes Ethanal mit der Formel [$CH_3-CHO \cdot Na_2HSO_4$]. Ein weiteres wichtiges ätzverstärkendes Mittel ist die Verbindung Dimethyl-phenyl-benzyl-ammoniumchlorid

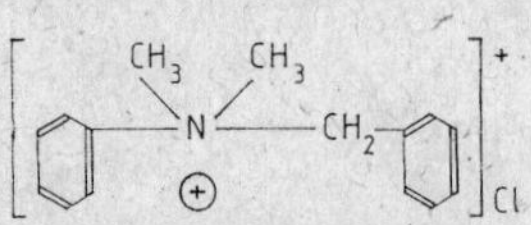

als eine kationisch wirkende Substanz (quartäre N-Verbindung). Ihre Darstellung erfolgt aus

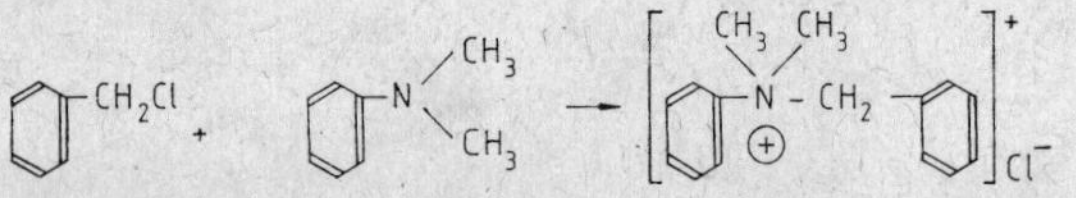

Benzylchlorid Dimethylanilin

Solche Verbindungen werden ausschließlich beim Ätzen von Küpenfärbungen eingesetzt, damit ein vorzeitiges Oxydieren der betreffenden Küpenfarbstoffe in ihre wasserunlösliche Form durch Luftsauerstoff verhindert wird. Der Farbstoff wird oxydationsbeständig, indem er mit Benzylchlorid $C_6H_5CH_2Cl$, das beim Dämpfen vom Produkt abgespalten wird, einen Benzylether bildet.

Zerfall beim Dämpfen:

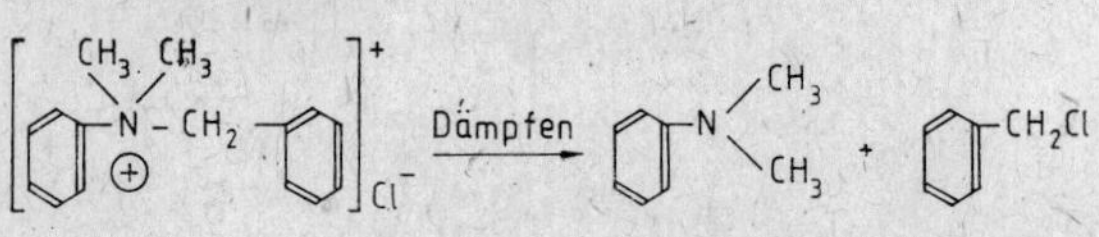

Dämpfen

Dimethyl-anilin

Benzylchlorid (stark tränenreizend)

Bindung des Benzylchlorids $C_6H_5CH_2Cl$ am Farbstoff

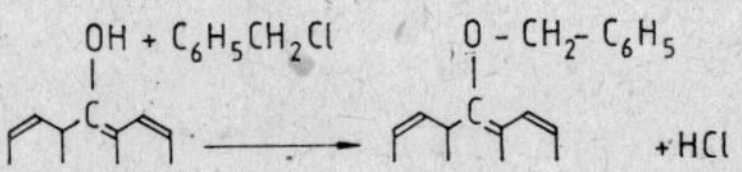

$OH + C_6H_5CH_2Cl \longrightarrow O-CH_2-C_6H_5 + HCl$

Farbstoff-Benzylether-Verbindung (wasserunlöslich und nicht auswaschbar)

Wichtige Handelsprodukte

Leukotrop O (BASF)
Reduzin NS (Sandoz)
Leucofixe J (Francolor)
Ätzsalz CIBA O (CIBA-Geigy)

Auch der Einsatz des Ca-Disulfonats dieser Verbindung ist möglich.

Bei Bindung solcher Produkte mit dem Farbstoff erhält man alkalilösliche und damit auch leicht auswaschbare Benzylether. Sie werden vorzugsweise beim Weißätzen eingesetzt.

Wichtige Handelsprodukte

Leukotrop W (BASF)
Ätzsalz CiBA W (CIBA-Geigy)
Reduzin S (Sandoz)
Leukofixe B (Francolor)

14.2.6. Reservierungsmittel für den Druck

Reservierungsmittel sind chemische Verbindungen, die Druckfarbe oder eine Färbung am Entwickeln und Fixieren hindern. An den reservierten Stellen besitzt damit der Farbstoff keinerlei Affinität zum textilen Faserstoff.
Es werden Derivate der Nitrobenzensulfonsäuren eingesetzt, so z. B. das Na-Salz der m-Nitrobenzensulfonsäure.

NO_2

SO_3Na

Wichtige Handelsprodukte:

Druckreserve W (VEB Chemiekombinat Bitterfeld)
Ludigol (BASF)
Albatex BD (CIBA-Geigy)
Solidol N (Francolor)
Revatol S (Sandoz)
Albigen A (BASF) Polyvinylpyrrolidon-Verbindung

14.2.7. Konservierungsmittel

Da natürliche Druckverdickungsmittel, wie z. B. Stärke, durch Bakterien einer Zersetzungsgefahr ausgesetzt sind, werden den Druckpasten, die solche Verdickungsmittel enthalten, Konservierungsmittel zugesetzt. Meist geht der Zersetzung eine Fäulnis oder Schimmelbildung voraus.
Die wichtigsten Mittel dagegen sind

Ameisensäure
Formaldehyd
Benzoesäure und
Salicylsäure

Ihr Zusatz beträgt im allgemeinen 5...8 g · kg^{-1} Druckpaste

14.3. Appreturmittel und Appreturhilfsmittel

14.3.1. Einteilung

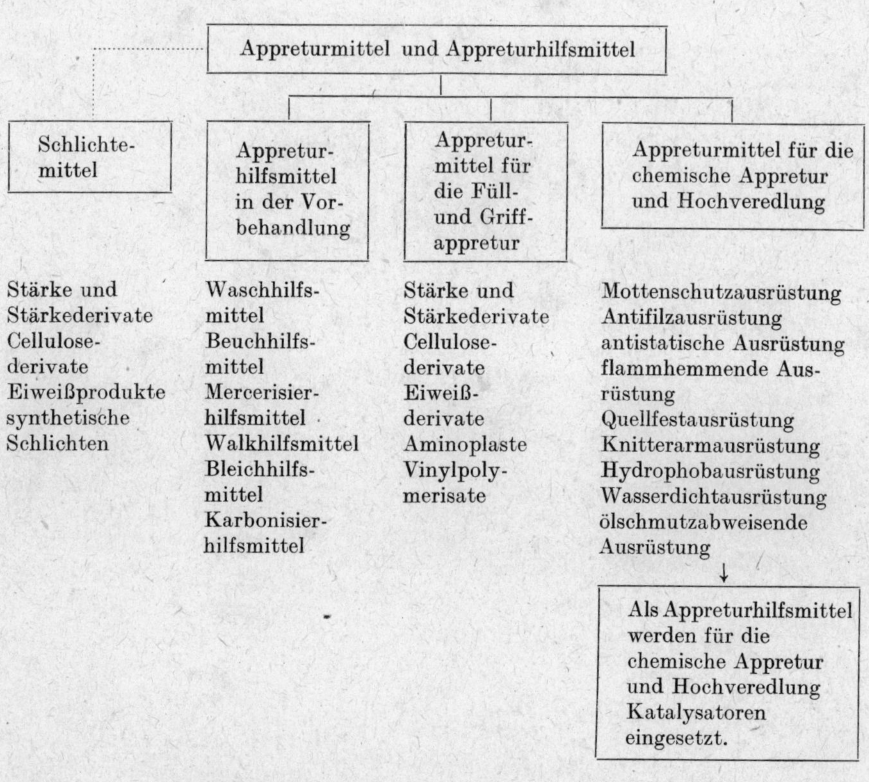

14.3.2. Appreturhilfsmittel in der Vorbehandlung

14.3.2.1. Waschhilfsmittel

Alkalien, alkalisch reagierende Salze und Säuren werden als Waschhilfsmittel eingesetzt. Einen Überblick vermittelt Tabelle 37.

14.3.2.2. Beuchhilfsmittel

An Stelle des Beuchens von Baumwolle wird heute nur noch ein alkalisches Abkochen vorgenommen. Dadurch werden Pflanzenleime und sonstige wasserunlösliche Verunreinigungen der Rohfaser entfernt. Zu diesem Zweck werden neben Alkalien oder alkalisch reagierenden Salzen vor allem stark netzende und dispergierende Substanzen mit Waschwirkung den Flotten zugesetzt.
Auch Waschmittel, die Fettlöser enthalten, zeigen eine Erhöhung der Wirksamkeit des alkalischen Abkochprozesses.

Tabelle 37: Waschhilfsmittel und ihre Einsatzgebiete

Name des Waschhilfsmittels	Formel	Einsatz	vgl. Abschnitt
Ammoniumhydroxid	NH_4OH	Zusatzmittel beim Waschen von textilen Faserstoffen aus Wolle	3.3.3.
Natriumcarbonat (Soda)	Na_2CO_3	Zusatzmittel beim Waschen von Cellulosefaserstoffen	4.5.12.
Trinatriumphosphat	Na_3PO_4	Zusatzmittel beim Waschen von Synthesefaserstoffen	4.5.11
Natriummetahexaphosphat	$Na_2[Na_4(PO_3)_6]$	Zusatzmittel beim Waschen textiler Faserstoffe zwecks Wasserenthärtung	10.6.4.4.
Essigsäure	CH_3COOH	Hilfsmittel bei der sauren Wollwäsche	2.4.2.

Eingesetzt werden Tenside, wie z. B. sulfierte Öle oder andere waschaktive Substanzen. Durch Einsatz solcher Beuchhilfsmittel zur Behandlungsflotte können der Natronlaugezusatz verringert und damit eventuelle Faserschädigungen ausgeschlossen werden. Ratsam ist auch die Arbeit mit Eiweißschutzkolloiden, da diese Verbindungen nicht nur eine schützende Wirkung für den textilen Faserstoff ausüben, sondern auch als Emulgator in der Flotte fungieren.
Der Einsatz von Aktivin-Typen ist unter großer Vorsicht vorzunehmen, da diese Substanzen Natriumhypochlorit abspalten und dadurch eine Faserschädigung eintreten kann (vgl. Wirkungsweise von Aktivin, Abschnitt 14.4.2.).
Sehr günstig ist es, dem Beuchbad zur Verstärkung des Reinigungsprozesses solche Salze zuzusetzen, die Härtebildner- und Schwermetallsalzkationen des Wassers binden können. Als Substanzen sind Natriummetapyrophosphat, das Na-Salz der Nitrilotriessigsäure oder das Dinatrium-ethylen-diamin-tetraacetat geeignet (vgl. auch Abschnitt 10.6.4.4.).

Wichtige Handelsprodukte:

Türkopol L (VEB Polychemie) anionaktiv
Precolium KB (VEB Agrotex) anionaktiv
Levapon TH hochkonz. (Bayer) anionaktiv
Levapon THR hochkonz. (Bayer) anionaktiv
Tinovetin JO (CIBA-Geigy) nichtionogen
Inferol BAV (VEB Dresden-Chemie)

14.3.2.3. Mercerisierhilfsmittel

Mercerisieren ist die Behandlung von Baumwolle und besonderen Fasermischungen aus Baumwolle in kalter, relativ konzentrierter Natronlauge unter gleichzeitiger Ausübung eines Zuges. Da das Fasermaterial nur sehr kurz dieser starken Natronlaugebehandlung ausgesetzt ist, kommt es vor allem auf sofortiges Netzen an. Dies muß besonders bei der Rohmercerisation berücksichtigt werden.

Anforderungen an das Mercerisierhilfsmittel:

Keine Zerstörung des textilen Faserstoffes durch starkes Alkali,
Netzwirkung durch Hydrotropie auf das Alkali,
geringe Schaumbildung, da Schaum zur Unegalität beim Färben des Warengutes führt.

Zum Einsatz gelangen neben grenzflächenaktiven Substanzen mit Netzwirkung auch hydrotrop wirkende Verbindungen.

Grenzflächenaktive Substanzen	Hydrotrop wirkende Verbindungen
kurzkettige	Phenol C_6H_5OH
Alkylsulfate	Kresol $C_6H_4OHCH_3$
Polyglykolethersulfonate vom Typ	Phenylbutylether $C_6H_5-O-C_4H_9$
$C_4H_9-O-(CH_2-CH_2-O)_nSO_3Na$	Glykol CH_2-OH | CH_2-OH
hochsulfiertes Ricinolsäuresulfat	Glycerol CH_2-OH | $CH-OH$ | CH_2-OH
	n-Butanol C_4H_9OH

Wichtige Handelsprodukte

	Ionogenität
Inferol HM (VEB Dresden-Chemie)	a
Limpicin OK (VEB Fettchemie Karl-Marx-Stadt)	a
Precomercin (VEB Agrotex)	a
Mercerol GV und QW (Sandoz)	a

14.3.2.4. Walkhilfsmittel

Grundlage des Walkens bildet die Filztendenz der Wolle. Diese ist bedingt durch die Schuppenstruktur der Oberfläche des Faserstoffes.
Die filzende Eigenschaft wird zur Verdichtung des Wollgewebes ausgenutzt. Um Faserschädigungen zu vermeiden, nimmt man heute kaum noch eine alkalische Walke vor, sondern arbeitet meist im neutralen Medium bzw. bei hohen Walkeffekten im sauren Medium mit Ameisen- oder Essigsäure unter Zusatz von Gleitmitteln. Als Walkhilfsmittel eignen sich ganz besonders bestimmte Tenside, jedoch auch nichtgrenzflächenaktive Stoffe nach folgender Einteilung:

1. Tenside
   primäre Alkylsulfonate
   nichtionogene WAS und auch entsprechende Netzmittel
2. Nichtgrenzflächenaktive Stoffe
   wasserlösliche Cellulosederivate, die in Kombination mit Tensiden eingesetzt werden, woraus ein guter Walkeffekt resultiert

reib- und naßechtheitsverbessernde Verbindungen, die das Ausbluten von Farbstoffen durch deren Adsorption verhindern
Kaolin $Al_2O_3 \cdot 2SiO_2 \cdot 2H_2O$
Al-Silikattypen
Beide werden in Kombination mit Tensiden eingesetzt.

Wichtige Handelsprodukte

Aggressol CSA (VEB Dresden-Chemie) zu 2. anionaktiv
Ditalan HDS (VEB Fettchemie Karl-Marx-Stadt) zu 1. anionaktiv
Spellin W (VEB Fettchemie Karl-Marx-Stadt) zu 1. anionaktiv
Levapon CA (Bayer) anionaktiv
Levapon AL konz. (Bayer) anionaktiv
Resolin NPC (Sandoz) und Walkpaste AC (Chemapol)

14.3.2.5. Bleichhilfsmittel

1. Säuren, Basen, Salze

Über den Einsatz wichtiger Säuren, Basen und Salze als Bleichhilfsmittel gibt Tabelle 38 Auskunft.

Tabelle 38: Einsatz von Säuren, Basen und Salzen als Bleichhilfsmittel

Name des Bleichhilfsmittels	Formel	Einsatz	vgl. Abschnitt
Essigsäure	CH_3COOH	Zusatzmittel beim Bleichen von Acetat-, PAN-, PA- und PE-Faserstoffen mit $NaClO_2$	2.4.2.
Ameisensäure	$HCOOH$	Zusatzmittel beim Bleichen von PE-Faserstoffen mit $NaClO_2$ sowie zur Einstellung des pH-Wertes des Bleichbades auf 3,2...3,5	2.4.1.
Oxalsäure	$(COOH)_2$	Zusatzmittel beim Bleichen von PE-Faserstoffen mit $NaClO_2$	2.4.3.
Ammoniumhydroxid	NH_4OH	Zusatzmittel beim Bleichen von Wolle mit Wasserstoffperoxid H_2O_2	3.3.3.
Natronlauge	$NaOH$	Zusatzmittel beim Bleichen von Cellulosefaserstoffen mit Wasserstoffperoxid H_2O_2	3.3.2.
Natriumcarbonat	Na_2CO_3	Hilfsmittel beim Bleichen von Cellulosefaserstoffen mit NaClO (Natronbleichlauge) zwecks pH-Stabilisierung des Bleichbades	4.5.12.
Magnesiumsilikat	$MgSiO_3$	Stabilisiermittel der H_2O_2-Flotte	
Wasserglas (Natrium- und Kaliumsilikat)	Na_2SiO_3 K_2SiO_3	beim Bleichen von Wolle und beim Bleichen mit Perboratflotten	

2. Tenside

Als Tenside werden meist gute Netzmittel, besonders beim Arbeiten in kalten Bleichflotten, eingesetzt, damit der Netzvorgang möglichst schnell vonstatten geht. Diese Netzmittel dürfen kein Chlor verbrauchen.
Man verwendet anionaktive und nichtionogene Tenside. Besonders hohe Netzwirkung haben Tenside mit kurzem, verzweigtem hydrophobem Molekülteil (»Rapidnetzer«).

14.3.2.6. Carbonisierhilfsmittel

Wie bei den bisher genannten Vorbehandlungsprozessen spielt auch im Carbonisierprozeß von Wolle mit Schwefelsäure das Netzen die wichtigste Rolle. Während dieses Prozesses sind pflanzliche Bestandteile zu beseitigen. Danach richten sich auch die einzusetzenden Hilfsmittel: säurebeständige Netzmittel. Daneben ist auch eine Schutzkolloidwirkung der Produkte zu berücksichtigen.
Geeignet hierfür sind:

hochsulfierte Öle
Alkylarylsulfonate
nichtionogene Netzmittel mit hoher Säurebeständigkeit
sekundäre Alkylsulfonate
kationaktive Pyridin-Derivate

14.3.3. Appreturmittel für die Füll- und Griffappretur

1. Stärke und Stärkederivate (vgl. 14.4.2.2.)
   In Frage kommen Stärkemethylether, Stärkeethercarbonsäuren und deren Na-Salze sowie oxyalkylierte Stärkeether.
2. Cellulosederivate (vgl. 14.4.3.)
   Im Gegensatz zu Cellulose und Stärke haben deren Derivate je nach dem Grad der chemischen Veränderung bessere Wasserlöslichkeit und somit Auswaschbarkeit.
3. Eiweißprodukte (vgl. 14.4.4.)
4. Stärke-Formaldehyd-Kondensation
   Bei dieser Technologie sind mit Stärke gefüllte textile Flächengebilde mit Formaldehyd bei 100 °C nachzubehandeln, um die Stärkemoleküle über Methylenbrücken unter gleichzeitigem Wasseraustritt zu vernetzen und damit eine Molekülvergrößerung hervorzurufen.

$$\begin{array}{l} \boxed{\text{Stärke}}-CH_2O\,H \\ \qquad\qquad\qquad + O{=}CH_2 \\ \boxed{\text{Stärke}}-CH_2O\,H \end{array} \rightarrow \begin{array}{l} \boxed{\text{Stärke}}-CH_2-O \\ \qquad\qquad\qquad\quad | \\ \qquad\qquad\qquad CH_2 + H_2O \\ \qquad\qquad\qquad\quad | \\ \boxed{\text{Stärke}}-CH_2-O \end{array}$$

2 Mol Stärke   Formaldehyd

Diese Vernetzung mit Molekülvergrößerung erhöht die Waschbeständigkeit entscheidend. Die Vernetzungsreaktion wird mit Katalysatoren in Form sauerreagierender

NH_4-Salze vorgenommen. Da je Glukosering (α — Glukose) in der Stärke 3 OH-Gruppen vorhanden sind, ist eine räumliche Vernetzung sehr wahrscheinlich. Dieses Verfahren ist jedoch ökonomisch sehr aufwendig und wird nur der Vollständigkeit halber aufgezeigt.

5. Stärke-Formaldehyd-Harnstoff-Kondensation

Auch hier handelt es sich um eine Vernetzungsreaktion zwischen Stärke und Dimethylolharnstoff, der aus zwei Molekülen Formaldehyd und einem Molekül Harnstoff zusammengesetzt ist (Additionsreaktion).

$$\begin{array}{l} NH_2 \\ | \\ C{=}O \\ | \\ NH_2 \end{array} + \begin{array}{l} O{-}CH_2 \\ \\ \\ \\ O{-}CH_2 \end{array} \longrightarrow \begin{array}{l} NH-CH_2OH \\ | \\ C{=}O \\ | \\ NH-CH_2OH \end{array}$$

Harnstoff — Dimethylolharnstoff

Da die Anlagerung sehr langsam vonstatten geht, entsteht zunächst erst Monomethylolharnstoff und dann erst Dimethylolharnstoff. Die Reaktion läuft unter Zusatz alkalisch reagierender Salze (Katalysator) ab.

$$\boxed{\text{Stärke}}-CH_2\,\boxed{OH+H}\,O{-}CH_2{-}NH{-}CO{-}NH{-}CH_2\,\boxed{OH+H}\,O{-}CH_2-\boxed{\text{Stärke}}$$

Stärke — Dimethylolharnstoff — Stärke

$$\downarrow$$

$$\boxed{\text{Stärke}}-CH_2O{-}CH_2{-}NH{-}CO{-}NH{-}CH_2{-}O{-}CH_2-\boxed{\text{Stärke}}$$

Wie zu ersehen ist, kommt es zur Molekülvergrößerung und damit zu einer höheren Waschbeständigkeit sowie zu einer Echtheitsverbesserung der Färbung oder des Druckes. Eine räumliche Vernetzung ist ebenfalls gegeben.

6. Stärke-Formaldehyd-Melamin-Kondensation

$$C_3N_3(NH_2)_3 + 6\,CH_2O \longrightarrow C_3N_3[N(CH_2OH)_2]_3$$

2,4,6-Triamino-1,3,5-triazin Melamin — Formaldehyd — Hexamethylolmelamin

$$C_3N_3[N(CH_2{-}O{-}CH_2{-}\boxed{\text{Stärke}})_2]_3 + 6\,H_2O$$

Vernetzungsprodukt zwischen 6 Molekülen Stärke mit einem Molekül Hexamethylolmelamin unter Austritt von 6 Molekülen Wasser.

7. Eiweiß-Formaldehyd-Kondensation

Bei dieser Füll- und Griffappretur werden die Eiweißprodukte mit Formaldehyd behandelt und ihr Molekül über Methylenbrücken vergrößert. Dies geschieht an den endständigen Aminogruppen des betreffenden Eiweißproduktes unter Austritt von Wasser. Auch hier ist eine größere Vernetzung möglich, wodurch Farbechtheiten und Scheuerbeständigkeit der Wolle wesentlich erhöht werden.

8. Produkte auf Basis Fettsäure-Paraffin-Emulsion

Hierbei geht es besonders darum, textilen Faserstoffen einen fülligen Griff, Weichheit sowie Glätte zu verleihen. Angewendet werden hauptsächlich Verbindungen, die auf Basis Fettsäure-Paraffin in Form von Emulsionen aufgebaut sind. Sie liefern waschbeständige Effekte.

Wichtige Handelsprodukte:

Cappagen II (VEB Fettchemie Karl-Marx-Stadt)
Cappagen L (VEB Fettchemie Karl-Marx-Stadt)
Cappagen O (VEB Fettchemie Karl-Marx-Stadt)
Molian B 30 (Chemapol)

9. Vinylpolymerisat-Typen

Ethylester der Polyacrylsäure

$$\left[\begin{array}{l}-CH_2-\underset{\displaystyle COOC_2H_5}{\underset{|}{CH}}-CH_2-\underset{\displaystyle COOC_2H_5}{\underset{|}{CH}}-\ldots\end{array}\right]_{n/2}$$

Handelsprodukte:

Polyacrylat Schkopau D 312 (VEB Chemische Werke Buna) anionaktiv
Polyacrylat Schkopau D 330 (VEB Chemische Werke Buna) anionaktiv
Polyacrylat Schkopau D 346 (VEB Chemische Werke Buna) nichtionogen

Für Vliesverfestigungen und Kaschierkleber:

Neuperm WF (VEB Fettchemie Karl-Marx-Stadt) verleiht Steifheit, vollen Griff und verbessert die Scheuer- und Einreißfestigkeit.
Synthappret WA (Bayer) N-haltiges Acrylsäurederivat, nichtionogen, Appreturmittel mit Steifeffekt

Kunststoffdispersionen zur Verfestigung von Vliesen:

Acralen AFR (Bayer) Acrylsäureester vernetzbar + Acrylnitril-Kopolymerisat
Acralen AMR, 4266 (Bayer) Acrylester
Acralen AS, ATN, ATR (Bayer) Acrylester-Styrol-Verbindung
Acralen AB (Bayer) Acrylester-Butadien-Styrol-Verbindung
Acralen BS (Bayer) Butadien-Acrylnitril-Styrol-Verbindung
Acralen BN (Bayer) Butadien-Acrylnitril-Verbindung

Zur Hydrophil-Ausrüstung von Synthesefasern mit antistatischem Effekt:

Migafar FS (CIBA-Geigy) reaktives Kopolymerisat auf Acrylbasis

Für Steif- und Füllappretur:

Disapol AA (Chemapol) Emulsion des Mischpolymerisates aus Buthylmethacrylat und Methacrylamid, anionaktiv

Disapol M 1 (Chemapol) Emulsion des Methacrylates
Disapol MS 50 (Chemapol) Emulsion aus Mischpolymerisaten von Methylmethacrylat und Styrol

Polymethylether

$$\left[\begin{array}{l}-CH_2-\underset{\displaystyle O-R}{\underset{|}{CH}}-CH_2-\underset{\displaystyle O-R}{\underset{|}{CH}}-\ldots\end{array}\right]_{n/2}$$

Polyvinylacetat

$$\left[\begin{array}{l}-CH_2-\underset{\displaystyle OOCCH_3}{\underset{|}{CH}}-CH_2-\underset{\displaystyle OOCCH_3}{\underset{|}{CH}}-\ldots\end{array}\right]_{n/2}$$

Handelsprodukte

Steif- und Füllappretur für Cellulose- und Synthesefaserstoffe als Dispersion vorliegend:

Präwozell A-A (VEB Chemische Werke Buna)
Präwozell A-AW (VEB Chemische Werke Buna)
Präwozell A-I und A-IM (VEB Chemische Werke Buna)
Präwozell A-W (VEB Chemische Werke Buna)
Slowilax BD 20 (Chemapol)

Wasserunlösliches Polyvinylchlorid (für Kunstleder)

$$\left[\begin{array}{l}-CH_2-\underset{\displaystyle Cl}{\underset{|}{CH}}-CH_2-\underset{\displaystyle Cl}{\underset{|}{CH}}-\ldots\end{array}\right]_{n/2}$$

Wichtige Handelsprodukte:

Slovinyl EL (Chemapol)

14.3.4. Appreturmittel für die chemische Appretur und Hochveredlung

14.3.4.1. Mottenschutzausrüstung

Für die Mottenschutzausrüstung werden aufgrund unterschiedlicher Wirkungsweise drei Gruppen von Produkten angewendet.
Zur ersten Gruppe gehören Atemgifte, die durch ihren hohen Dampfdruck eine für diese Tiere toxische Gasphase erzeugen. Grundkörper sind Naphthalen, Kampfer und 1,4-Dichlorbenzen sowie 1,3,5-Trichlorbenzen.
Die zweite Gruppe umfassen die Kontaktgifte, die toxisch wirken, sobald die Tiere mit dem Gift in Kontakt kommen.
Die letzte und bedeutendste Gruppe sind die Produkte vom Typ Woguman®, Eulan® (Bayer) und Mitin® (CIBA-Geigy). Diese Mittel gehen gleichzeitig durch funktionelle

chemische Gruppen am Molekül mit der Wolle eine echte chemische Bindung ein und liefern deshalb einen permanenten wasch- und chemischreinigungsbeständigen Mottenschutz.
In der textilchemischen Technologie spielen folgende Strukturen eine Rolle:

Eulan neu®

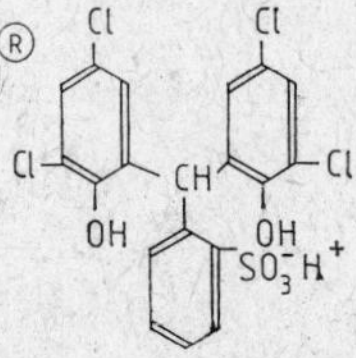

3,5-3′,5′-Tetrachlor-2,2′-dioxy-triphenylmethan-2″-sulfonsäure

Eulan NK®

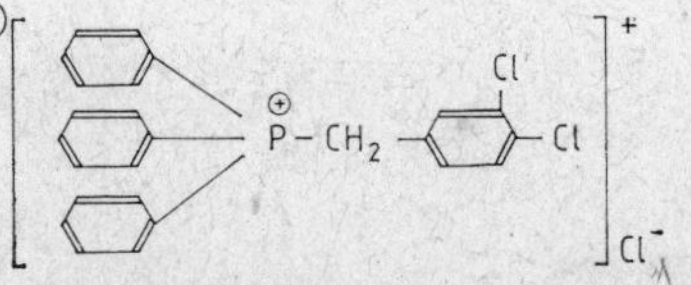

Triphenyl-3,4-dichlorbenzyl-phosphoniumchlorid
Eulan NK® zieht neutral auf die Wollfaser, Atemgift

Eulan NC®

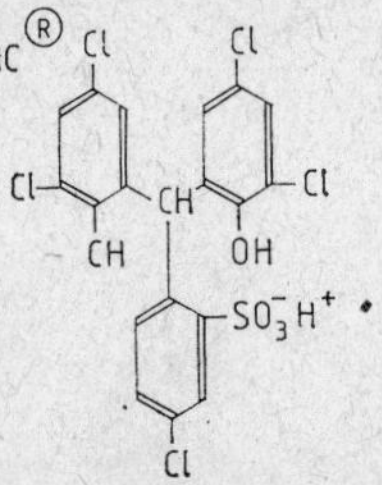

3,5-3′,5′-4″-Pentachlor-2,2′-dioxy-triphenylmethan-2″-sulfonsäure

Eulan BL®

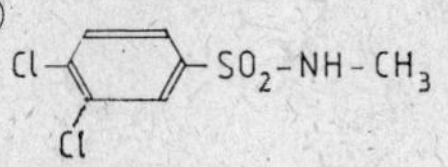

3,4-Dichlor-benzen-N-methyl-sulfonamid (lösungsmittellöslich)

Eulan WA®

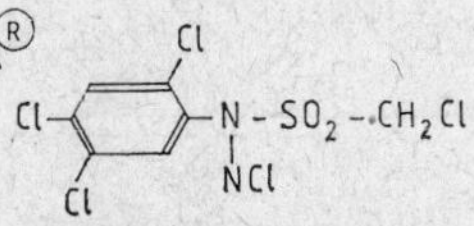

Sulfonamidkörper

Eulan U 33® Cl– –$SO_3^-H^+$
–O
–NH–C–NH– –Cl
‖
O –Cl

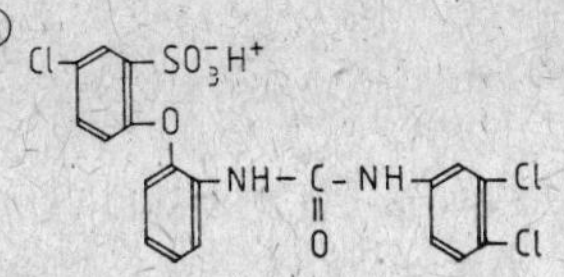

Beide Produkte sind beständig gegen Kochtemperatur, Chromsalze, Oxydations- und Reduktionsmittel

Mitin FF® Cl– –$SO_3^-H^+$
–O
–NH–C–NH– –Cl
‖
O –Cl
Cl

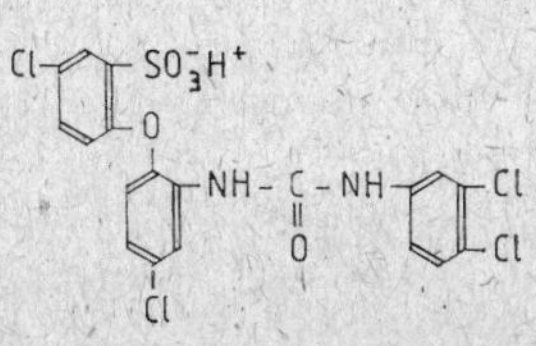

Für den Motten- und Teppichkäferschutz werden 1% und für den Pelzkäferschutz 1,5% – bezogen auf die Warenmasse – von den genannten Mitteln zugesetzt.
Aus den Strukturen ist zu ersehen, daß es sich bei den meisten Verbindungen um anionische Produkte handelt. Ihre Netz- und Egalisierwirkung sind gut. Zusatz kationischer Verbindungen führt zu Ausfällungen. Der Zusatz nichtionogener THM verringert die Affinität des Mottenschutzmittels.

Nachweis von Woguman FN durch die $AlCl_3$-Methode

3 g Wolle werden genau abgewogen und mit einem Lösungsmittelgemisch aus einem Teil Ether und einem Teil Methylenchlorid extrahiert. Der Extrakt wird 30 min bei 80 °C getrocknet und anschließend in 10 cm^3 wasserfreiem Benzen gelöst.
Danach pipettiert man in 3 Reagenzgläser jeweils von den 10 cm^3 eine Menge von:

1. Reagenzglas 4 cm^3
2. Reagenzglas 1,34 cm^3 und
3. Reagenzglas 0,5 cm^3

Reagenzglas 2 und 3 werden mit wasserfreiem Benzen auf genau 4 cm^3 aufgefüllt.
Als Vergleichsstandardlösung wird eine benzenhaltige Woguman-FN-Lösung mit 0,025 Masse-% von ebenfalls 4 cm^3 angesetzt. Anschließend werden jeder Lösung 0,2 g wasserfreies Aluminiumsulfat zugesetzt und jedes Reagenzglas gut geschüttelt. Bei diesem Zusatz darf keine Erwärmung des Benzens eintreten. Nach einer Stunde Wartezeit werden alle Lösungen in den Reagenzgläsern gegen die rosa bis violett gefärbte Standardlösung verglichen und beurteilt.
Gleich stark gefärbte Lösungen sind wogumanhaltig, weniger stark gefärbte enthalten kein Woguman [46].

Mitin FF-Nachweis

Nachweis in der Flotte

10 cm^3 Flotte mit 5 cm^3 NaOH (5%ig) versetzen und 1 cm^3 einer Auramin-Farbstofflösung zusetzen. Bei positiver Reaktion zeigt sich eine starke Gelbfärbung. Je kälter die Probe ist, um so intensiver zeigt sich diese Färbung. Beobachtet man die Reaktion unter UV-Licht, kann man eine gelbgrüne Fluoreszenz feststellen. Der Flotte dürfen keine weiteren Textilhilfsmittel zugesetzt worden sein, da sonst diese Reaktion gestört wird.

Nachweis auf der Faser

10 g Wollkammzug oder Fasermaterial aus Wolle werden in 2,5%iger Natronlauge, 1:1 gemischt mit dest. Wasser, eingelegt. Das gleiche Material wird dazu als Vergleichsmuster mit 5%iger Natronlauge und 0,2 g · l^{-1} Auramin-Farbstofflösung behandelt. Das Muster wird mit einem Glasstab gut im Becherglas bewegt. Ist die Reaktion positiv, so färbt sich das Muster in der alkalisch gestellten Auramin-Farbstofflösung gelbgrün an. Unter UV-Licht kann man wiederum ein gelbgrünes Aufleuchten feststellen.

Wichtige Handelsprodukte

Woguman FN (VEB Chemisches Kombinat Bitterfeld)
Eulan U 33 (Bayer)
Eulan WA (Bayer)
Eulan-Asept P (Bayer)
Mitin FF (CIBA-Geigy)
Mitin NWE (CIBA-Geigy)

14.3.4.2. Appreturmittel zur Antifilzausrüstung

Fasertechnologische Betrachtungen zur Ursache des Filzens von Wolle

Unterwirft man Wollfasern in wäßrigem Medium einer mechanischen Beanspruchung durch Druck, Schub oder Zug, so tritt ein Verschlingen der textilen Faserstoffe ein, das man als Filzen bezeichnet. An der isoionischen Zone ist das Filzen am wenigsten ausgeprägt, zeigt sich aber deutlich im alkalischen und besonders auffällig im sauren Medium.
Der Filzvorgang ist ein Vorgang komplexer Art, für den mehrere Faktoren verantwortlich sind: *Mechanische Bewegung* und *Schuppenstruktur* (halbgrobe oder grobe Wollen filzen nur wenig, ebenso Reißwollen).
Die durchschnittliche Schuppenzahl der Wollfaser beträgt etwa 100 Schuppen je Millimeter. Da die Schuppenenden spitzenwärts gerichtet sind, die Schuppen daher in Richtung der Faserspitze als »Sperrklinken« fungieren, bewegen sich bei mechanischer Beanspruchung die Fasern einseitig wurzelwärts. Diese einseitige Bewegung führt schließlich zu vielfachem Verschlingen der Wollfasern, wodurch ein Filz entsteht.
Das Verschlingen wird durch die natürliche Kräuselung als Folge der bilateralen Struktur besonders der feineren Wollen erleichtert.
Der zweite Faktor des Filzens ist bedingt durch das Wasser. Wasser wirkt als Quell- und Gleitmittel, unterstützt durch evtl. Zusätze von Tensiden bzw. spezieller Walkmittel als Tensidkombinationen. Durch Einwirkung organischer Lösungsmittel tritt keine Filztendenz ein.
Der dritte und vierte Faktor sind schließlich die *Temperatur* und der *pH-Wert.* Da mit steigender Temperatur die Lockerung der Wasserstoffbrücken und auch die Spaltung von chemischen Bindegliedern im Keratin der Wolle zunimmt, wird der Filzprozeß durch Temperaturerhöhung gefördert, soweit nicht zu alkalisch gearbeitet wird.
Bis *p*H-Wert 10 nimmt die Filztendenz der Wolle sehr stark zu, bei $pH > 11$ nimmt diese dann durch starke Veränderung der Kutikula wieder ab.
Durch das Walken beim *p*H-Wert < 4 mit Schwefel-, Ameisen- oder Essigsäure wird ein sogenannter Kernfilz erzeugt. Diese Technologie wird dann angewandt, wenn eine sehr schnelle und starke Verfilzung erforderlich ist. Daraus resultiert ein härterer Griff des Wollerzeugnisses gegenüber der alkalischen Walke.

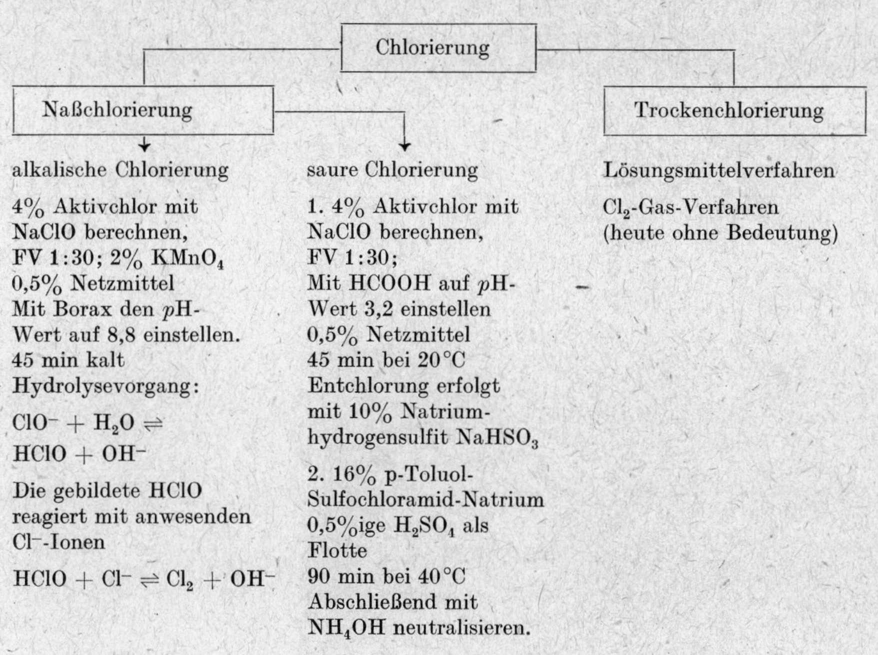

Chlorierung
Naßchlorierung
Trockenchlorierung
alkalische Chlorierung
4% Aktivchlor mit NaClO berechnen,
FV 1:30; 2% $KMnO_4$
0,5% Netzmittel
Mit Borax den pH-Wert auf 8,8 einstellen.
45 min kalt
Hydrolysevorgang:
$ClO^- + H_2O \rightleftharpoons HClO + OH^-$
Die gebildete HClO reagiert mit anwesenden Cl^--Ionen
$HClO + Cl^- \rightleftharpoons Cl_2 + OH^-$
saure Chlorierung
1. 4% Aktivchlor mit NaClO berechnen,
FV 1:30;
Mit HCOOH auf pH-Wert 3,2 einstellen
0,5% Netzmittel
45 min bei 20 °C
Entchlorung erfolgt mit 10% Natriumhydrogensulfit $NaHSO_3$
2. 16% p-Toluol-Sulfochloramid-Natrium
0,5%ige H_2SO_4 als Flotte
90 min bei 40 °C
Abschließend mit NH_4OH neutralisieren.
Lösungsmittelverfahren
Cl_2-Gas-Verfahren
(heute ohne Bedeutung)

Wegen einer möglichen Faserschädigung ist bei der Chlorierung die Chloraminbildung von Bedeutung.

$$2\,R{-}\underset{\displaystyle NH_2}{\underset{|}{CH}}{-}COOH + 3\,HClO \rightarrow 2\,R{-}\underset{\displaystyle O}{\underset{\|}{C}}{-}COOH + 2\,NH_2Cl + HCl + H_2$$

α-Ketosäure Chloramin

oder:

$$R{-}\underset{\displaystyle NH_2}{\underset{|}{CH}}{-}COOH + HClO \rightarrow R{-}\underset{\displaystyle NH{-}Cl}{\underset{|}{CH}}{-}COOH + H_2O$$

Sowohl Chloramine als auch α-Ketosäuren zerfallen in Aldehyde:

$$R{-}\underset{\displaystyle NHCl}{\underset{|}{CH}}{-}COOH \xrightarrow[+H_2O]{} R{-}CHO + CO_2\uparrow + NH_3\uparrow + HCl$$

$$R{-}\underset{\displaystyle O}{\underset{\|}{C}}{-}COOH \rightarrow R{-}CHO + CO_2\uparrow$$

Wichtige Handelsprodukte

Basolan SW (BASF)
Basolan DC (BASF)
Nikrulan HW fl. (Casella)

Kunstharzeinlagerungen
mit Harnstoff-Methylol-Vorkondensaten
mit Methylolmelaminharz-Vorkondensaten
mit Polyvinylderivaten
mit Silikonen

wichtige Handelsprodukte

Synthappret LKF mit Emulgator LKF (Bayer)	Filzfreiausrüstungsmittel mit
Synthappret LW Weichmacher für LKF (Bayer)	gleichzeitiger Verminderung der Pilling-Bildung

Eiweißfettsäurekondensationsprodukte

Als Katalysatoren werden NaCl oder NaBr verwendet. Eiweißfettsäurekondensationsprodukte stellen gute Cl-Binder dar. Vor allem leidet nicht der Griff der Ware, wie dies bei den Kunstharzeinlagerungen der Fall ist.

3,75% Eiweißfettsäurekondensationsprodukt
2,5% Aktivchlor
10 g · l^{-1} NaCl

---

mit H_2SO_4 auf *p*H 1,8...2,0 einstellen (Bild 14/1).

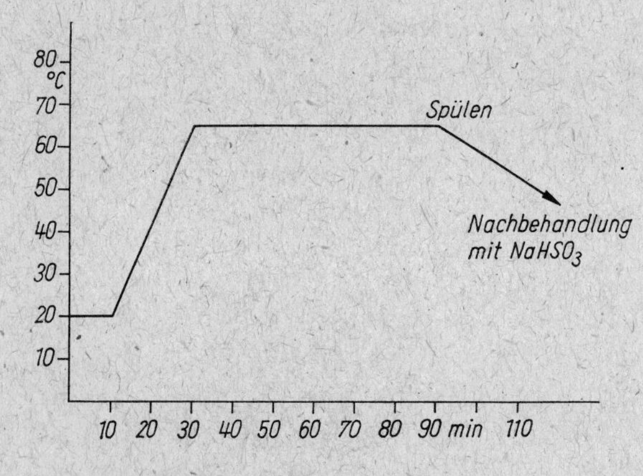

Bild 14/1: Zeit-Temperatur-Schema der Antifilzausrüstung mit Eiweißfettsäurekondensationsprodukten

Hochmolekulare kationaktive Amine

Diese Verbindungen stellen ausgezeichnete Chlorüberträger dar. Bei Anwendung entsteht in Gegenwart von Aktivchlor, NaCl, Schwefelsäure und einem nichtionogenen Netzmittel (*p*H-Wert 2) ein kolloides Reaktionsprodukt, das bei der Behandlung langsam und gleichmäßig Chlor an die Wollfaser abgibt. Die Temperatur beträgt etwa 40...50 °C.
Nach der Chlorierung ist eine Entchlorung erforderlich, danach wieder gründliches Spülen.

Bestimmung des aktiven Chlorgehalts der Flotte

50 cm^3 Flotte des Chlorierungsbades werden mit 5 cm^3 einer 10%igen KI-Lösung versetzt und mit einer 0,01 n-$Na_2S_2O_3$-Lösung gegen Stärkeindikator von gelb auf farblos titriert.

Berechnung:

1 cm^3 verbrauchte 0,01 n-$Na_2S_2O_3$-Lösung $\triangleq$ 0,35 mg · 20 = 7 mg · l^{-1} Flotte aktives Chlor

14.3.4.3. Appreturmittel zur Antistatik-Ausrüstung

Diese Produkte dienen dazu, die elektrostatische Aufladung von textilen Faserstoffen, insbesondere Synthesefaserstoffen, herabzusetzen.
Meist sind die Antistatika kationaktive Produkte aus Fettsäurederivaten oder Salzen von Fettsäureamiden in Mischung mit einem Fettsäureester. Diese Lösungen zeigen meist einen *p*H-Wert-Bereich um 6,5...7 und sind nicht beständig gegen Basen.
Bekannt sind auch Morpholin-Derivate, die besonders zur Entstatisierung von Polyacrylnitrilfaserstoffen dienen:

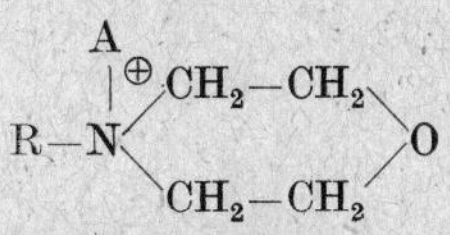

$$R-\overset{\overset{A}{|}\oplus}{N}\langle\begin{matrix}CH_2-CH_2\\ CH_2-CH_2\end{matrix}\rangle O$$

niederes Alkyl

A Anion

R hydrophober Rest mit 11 bis 20 C-Atomen in der Kette

Ebenso können Polyglykol-methylol-triazin-Körper als nichtionogene Antistatika eingesetzt werden. Die Kondensationstemperatur beträgt dabei etwa 130 °C. Diese Produkte zeigen eine gute Waschbeständigkeit, so auch das Permastat 17®.
Einen guten antistatischen Effekt kann man auch mit kationaktiven quarternierten Acrylsäureverbindungen erhalten, wie z. B. mit dem Produktentyp Volturin P®.

14.3.4.4. Appreturmittel zur flammhemmenden Ausrüstung

1. Allgemeines

Die flammhemmende Ausrüstung soll bewirken, daß alle dafür eingesetzten Produkte bei Näherung einer Flamme an den textilen Faserstoff eine Gasphase bilden, die die Flammenwirkung herabsetzt bzw. verringert.
Auch hier unterscheidet man Verbindungen, die nicht oder nur sehr wenig, andere dagegen sehr waschbeständig sind.
Es ist unbedingt darauf zu achten, daß es bei der Ausrüstung nicht zu einer Schädigung des textilen Faserstoffes kommt, das gilt besonders für Cellulosefaserstoffe wie Baumwolle und Viskosefaser.

2. Nichtwaschbeständige Verbindungen

Diammoniumphosphat
Borsäure und Borate
Na-Silikate

Sie können einzeln eingesetzt werden, aber auch in Kombination, wodurch die Wirkung noch erhöht wird.

Wichtige Handelsprodukte:
Cubimet AH (VEB Fettchemie Karl-Marx-Stadt)

Flovan BU (CIBA-Geigy)
Flovan CG (CIBA-Geigy)
Akaustan A (BASF)

3. Waschbeständige Verbindungen

Mischung von $TiCl_2$ und $SbCl_3$

Wirkungsweise

$TiCl_2 + 2H_2O \rightarrow Ti(OH)_2\downarrow + 2HCl$

$SbCl_3 + 3H_2O \rightarrow Sb(OH)_3\downarrow + 3HCl$

Kunstharze

Ein Typ dieser Gruppe ist auf der Basis von Tetramethylolphosphoniumchlorid aufgebaut [23].

$$\left[(HOCH_2)_2\overset{\oplus}{P}(CH_2OH)_2\right]^+ Cl^-$$

Tetramethylolphosphoniumchlorid

Emulsionen

Sb_2O_3 wird in einem Weichmacher dispergiert und diese Dispersion mittels eines Emulgators in Wasser emulgiert. Der erhaltenen Emulsion wird Polyvinylchlorid, Polyvinylidenchlorid oder eine Mischung aus beiden Polymerisatprodukten zugesetzt.

Wichtiges Handelsprodukt

Pyrovatex (CIBA-Geigy) nichtionogen

14.3.4.5. Appreturmittel zur Quellfest- und Knitterarmausrüstung

1. Vernetzung der Cellulosemoleküle über Methylenbrücken durch Aldehydverbindungen

$$\begin{matrix} \text{Cellulose}-CH_2-OH \\ \\ \text{Cellulose}-CH_2-OH \end{matrix} + \underset{\text{Formaldehyd}}{O=CH_2} \rightarrow \begin{matrix} \text{Cellulose}-CH_2-O \\ | \\ CH_2 \\ | \\ \text{Cellulose}-CH_2-O \end{matrix} + H_2O$$

Vernetzungsreaktion durch Blockierung funktioneller OH-Gruppen der Cellulose in den ungeordneten Bereichen der betreffenden Faserstoffe, damit eine Verringerung der Wasseraufnahme, der Quellung und auch der Knitterneigung des textilen Faserstoffes, insbesondere von Viskosefaserstoffen. Auch mit dem Aldehyd Glyoxal lassen sich solche Vernetzungsreaktionen erzielen.

$$\begin{matrix} C(=O)H \\ | \\ C(=O)H \end{matrix}$$

Wichtige Handelsprodukte

Neuperm GL (VEB Fettchemie Karl-Marx-Stadt)
Formcar FD (VEB Dresden-Chemie)

2. Harnstoff-Formaldehyd-Kondensate (Carbamidharze)

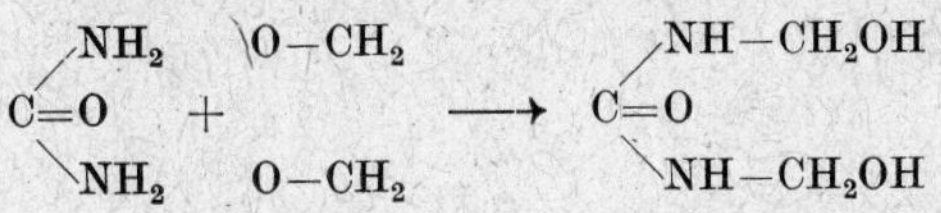

$$\begin{array}{c}\diagup NH_2\\ C{=}O\\ \diagdown NH_2\\ \text{Harnstoff}\end{array} + \begin{array}{c}O-CH_2\\ \\ O-CH_2\\ \text{Formaldehyd}\end{array} \longrightarrow \begin{array}{c}\diagup NH-CH_2OH\\ C{=}O\\ \diagdown NH-CH_2OH\\ \text{Dimethylolharnstoff}\end{array}$$

$$\begin{array}{c}NH-CH_2OH\\ C{=}O\\ |\\ NH-CH_2OH\end{array} + \begin{array}{c}HN-CH_2OH\\ |\\ C{=}O\\ |\\ HN-CH_2OH\end{array} \rightarrow \begin{array}{c}HN-CH_2-N-CH_2OH\\ |\qquad\quad |\\ C{=}O\qquad C{=}O\\ |\qquad\quad |\\ HN-CH_2-N-CH_2OH\end{array} + 2\,H_2O$$

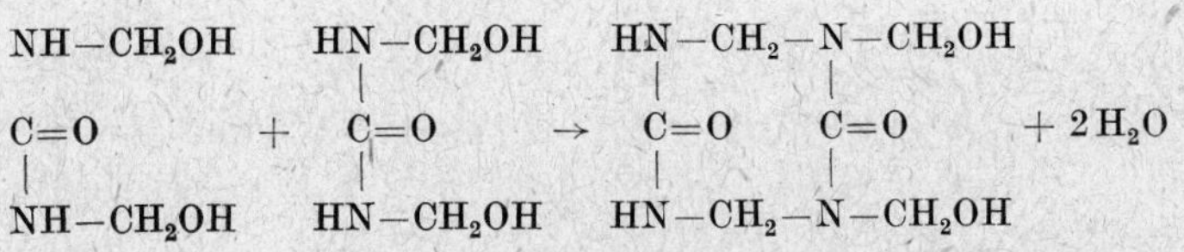

Methylol-methylenharnstoff

$$\xrightarrow[\text{Polykondensation}]{} \begin{array}{c}-N-CH_2-\\ |\\ C{=}O\\ |\\ N-CH_2-\end{array}\left[\begin{array}{c}N-CH_2\\ |\\ C{=}O\\ |\\ N-CH_2\end{array}\right]_n\begin{array}{c}-N-CH_2\ldots\\ |\\ C{=}O\\ |\\ -N-CH_2\ldots\end{array} + n\,H_2O$$

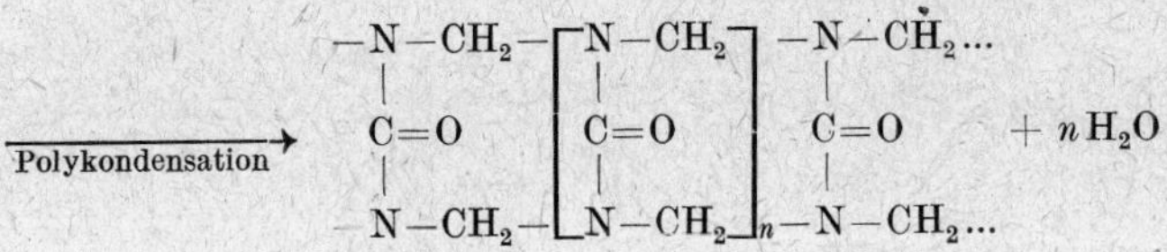

Polymethylenharnstoff (methylolhaltig)

Endvernetzungsprodukt

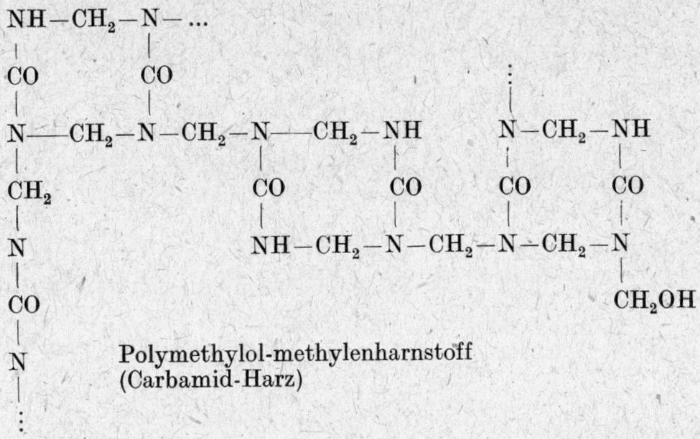

```
NH—CH2—N—...
|      |
CO     CO                          :
|      |                           |
N——CH2—N—CH2—N——CH2—NH             N—CH2—NH
|            |      |              |     |
CH2          CO     CO             CO    CO
|            |      |              |     |
N            NH—CH2—N—CH2—N—CH2—N
|                                        |
CO                                       CH2OH
|
N       Polymethylol-methylenharnstoff
|       (Carbamid-Harz)
:
```

Die Imprägnierflotte ist schwach alkalisch einzustellen, um eine Vorkondensation zu verhindern.

Katalysatoren: NH_4NO_3, $(NH_4)_2HPO_4$, $ZnCl_2$, CH_3COONH_4

Freies Formaldehyd erzeugt zusätzliche Vernetzung mit der Cellulose.

Trimethylaminbildung (Fischgeruch) $N(CH_3)_3$

Bei der Umsetzung von Ammoniak NH_3 aus Harnstoff $\begin{matrix} NH_2 \\ | \\ C=O \\ | \\ NH_2 \end{matrix}$ mit Formaldehyd werden stufenweise die H-Atome des Ammoniaks durch Methylradikale $-CH_3$ ersetzt.

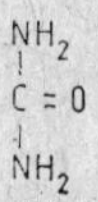

Stufe 1: $2NH_3 + 3CH_2O \rightarrow 2NH_2{-}CH_3 + CO_2 + H_2O$
Monomethylamin

Stufe 2: $2NH_3 + 6CH_2O \rightarrow 2NH(CH_3)_2 + 2CO_2 + 2H_2O$
Dimethylamin

Stufe 3: $2NH_3 + 9CH_2O \rightarrow 2N(CH_3)_3 + 3CO_2 + 3H_2O$
Trimethylamin

Je höher der Formaldehydzusatz ist, desto eher ist eine Trimethylaminbildung möglich. Damit wirkt Harnstoff der Trimethylaminbildung entgegen.
Kondensationstemperatur: 130 °C

Wichtige Handelsprodukte

Neuperm MD (VEB Fettchemie Karl-Marx-Stadt)
Kondensat 8881 (VEB Leuna Werke »Walter Ulbricht«)
Kaurit KF (BASF)
Durozell-Marken (Zschimmer und Schwarz)
Kondensat KN 66 (Eberle)
Finish EN (Sandoz)
Depremol DT (Chemapol)

3. Harnstoff-Melamin-Kondensate

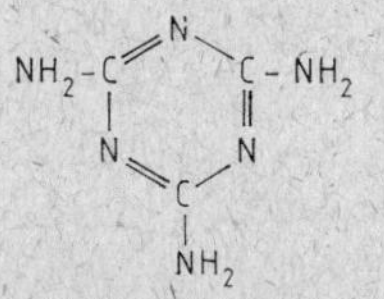

NH2-C(=N-)... (Strukturformeln)

2,4,6-Triamino-1,3,5-triazin (Melamin)

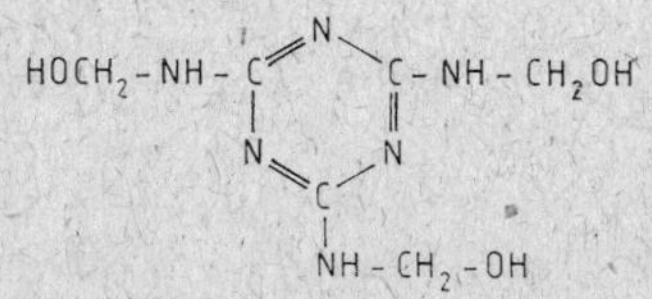

Trimethylol-melamin

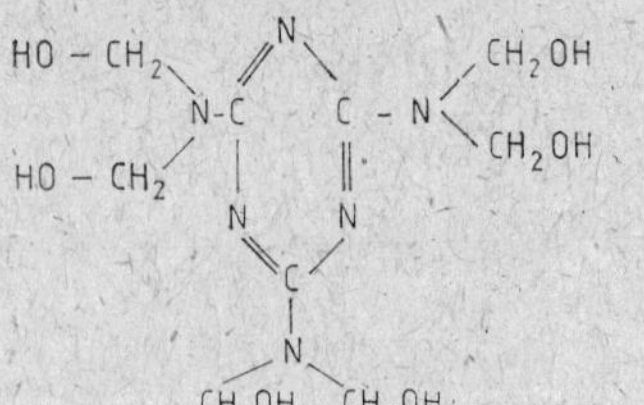

Hexamethylolmelamin

Formaldehyd und aminogruppenhaltige Verbindungen ergeben stabile Vorkondensate.

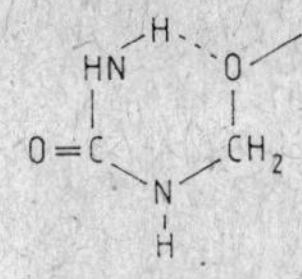

Methylolharnstoff 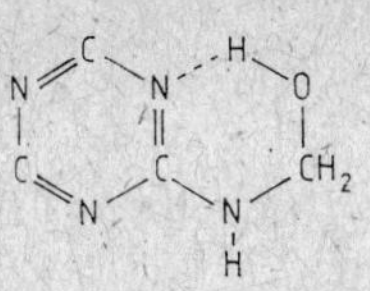 Methylolmelamin

In Gegenwart von H^+-Ionen tritt eine Spaltung der Wasserstoffbrücken ein, worauf die Kondensationsreaktion anläuft. Eine bessere Lagerbeständigkeit haben die Methylether der Methylole.

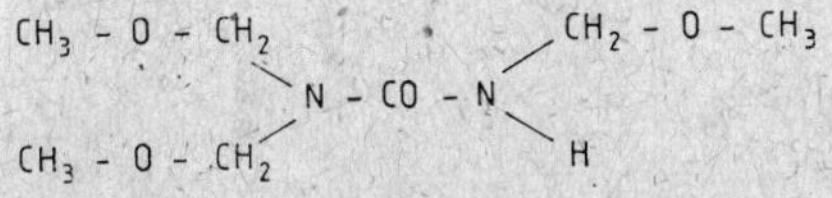

$$(CH_3-O-CH_2)_2N-CO-N(CH_2-O-CH_3)H$$

Trimethoxy-methylharnstoff

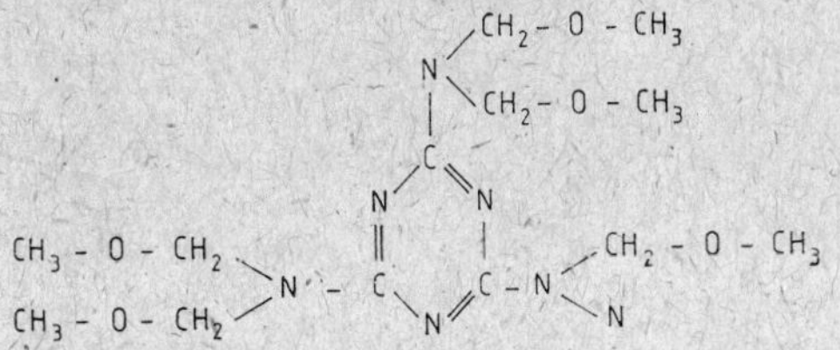

Penta-methoxy-methyl-melamin

Kondensationstemperatur: 150 °C

Wichtige Handelsprodukte

Echtappretur 100 M und 100 M fl. (VEB Dresden-Chemie)
Echtappretur MKH (VEB Dresden-Chemie)
Arigal C (CIBA-Geigy)
Kaurit W (BASF)
Panalon CR (Dupont)
Knittex MF 300 (Pfersee)
Solapret MH (Chemapol)
Depremol DEM (Chemapol)
Cassurit MKF und MLP fl. (Casella)

Katalysatoren:

Katalysator 100 A (VEB Dresden-Chemie) NH_4-Salze } saure
Katalysator ACR (VEB Dresden-Chemie) Me-Salze } Reaktion

4. Reaktantharze

Die Gruppe von Verbindungen zeigt zwar eine geringere Kunstharzbildung, jedoch eine stark erhöhte Bindung mit der Cellulosefaser.

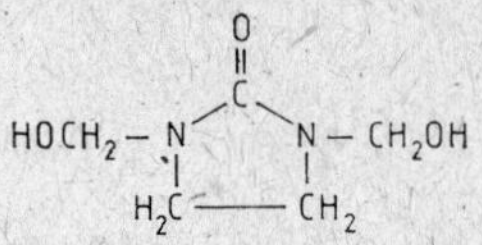

```
            O
            ‖
            C
          /   \
HOCH2 – N       N – CH2OH
        |       |
       H2C ——— CH2
```

Dimethylolethylenharnstoff

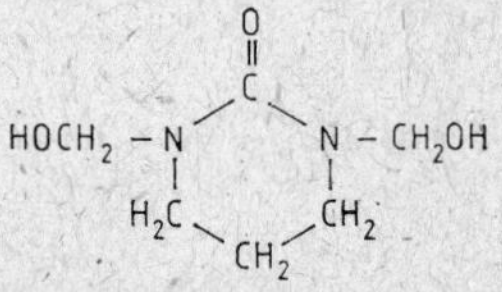

```
            O
            ‖
            C
          /   \
HOCH2 – N       N – CH2OH
        |       |
       H2C     CH2
          \   /
           CH2
```

Dimethylol-propylenharnstoff

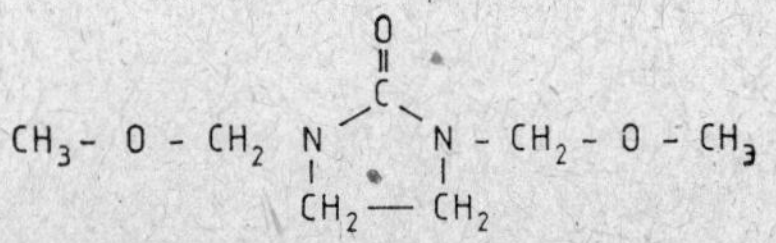

```
                          O
                          ‖
                          C
                        /   \
CH3 – O – CH2 – N       N – CH2 – O – CH3
                |       |
               CH2 ——— CH2
```

Di(methoxy-methyl)-ethylenharnstoff

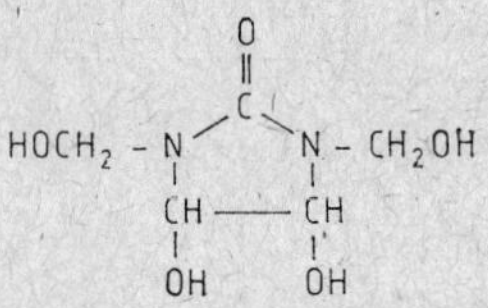

```
            O
            ‖
            C
          /   \
HOCH2 – N       N – CH2OH
        |       |
        CH ——— CH
        |       |
        OH      OH
```

Dimethylol-dihydroxyethylenharnstoff

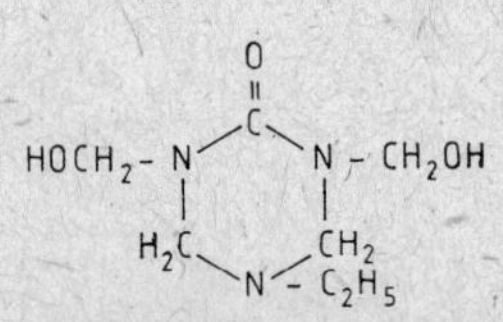

```
            O
            ‖
            C
          /   \
HOCH2 – N       N – CH2OH
        |       |
       H2C     CH2
          \   /
            N – C2H5
```

Dimethylol-ethyl-triazinon

Wichtige Handelsprodukte

Neuperm ON (VEB Fettchemie Karl-Marx-Stadt)
Neuperm GFN (VEB Fettchemie Karl-Marx-Stadt)
Reakt BFR (VEB Dresden-Chemie)
Reakt HE (VEB Dresden-Chemie)
Reakt PP (VEB Dresden-Chemie)

Für Permanent-Press-Ausrüstung:

Mittex LE und LE konz. (CIBA-Geigy) nichtionogen
Lyofix DM (CIBA-Geigy) Triazinderivat
Fixappret TN (BASF)
Finish LCR (Sandoz)

Finish LCRN (Sandoz)
Cassurit PV, RI, LR und BFR (Casella)

5. Dimethylolharnstoff-Adipinsäure-Ester

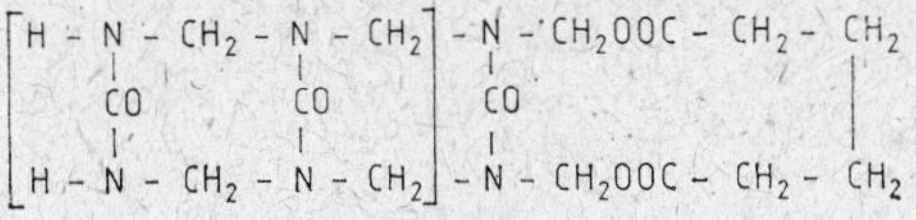

$$\left[\begin{array}{c} H-N-CH_2-N-CH_2 \\ | \qquad\quad | \\ CO \qquad CO \\ | \qquad\quad | \\ H-N-CH_2-N-CH_2 \end{array}\right] \begin{array}{l} -N-CH_2OOC-CH_2-CH_2 \\ \;\; | \qquad\qquad\qquad\qquad\quad | \\ \;\; CO \qquad\qquad\qquad\quad\; | \\ \;\; | \qquad\qquad\qquad\qquad\quad | \\ -N-CH_2OOC-CH_2-CH_2 \end{array}$$

6. Dicyandiamidverbindungen

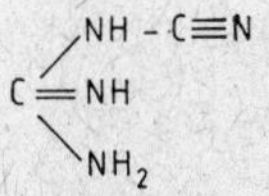

$$C(=NH)(NH-C\equiv N)(NH_2) \qquad C(=O)(NH-CH_2OH)(NH-CH=CH-CH_2OH)$$

Dicyandiamid 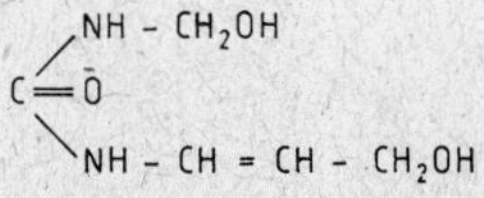 Methylol-allylol-harnstoff

7. Epoxidharze

Das Charakteristische an Epoxidharzen ist, daß diese Verbindungen N-frei sind. Aus diesem Grund weisen sie auch keine Chlorretention auf.

Darstellung

Kohlenwasserstoffe + Formaldehyd + Phenol + Epichlorhydrin

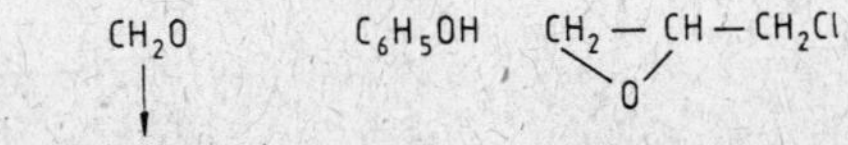

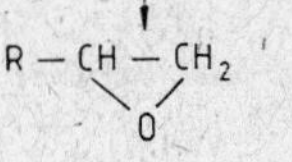

$$CH_2O \qquad C_6H_5OH \qquad CH_2-CH-CH_2Cl \text{ (Epoxid, O zwischen } CH_2 \text{ und } CH)$$

$$CH_2O \downarrow \quad R-CH-CH_2 \text{ (Epoxid, O)}$$

Farblose, nach Chloroform riechende Lösung.

Reaktion mit Cellulosefaserstoffen

$$R-\underset{\diagdown O \diagup}{CH-CH_2} + Cell.-CH_2OH \xrightarrow[\text{Addition}]{} Cell.-CH_2O-CH_2-\underset{OH}{\underset{|}{CH}}-R$$

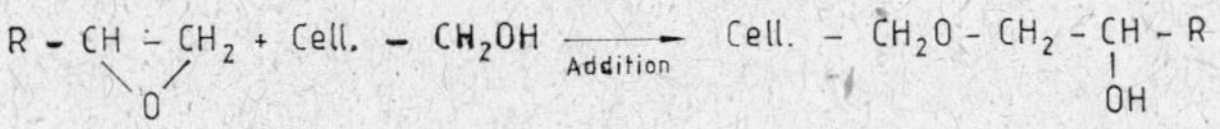

Reaktion mit Aminen bei Wolle

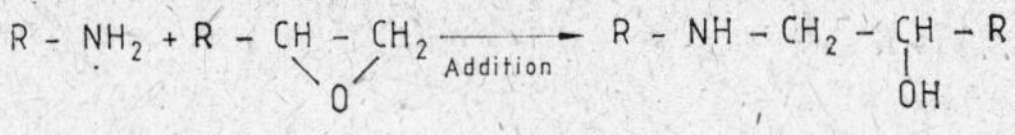

$$R-NH_2 + R-\underset{\diagdown O \diagup}{CH-CH_2} \xrightarrow[\text{Addition}]{} R-NH-CH_2-\underset{OH}{\underset{|}{CH}}-R$$

Beide Reaktionen ergeben Vernetzungserscheinungen.

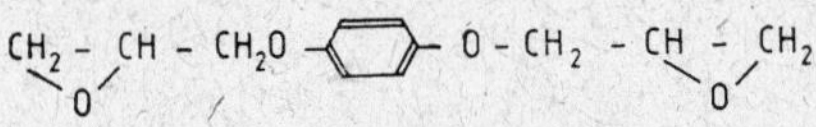

$$\underset{\diagdown O \diagup}{CH_2-CH}-CH_2O-C_6H_4-O-CH_2-\underset{\diagdown O \diagup}{CH-CH_2}$$

Möglichkeit der Bildung einer Diepoxiverbindung

Die Vernetzungsreaktion nieder- oder mittelmolekularer Verbindungen mit Cellulosefaserstoffen, speziell Baumwolle, geschieht bei 150 °C, wobei das Vorkondensat in Wasser emulgiert wird.

```
CH2-CH-CH2-O-R-[O-CH2-CH-CH2]n -O-CH2-CH-CH2 + Cell.-CH2OH
  \ /                   |              \ /
   O                    OH              O
                        | Addition
Cell.-CH2O-CH2-CH-CH2-O-R-[O-CH2-CH-CH2]n-[O-CH2-CH-CH2-OCH2-Cell.]
               |                 |             |
               OH                OH            OH
                        | Endvernetzung (Rohkondensation)
Cell.-CH2O-CH2-CH-CH2-O-R-O-CH2-CH-CH2-O-R-O-CH2-CH-CH2-OCH2-Cell.
               |                |               |
               O                O               O   + n H2O
               |                |               |
Cell.-CH2O-CH2-CH-CH2-O-R-O-CH2-CH-CH2-O-R-O-CH2-CH-CH2-OCH2-Cell.
```

Der Nachweis der Epoxigruppe erfolgt so, daß man

10 Teile LiCl in
5 Teilen H_2O löst und
1 bis 2 Tropfen Phenolphthalein hinzugibt

Diese Lösung versetzt man mit gereinigtem Methylglykol (85%ig). Beim Erhitzen erfolgt bei Anwesenheit von Epoxiverbindungen Bildung von LiOH, das mit dem Phenolphthalein eine Rotfärbung ergibt.

```
R - CH - CH2 + LiCl ——→ - R - CH - CH2 + LiOH
     \   /                    |    |
       O                      OH   Cl
```

8. Procionkunstharzverfahren®

Mit dem Procionkunstharzverfahren® ist es möglich, bei Baumwolle den Färbeprozeß mit Reaktivfarbstoffen unmittelbar mit dem Knitterarmausrüstungsprozeß zu koppeln. Das gesamte Verfahren beruht auf der Bindung von Reaktivfarbstoffen als Chlortriazintypen im sauren Medium (*p*H-Wert 3,5...4,5) mit den Hydroxylgruppen (–OH) der Stickstoffharze (Vergleiche hierzu die Bindung von Reaktivfarbstoffen an die Cellulosefaser).

Arbeitsgänge

Klotzen (Farbstoff + Vorkondensat)	Katalysatoren
↓	
Trocknen	KH_2PO_4
↓	
Kondensieren (160 °C)	H_3PO_4
↓	
Nachwaschen (30 min bei 90 °C) (mit 3...5 g · l^{-1} Soda)	Citronensäure[1]) oder Weinsäure[2])

---

[1]) Citronensäure

```
      CH2-COOH
      |
HO-C-COOH
      |
      CH2-COOH
```

Salze: Citrate

[2]) Weinsäure

```
HO-CH-COOH
      |
HO-CH-COOH
```

Salze: Tartrate

Zwei wichtige Typen von Vorkondensaten sind

```
        CH2——CH2
        |        |
HO—CH2—N—CO—N—CH2OH          und
```

Dimethylol-ethylenharnstoff

```
     HO—CH——CH—OH
        |      |
HO—CH2—N—CO—N—CH2OH
```

Dimethylol-dihydroxy-ethylenharnstoff

Dieser zeigt durch 4 OH-Gruppen eine höhere Farbstoffbindung als das erste Produkt (hoher Remissionsgrad der Färbung)

14.3.4.6. Appreturmittel zur Quellungsverminderung und Hydrophobierung

1. Möglichkeiten

Bindung von Fettkörpern in Form von Zr- oder Al-Verbindungen an den textilen Faserstoff

Wichtige Handelsprodukte

Dichtfest AP und TC (VEB Dresden-Chemie)
Cappagen SW (VEB Fettchemie Karl-Marx-Stadt) Paraffin-Tonerde-Emulsion
Cappagen T (VEB Fettchemie Karl-Marx-Stadt)
Cappagen TC (VEB Fettchemie Karl-Marx-Stadt)
Cappagen BSS (VEB Fettchemie Karl-Marx-Stadt) Produkt auf Basis Fettsäure/ Harz, das mit Al-Acetat eingesetzt Hydrophobiereffekte bewirkt.
Cerol TFS (Sandoz)
Cerol T (Sandoz)
Depluvin L und T (Chemapol)

Selbstveretherung der Cellulose mit Formaldehyd oder Glyoxal
Veresterung mit modifizierten Derivaten und Harnstoffprodukten
Veretherung mit modifizierten Derivaten und Harnstoffprodukten
Kunstharze verschiedener Modifizierung

Alle Möglichkeiten dieser Ausrüstungen ergeben einen gut bis sehr gut waschbeständigen Hydrophobiereffekt.

2. Bindung von Fettkörpern in Form von Zr-Verbindungen

$ZrOCl_2$ in Verbindung mit Stearyl-p-amino-salicylsäure
Die Hydrolysate werden sowohl von tierischen als auch pflanzlichen textilen Faserstoffen gut aufgenommen (Zusatz etwa 80 g · l^{-1})
Gearbeitet werden muß im schwach essigsauren Bereich. Es findet eine H-Brückenbildung zwischen dem Hydrolysat und der Cellulosefaser statt.

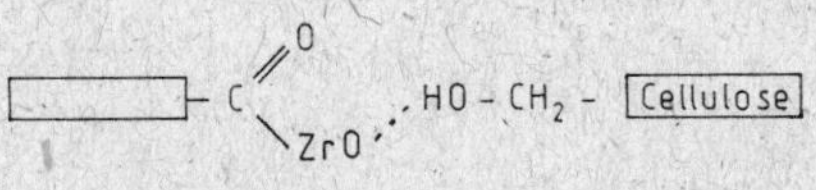

```
              O
             //
[        ]—C
             \
              ZrO ·.· HO—CH2—[Cellulose]
```

Wichtige Handelsprodukte

Dichtfest Z 141 (VEB Dresden-Chemie) Zt-Stearat-Emulsion kationaktiv
Perlit AC (Bayer)
Perlit AF (Bayer)
Hydrophobol ZAN (CIBA-Geigy)

3. Formaldehydvernetzung und Glyoxalvernetzung

Diese Vernetzungsreaktion verläuft analog der Quellfestausrüstung (siehe dort) und wird deshalb als harzfreie Ausrüstung bezeichnet. Als Katalysator wird NH_4Cl eingesetzt.
Die Kondensation erfolgt bei 110...130 °C. Die Temperatur darf nicht höher liegen, da sonst hohe Festigkeitsverluste eintreten, die durch Depolymerisationserscheinungen entstehen (Halbacetal-, Acetal- oder Etherform).

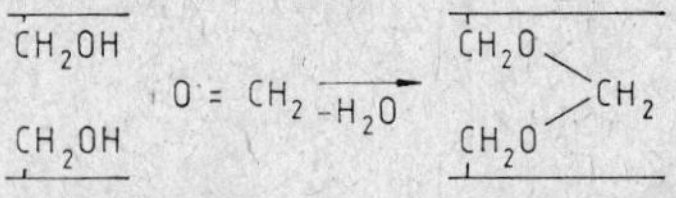

$$\begin{matrix} CH_2OH \\ CH_2OH \end{matrix} \; O{=}CH_2 \xrightarrow{-H_2O} \begin{matrix} CH_2O \\ CH_2O \end{matrix}\!\!>CH_2$$

Acetalform

oder

$$\text{Cell.}-OH_2OH + CH_2O \longrightarrow \text{Cell.}-CH_2-O-CH_2O \longrightarrow \begin{matrix} CH_2OCH_2-OH \\ CH_2OCH_2-O\,H \end{matrix}$$

nicht beständig

$$\longrightarrow \begin{matrix} CH_2O-CH_2 \\ \quad\;\; | \\ \quad\;\; O \\ \quad\;\; | \\ CH_2O-CH_2 \end{matrix}$$

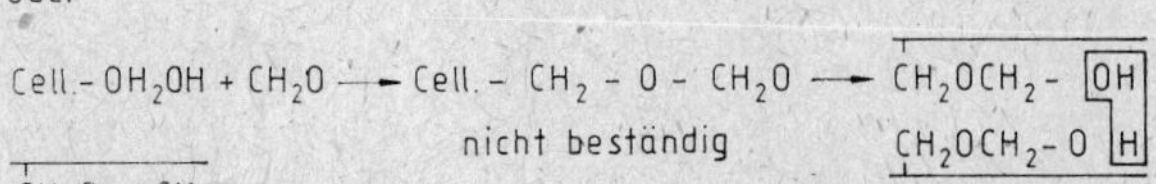

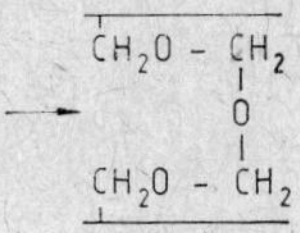

Dimethyletherbindung

Beide Formen bewirken den Verlust von OH-Gruppen sowie eine schlechtere Färbbarkeit.

Glyoxalverfahren

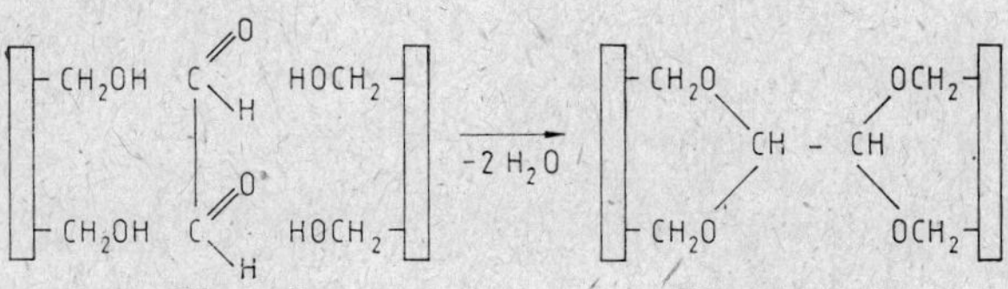

$$\begin{matrix} -CH_2OH & C(=O)H & HOCH_2- \\ -CH_2OH & C(=O)H & HOCH_2- \end{matrix} \xrightarrow{-2\,H_2O} \begin{matrix} -CH_2O & & & OCH_2- \\ & CH & - & CH \\ -CH_2O & & & OCH_2- \end{matrix}$$

Glyoxal- als Dialdehyd

Veretherung (Acetal)

Das Produkt ist zwar polymer, darf aber nicht durch Erhitzen in die hydratisierte Monomerform gelangen.

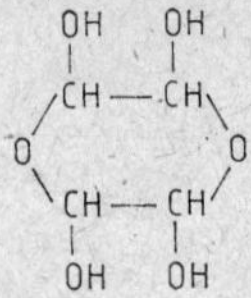

$$\begin{matrix} OH & & OH \\ | & & | \\ CH & - & CH \\ O & & O \\ CH & - & CH \\ | & & | \\ OH & & OH \end{matrix}$$

(Halbacetal)

Wichtige Handelsprodukte

Neuperm GL (VEB Fettchemie Karl-Marx-Stadt)

4. Veresterungsreaktionen

Man versteht hierunter die Umsetzung der Cellulose mit höhermolekularen Alkylisocyanaten. Dabei entsteht Carbamidsäureester (Urethan) der Cellulose. Dasselbe kann auch bei Wolle vorgenommen werden.
Für Cellulose gilt

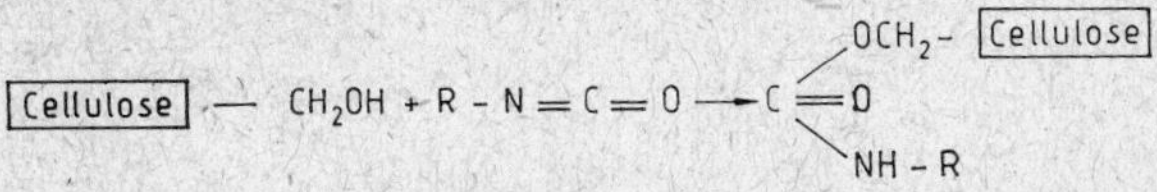

$$\boxed{\text{Cellulose}}-CH_2OH + R-N=C=O \rightarrow C(=O)(-OCH_2-\boxed{\text{Cellulose}})(-NH-R)$$

R ist dabei ein hochmolekularer hydrophober Rest, der einen beständigen Wasserschutz bietet (Inflosverfahren).
Für Wolle gilt

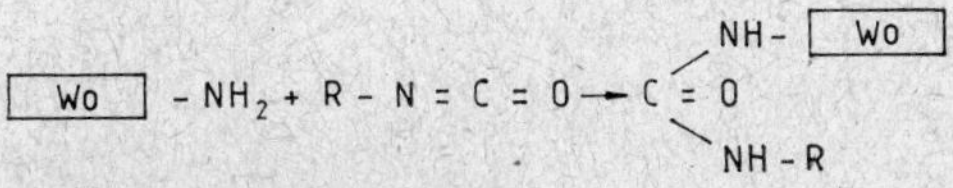

$$\boxed{\text{Wo}}-NH_2 + R-N=C=O \rightarrow C(=O)(-NH-\boxed{\text{Wo}})(-NH-R)$$

Wichtiges Handelsprodukt

Hydrophobol SL-PLS (CIBA-Geigy) fettmodifiziertes Kunstharz mit organischem Katalysator

5. Veretherungsreaktionen

Bei diesem Verfahren erfolgt eine Umsetzung der Cellulose mit Octadecyl-oxymethylpyridiniumchlorid in Gegenwart von CH_3COONa bei 100...130 °C (Velan-Verfahren). Das Produkt entsteht auf folgende Weise:

$$3\,CH_3(CH_2)_{16}-CH_2OH + AlCl_3 + CH_2O \rightarrow 3\,CH_3(CH_2)_{16}CH_2O-CH_2Cl + Al(OH)_3$$

Octadecylalkohol — Octadecyl-chlor-methylether

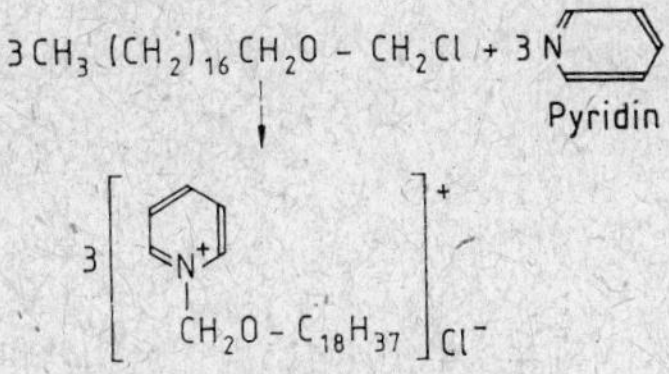

$$3\,CH_3(CH_2)_{16}CH_2O-CH_2Cl + 3\,C_5H_5N \text{ (Pyridin)} \rightarrow 3\,[C_5H_5N^+-CH_2O-C_{18}H_{37}]\,Cl^-$$

Wichtige Handelsprodukte

Impermin AC (VEB Fettchemie)
Cerol WB (Sandoz)

Umsetzung mit der Cellulosefaser bei der Kondensation:

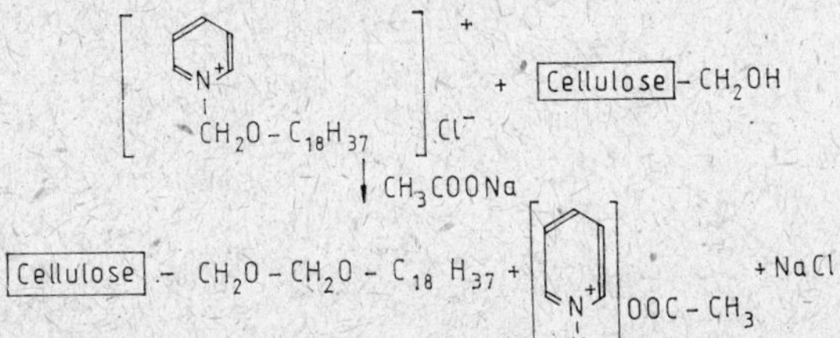

$$[C_5H_5N^+-CH_2O-C_{18}H_{37}]\,Cl^- + \boxed{\text{Cellulose}}-CH_2OH \xrightarrow{CH_3COONa} \boxed{\text{Cellulose}}-CH_2O-CH_2O-C_{18}H_{37} + [C_5H_5N^+-H]\,OOC-CH_3 + NaCl$$

Umsetzung mit Wolle bei der Kondensation:

$$\boxed{Wo} - NH_2 + \left[C_5H_5N^+ - CH_2O - C_{18}H_{37} \right] Cl^- \xrightarrow{CH_3COONa} \boxed{Wo} - NH - CH_2O - C_{18}H_{37} + \left[C_5H_5N \right]^+ OOC - CH_3 + NaCl$$

Ein ähnliches Verfahren ist die Umsetzung der Cellulose mit Stearyl-amido-methyl-pyridiniumchlorid

$$\left[C_5H_5N^+ - CH_2 - NH - CO - C_{17}H_{35} \right] Cl^-$$

Die Vernetzungsreaktion erfolgt analog wie in den vorigen Gleichungen.

Wichtige Handelsprodukte

Cerol WB (Sandoz)
Celan (Dupont)

Alle Produkte sind nicht sehr lagerbeständig.
Behandelt man Cellulosefaserstoffe mit einem hochmolekularen, durch Ethylenharnstoff substituierten Alkylrest, so erhält man unter Bildung eines Celluloseetherproduktes ebenfalls einen Hydrophobierungseffekt (Zusatzmenge $30 \text{ g} \cdot l^{-1}$, Kondensationstemperatur 110 °C). Diese Produkte beeinflussen nach der Ausrüstung nicht den Knitterwinkel. Als wichtigstes Produkt ist hier das Primenit VR® zu nennen. Es gilt als ein fettsäuremodifiziertes Harz im kondensierten Zustand.

Umsetzung mit der Cellulosefaser

$$\boxed{Cellulose} - CH_2OH + C_{18}H_{37}NH - CO - N\begin{matrix} CH_2 \\ | \\ CH_2 \end{matrix} \xrightarrow{\text{Kondensation bei } 110\,°C} \boxed{Cellulose} - CH_2O - CH_2 - CH_2 - NH - CO - NH - C_{18}H_{37}$$

Wichtiges Handelsprodukt

Primenit VS (Hoechst)

6. Einlagerung von Kunstharzen

Die erste Möglichkeit ist die Ausrüstung der Cellulosefaserstoffe mit Mono-dodecylharnstoff als Vorkondensat

$$C(=O)(NH - C_{12}H_{25})(NH_2)$$ und Formaldehyd CH_2O.

Bei der Kondensation bildet sich im textilen Faserstoff ein Carbamidharz.

Ebenfalls finden fettsäuresubstituierte Melaminharze vielseitige Anwendung, wie z. B. folgender Typ:

$$
\begin{array}{c}
C_{18}H_{37}-C \\
N \quad N \\
NH_2-C \quad C-NH_2 \\
N
\end{array}
$$

Wichtige Handelsprodukte

Phobotex FTC (CIBA-Geigy)
Hydrophobol S 1200 (Pfersee)
Perlit KM (Bayer)

Eine weitere Variante besteht in der Behandlung von Cellulosefaserstoffen mit Isocyanaten (Perlit-Typen®) unter Bildung von Polyurethanen.

$$\boxed{\text{Cellulose}}-CH_2OH + O{=}C{=}N-(CH_2)_6-N{=}C{=}O + HO-CH_2-\boxed{\text{Cellulose}}$$

Hexamethylen-diisocyanat

$$\boxed{\text{Cellulose}}-CH_2O-\underset{\underset{O}{\parallel}}{C}-NH-(CH_2)_6-NH-\underset{\underset{O}{\parallel}}{C}-O-CH_2-\boxed{\text{Cellulose}}$$

Wichtiges Handelsprodukt

Perlit A (Bayer)

Silicone als Hydrophobierungsmittel in der Hochveredlung

Silicone stellen organische Si-Verbindungen dar, die sich von den Silanen mit der allgemeinen Formel Si_nH_{2n+2} ableiten lassen. Damit ist diese Silanreihe analog der Alkanreihe C_nH_{2n+2}. Ausgangsprodukte der Silicone sind die beiden Silane SiH_4 oder Si_2H_6 als Siliciumwasserstoffe. Durch Substitution des Wasserstoffes durch Halogene oder organische Radikale entstehen Halogensilane. Bei Hydrolyseerscheinung der Halogensilane entstehen die Siloxane.

$$2\,H_3SiCl + H_2O \rightarrow H_3Si-O-SiH_3 + 2\,HCl$$

Silan — Disiloxan

Bei Hydrolyse der Organohalogensilane entstehen Silanole.

$$(C_2H_5)_2SiCl_2 + 2\,H_2O \rightarrow (C_2H_5)_2Si(OH)_2 + 2\,HCl$$

Diethyldichlorsilan — Diethylsilandiol

oder

$$Cl-\underset{\underset{CH_3}{|}}{\overset{\overset{CH_3}{|}}{Si}}-Cl + 2\,H_2O \rightarrow HO-\underset{\underset{CH_3}{|}}{\overset{\overset{CH_3}{|}}{Si}}-OH + 2\,HCl$$

Dimethyldichlorsilan wasserlöslich — Dimethylsilandiol wasserunlöslich

Die Organosilanole lassen sich dann zu Silikonen nach der ROCHOW-Synthese polykondensieren.

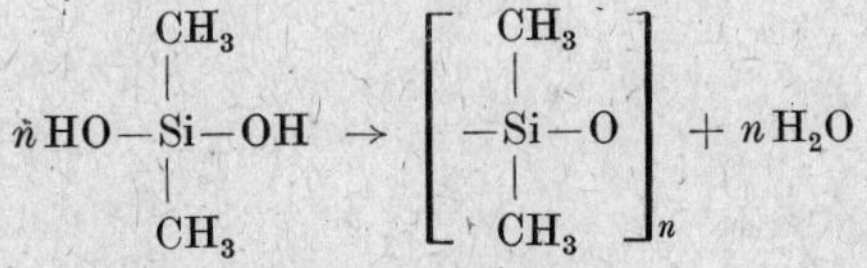

$$n\,HO-\underset{CH_3}{\overset{CH_3}{\underset{|}{\overset{|}{Si}}}}-OH \rightarrow \left[-\underset{CH_3}{\overset{CH_3}{\underset{|}{\overset{|}{Si}}}}-O \right]_n + n\,H_2O$$

Silandiol Silicon

Entsprechend können auch Monoalkylsiliciumtrichloride $R-SiCl_3$ hydrolysieren und dann polykondensiert werden.
Siliconfette und Siliconöle haben lineare Kettenstruktur und einen niedrigen Durchschnittspolymerisationsgrad (DP), Siliconharze dagegen weisen durch ihren höheren Polymerisationsgrad Netz- bzw. Raumstruktur auf. Für die chemische Appretur der Hochveredlung werden Siliconöle bzw. Siliconemulsionen eingesetzt. Nichtionogene Emulgatoren halten die Emulsionen sehr stabil. Der Zusatz beträgt etwa 40...60 $g \cdot l^{-1}$ je nach Siliconisierung.
Bei der Kondensation, die bei etwa 180 °C durchgeführt wird, entsteht in den nichtkristallinen Bereichen unter Wasserabspaltung das Siliconharz. Diese Reaktion stellt eine Vernetzungsreaktion dar.
Möglichkeiten der Strukturbildung des Harzes vor und nach der Vernetzung mit dem Cellulosefaserstoff können wie folgt dargestellt werden:

Vor der Vernetzung mit dem Cellulosefaserstoff

Silandiol-Typ

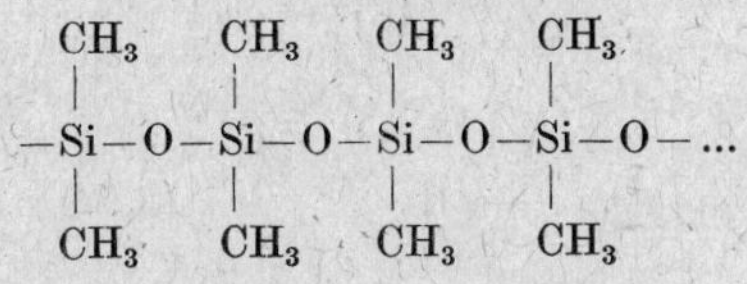

$$-\underset{CH_3}{\overset{CH_3}{\underset{|}{\overset{|}{Si}}}}-O-\underset{CH_3}{\overset{CH_3}{\underset{|}{\overset{|}{Si}}}}-O-\underset{CH_3}{\overset{CH_3}{\underset{|}{\overset{|}{Si}}}}-O-\underset{CH_3}{\overset{CH_3}{\underset{|}{\overset{|}{Si}}}}-O-\ldots$$

oder

Silantrioltyp im Gemisch mit Silandioltyp

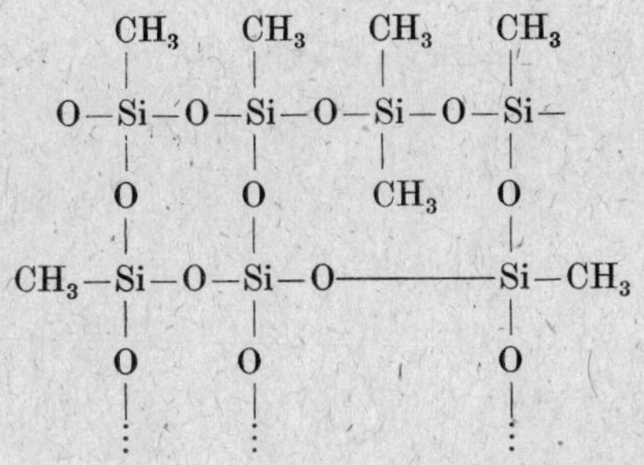

```
      CH3   CH3   CH3   CH3
      |     |     |     |
   O—Si—O—Si—O—Si—O—Si—
      |     |     |     |
      O     O    CH3    O
      |     |           |
CH3—Si—O—Si—O————————Si—CH3
      |     |           |
      O     O           O
      |     |           |
      ⋮     ⋮           ⋮
```

Nach der Vernetzung mit der Cellulose unter besonderer Ausrichtung der Methylgruppen und Etherbrücken, wobei letztere sich zur primären OH-Gruppe der Cellulose hinorientieren [3]:

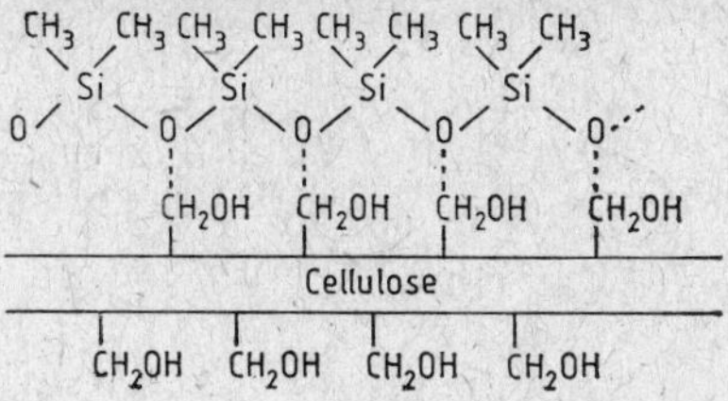

```
CH3  CH3 CH3  CH3 CH3  CH3 CH3  CH3
   \ /      \ /      \ /      \ /
   Si       Si       Si       Si
O /  \ O  /  \ O  /  \ O  /  \ O...
       :        :        :        :
     CH2OH    CH2OH    CH2OH    CH2OH
       |        |        |        |
-------------------------------------
              Cellulose
-------------------------------------
    |        |        |        |
  CH2OH    CH2OH    CH2OH    CH2OH
```

Die Silicone wirken nicht nur wasserabweisend, sondern auch schmutzabweisend. Dabei tritt gleichzeitig hohe Glätte des Warengutes ein. Die Zugfestigkeit wird ebenfalls erhöht. Gewebe aus PA-Faserstoffen lassen sich durch Siliconisierung besser vernähen, wie es z. B. bei Regenschirmseide, Zeltdecken und Zeltplanen erforderlich ist.
Als Katalysator zum Imprägnierbad setzt man sauerreagierendes Zinksulfat $ZnSO_4$ zu.

Wichtige Handelsprodukte

Silikon-Textil-Imprägniermittel NE 25 (VEB Chemiewerk Nünchritz) kationaktive Silikon-Emulsion
Antischmutz TK (VEB Dresden-Chemie) Ethoxysilan-Alkylamidchlorbenzylat, für Soil-Release-Ausrüstung
Perlit SE (Bayer)
Perlit Si-SW (Bayer)
Perlit Si-SW/Perlit VK (Bayer) Silicon-Epoxidharz-Kombination
Phoboton WS (CIBA-Geigy) }
Phoboton XH (CIBA-Geigy) } Polysiloxan-Verbindungen
Phoboton SI (CIBA-Geigy)
Perlit SIC (Bayer) Zirkonsalzhaltige Emulsion von Polydimethylsiloxanen
Lukovil HE 50 (Chemapol) Siliconemulsion
Phoboton SL-HME (CIBA-Geigy) Polysiloxanverbindung
Anwendung erfolgt aus organischen Lösungsmitteln mit Phoboton-Katalysator SL-SK (Weichmacher und Hydrophobierung). Dasselbe gilt für die Produkte

Dicrylan SL-SE (CIBA-Geigy)	Dicrilan-Katalysator SL-A (CIBA-Geigy)	Dicrilan-Katalysator SL-C (CIBA-Geigy)
Silicon-Elastomer gelöst in Perchlorethen	Polyfunktionelles Siloxan (Vernetzer)	organische Metallverbindung (Katalysator)

Effekte

Sprungelastische, Knitterfrei- und Stretch-Ausrüstung von Maschenwaren aus texturierten Polyesterfaserstoffen. Stretch-Ausrüstung von texturierten PA-Faserstoffen, formstabile und Knitterfreiausrüstung von PAN-Faserstoffen, Wolle und deren Mischungen, permanente wasserabweisende Ausrüstung von textilen Flächen aus PAS. Ausrüstung ist nicht mehr abziehbar.

Chromstearochloride

Chromstearochloride sind kationaktive Substanzen, sie können auf alle textilen Faserstoffe appliziert werden.
Folgende Struktur liegt den Produkten zugrunde:

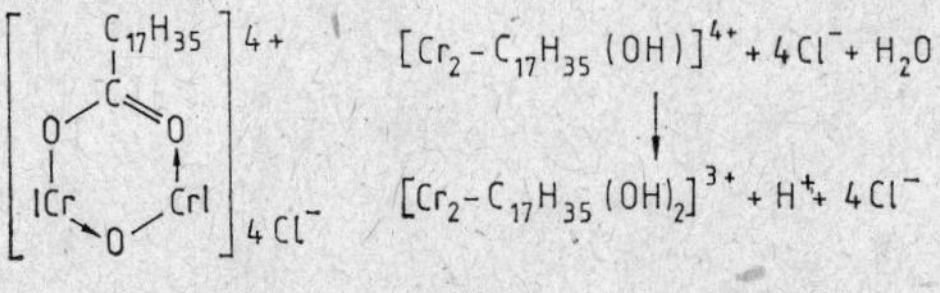

$$[Cr_2-C_{17}H_{35}(OH)]^{4+} + 4Cl^- + H_2O \rightarrow [Cr_2-C_{17}H_{35}(OH)_2]^{3+} + H^+ + 4Cl^-$$

Die textilen Faserstoffe, besonders Cellulosefaserstoffe, zeigen aufgrund ihrer polaren Oberfläche eine hohe Affinität zu Chromstearochloriden.

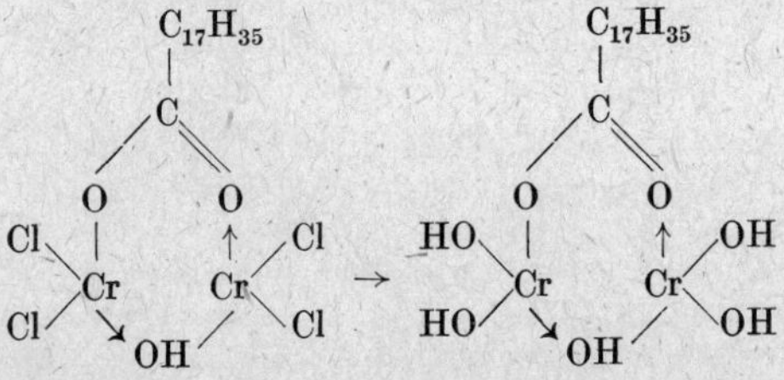

Chloridform → Hydrolysat

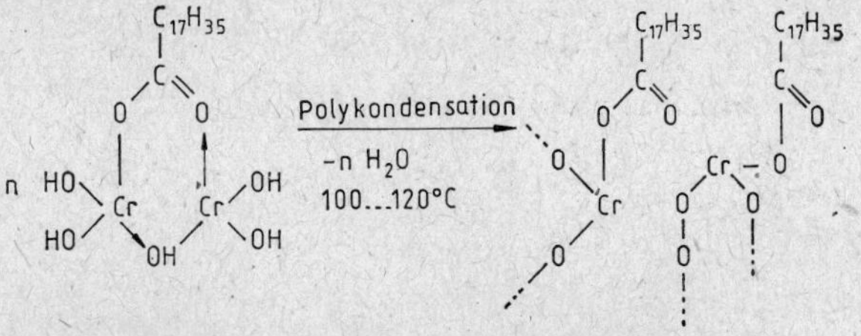

Polykondensation, $-n\ H_2O$, 100...120°C

Zusatz: 10...20 g · l^{-1} in die Imprägnierflotte

Wichtige Handelsprodukte

Chromplex 4348 (VEB Dresden Chemie)
Ceran CS (Chemapol)
Impermin CR (VEB Fettchemie Karl-Marx-Stadt)
Chromplex ACY (VEB Dresden-Chemie)
Phobotex CR (CIBA-Geigy)

14.3.4.7. Appreturmittel für die Wasserdichtausrüstung (Beschichtung)

1. Vorbemerkungen

Sollen auf Gewebe ein- oder beidseitig große Beschichtungsmittelmengen als geschlossene mehr oder weniger dicke Schicht aufgetragen werden, muß die Appreturmasse hochviskos sein. Dies trifft nicht nur bei der Herstellung von Kunstleder oder Wachstuch

zu, sondern vor allem bei Regenmantelstoffen, Anorakstoffen und anderen Textilien. Eine entscheidende Rolle spielt auch die Wasserfestigkeit und Geschmeidigkeit der Beschichtungsmasse, aus der der Film auf der textilen Fläche resultiert.
Das bewirken neben natürlichem und synthetischem Kautschuk in erster Linie Kunststofflösungen oder Kunststoffdispersionen.

2. Kunststofflösungen

Bei Kunststofflösungen sind immer die Kunststoffe in Lösungsmitteln gelöst. Als wichtige Lösungsmittel organischer Herkunft sind Ester, Toluolderivate, Benzen, Benzin, Tetrachlorkohlenstoff u. a. zu nennen.
Die Lösungsmittel haben den Vorteil, daß sie nicht empfindlich sind gegen Elektrolyte und Frosteinwirkungen (im Gegensatz zu den Dispersionen). Außerdem kann man sie zu Filmbildungen und Kaschierungen einsetzen. Damit weisen sie bessere Effekte als die Dispersionen auf. Dies hängt damit zusammen, daß die Dispersionen Dispergier- und Netzmittel enthalten, die dann den Kunststoffilm bei Wasseraufnahme quellen lassen können.
Ein Nachteil besteht darin, daß der reine Kunststoffgehalt in einer Kunststofflösung niedriger ist (30...40%) als in einer Kunststoffdispersion. Durch die enthaltenen organischen Lösungsmittel sind Kunststofflösungen häufig feuergefährlich und weisen gesundheitsschädigende Wirkungen auf. Gute Abdichtung der Anlagen und eine Spezialanlage zur Rückgewinnung des Lösungsmittels sind unbedingt erforderlich. Kunststofflösungen sind nicht zur Vollbadimprägnierung einsetzbar. Weichmacher neigen unterschiedlich stark zum Ausschwitzen und können zum Kleben der Oberfläche führen.

3. Kunststoffdispersionen

Die Kunststoffdispersionen haben den Vorteil, daß sie auch bei hoher Kunststoffkonzentration keine hochviskosen und daher nicht mehr streckfähigen Massen ergeben. Mit einem Strich kann man bereits eine relativ hohe Schichtdicke erzielen. Die Kunststofflösungen dagegen neigen bei niedriger Konzentration zu einer so hohen Viskosität, daß selbst für eine geringe Schichtdicke mehrere Striche aufgearbeitet werden müssen. Die Haftfähigkeit auf der Unterlage ist bei Anwendung von Kunststoffdispersionen besser als bei Kunststofflösungen. Beim Arbeiten mit Kunststoffdispersionen besteht keine Feuergefahr. Die wäßrigen Dispersionen enthalten im Durchschnitt 50...60% Kunststoff.
Die Teilchen einer Kunststoffdispersion sollen bei Vollbadimprägnierung im Durchschnitt einen Durchmesser von 0,001...0,002 mm aufweisen.
Die in der Dispersion enthaltenen Emulgatoren bilden die äußere Phase und damit die Mischungsbrücke zwischen Kunststoff und Wasser. Kunststofflösungen sind *p*H-Wert-empfindlich. Der *p*H-Wert liegt bei Dispersionen zwischen 4,5...5,8.
Beim Einrühren von Polyvinylacetaten und Polyacrylnitrilen in die Dispersion verschiebt sich der *p*H-Wert etwas. Dispersionen quellen besser als Kunststofflösungen, was durch die Hydrophilie begründet ist. Auch hier liegt eine Elektrolyt- und Frostempfindlichkeit vor.
Sind Kunststoffdispersionen eingetrocknet, so läßt sich dies nicht ohne weiteres regenerieren. Bei einer Kunststofflösung sind Lösungsrückstände schwer zu lösen.

4. Zumischung von Weichmachern

In Kunststoffstrichmassen eingearbeitete Weichmacher schwitzen neben den Füllstoffen leicht aus und bewirken das Kleben der Oberfläche.

Weichmacher sind meist schwerflüchtige Lösungs- und Quellmittel, die den Kunststoff dann auch quellfähig halten. Dadurch wird eine bestimmte Geschmeidigkeit erzeugt. Polyacrylsäureester benötigen fast keine Weichmacher.
Die folgenden Weichmacher sind von Bedeutung:

Phthalsäureester
Phosphorsäureester
Oxalsäureester
Adipinsäureester und
Sulfonsäureester.

Als Alkanoltypen fungieren in den genannten Estern ein- und zweiwertige aliphatische oder aromatische Alkanole. Füllmittel sind Kaolin, Talcum oder Zinkoxid.

5. Polyvinylchlorid (PVC)

Darstellung/Struktur

$$\underset{\text{Ca-Carbid}}{C=C\text{ (Ca)}} + 2H_2O \rightarrow HC{\equiv}CH + Ca(OH)_2$$

$$HC{\equiv}CH + HCl \xrightarrow[\text{HgCl}]{\text{Katalys.}} CH_2{=}CHCl$$

$$nCH_2{=}CHCl \xrightarrow{\text{Polymeris.}} \left[-CH_2-\underset{\underset{Cl}{|}}{CH}-\ldots\right]_n$$

Eigenschaften

PVC ist beständig gegen Säuren, Basen, Alkanole, Benzin und Öle, empfindlich gegen Chlorkohlenwasserstoffe und löslich in verschiedenen Estern, Ethern, Ketonen und Schwefelkohlenstoff.

Verwendung

Kaschierung und Beschichtung. Wird eingesetzt als Dispersion zusammen mit Weichmachern bei der Beschichtung von textilen Schichtträgern, (textilen Flächen) zur Herstellung von Wachstuch, Kunstleder, Planen, Förderbändern und anderen technischen Textilien.

6. Polyvinylalkohol (PVA)

Darstellung/Struktur

$$\underset{\text{Polyvinylacetat}}{\left[-CH_2-\overset{\overset{H}{|}}{\underset{\underset{OOCCH_3}{|}}{C}}-\ldots\right]_n} \xrightarrow[\text{NaOH}]{\text{Verseifung}} \underset{\text{Polyvinylalkohol}}{\left[-CH_2-\underset{\underset{OH}{|}}{CH}-\right]_n} + CH_3COONa$$

Eigenschaften

PVA quillt in CH_3OH und ist in Wasser löslich. Die Filme sind zwar spröde, jedoch weisen sie hohe Festigkeit auf. Als Weichmacher wird meist Glycerol eingesetzt.

Verwendung

Als Schlichtemittel (s. dort) und als Stickgrund für die Gewebestickerei in Form eines wasserlöslichen textilen Faserstoffes. Für die Permanentsteife wird das textile Erzeugnis mit PVA getränkt und abschließend mit CH_2O gehärtet.

7. Polyvinylacetat (vgl. auch 14.3.3.)

Darstellung/Struktur

$$\underset{\text{Ethin}}{HC{\equiv}CH} + CH_3COOH \xrightarrow[HgCl]{} \underset{\text{Vinylacetat}}{CH_2{=}CH{-}OOCCH_3}$$

$$n\,CH_2{=}CH{-}OOCCH_3 \longrightarrow \left[\begin{array}{l} -CH_2-\underset{\displaystyle OOCCH_3}{\underset{|}{CH}}-\ldots \end{array}\right]_n$$

Polyvinylacetat

Eigenschaften

Löslich in Alkanolen, Estern und Chlorkohlenwasserstoffen, sehr schwer löslich in Wasser. Benzin wirkt quellend, ebenso Butanol und Dimethylether.

Verwendung

Als Kunststoffdispersion und Kunststofflösung, aber auch für die Gardinenappretur zur Griffverstärkung sowie für Kaschierungen (s. dort).

8. Polyacrylsäureethylester

Struktur

$$\left[\begin{array}{l} -CH_2-\underset{\displaystyle COO-C_2H_5}{\underset{|}{CH}}-\ldots \end{array}\right]_n$$

Eigenschaften

Löslich in Benzen, niedrigen Alkanolen, Estern und Ketonen, unlöslich in Wasser, Fetten und Ölen.

Verwendung

Herstellung von Schaumstoff

9. Polyisobuten

Struktur

$$-\overset{\displaystyle CH_3}{\overset{|}{\underset{\displaystyle CH_3}{\underset{|}{C}}}}-CH_2-\overset{\displaystyle CH_3}{\overset{|}{\underset{\displaystyle CH_3}{\underset{|}{C}}}}-CH_2-\ldots$$

Polyisobuten (Polyisobutylen)

Eigenschaften

Polyisobuten ist als Oppanol® nur in Lösungen, jedoch nicht in Dispersionen verarbeitbar. Als Lösungsmittel werden Benzin und Tetrachlorkohlenstoff eingesetzt. Sie haben eine hohe Thermoplastizität und sind beständig gegen Säuren, weniger beständig gegen Fette und Alkalien.

Verwendung

Oppanole sind nur zur Beschichtung einsetzbar.

10. Butadienverbindungen

Strukturen

$-CH_2-CH=CH-(CH_2)_2-CH=CH-CH_2-$... Butadien

Copolymerisate:

Buna S (Butadien und Styren)

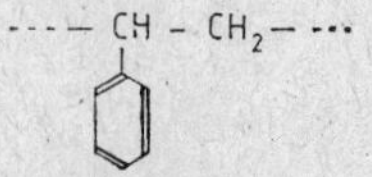

$\cdots-CH(C_6H_5)-CH_2-\cdots$ Styren als Bestandteil des Copolymerisats

Buna N (Perbunan)

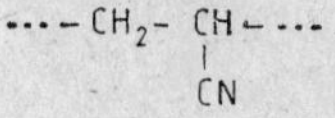

$\cdots-CH_2-CH(CN)-\cdots$ Acrylnitril — wird mischpolymerisiert mit Butadien

2-Methylbutadien (Isopren)
Die Polymerisate der angeführten Butadiene lassen sich vernetzen (vulkanisieren).

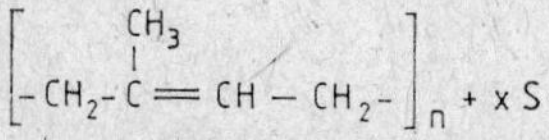

$$\left[-CH_2-C(CH_3)=CH-CH_2-\right]_n + x\,S$$

2-Methylbutadien ↓ Vernetzung durch Schwefelbrücken (Vulkanisation)

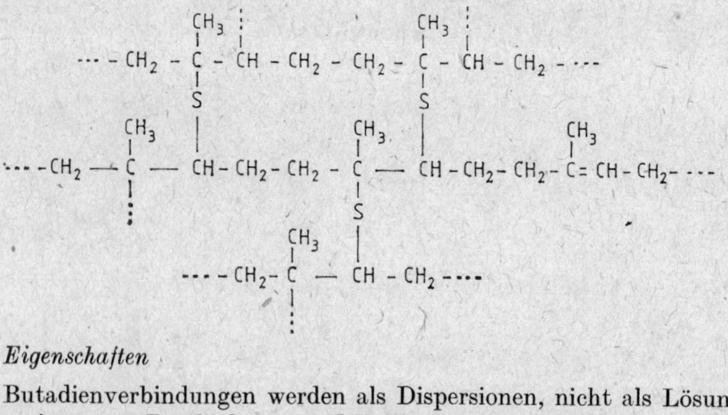

$$\cdots-CH_2-C(CH_3)(-S-)-CH-CH_2-CH_2-C(CH_3)(-S-)-CH-CH_2-\cdots$$

$$\cdots-CH_2-C(CH_3)-CH-CH_2-CH_2-C(CH_3)(-S-)-CH-CH_2-CH_2-C(CH_3)=CH-CH_2-\cdots$$

$$\cdots-CH_2-C(CH_3)-CH-CH_2-\cdots$$

Eigenschaften

Butadienverbindungen werden als Dispersionen, nicht als Lösungen geliefert. Sie sind geeignet zur Beschichtung und Vollbadimprägnierung.
Buna N weist hervorragende Festigkeitseigenschaften auf. 2-Methylbutadien-Derivate

sind empfindlich gegen Cu- und Mn-Salze. In Fetten und Ölen sind sie löslich. 0,002% Cu oder Mn zersetzen die Verbindungen schon.
Hexametaphosphate schalten die Cu- und Mn-Empfindlichkeit der Verbindungen aus.

Verwendung

2-Methylbutadien-Verbindungen werden zur Heißvulkanisation eingesetzt. Die Temperatur beträgt dabei 120°C. Als Vulkanisiermittel kommt entweder Schwefel S oder Chlorschwefel S_2Cl_2 zum Einsatz.
In den Butadienbrücken entstehen S-Brücken (siehe oben). Dadurch werden die Produkte härter.

Wichtige Handelsprodukte

Kaschiermittel/Beschichtungsmittel:

Buna-Latex S 210, S 211 (VEB Chemische Werke Buna)
Butadien-Styren-Copolymerisat
Buna-Latex S 212 (VEB Chemische Werke Buna)
Butadien-Styren-Latex (Kaschiermittel)
Buna-Latex S 213 (VEB Chemische Werke Buna)
Butadien-Styren-Latex Beschichtungsmittel
Buna-Latex S 215 (VEB Chemische Werke Buna)
Butadien-Styren-Copolymerisat, dient als Haftvermittler in Verbindung mit Resorzin und Formaldehyd zwischen Cordgewebe und Gummi

Zur Verfestigung von Vliesen:

Acralen BSH (Bayer)
Kunststoffdispersion aus karboxyliertem Butadien-Styrol-Copolymerisat
Acralen BS (Bayer)

11. Polyurethane

Darstellung/Struktur:

Polyurethane entstehen durch Polyaddition von Diisocyanaten mit Verbindungen, die funktionelle OH-, NH_2- oder COOH-Gruppen haben. Die Isocyanatgruppe $-N{=}C{=}O$ ist sehr reaktionsfähig und neigt zur Additionsreaktion.
Als Beispiel soll eine Polyaddition aus Diisocyanat und polyfunktionellen Hydroxylverbindungen (Alkanole) dienen:

$$HO-R-OH + OCN-R-NCO + HO-R-OH + OCN-R-NCO + HO-R-OH$$
$$\downarrow$$
$$\ldots-O-R-OOC-NH-R-NH-COO-R-OOC-NH-R-NH-COO-R-O\ldots$$

Verwendet man Alkanole mit mehr als zwei Hydroxylgruppen, erhält man vernetzte Polyurethane.
Besonders geeignet sind auch hydroxylgruppenhaltige Polyester zur Herstellung von Polyurethanen:

$$[HO-(CH_2)_2-OOC-(CH_2)_4-COO-(CH_2)_2-OOC-(CH_2)_4-CO]_nO-(CH_2)_2OH$$

Polyester aus Adipinsäure und Ethylenglykol
↓ Umsetzung mit Diisocyanat
Polyester-Polyurethan-Typ

Setzt man dreiwertige Alkanole ein, entstehen vernetzte Polyurethane mit sehr elastischen Eigenschaften.
Werden Diisocyanate mit Verbindungen umgesetzt, die zwei funktionelle NH_2-Gruppen aufweisen, erhält man Polyharnstoffe.

$$H_2N-R-NH_2 + OC{=}N-R-N{=}CO \rightarrow$$

$$H_2N-R-\underbrace{NH-CO-NH}-R-NH-CO-CH-R-\ldots$$

substituierter Harnstoff

Ein letztes Beispiel soll eine Reaktion aus einem OH-gruppenhaltigen aromatischen Polyester mit Diisocyanat darstellen.

n HO - R - OOC - ⟨C₆H₄⟩ - COO - R - OOC - ⟨C₆H₄⟩ - COO - R - OH +
n OC - N - R' - N - CO
Diisocyanat
↓
...R - OOC - ⟨C₆H₄⟩ - COO R OOC - ⟨C₆H₄⟩ - COO - R - OOC - NH - R' - NH - OOC - R...

Eigenschaften/Verwendung

Die Eigenschaften der Kunststoffe hängen sowohl von der Art des Diisocyanats als auch von der Vernetzungskomponente ab. Aliphatische Verbindungen reagieren im allgemeinen träger als aromatische Typen. Für Beschichtungszwecke kommen ausschließlich aromatische Verbindungen als organische Lösungen zum Einsatz.

Wichtige Handelsprodukte

Impranil C fest (Bayer)	Polyesterurethane fest als Schnitzel, in Lösung als 30%ige hochviskose Lösung
Impranil C Lösung (Bayer)	
Impranil CH fest (Bayer)	
Impranil CH Lösung (Bayer)	
Impranil CHW fest (Bayer)	
Impranil CHW Lösung	

Diese Produkte werden in Verbindung gebracht mit

Imprafix TH (Bayer)	Imprafix BE (Bayer)	Imprafix BK (Bayer)	Imprafix DS (Bayer)
Vernetzer polyfunktionelles aromatisches Isocyanat	Beschleuniger organisches N-Derivat	Beschleuniger mit bakterizider Wirkung	Trennmittel Polyurethanwachs

Kaschierbinder sind Impranil LKS und Impranil LKU, Verbindungen von verzweigtem Polyesterurethan, gelöst in Ethylacetat. Die Impranilprodukte sind in organischen Lösungsmitteln vom Typ Ethylacetat, Trichlorethen, Aceton, Methylethylketon, Benzen, Aceton/Toluen (1:3), Methylisobutylketon oder Methylglykolacetat zu lösen.

Bei der Herstellung von Streichpasten geht es um folgende Ausrüstungen

Klarbeschichtung
Pigmentierte Beschichtung
Flammhemmende Beschichtung
Kaschierung.

Beide Komponenten, die Polyesterurethane und der Vernetzer, werden zusammen aus dem entsprechenden organischen Lösungsmittel auf das textile Flächengebilde (Gewebe) aufgestrichen und bei 130...180 °C kondensiert.

12. Polypropylene

Polymerisiertes Propen mit mittlerem DP als Beschichtungsmittel

14.3.4.8. Appreturmittel für die Schiebefestausrüstung und Flächenstabilisierung

Für diese chemische Ausrüstung werden kolloide Kieselsäurelösungen eingesetzt, die durch Erhöhung des Reibungskoeffizienten das Flächengebilde unempfindlicher gegen Verschiebungen von Fäden, Verzerrung des Bindungs- bzw. Musterbildes machen. Außerdem wird dadurch die Pillingbildung wesentlich herabgesetzt.

Handelsprodukte

Syntharesin S 30 (Bayer)
Syntharesin K 30 (Bayer)
Syntharesin S 15 (Bayer) Kombination eines Kieselsäuresols mit kolloiden Metalloxidhydraten.

Diese Ausrüstung ist für textile Flächen aus Cellulosefaserstoffen, besonders VI-F erforderlich.
Für Wolle werden zur Flächenstabilisierung Ethanolamin-Derivate und Thioglykolate eingesetzt.

Wichtige Handelsprodukte

Permalan AS (VEB Dresden Chemie)
Permalan AC (VEB Dresden-Chemie)
Permalan ACM (VEB Dresden-Chemie)
Permalan TG (VEB Dresden-Chemie)

14.3.4.9. Appreturmittel für die ölschmutzabweisende Ausrüstung

Fast alle Produkte für diese Ausrüstung der Hochveredlung sind organische Fluorverbindungen, im allgemeinen perfluorierte Fettsäuren. Die Wasserstoffatome an den jeweiligen C-Atomen des Kettenlaufes sind durch F-Atome substituiert (kleiner Ionenradius). Grundkörper können sein:

Perfluor-Octansäure
Perfluor-Decansäure sowie deren
Aluminium- und Chromsalze.

Strukturtyp

$R_F-SO_2-N(R)-R_1-COO-CH=CH_2$

R_F Perfluoralkylgruppe mit 4...12 C-Atomen im Kettenlauf
(R) Alkylgruppe mit 1...6 C-Atomen, die noch alle H-Atome aufweist
R_1 Alkylengruppe

Die Produkte zeigen einen permanenten Oberflächeneffekt, wenn polymerisierbare Verbindungen mit den perfluorierten Alkyl- oder Sulfonylsäureestern gehärtet werden. Vorteilhaft ist, daß sich das fluorhaltige Produkt kovalent an die Cellulosefaserstoffe in Form einer Additionsreaktion binden läßt.

$$R_F-CH_2-O-CH_2-\underset{\diagdown O \diagup}{CH-CH_2} + \boxed{\text{Cellulose}}-CH_2OH$$

$$\downarrow$$

$$R_F-CH_2-O-CH_2-\underset{OH}{CH}-CH_2-OCH_2-\boxed{\text{Cellulose}}$$

14.4. Schlichtemittel

14.4.1. Allgemeines

Schlichtemittel haben die Aufgabe, vor allem Kettfäden Gleitfähigkeit und Steifheit zu verleihen, damit sie allen mit dem Webprozeß verbundenen mechanischen Beanspruchungen standhalten. Die Schlichtemittel müssen hohe Klebkraft, hohe Viskosität, hohes Haftvermögen, aber auch eine gewisse Geschmeidigkeit für entsprechende Fasertypen aufweisen. Durch Zusatz hygroskopischer Substanzen zu den Schlichtemitteln erzielt man Stäubungsverhinderung. Stärke in der Textilreinigung verbessert sowohl das Aussehen als auch die Wasch- und Trageigenschaften von Wäsche.

14.4.2. Stärke und Stärkederivate

14.4.2.1. Stärke

Stärkeprodukte		Verkleisterungstemperatur
Kartoffelstärke	↓ Feinheitsgrad nimmt zu	58...62 °C
Weizenstärke		65...68 °C
Maisstärke		55...72 °C
Reisstärke		54...62 °C

Aufbau der Stärke

Stärke besteht aus etwa 15...40% Amylose und 85...60% Amylopektin — Summenformel $(C_6H_{10}O_5)_n$

Amylose

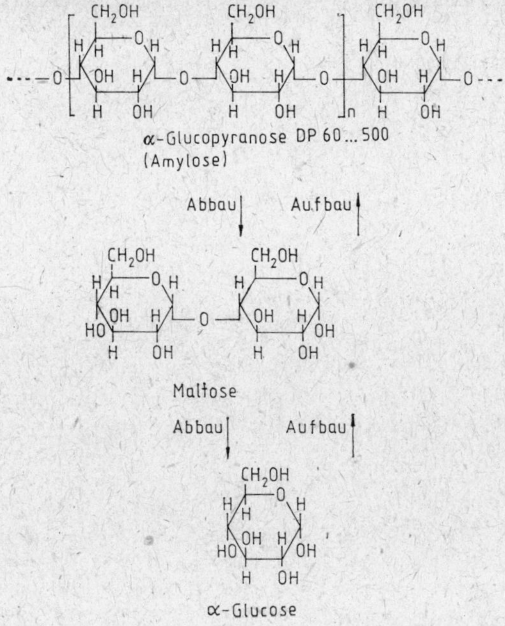

α-Glucopyranose DP 60...500
(Amylose)

Abbau ↓ Aufbau ↑

Maltose

Abbau ↓ Aufbau ↑

α-Glucose

Von der α-Glycopyranose (Amylose) sind etwa 0,25% als Ester, entweder als Phosphorsäureester oder als Fettsäureester gebunden. Im kolloiden Zustand ist sie heißwasserlöslich. Die O-Brücken sind weniger als Ether-, sondern vielmehr als Acetalbrücken aufzufassen.

Amylopektin

Das Amylopektin hat eine sehr verzweigte Struktur von folgender Typformel:

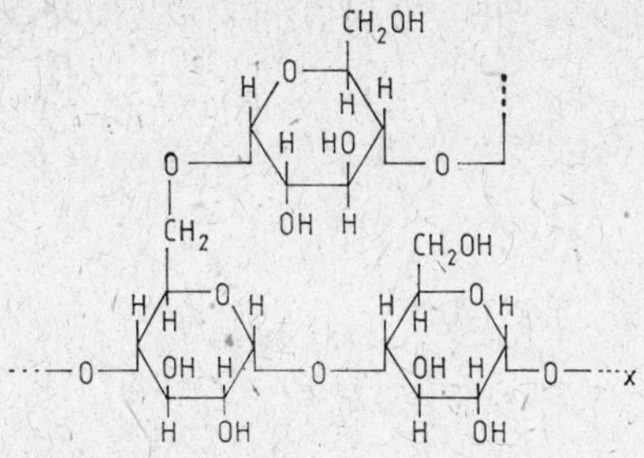

Amylopektin

Seitengrad: 10 bis 15α-Glucosemoleküle
Gesamt-DP: etwa 6000

Das Amylopektin ist im Gegensatz zur Amylose selbst in heißem Wasser nur quellbar. Amylopektin enthält geringe Mengen Phosphorsäure H_3PO_4, die esterartig gebunden ist.

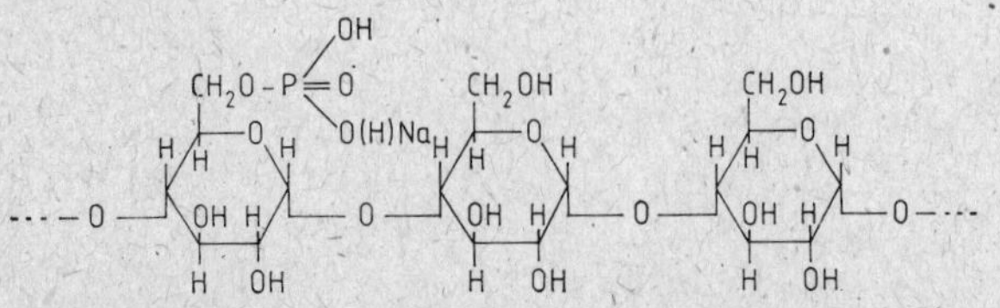

Amylopektin als Hauptbestandteil der Stärke ist durch seine »Knäuelstruktur« Ursache der Verkleisterungserscheinungen. Die entstehende Viskosität ist in ihrer Höhe abhängig von der Temperatur, von Alkali- und speziellen Salzzusätzen.
Bei der Herstellung von Quellstärke muß abgebaute Stärke verwendet werden, die Zusätze von Rhodaniden (Thiocyanaten) oder Harnstoffderivaten enthält. Diese Stärke ist kalt verkleisterungsfähig.
Stärke ist mit Iod-Kaliumiodid nachweisbar, wobei eine dunkelblaue Färbung entsteht, die auf einer inneren Iod-Stärke-Komplexbindung beruht. Beim Erhitzen verschwindet der Farbton, bei Abkühlung tritt er wieder hervor.

Stärkeabbau

Schlichtemittel müssen wasserlöslich und damit leicht auswaschbar sein. Das gilt besonders dann, wenn das textile Erzeugnis gefärbt oder bedruckt werden soll, wobei sich keinerlei Schlichteprodukte auf dem textilen Faserstoff befinden dürfen.
Da Stärke nur in Wasser quellbar ist, muß sie abgebaut werden (Entschlichtungsprozeß). Der Stärkeabbau kann vorgenommen werden durch

enzymatische Mittel
Oxydationsmittel
hydrolytische Spaltung mittels Säuren oder
mechanischen Abbau.

1. Enzymatischer Abbau

Enzyme werden in der Menge von 2...10 g · l^{-1} dem Entschlichtungsbad zugesetzt. Dem Entschlichtungsbad dürfen keinesfalls faseraffine Netzmittel vom Typ FAS zugesetzt werden, da sonst die Amylase am Abbau der Stärke gehindert wird. Außerdem hängt die Entschlichtungsqualität von der Faseroberfläche, das Wirkungsoptimum des Entschlichtungsmittels vom *p*H-Wert und der Temperatur der Flotte ab.

Produkte	*p*H-Wert-Optima	Temperatur-optima in °C	Hauptbestandteil
Malzprodukte	4,6...5,2	45...50	Malzamylase
Pankreasprodukte	6,8	50...55	Pankreasamylase
Bakterienprodukte	4,5...7,0	60...65	Bakteriolase

Wichtige Handelsprodukte

Exokoll T (VEB Fettchemie Karl-Marx-Stadt) Pankreasamylase
Bolamylase (Chemapol)

Die Entschlichtung kann weitgehend durch störende Substanzen im Wasser verhindert werden, wie z. B. Pb-, Cu-, Mn-, Co- oder Hg-Salze. In solchen Fällen müssen genaue Wasseruntersuchungen durchgeführt werden.

2. Oxydativer Abbau

Das zumeist eingesetzte Produkt für den oxydativen Abbau der Stärke ist das Aktivin (Chloramin T) als ein p-Toluenderivat. In Wasser zeigt es folgende Wirkungsweise:

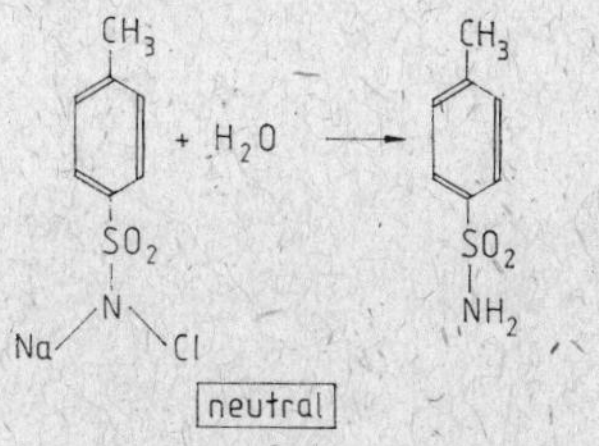

$$CH_3-C_6H_4-SO_2-N(Na)Cl + H_2O \longrightarrow CH_3-C_6H_4-SO_2-NH_2$$

neutral

$$NaClO + H_2O \longrightarrow NaOH + HClO$$

$$HClO \longrightarrow HCl + O$$

Der Einsatz von Stärkeschlichten erfolgt meist für textile Faserstoffe aus VI-F oder VI-S.
Bei oxydativer Entschlichtung ist darauf zu achten, daß die Fasern nicht durch Bildung von Oxycellulose geschädigt werden.

3. Hydrolytische Spaltung mittels Säuren

Zur Entschlichtung mittels Säuren wird meist Salzsäure HCl verwendet, indem man mit 3% HCl (35%ig) der Warenmasse 30 min bei 60 °C arbeitet. Diese Entschlichtung wird nur dann durchgeführt, wenn andere Entschlichtungsmöglichkeiten nicht zum Erfolg führen.
Die Aufspaltung der Stärke erfolgt nach dem Prinzip des Abbaus zu Maltose und α-Glucose

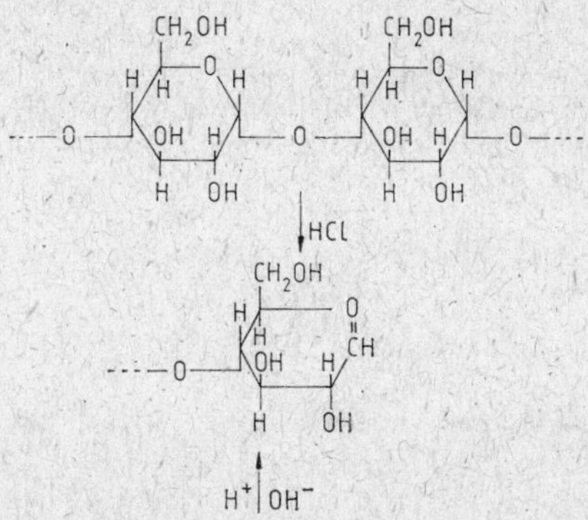

(Strukturformeln: Stärkekette mit CH_2OH-, H-, OH-Gruppen; ↓ HCl; Glucoseeinheit mit $CH=O$; $H^+ \mid OH^-$)

4. Mechanischer Abbau

Mechanischer Abbau erfolgt bei hoher Temperatur, z. B. Kochtemperatur, sowie durch Druckkochungen. Diese Behandlung ist möglichst einer oxydativen oder hydrolytischen Entschlichtung vorzuziehen. Auch durch Trockenhitze ist eine Umwandlung zu Röstdextrin möglich, dies zählt jedoch nicht zu den Entschlichtungsmethoden.
Aus Gründen der Faserstoffschonung wird der enzymatischen Entschlichtung die größte Beachtung zukommen. Dabei geht der Trend immer mehr in Richtung des Einsatzes auswaschbarer Schlichtemittel, so daß ein chemischer Abbau der Stärke auf textilen Erzeugnissen überflüssig wird.

14.4.2.2. Stärkeether

Stärkeether sind wasserlösliche Stärkederivate, sogenannte aufgeschlossene Stärken, die auch auswaschbar sind.

Darstellung

[Stärke]–OH + NaOH ⟶ Stärke – ONa + H_2O

[Stärke]–ONa + CH_2Cl – COONa ⟶ Stärke – O – CH_2COONa + NaCl
Stärkeether-Carbonsäure-Verbindung

[Stärke]–ONa + CH_2 – CH_2 (–O–) ⟶ [Stärke]–O – CH_2 – CH_2 – ONa

Alkalistärke Ethenoxid Stärkeglykolether

Löslichkeit der Stärkeether

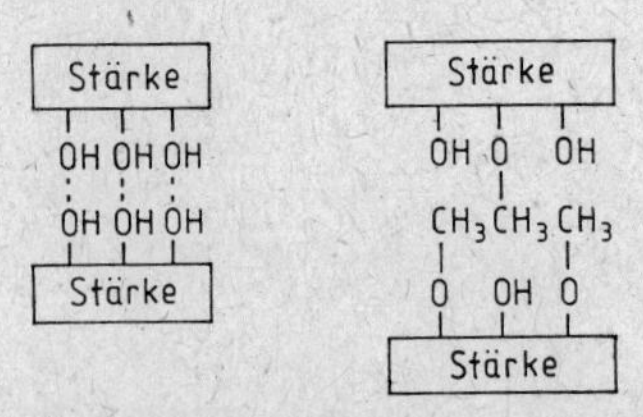

Durch Methylierung vermindern sich die zwischenmolekularen Zusammenhaltskräfte, wobei noch eine genügende Anzahl von wasserfreundlichen OH-Gruppen erhalten bleiben muß. Die optimale Wasserlöslichkeit erreicht man bei einem durchschnittlichen Substitutionsgrad von 1,5 bis 2,0, d. h. durch Methylierung von 50 bis 65% aller OH-Gruppen der Stärke.
Handelsübliche Schlichten und Appreturmittel auf Stärkebasis, auch als Form von Mischschlichten in Kombination mit anderen Schlichteprodukten, sind

1. Stärke oder Stärkederivate mit Zusätzen von Netzmitteln, Appreturfetten oder Weichmachern sowie auch von hydrotropen Substanzen
2. Stärke oder deren Derivate in Mischung mit Cellulosederivaten oder Eiweißschlichten
3. Stärke-Fettschlichten
4. Stärke-Pektinschlichten

Wichtige Handelsprodukte

Amitex N (VEB Stärke- und Veredlungswerk Dallmin)
dünnkochende Stärke

Amitex M	mittelkochende Stärke
Amitex H	dickkochende Stärke
Amitex S	mittel- bis dünnkochende Stärke
Amitex Q	sehr dickkochende Stärke
Amitex D und DB	Stärke für den Druck
Amitex Q	Ausrüstungs- und Appreturmittel für Weiß- und Buntwäsche
Datex	(wie Amitex Q)

14.4.3. Cellulosederivate

Darstellungsmöglichkeiten

1. $\boxed{\text{Cellulose}}{-}CH_2OH + NaOH \rightarrow \boxed{\text{Cellulose}}{-}CH_2ONa + H_2O$

Alkalicellulose

$\boxed{\text{Cellulose}}{-}CH_2ONa + CH_3Cl \rightarrow \boxed{\text{Cellulose}}{-}CH_2O{-}CH_3 + NaCl$

Methylchlorid — Cellulosemethylether

2. $\boxed{\text{Cellulose}}{-}CH_2ONa + \underbrace{CH_2{-}CH_2}_{\diagdown O \diagup} \rightarrow \boxed{\text{Cellulose}}{-}CH_2O{-}CH_2{-}CH_2{-}ONa$

Ethenoxid — Celluloseglykolether

3. $\boxed{\text{Cellulose}}{-}CH_2ONa + Cl{-}CH_2{-}CH_2{-}OH \rightarrow$

Ethylenchlorhydrin $\boxed{\text{Cellulose}}{-}CH_2O{-}CH_2{-}CH_2OH + NaCl$

4. $\boxed{\text{Cellulose}}{-}CH_2ONa + CH_2Cl{-}COOH \rightarrow \boxed{\text{Cellulose}}{-}CH_2O{-}CH_2{-}COOH + NaCl$

Chlorethansäure — Celluloseethercarbonsäure

Alle Cellulosederivate sind wasserlöslich, die Cellulosemethyl- und Celluloseglykolether kalt löslich. Die Wasserlöslichkeit ist abhängig vom Veretherungsgrad. Bei Temperaturerhöhung erfolgt Koagulation. Celluloseethercarbonsäureprodukte zeigen sowohl in kaltem als auch in heißem Wasser gute Löslichkeit, bedingt durch die polare Carboxylgruppe mit geringer Dissoziation. Ebenso liegt eine gute Auswaschbarkeit vor.

Wichtige Handelsprodukte

Serogel (CMC) Type N 60 (VEB Chem. Fabrik Finowtal) Na-Salz der Carboxymethylcellulose
Amitex ZMS (VEB Stärke- und Veredlungswerk Dalmin) Kombination aus Stärke und Carboxymethylcellulose
Tylose MH (Hoechst) Methylcellulose
Tylose C und CR (Hoechst) Carboxy- und Na-Carboxyethylcellulose
Tylose H-Typen (Hoechst) Hydroxyethylcellulose

14.4.4. Eiweißschlichten

Die Eiweißschlichten sind heute von allen anderen Schlichten, vor allem den synthetischen, weitgehend verdrängt worden. Vereinzelt werden sie noch beim Schlichten von textilen Fäden aus VI-S eingesetzt. Der Vorteil liegt in gutem Verkleben der Elementarfäden bei polyfilen Seiden. Dadurch tritt kein Aufspleißen der Fäden während des Webprozesses ein. Die Auswaschbarkeit ist gut, da diese Schlichten wasserlöslich sind. Außerdem liefern sie hohe Geschmeidigkeit.
Gewonnen werden die Eiweißschlichten aus tierischen Eiweißen. Der Nachweis erfolgt durch die Biuret-Reaktion.
Biuret-Reagens ist das Amid der Allophansäure $NH_2-CO-NH-COOH$.
Es entsteht durch sehr langsames Erhitzen von Harnstoff auf eine Temperatur von 160 °C.
Biuret gibt mit Cu-Salzen in alkalischer Lösung eine stark rotviolette Färbung, die allen Verbindungen zukommt, die zwei oder mehr Carbamidgruppen ($-CO-NH-R$) enthalten.

Wichtige Handelsprodukte

Filaturol EW (VEB Fettchemie Karl-Marx-Stadt)
Filaturol EW 50 (VEB Fettchemie Karl-Marx-Stadt)

14.4.5. Synthetische Schlichten

Große Bedeutung für das Schlichten von Synthesefaserstoffen haben die synthetischen Schlichten. Es ist möglich, diese mit anderen Schlichten (Eiweiß- oder Stärkeschlichten) zu kombinieren.

Polyvinylalkohol

Die Darstellung erfolgt durch Verseifung von Polyvinylacetat. Zu dessen Herstellung wird Ethin in Gegenwart von Hg-Salzen mit Essigsäure zu Polyvinylacetat polymerisiert.

$$HC{\equiv}CH + CH_3COOH \rightarrow CH_2{=}CH-OOC-CH_3$$

$$\downarrow \text{Polymerisation}$$

$$\begin{array}{ccccc} -CH_2- & CH- & CH_2- & CH- & CH_2-\ldots \\ & | & & | & \\ & OOCCH_3 & & OOCCH_3 & \text{Polyvinylacetat} \end{array}$$

$$\downarrow \text{Verseifung}$$

$$\begin{array}{ccccc} -CH_2- & CH- & CH_2- & CH- & CH_2-\ldots \\ & | & & | & \\ & OH & & OH & \text{Polyvinylalkohol} \end{array}$$

Geringere Wasserlöslichkeit wird durch Zusatz von Borsäure erreicht.

Wichtige Handelsprodukte

Polyvinylalkohol 45/02 TGL 18313 (VEB Chemische Werke Buna)
Vinarol (Hoechst)
Afilan SM (Hoechst)
Sloviol (Chemapol)

Salze der Polyacrylsäure

Na-, K- oder NH_4-Salze ergeben in Wasser hochviskose Lösungen, während die Polyacrylsäure selbst wasserunlöslich ist. Die Darstellung erfolgt durch Anlagerung von Ethin (C_2H_2) an Blausäure HCN, einer anschließenden Polymerisation und Verseifung.

$$HC{\equiv}CH + HCN \longrightarrow CH_2{=}CH{-}CN$$

$$n\,CH_2{=}CH{-}CN \xrightarrow{CuCl_2} \left[\begin{array}{l} -CH_2-CH-\ldots \\ \qquad\quad | \\ \qquad\quad CN \end{array}\right]_n$$

Polyacrylnitril

↓ Verseifung

$$\left[\begin{array}{l} -CH_2-CH-\ldots \\ \qquad\quad | \\ \qquad\quad COOH \end{array}\right]_n$$

Polyacrylsäure

Aus der zunächst wasserunlöslichen Polyacrylsäure werden dann die entsprechenden Salze gebildet, die hochviskose Lösungen als Schlichtemittel ergeben.

Polyvinylmethylether

Es handelt sich um eine wasserlösliche Verbindung, die als Schlichtemittel geeignet ist. Leichte Auswaschbarkeit ist gegeben. Durch Mitverwendung wasserunlöslicher Derivate dieser Verbindung kann das Schlichtemittel dann auch als Präparation dienen, wenn das Auswaschen nicht erforderlich ist. Die Darstellung verläuft wie folgt:

$$HC{\equiv}CH + CH_3OH \rightarrow CH_2{=}CH{-}O{-}CH_3$$

Ethin Methanol Vinylmethylether

$$n\,CH_2{=}CH{-}O{-}CH_3 \xrightarrow[\text{Polymerisation}]{} \left[\begin{array}{l} -CH_2-CH-\ldots \\ \qquad\quad | \\ \qquad\quad O-CH_3 \end{array}\right]_n$$

Polyvinylmethylether

Polyvinylacetat

Wichtige Handelsprodukte

Polyvinylacetat 55/02 TGL 18313 (VEB Chemische Werke Buna)
Polyvinylacetat 55/12 TGL 18313 (VEB Chemische Werke Buna)
Präwozell A 55 (VEB Chemische Werke Buna)
Polyvinylacetat-Dispersion und Weichmacher-Komponente bietet auch beständige Teppichrückenappretur.

15. Farbstoffe

15.1. Wichtige Grundverbindungen von Farbstoffen

15.1.1. Chemische Besonderheiten bei der Entstehung der Farbigkeit eines Stoffes

Im chemischen Sinn ist die Farbigkeit einer Verbindung an bestimmte strukturelle Voraussetzungen, das Vorhandensein farbgebender oder chromophorer Gruppen gebunden. Konjugierte Systeme mit chromophoren Gruppen (Chromogene) sind die entscheidende strukturelle Voraussetzung für die Farbigkeit organischer Verbindungen.
Diese konjugierten Systeme absorbieren bestimmte Wellenlängen und erscheinen dadurch dem Auge, wenn sich dieser Vorgang im sichtbaren Bereich des Spektrums vollzieht, als farbig. Die wahrgenommene Farbe entspricht dabei der Komplementärfarbe des absorbierten Lichtes.
Die Absorption des Lichtes geschieht durch elektronische Anregungsvorgänge im farbigen Molekül und ist gequantelt. Der Vorgang läßt sich in entsprechenden Energieniveau-Schemata darstellen (siehe einschlägige Literatur). Da in einem Molekül meist mehrere solcher Vorgänge mit jeweils unterschiedlichem Energiebedarf nebeneinander ablaufen können, erhält man die außerordentliche Vielzahl verschiedenster Farbnuancen. Wenn man für solche Verbindungen die Absorption gegen die Wellenlänge aufträgt, entsteht ein sogenanntes Absorptionsspektrum mit mehreren Absorptionsmaxima.
Je länger das konjugierte System des Moleküls ist, um so langwelliger liegen diese Maxima. Die Farbe der Verbindung verschiebt sich damit zum blauen Bereich des Spektrums hin. Man nennt diese Erscheinung bathochromen oder farbvertiefenden Effekt. Die $>C=C<$ Doppelbindung ist allein ein relativ schwacher Chromophor und verursacht nur einen geringen bathochromen Effekt. Etwas stärker in diesem Sinne wirkt die $>C=O$ Doppelbindung.

Starke Chromophore sind:

$>C=S$ Thiocarbonylgruppe

$-N=O$ Nitrosogruppe

$-N=N-$ Azogruppe

$-N(\rightarrow O)=N-$ Azoxygruppe

$-NO_2$ Nitrogruppe

o-Chinongruppe
p-Chinongruppe
(Sauerstoff kann auch durch $=N-$ oder $=CH-$ ersetzt sein)

Azingruppe

Thiazingruppe

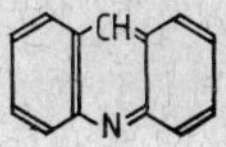

Carbazingruppe

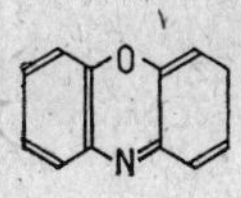

Oxazingruppe

Auf die vorstehenden Chromophore läßt sich eine Reihe spezieller Farbstoffgrundgerüste zurückführen.
Funktionelle Gruppen, die selbst keine Chromophore darstellen, aber einen bathochromen Effekt ausüben, nennt man auch Auxochrome oder Farbverstärker. Meist handelt es sich um elektronenabgebende Substituenten wie $-NR_2$, $-NH-R$, $-NH_2$, $-OH$, Halogene oder o-Alkyl.
Elektronen aufnehmende Gruppen dagegen entfalten häufig einen farbaufhellenden oder hypsochromen Effekt (soweit sie nicht, wie z. B. die Nitrogruppe, selbst Chromophore sind).
Aminogruppen, die bathochrome Gruppen darstellen, werden im sauren Milieu durch Salzbildung

$$-NR_2 \overset{+H^+}{\rightleftharpoons} -\overset{+}{N}H-R_2$$

zu hypsochromen Substituenten.

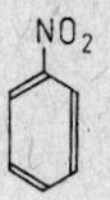

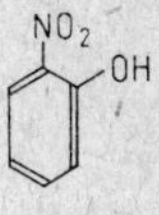

Benzen	Nitrobenzen	2-Nitrophenol
C_6H_6	$C_6H_5NO_2$	$C_6H_4NO_2OH$
farblos	Chromophor (NO_2)	bathochrome Gruppe OH
	schwach gelb	stark gelb

Eine besondere Rolle für die Farbigkeit spielen die Mesomeriemöglichkeiten im Molekül. Die Mesomeriemöglichkeiten sind häufig pH-Wert-abhängig. Da sich dadurch mit dem pH-Wert auch die Farbe der Verbindung ändert, spielen solche Moleküle als Säure-Base-Indikatoren eine große Rolle. [24]

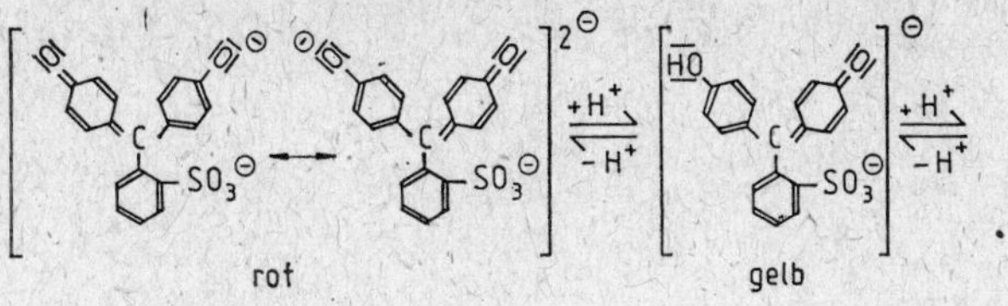

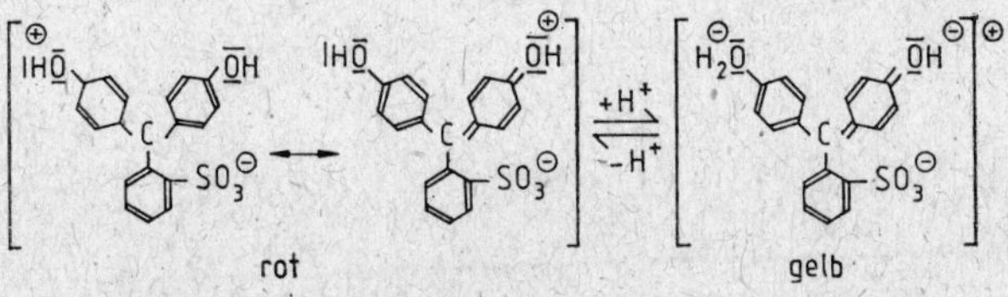

rot

gelb

rot

gelb

Durch Wechselwirkungen geeigneter Gruppen am Farbstoffmolekül mit dem Lösungsmittel kann es ebenfalls zu Farbverschiebungen kommen. Diesen Effekt bezeichnet man als Solvatochromie. Wird dabei die Absorption in einen höheren Wellenbereich verschoben, spricht man von positiver und umgekehrt von negativer Solvatochromie. Verändert sich die Farbe durch Temperaturerhöhung oder Temperaturerniedrigung, bezeichnet man dies als Thermochromie. Bei höherer Temperatur ist das π-Elektronensystem am stabilsten, und damit wird eine solche Absorption erreicht, daß Farben höherer Wellenlängen entstehen können. Die Wasserlöslichkeit eines Farbstoffes wird durch folgende Gruppen begründet bzw. erhöht:

$-SO_3^-H^+$	$-SO_3^-Na^+$	$-COO^-H^+$	oder	$-COO^-Na^+$
Sulfonsäuregruppe	Na-Sulfonatgruppe	Carboxylgruppe		Na-Carboxylatgruppe

Die genannten Gruppen sind in Lösung mit einer Solvathülle von gerichteten Wassermolekülen umgeben. Ursachen dafür sind Dipolwechselwirkungen oder auch H-Brücken. Der Farbstoff als Na-Salz zeigt stets eine höhere Löslichkeit als die freie Farbsäure. Eine Ausnahme bildet der Salicylsäuretyp

R–C6H3(OH)(COOH)

Liegt das Na-Salz vor, so ist das Lösungsvermögen gering, da diese Säure in o-Struktur vorliegt. Es kommt zur sogenannten Chelatbindung

O-Na ⋮ C=O, OH

15.1.2. Benzen und Derivate

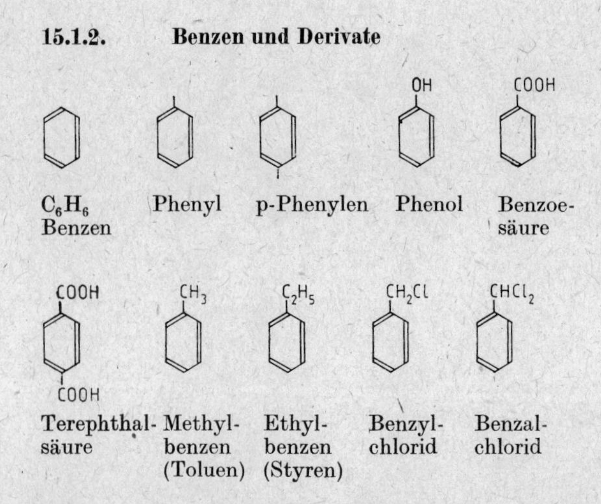

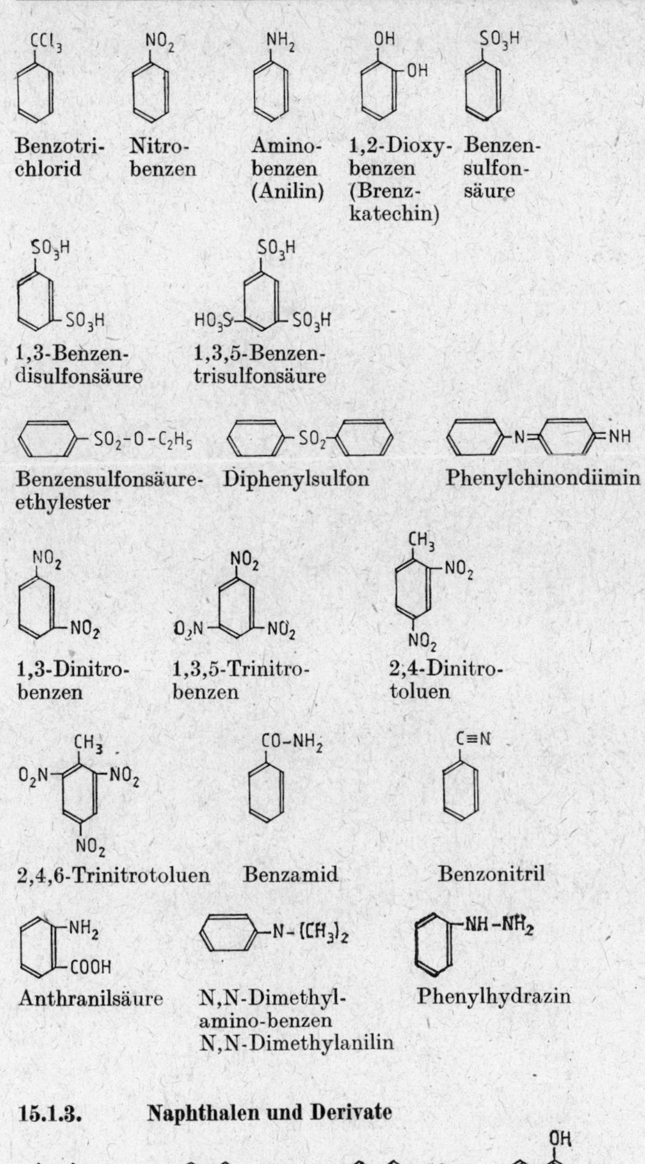

Benzotrichlorid; Nitrobenzen; Aminobenzen (Anilin); 1,2-Dioxybenzen (Brenzkatechin); Benzensulfonsäure

1,3-Benzendisulfonsäure; 1,3,5-Benzentrisulfonsäure

Benzensulfonsäureethylester; Diphenylsulfon; Phenylchinondiimin

1,3-Dinitrobenzen; 1,3,5-Trinitrobenzen; 2,4-Dinitrotoluen

2,4,6-Trinitrotoluen; Benzamid; Benzonitril

Anthranilsäure; N,N-Dimethylamino-benzen N,N-Dimethylanilin; Phenylhydrazin

15.1.3. Naphthalen und Derivate

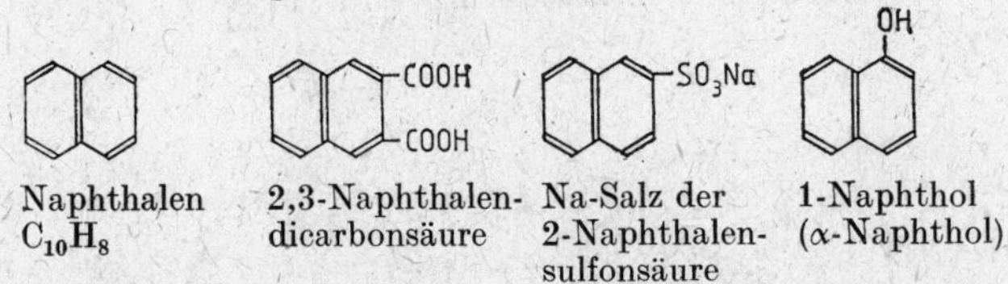

Naphthalen $C_{10}H_8$; 2,3-Naphthalendicarbonsäure; Na-Salz der 2-Naphthalensulfonsäure; 1-Naphthol (α-Naphthol)

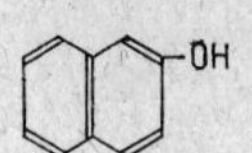

2-Naphthol
(β-Naphthol)

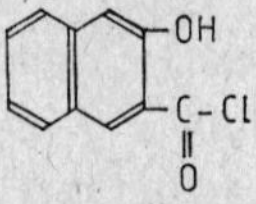

2-Hydroxy-3-
Naphtholsäurechlorid
oder
2-Hydroxynaphthalen-
3-Carbonsäurechlorid

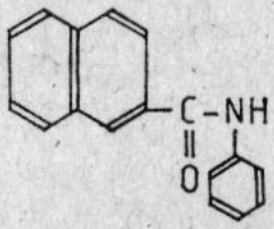

2-Hydroxynaphthalen-
3-carbonsäure-anilid
(Naphthol-AS)

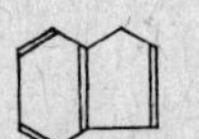

Inden C_9H_7

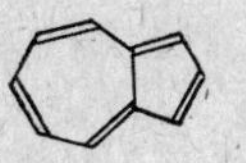

Azulen $C_{10}H$

15.1.4. Anthracen und Derivate

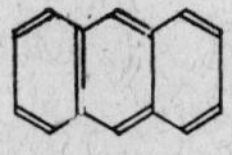

Anthracen
$C_{14}H_{10}$

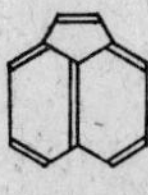

Acenaphthylen
$C_{12}H_8$

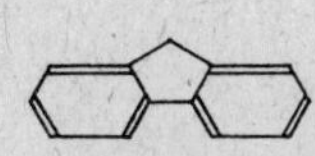

Fluoren
$C_{13}H_9$

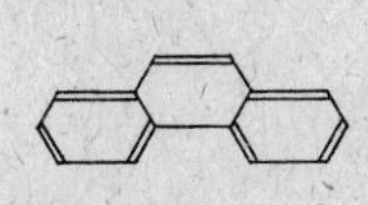

Phenanthren
$C_{14}H_{10}$

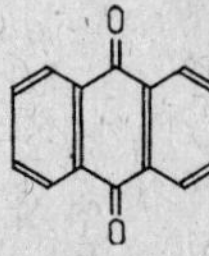

Anthrachinon

15.1.5. Höhere Ringsysteme

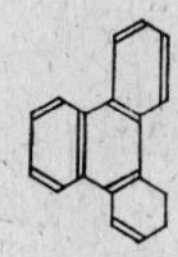

Triphenylen

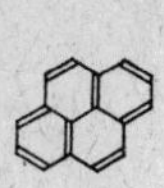

Pyren

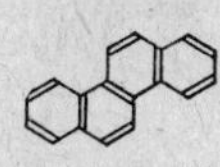

Chrysen

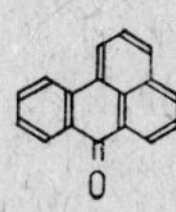

Benzanthron

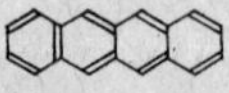

Naphthacen
(Tetracen)

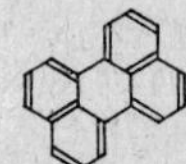

Perylen

15.1.6. Heterocyclische Systeme

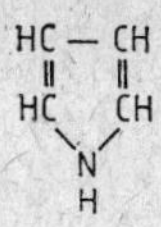

HC — CH
HC CH
N
H

Pyrrol

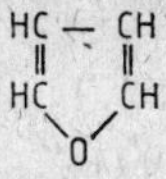

HC — CH
HC CH
O

Furan

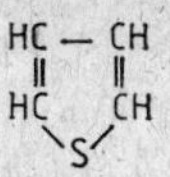

HC — CH
HC CH
S

Thiophen

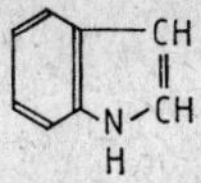

CH
CH
N
H

Indol

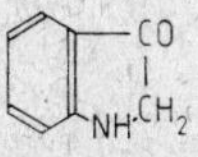

CO
CH_2
NH

Indoxyl

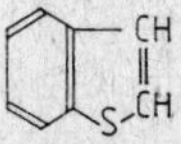

CH
CH
S

Thionaphten

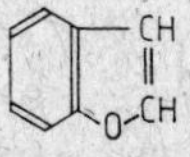

CH
CH
O

Cumaron

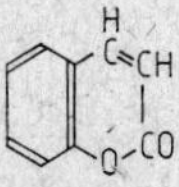

H
C
CH
CO
O

Cumaren

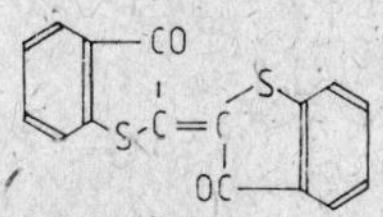

CO
S
C = C
S
OC

Thioindigo

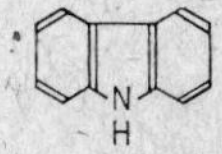

N
H

Carbazol

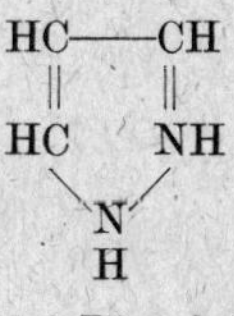

HC—CH
HC NH
N
H

1,2-Diazol (Pyrazol)

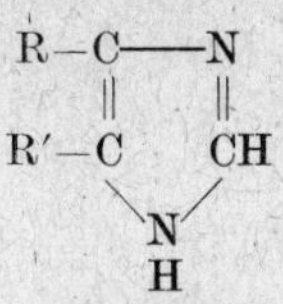

R—C—N
R′—C CH
N
H

1,3-Diazol

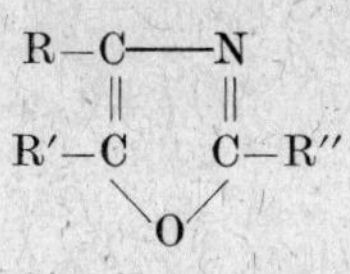

R—C—N
R′—C C—R″
O

1,3-Oxazol

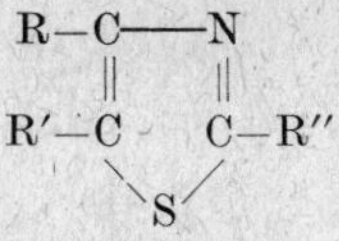

R—C—N
R′—C C—R″
S

1,3-Thiazol

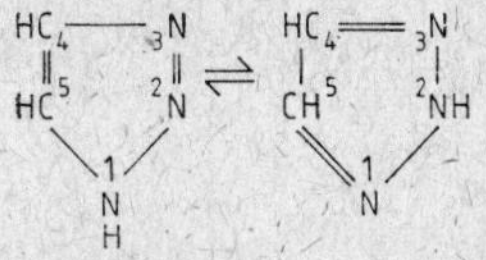

HC_4 — $_3N$
HC^5 ^2N
1
N
H
⇌
HC_4 = $_3N$
CH^5 ^2NH
1
N

1,2,3-Triazol

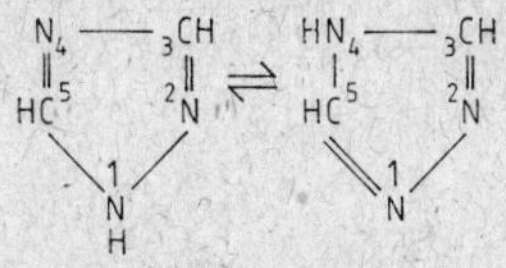

N_4 — $_3CH$
HC^5 ^2N
1
N
H
⇌
HN_4 — $_3CH$
HC^5 ^2N
1
N

1,2,4-Triazol

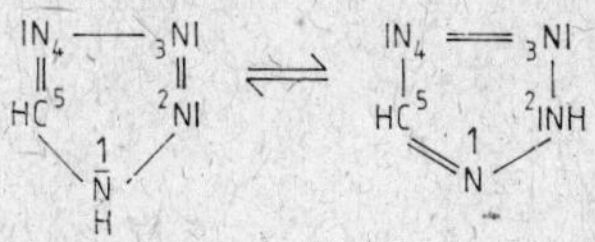

N_4 — $_3N$
HC^5 ^2N
1
N
H
⇌
N_4 = $_3N$
HC^5 ^2NH
1
N

1,2,3,4-Tetrazol

N

C_5H_5N Pyridin (Azin)

N ↔ N ↔ $^{\ominus}N^{\oplus}$ ↔ $^{\oplus}$ $^{\ominus}N$ ↔ $^{\oplus}$ $N^{\ominus}$

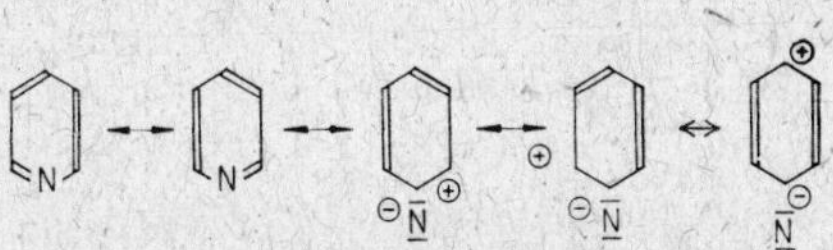

Mesomere Grenzformeln des Pyridins

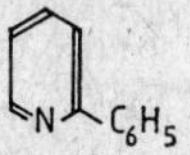

2-Phenylpyridin

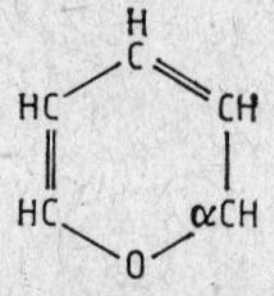

+ α-Pyran (2H-Pyran)

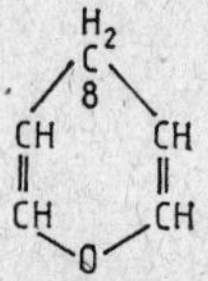

γ-Pyran (4H-Pyran)

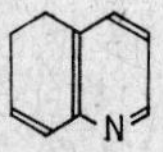

Chinolin

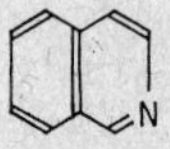

iso-Chinolin

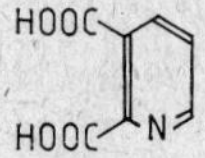

Pyridin-2,3-dicarbonsäure

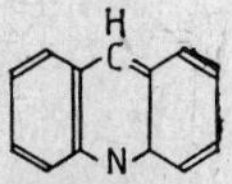

Acridin

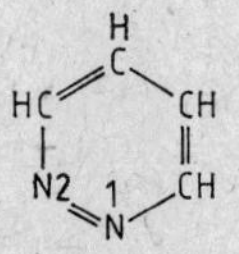

1,2-Diazin Pyridazin

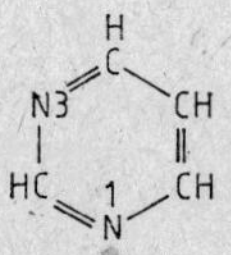

1,3-Diazin Pyrimidin

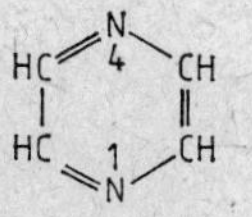

1,4-Diazin Pyrazin

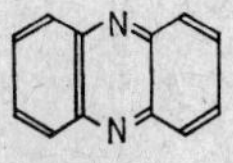

Phenazin

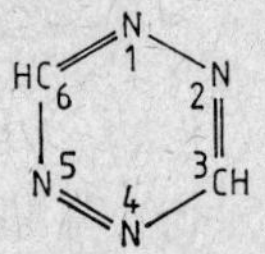

1,2,4,5-Tetrazin

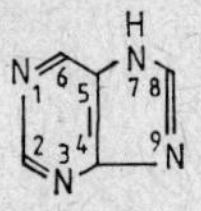

Purin

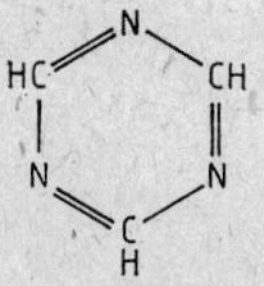

1,3,5-Triazin

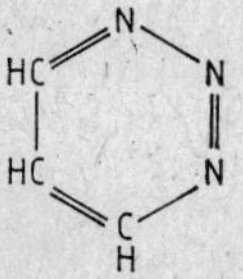

1,2,3-Triazin

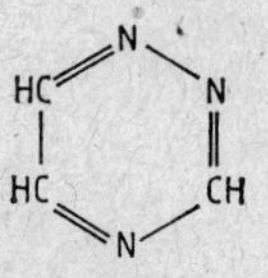

1,2,4-Triazin

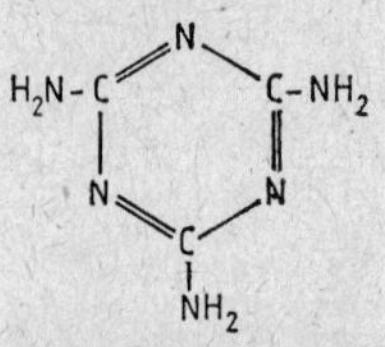

2,4,6-Triamino-1,3,5-triazin (Cyanursäureamid) Melamin

Als Derivate des 1,3,5-Triazins leiten sich ab

Cyanursäurechlorid
Cyanursäureester und
Cyanursäureamid (Melamin)

15.1.7. Weitere wichtige Grundverbindungen

R—CH═NH—NH═CH—R

Azinstruktur

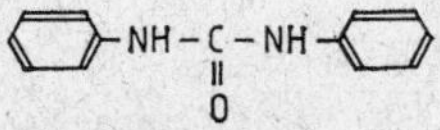

C_6H_5–NH–C(=O)–NH–C_6H_5

Harnstoffstruktur

R–C_6H_4–NH–C_6H_5

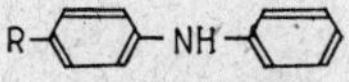

Diphenylaminostruktur

15.2. Chemisches Aufbauprinzip von Farbstoffen

15.2.1. Substituenten-Orientierungsregeln

Ein bereits vorhandener Substituent an einem Aromaten wirkt bei Zweitsubstitution dirigierend. Man unterscheidet Substituenten erster und zweiter Ordnung.
Substituenten erster Ordnung erleichtern die Zweitsubstitution und dirigieren in o- und p-Position. Sie sind Elektronendonatoren.
Substituenten zweiter Ordnung sind Elektronenakzeptoren und erschweren deshalb eine Zweitsubstitution. Sie dirigieren den Zweitsubstituenten in die m-Position.

Substituenten 1. Ordnung (Elektronendonatoren)

—OH	$—C_2H_5$
$—NH_2$	$—CH_3$
$—N(CH_3)_2$	$—C_3H_7$
$—N(H)CH_3$	—N=O
	—N=N—
$—N(H)–C(=O)–CH_3$	—S—R
	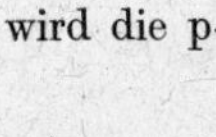 $—C_6H_5$

Bei höherer Temperatur wird die p-Stellung, bei niedriger Temperatur die o-Stellung bewirkt.

Substituenten 2. Ordnung (Elektronenakzeptoren)

Diese dirigieren vornehmlich den neueintretenden Substituenten in die m-Stellung.

$-SO_2-O-Na(H)$ $\quad -CHO \quad [-\overset{+}{N}R_3]^+ \quad -CONH_2 \quad -SO_2-Cl$

$-SO_2-R$

$-COOH \quad -C{\equiv}N \quad -NO_2 \quad -COCH_3 \quad -COO-R$

15.2.2. Azofarbstoffe

15.2.2.1. Begriff

Azofarbstoffe sind organische Farbstoffe, die als Chromophor Azogruppen —N=N— aufweisen. Je nach ihrer Anzahl im Molekül unterscheidet man Mono-, Dis-, Tris-, Tetrakis- und Polyazofarbstoffe. Die Azofarbstoffe stellen die größte Farbstoffklasse dar.

15.2.2.2. Darstellungsmöglichkeiten

Die Azofarbstoffe werden durch Kupplung von Diazoniumsalzen mit Phenolen, Naphtholen sowie sekundären oder tertiären Aminen hergestellt. Die Diazoniumsalze erhält man wiederum durch Einwirkung von HNO_2 auf primäre aromatische Amine. Salzsäure liefert dabei leichter lösliche Salze als Schwefelsäure.

$[C_6H_5-\overset{\oplus}{N}{\equiv}N|]^+Cl^- \qquad [C_6H_5-\overset{\oplus}{N}{\equiv}N|]^+SO_4H^-$

Das N-Atom ist formal Träger der positiven Ladung und entspricht daher dem koordinativ 4wertigen N, wie er den NH_4-Verbindungen zugrunde liegt.
Die Kupplung von Aminen wird entweder im schwachsauren oder neutralen Medium vorgenommen. Beim Kuppeln von primären Aminen und sekundären Aminen mit Diazoniumsalzen entstehen zunächst Diazoniumverbindungen, die sich durch überschüssige Mineralsäure in Aminoazokörper umlagern:

$$[C_6H_5-N{\equiv}N|]^+Cl^- + C_6H_5NH_2 \rightarrow C_6H_5-N{=}N \cdot HN-C_6H_5 + HCl$$

Die Kupplungsgeschwindigkeit hängt sowohl vom *p*H-Wert als auch von der Art der Kupplungskomponente sowie von den Substituenten in der Diazokomponente ab. Tertiäre aromatische Amine bilden sofort Aminoazoverbindungen.

$$[C_6H_5-N{\equiv}N|]^+ \cdot Cl^- + C_6H_5-N(CH_3)_2 \rightarrow C_6H_5-N{=}N-C_6H_4-N(CH_3)_2 + HCl$$

p-Dimethylaminoazobenzen

Die Kupplung von Aminophenolen oder Aminonaphtholen kann sowohl in saurer wie auch alkalischer Lösung geschehen.

Übersicht der Kupplungs-pH-Werte und Stellung der Komponenten

1. OH-Gruppen — kuppeln im alkalischen Bereich bei *p*H-Wert $> 8{,}5$ und $> 9{,}5$, jedoch $< 10{,}5$

2. NH_2-Gruppen — kuppeln im sauren Bereich von $> 3{,}5$, jedoch < 6

3. Phenol — p-Stellung (⊗ bedeutet SO_3H)

4. COOH, OH — p-Stellung zur OH-Gruppe

5. 2-Naphthol (β-Naphthol) — hier tritt auch Substitution unter Verdrängung ein

6. OH — p-Stellung zur OH-Gruppe (4-Stellung) 1-Naphthol (α-Naphthol)

7. OH — 6-, 7- und 8-Sulfonsäure in p-Stellung zur OH-Gruppe

8. OH — 3-, 4- und 5-Sulfonsäure in o-Stellung zur Hydroxylgruppe

9. NH_2 — Aminobenzen ist die p-Stellung substituiert, tritt die Azokupplung in o-Stellung auf

10. NH_2 — 1-Aminonaphthalen kuppelt in 4-Stellung

11. NH_2 — 2-Aminonaphthalen kuppelt in 1-Stellung

12. NH — Diphenylamin kuppelt in p-Stellung

13. H_2C — C — R, C, N, N, R (C_6H_5) — 2-Pyrazolin-5-on kuppelt immer in 3-Stellung

Kupplungskomponenten als Aminohydroxyverbindungen, die sauer und basisch eingesetzt werden können ((s)↘ und (b)↘):

Nr.	Verbindung	Kupplung
1.	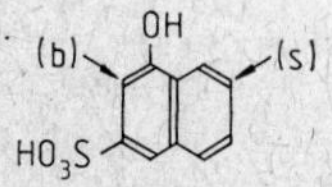 2-Amino-8-hydroxy-naphthalin-6-sulfonsäure (γ-Säure)	in 1-Stellung sauer, in 7-Stellung basisch
2.	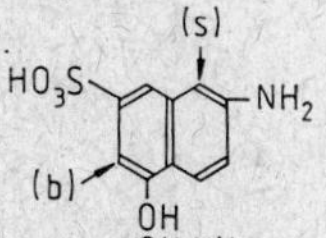 2-Amino-5-hydroxy-naphthalen-7-sulfonsäure (I-Säure)	in 1-Stellung sauer, in 6-Stellung basisch
3.	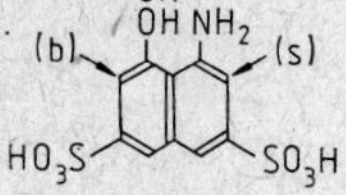 1-Amino-8-hydroxy-naphthalen-3,6-Disulfonsäure (H-Säure)	in 2-Stellung sauer, in 7-Stellung basisch
4.	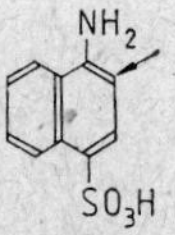 Naphthionsäure	in 2-Stellung sauer
5.	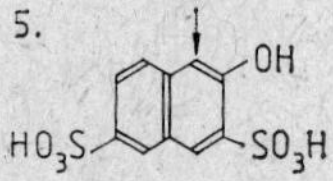 2-Hydroxynaphthalen-3,6-disulfonsäure (R-Säure)	in 1-Stellung
6.	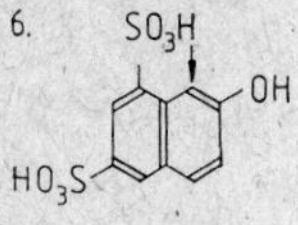 2-Hydroxynaphthalen-6,8-disulfonsäure (G-Säure)	in 1-Stellung
7.	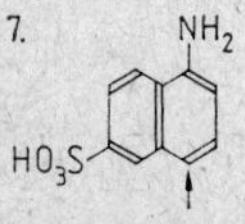 1-Aminonaphthalen-6-sulfonsäure	in 4-Stellung
8.	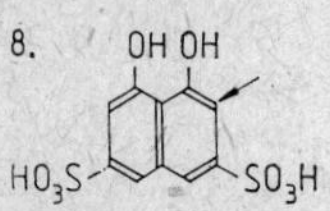 1,8-Dihydroxy-naphthalen-3,6-disulfonsäure (Chromotrop-Säure)	in 2-Stellung
9.	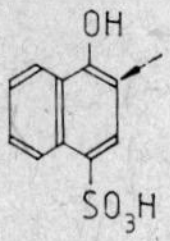 1-Hydroxynaphthalen-4-sulfonsäure (NEVILLE-WINTHER-Säure)	in 2-Stellung
10.	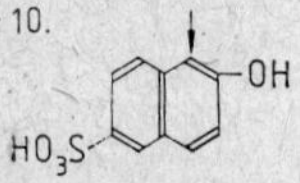 2-Hydroxynaphthalen-6-Sulfonsäure (SCHAEFFER-Säure)	in 1-Stellung

Bindungsbeispiele bei der Herstellung eines Monoazofarbstoffes [3]

1. Ausgangsprodukte: Benzen und Naphthalen

2. Herstellung der H-Säure

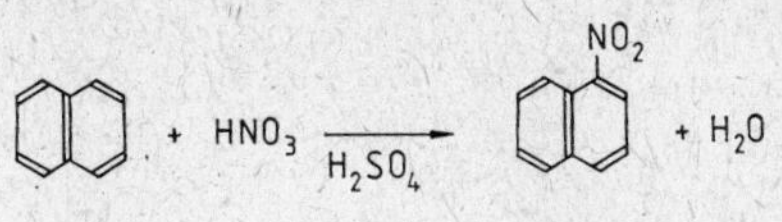

Naphthalen + HNO_3 $\xrightarrow{H_2SO_4}$ 1-Nitronaphthalen + H_2O — Nitrierung des Naphthalens

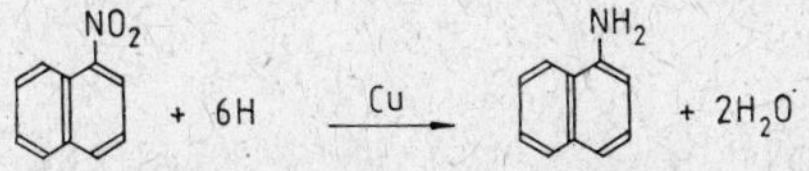

1-Nitronaphthalen + 6H $\xrightarrow{Cu}$ 1-Aminonaphthalen + $2H_2O$ — Darstellung von 1-Amino-naphthalen

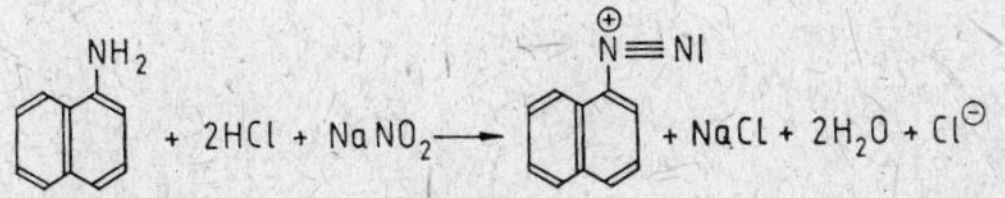

1-Aminonaphthalen + 2HCl + $NaNO_2$ → Diazoniumsalz ($N^{\oplus}\equiv N|$) + NaCl + $2H_2O$ + $Cl^{\ominus}$ — Diazotierung

Diazoniumsalz $\xrightarrow[\text{kochen}]{UV}$ 1-Naphthol + N_2 + HCl — Einführung der OH-Gruppe

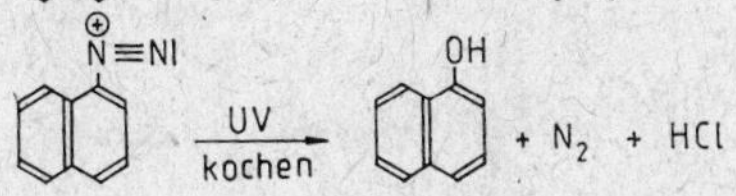

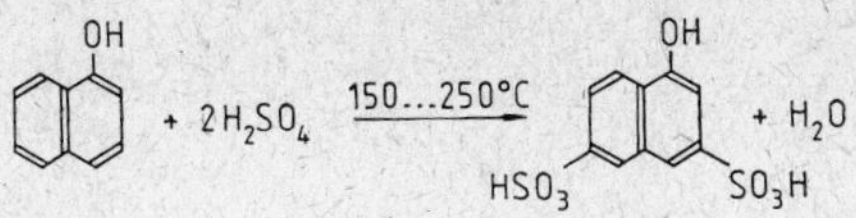

1-Naphthol + $2H_2SO_4$ $\xrightarrow{150...250°C}$ Naphtholdisulfonsäure (HSO_3, SO_3H) + H_2O — Herstellung der Naphthalendisulfonsäure (OH-Gruppe dirigiert in o-Stellung, die SO_3H-Gruppen in m-Stellung!)

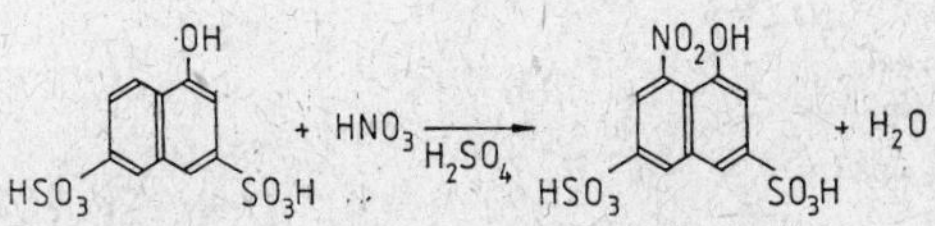

Naphtholdisulfonsäure + HNO_3 $\xrightarrow{H_2SO_4}$ Nitronaphtholdisulfonsäure (NO_2, OH, HSO_3, SO_3H) + H_2O — Nitrierung

Nitronaphtholdisulfonsäure + 6H $\xrightarrow{Cu}$ Aminonaphtholdisulfonsäure (NH_2, OH, HSO_3, SO_3H) + $2H_2O$ — Umwandlung der NO_2-Gruppe in die NH_2-Gruppe

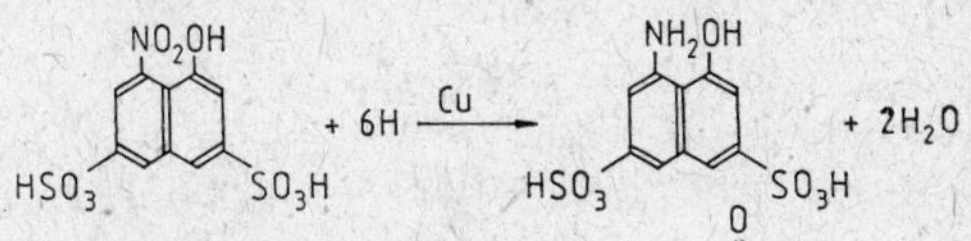

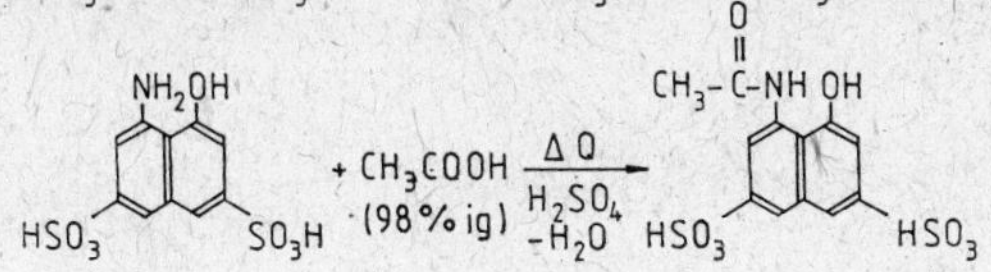

Aminonaphtholdisulfonsäure + CH_3COOH (98%ig) $\xrightarrow[H_2SO_4,\ -H_2O]{\Delta Q}$ $CH_3-\overset{O}{\overset{\|}{C}}-NH$, OH, HSO_3, HSO_3 — N-Acetyl-H-Säure

3. Herstellung des Na-Salzes

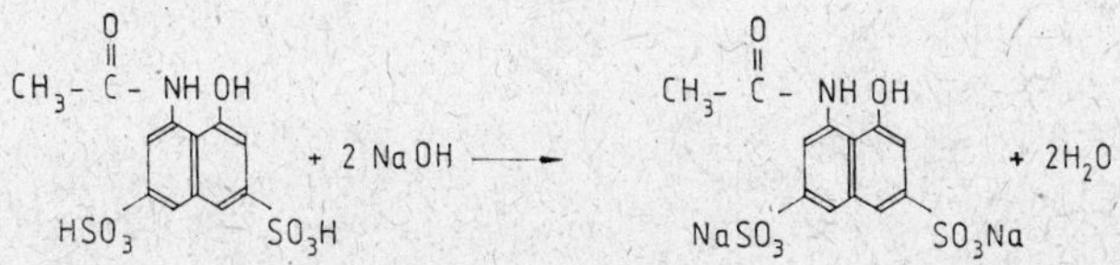

$CH_3-\overset{O}{\overset{\|}{C}}-NH$ OH (HSO_3, SO_3H) + 2 NaOH → $CH_3-\overset{O}{\overset{\|}{C}}-NH$ OH ($NaSO_3$, SO_3Na) + $2H_2O$

4. Darstellung der Kupplungskomponente aus Benzen

$$C_6H_6 + HNO_3 \xrightarrow[H_2SO_4]{} C_6H_5NO_2 + H_2O \qquad \text{Nitrierung}$$

$$C_6H_5NO_2 + 6H \xrightarrow{Cu} C_6H_5NH_2 + 2H_2O \qquad \text{Reduktion zum Anilin}$$

$$C_6H_5NH_2 + NaNO_2 + 2\,HCl \longrightarrow \left[C_6H_5-\overset{\oplus}{N}\equiv N|\right]Cl^{\ominus} + 2\,H_2O + NCl$$

Diazotierung

5. Kupplung beider Komponenten

$CH_3-CO-NH$, OH (Naphthalin, NaO_3S, SO_3Na) + $\left[C_6H_5-\overset{\oplus}{N}\equiv N|\right]Cl^{\ominus}$ ⟶ $CH_3-CO-NH$, OH, $-N=N-C_6H_5$ (Naphthalin, NaO_3S, SO_3Na) + HCl

Fertiger Monoazofarbstoff (Rotmarke eines starksauer ziehenden Säurefarbstoffes)

15.2.2.3. Übersicht der Azofarbstoffe

Azofarbstoffe: $+H_2SO_4$, $-H_2O$ ← → $+HCl$

$R-C_6H_3(SO_3^-H^+ (Na^+))-N=N-C_6H_4-NH_2$ | $R-C_6H_4-N=N-C_6H_4-NH_2$ | $\left[R-C_6H_4-N=N-C_6H_4-\overset{+}{N}H_3\right]^+Cl^-$

p-Amino-azobenzen-m'-Na-sulfonat, Hauptteil weist negative Ladung auf, daher anionischer Farbstoff. Wasserlöslich durch $-SO_3^-H^+(Na^+)$-Gruppe	p-Amino-azobenzen-Verbindung, stark farbig mit chromophorer und auxochromer Gruppe wasserunlöslich ↓ Dispersionsfarbstoff, kurzes Molekül, meist Rot-Orange- und Gelbmarken	p-Amino-azobenzen-hydrochloridverbindung, wasserlöslich, Hauptteil positiv geladen, kationischer Farbstoff zum Färben von PAN-Faserstoffen

starksauer ziehender Säurefarbstoff mit Monoazostruktur	schwachsauer ziehender Säurefarbstoff mit Disazostruktur	substantiver Farbstoff mit Tris-, Tetrakis- oder Polyazostruktur	Diazofarbstoff mit der gleichen Struktur eines substantiven Farbstoffes und endständigen NH_2-Gruppen

15.2.2.4. Besonderheiten des chemischen Baues von Disazofarbstoffen

Primäre Disazofarbstoffe

2 gleiche oder 2 verschiedene Diazokomponenten (DK) wirken auf eine Kupplungskomponente (KK) mit 2 kupplungsfähigen Stellen ein

DK → KK ← DK

Kupplung eines tetrazotierten Diamins mit 2 gleichen oder 2 verschiedenen Kupplungskomponenten

KK → DK ← KK

Diese Gruppe ist am häufigsten vertreten.

sekundäre Disazofarbstoffe

Diese Farbstoffe erhält man aus Monoazokörpern mit einer diazotierbaren Aminogruppe durch Diazotierung und Kupplung mit einer Kupplungskomponente

DK ← KK

1. Farbstofftypen der Gruppe DK → KK ← DK

Säurefarbstoffe, substantive Farbstoffe, Chromierungsfarbstoffe, Metallkomplexfarbstoffe, kationische Farbstoffe (Kupplungskomponente I-Säure)

2. Farbstofftypen der Gruppe KK → DK ← KK

Meist substantive Farbstoffe mit langgestreckter Molekülstruktur und einem verzweigten System konjugierter Doppelbindungen. Es sind Säurefarbstoffe, Chromierungsfarbstoffe und kationische Farbstoffe vertreten. Dabei sind wichtige tetrazotierbare Amine zu nennen.

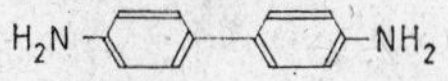

$H_2N-C_6H_4-C_6H_4-NH_2$ — 4,4'-Diamino-diphenyl (Benziden)

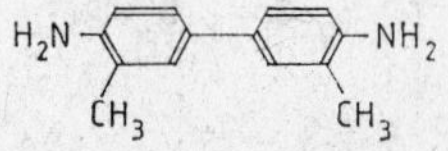

$H_2N-C_6H_3(CH_3)-C_6H_3(CH_3)-NH_2$ — 4,4'-Diamino-3,3'-dimethyldiphenyl (o-Toliden, Echtblau-R-Base)

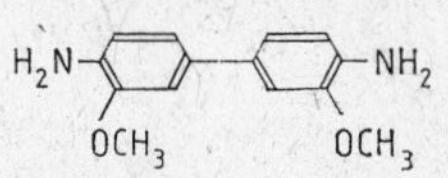

$H_2N-C_6H_3(OCH_3)-C_6H_3(OCH_3)-NH_2$ — 4,4'-Diamino-3,3'-dimethoxydiphenyl

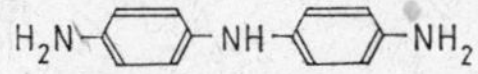

$H_2N-C_6H_4-NH-C_6H_4-NH_2$ — 4,4'-Diamino-diphenylamin

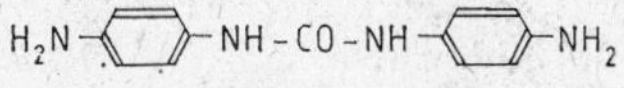

$H_2N-C_6H_4-NH-CO-NH-C_6H_4-NH_2$ — 4,4'-Diamino-N,N'-diphenylharnstoff

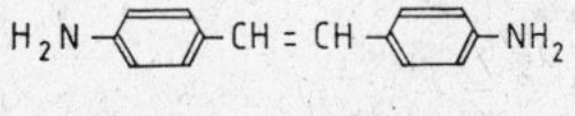

$H_2N-C_6H_4-CH=CH-C_6H_4-NH_2$ — 4,4'-Diamino-stilben

15.2.2.5. Säurefarbstoffe mit Azostruktur

Starksauer ziehender Säurefarbstoff	schwachsauer ziehender Säurefarbstoff
CH_3–C6H4–N=N–C6H2(OH)(SO_3^- Na^+)(SO_3^- Na^+)	C10H6(SO_3^- Na^+)–N=N–C6H4–C6H4–N=N–O–SO_2–C6H4–CH_3
kurzes Molekül	längeres Molekül, jedoch kürzer als das eines substantiven Farbstoffes
Hydrolysierbarkeit sehr gut	Hydrolysierbarkeit gering
Egalisier- und Wanderungsvermögen sehr gut	Egalisier- und Wanderungsvermögen mäßig
Naßechtheiten geringer	Naßechtheiten gut bis sehr gut

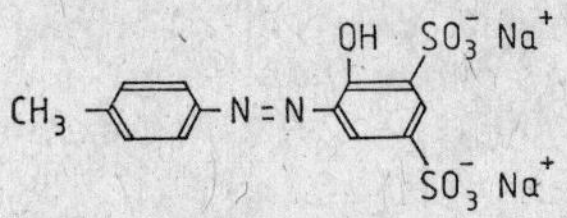

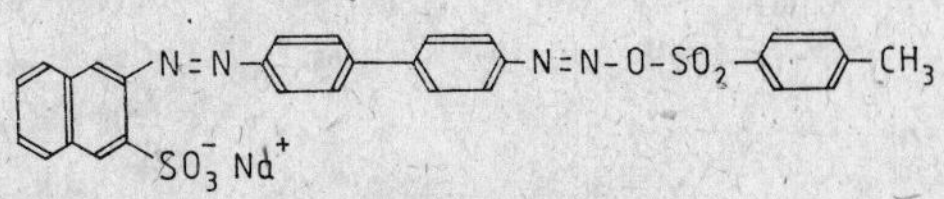

Strukturtypen

Farbstoff	Konstitution	Zahl der HSO_3-Gruppen	Affinität
Acilanecht-marinblau R (Bayer)	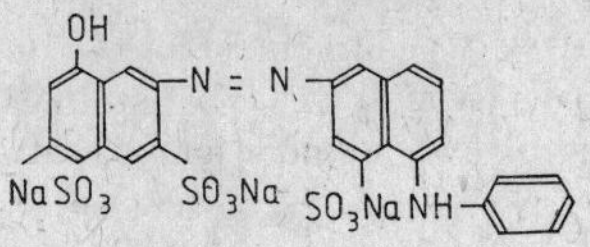 OH, $NaSO_3$, SO_3Na –N = N– SO_3Na NH–C6H5	3	hochaffin
Acilanorange RPN (Bayer)	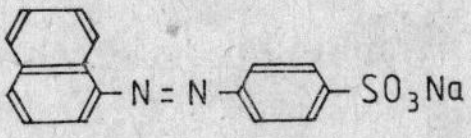 C10H7–N = N–C6H4–SO_3Na	1	hochaffin
Supraminrot B (Bayer)	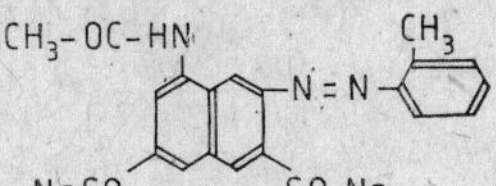 CH_3-OC-HN, $NaSO_3$, SO_3Na –N = N–C6H4–CH_3	2	hochaffin

15.2.2.6. Diazotierungsfarbstoffe

Diazotierungsfarbstoffe stellen substantive Farbstoffe dar, die jedoch, um diazotiert werden zu können, endständige NH_2-Gruppen haben müssen. Der Farbstoff wird auf die Faser gebracht, mit HNO_2 diazotiert und mit ausgesuchten Aminen oder Phenolen entwickelt. Dabei sind die Entwickler

β-Naphthol-Na 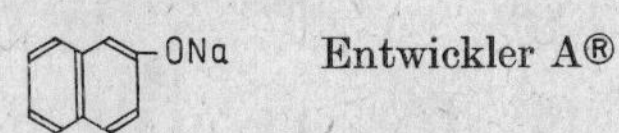

Entwickler A®

Herstellung der Farben rot, beige, braun, blau und schwarz

2,4-Diaminotoluen — CH_3, $NH_2 \cdot HCl$, NH_2 — Entwickler H®

Herstellung der Farben dunkelbraun und schwarz

1-Phenyl-3-methyl-pyrazol-5-on — $H_2C - C - CH_3$, $O = C$, N, N — Entwickler Z®

Herstellung der Farben gelb, orange und grün

Farbstoffaufbau und Diazotierung

$$R-N=N-C_6H_4-NH_2$$

$$\downarrow + HCl$$

$$\left[R-N=N-C_6H_4-\overset{+}{N}H_3\right]^+ Cl^-$$

$$\downarrow + HCl,\ + NaNO_2 \longrightarrow HNO_2 + HCl$$

$$\left[R-N=N-C_6H_4-\overset{+}{N}\equiv N\right]^+ Cl^-$$

Diazoniumsalzform, äußerst reaktionsfähig

$$\left[R-C_6H_4-\overset{+}{N}\equiv N\right]^+ Cl^- + C_{10}H_7ONa$$

β-Naphthol-Na

$$\downarrow$$

$$R-C_6H_4-N=N-C_{10}H_6OH + NaCl$$

fertiger diazotierter und mit Entwickler A gekuppelter Farbstoff.

Übersicht der Grenzformeln bei der Diazotierung [3]

$$H\underline{\bar{O}}-\bar{N}=\underline{\bar{O}} \xrightarrow{+H^{\oplus}} H\overset{\oplus}{\underset{H}{O}}-\bar{N}=\underline{\bar{O}} \xrightarrow[-H_2O]{} \oplus\bar{N}=\bar{O}$$

HNO_2	Oxoniumform von HNO_2	Nitrosylkation (diazotierendes Agens)

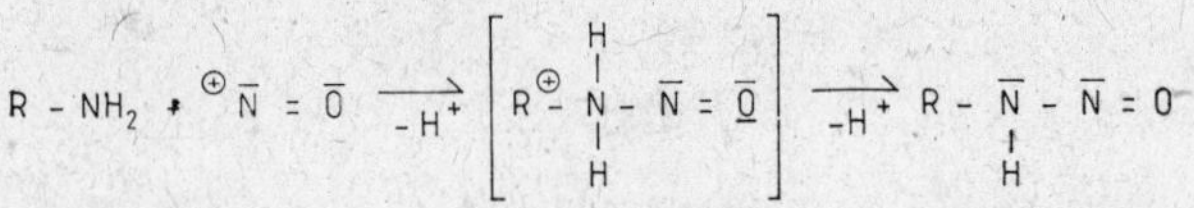

$$R-NH_2 + {}^{\oplus}\overline{N}=\overline{O} \xrightarrow{-H^+} \left[R \overset{\oplus}{-} \underset{H}{\overset{H}{N}} - \overline{N} = \underline{\overline{O}} \right] \xrightarrow{-H^+} R - \underset{H}{\overline{N}} - \overline{N} = O$$

elektrophiler Angriff — Nitrosammonium-verbindung — Nitrosoamin (1. Reaktionsstufe)

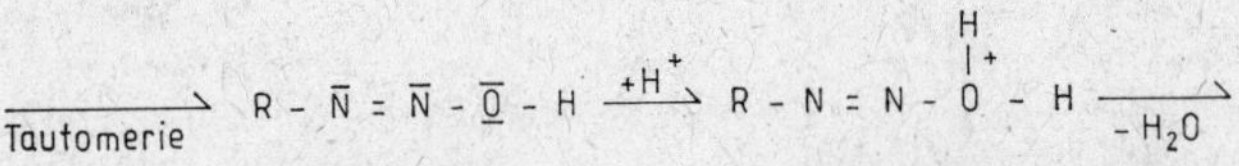

$$\xrightarrow{\text{Tautomerie}} R-\overline{N}=\overline{N}-\underline{\overline{O}}-H \xrightarrow{+H^+} R-N=N-\overset{H}{\overset{|+}{O}}-H \xrightarrow{-H_2O}$$

Diazosäure — Oniumform der Diazosäure (elektrophile Substitution als Grundreaktion der Kupplung)

$R-\overset{+}{N}\equiv N|$

Diazoniumform

$$C_6H_5-\overset{+}{N}\equiv N| \longleftrightarrow C_6H_5-\overline{N}=\overline{N}^{+}$$

Diese mesomere Grenzstruktur erklärt die Azokupplung als *elektrophile Substitution*

15.2.2.7. Beizen- und Chromierungsfarbstoffe mit Azostruktur

Die Echtheit eines Azofarbstoffes läßt sich durch Anwendung von bestimmten Metallsalzen bzw. auch Metallbeizen erheblich steigern. Damit es dadurch zu inneren Komplexen kommt, muß der Farbstoff jedoch die entsprechenden Strukturelemente enthalten. Das charakteristische Merkmal von Beizen- oder Chromierungsfarbstoffen sind beizenziehende Gruppen. Diese Gruppen vermögen mit Metallsalzen in mehr oder weniger schwerlösliche Verbindungen einzugehen.
Die 1. Ordnung umfaßt Farbstoffe, die folgende Gruppen in o- oder p-Stellung zur Azogruppe enthalten:

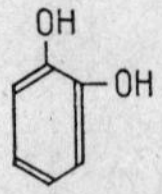

1,2-Dihydroxybenzen (Brenzkatechein) 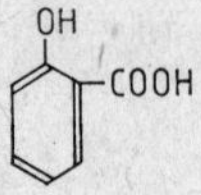 — 2-Hydroxybenzoesäure (Salicylsäure) 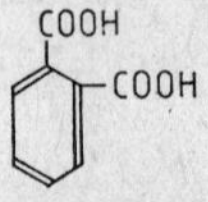 — Benzen-1,2-Dicarbonsäure (o-Phthalsäure)

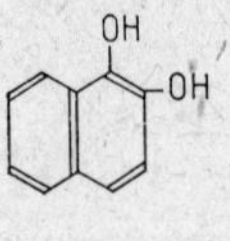

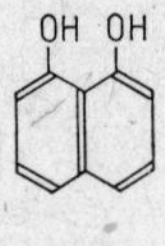

1,2- und 1,8-Dihydroxynaphthalen — 1,2-Dihydroxyanthrachinon (Alizarin)

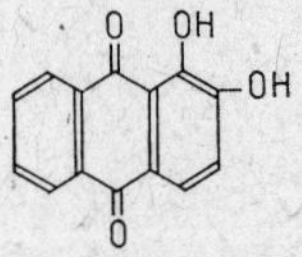

Zur 2. Ordnung gehören Azofarbstoffe, die in o- oder p-Stellung zur Azogruppe eine OH- oder COOH- bzw. in einem Kern eine OH-Gruppe oder COOH-Gruppe und im anderen Kern eine NH_2-Gruppe enthalten können.

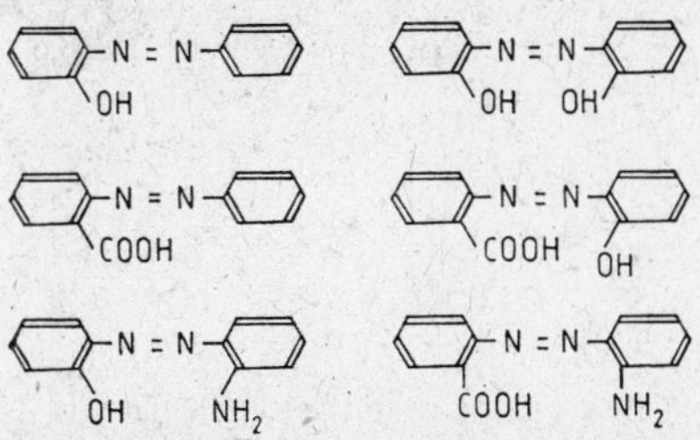

OH N = N OH OH N = N COOH COOH OH N = N OH NH$_2$ COOH NH$_2$

Beispiele für Farbstofftypen

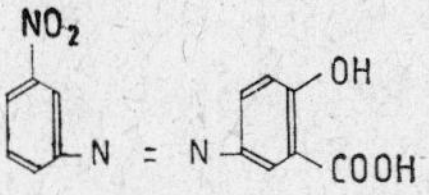

NO_2 N = N OH COOH — Alizaringelb GG (Sandoz)

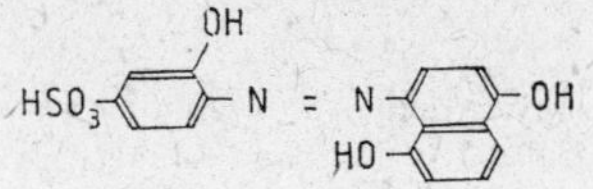

OH HSO_3 N = N OH HO — Diamantschwarz PV (Bayer)

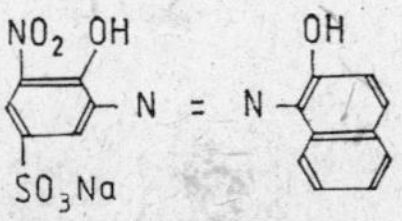

NO_2 OH N = N OH SO_3Na — rotstichiger Schwarzfarbstoff (Säurefarbstoff, chromierbar)

Strukturen, die mit Metallsalzen Komplexe bilden

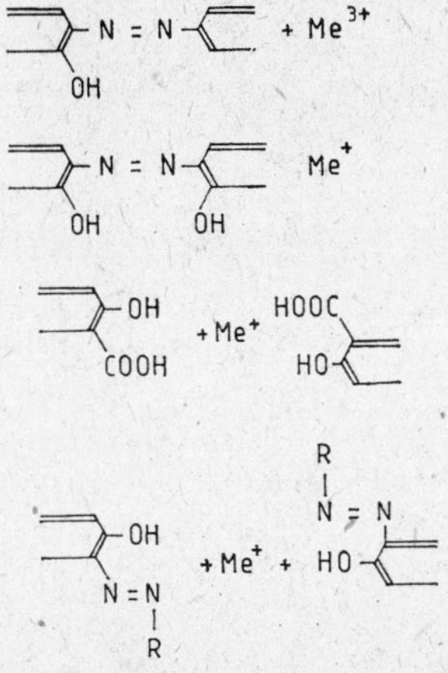

N = N OH + Me^{3+}

N = N OH OH Me^+

OH COOH + Me^+ HOOC HO

OH N = N R + Me^+ + R N = N HO

Vergleichbar ist diese gesamte Metallsalznachbehandlung auch mit einer Metallsalznachbehandlung von substantiven Farbstoffen und deren Färbungen mit Kupfersulfat $CuSO_4$ oder Kaliumdichromat $K_2Cr_2O_7$. Das Molekül eines substantiven Farbstoffes ist lediglich größer und hat einem Nachchromierfarbstoff gegenüber eine höhere Molekularmasse.

15.2.2.8. Metallkomplexfarbstoffe

Typen

1:1-Metallkomplexfarbstoffe
1:2-Metallkomplexfarbstoffe

Beide Farbstofftypen liegen als fertige Metallkomplexe zum Färben oder Drucken vor. Sie sind sehr empfindlich gegen Eisen oder Kupfer. Die Ursache liegt in der Kompliziertheit der Komplexstabilitäten sowie des Ligandenaustausches.
Die Metallkomplexfarbstoffe entstehen durch Verbacken von Azofarbstoffen mit $NiCl_2$, $COCl_2$, $CrCl_2$ oder $(HCOO)_3Cr$.

1:1-Metallkomplexfarbstoffe

Die Farbstoffkomponente des Komplexes enthält oft Sulfonsäuregruppen (SO_3Na) wegen deren Löslichkeit in Wasser.
Die zur Komplexbildung notwendigen Kombinationen funktioneller Gruppen sind vorstehend dargestellt. Das Metallion im Komplex ist häufig noch hydratisiert. Um den Schwefelsäurezusatz beim Färben zu verringern und dennoch eine gleichmäßige Färbung zu erzielen, setzt man besondere nichtionogene Textilhilfsmittel ein.

Strukturbeispiele

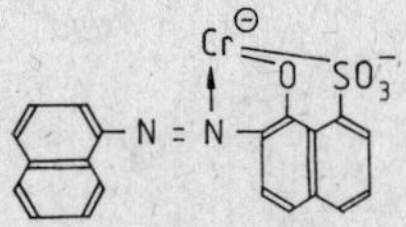

Palatinechtblau GGN (BASF)

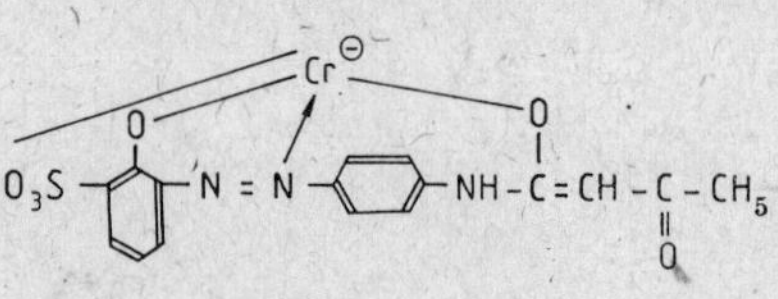

Neolangelb GR (CIBA-Geigy)

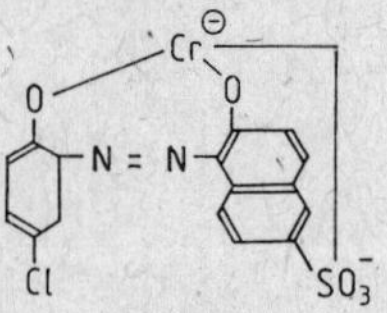

Palatinviolett 3 RN (BASF)

Alle 1:1-Metallkomplexfarbstoffe werden im starksauren Medium zum Färben von Wolle eingesetzt.

1:2-Metallkomplexfarbstoffe

Bei den 1:2-Metallkomplexfarbstoffen, die zum Färben von Wolle im schwachsauren Medium eingesetzt werden, entfallen auf ein Metallatom 2 Moleküle Farbstoff. Ein weiteres Kennzeichen dieser Farbstoffklasse sind die enthaltenen Sulfomethyl- oder Sulfonamidgruppen. In Lösung liegt der Farbstoff moldispers vor. Man findet keine Ionisierung (scheinbare Löslichkeit). Durch die Dipolwirkung bildet sich um den Komplex eine Hülle von Wassermolekülen. Diese Farbstoffe stellen ein ganz schwaches Anion dar, etwa durch Dissoziation einer O-Cr-Bindung.

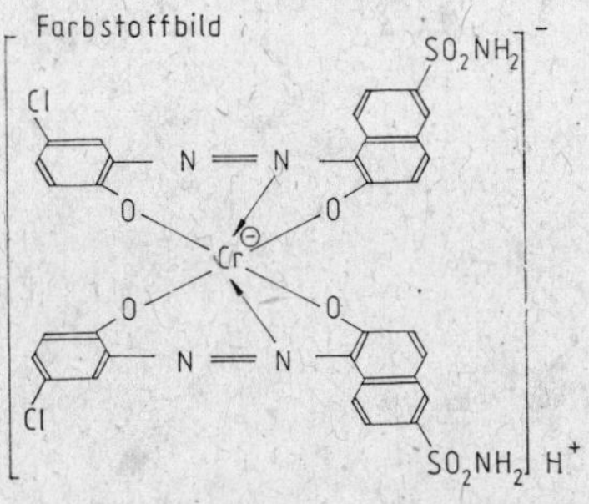

Farbstoffbild

Farbstoffmolekülstrukturen

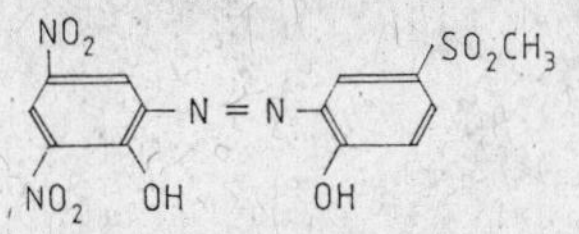

Ortolanbraun 3 G (BASF)

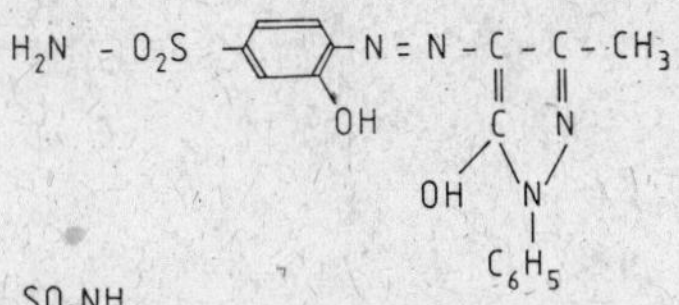

Cibalanscharlach GL (ehemalig CIBA)

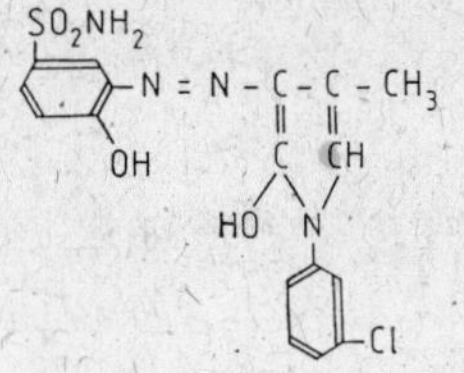

Irgalanorange RL (CIBA-Geigy)

15.2.2.9. Reaktivfarbstoffe

Durch die Einführung geeigneter funktioneller Gruppen in Azofarbstoffe erhält man sogenannte Reaktivfarbstoffe. Gewöhnlich geht man von Monoazofarbstoffen aus. Die eingeführten funktionellen Gruppen werden beim Aufziehen auf Cellulosefaserstoffe durch deren Hydroxylgruppen substituiert und somit der Azofarbstoff chemisch an den Faserstoff gebunden.

Aufbau

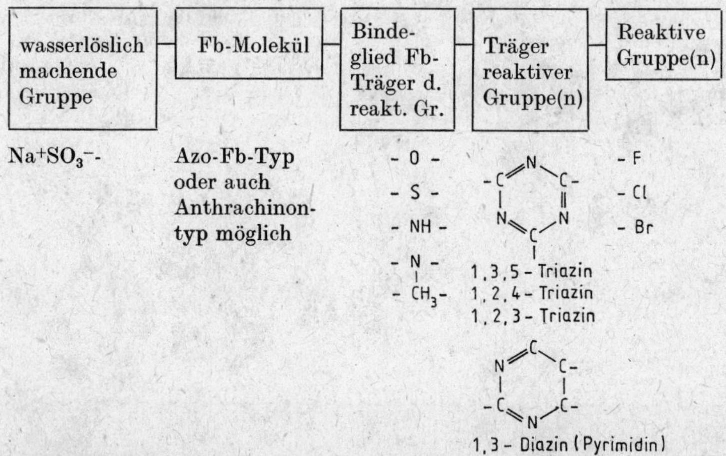

Einteilung

1. Reaktivfarbstoffe auf Chlortriazin- bzw. Pyrimidinbasis

↓	↓
Monochlortriazintypen, mit einer reaktiven Gruppe	Dichlortriazintypen mit zwei reaktiven Gruppen
(Strukturformel: SO_3Na-Phenyl–N=N–Phenyl–R–NH–Triazin(Cl)(R))	(Strukturformel: SO_3Na-Phenyl–N=N–Phenyl–R–NH–Triazin(Cl)(Cl))
Reaktion	*Reaktion*
langsamreagierende Typen	schnellreagierende Typen
Färbe-pH-Wert 11...11,5	*Färbe-pH-Wert* 9...9,5
1 Mol Fb bindet 1 Mol Cellulose	1 Mol Fb bindet 2 Mol Cellulose

2. Reaktivfarbstoffe des Vinylsulfon- und Vinylsulfonethylester-Typs

Vinylsulfon-Typ:

$\boxed{Fb}-SO_2-CH=CH_2$

Sulfato-ethyl-sulfon-Typ:

$\boxed{Fb}-SO_2-CH_2-CH_2-O-SO_3Na$ auch als Metallkomplexfarbstoff möglich

Reaktion

mittelmäßig reagierende Typen

Färbe-pH-Wert 10...10,5

Häufiger Einsatz zum Färben von Wolle und Polyamidfaserstoffen

1.

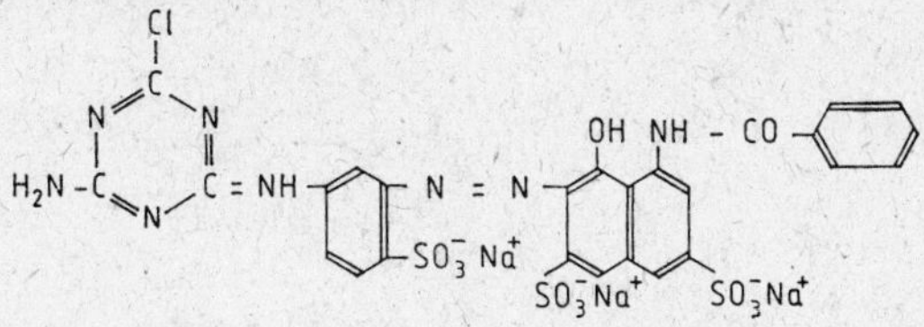

Dieser Reaktivfarbstoff ist weiß ätzbar, da die reaktive Gruppe in der Diazokomponente vorliegt.

2.

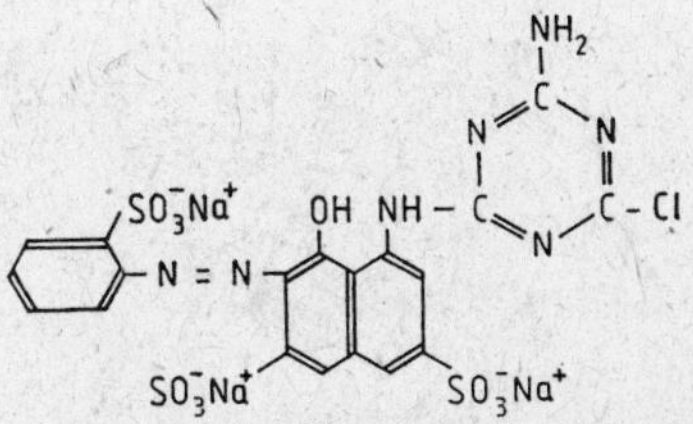

Farbstoff nicht weiß ätzbar, da reaktive Gruppe in der Azokomponente liegt.

3.

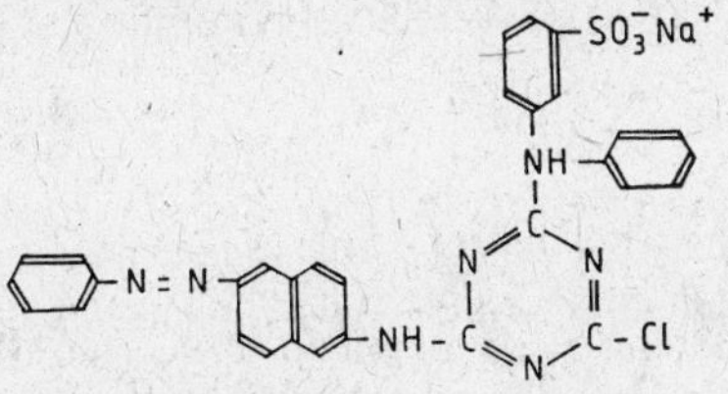

Monochlortriazintyp als Druckfarbstoff vorherrschend

4. Ebenso sind Metallkomplex-Reaktivfarbstoffe von folgendem Typ möglich [25]

Fb $-NH-CO-CH=CH_2$

15.2.2.10. Dispersionsfarbstoffe

Merkmale

Sehr kurzes Molekül ohne wasserlöslichmachende SO_3Na-Gruppen, meist Gelb-, Orange- und Rotmarken, liegen vor als Monoazo-, seltener als Disazofarbstoffe.

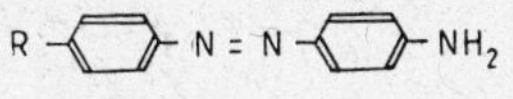

Typen:

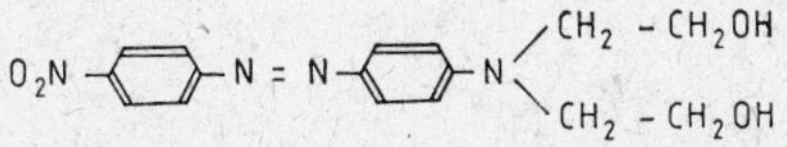

Scharlach-Marke

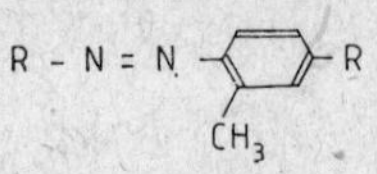

$R-N=N-C_6H_3(CH_3)-R$ Rot-Marke

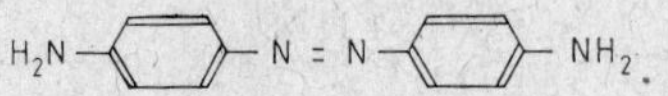

$H_2N-C_6H_4-N=N-C_6H_4-NH_2$ Orange-Marke

$C_6H_3(OH)(CH_3)-N=N-C_6H_4-NH-CO-CH_3$ Gelb-Marke

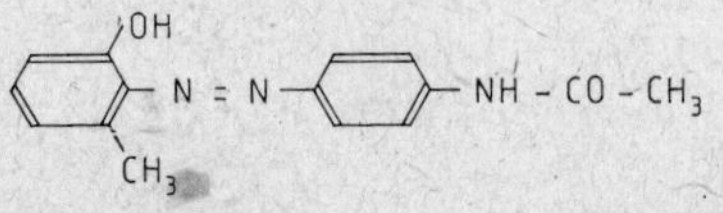

Mit Azostruktur sind auch Violett-Marken möglich, ebenso können Farbstoffe dieser Art mit Anthrachinonstruktur auch Rotmarken enthalten.

15.2.2.11. Kationische Farbstoffe mit Azostruktur

Da es recht wenig kationische Farbstoffe mit Azostruktur gibt, soll lediglich auf eine Strukturübersicht hingewiesen und ein Beispiel gegeben werden [3]:

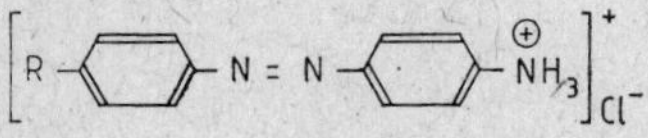

$$\left[R-C_6H_4-N=N-C_6H_4-\overset{\oplus}{N}H_3\right]^+ Cl^-$$

15.2.3. Anthrachinonfarbstoffe und Derivate

15.2.3.1. Begriff

Anthrachinonfarbstoffe sind organische Farbstoffe, die in ihren Verbindungen Anthrachinonsysteme als Chromogen bzw. auch höhere Ringsysteme und deren Derivate aufweisen.

Die Darstellung des Anthrachinons aus Anthracen kann wie folgt vorgenommen werden:

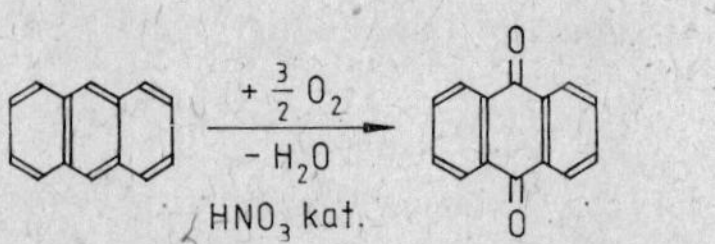

$$\text{Anthracen} \xrightarrow[-H_2O,\ HNO_3\ \text{kat.}]{+\frac{3}{2}O_2} \text{Anthrachinon}$$

Anthracen Anthrachinon

oder

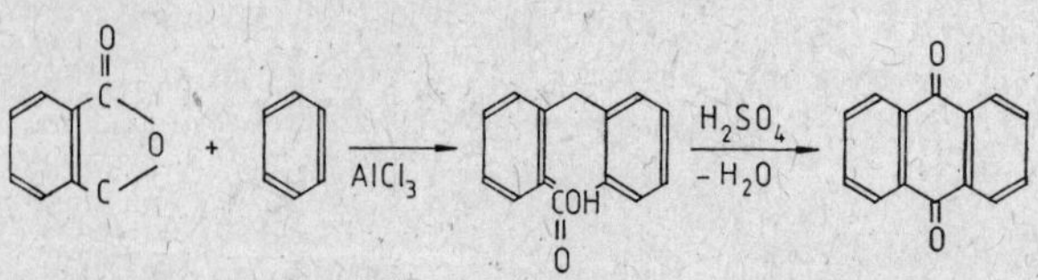

$$\text{Phthalsäureanhydrid} + \text{Benzen} \xrightarrow{AlCl_3} \text{o-Benzoylbenzoesäure} \xrightarrow[-H_2O]{H_2SO_4} \text{Anthrachinon}$$

Phthalsäure-anhydrid Benzen o-Benzoyl-benzoesäure Anthrachinon

Oft werden auch Anthrachinonfarbstoffe in die Carbonylfarbstoffe eingeordnet [25].

15.2.3.2. Übersicht von Farbstoffen mit Anthrachinonstruktur

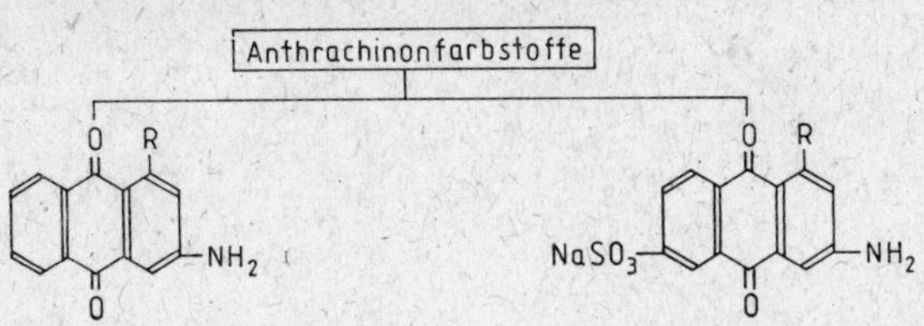

Anthrachinonfarbstoffe

wasserunlöslicher Anthrachinonfarbstoff
Ist das Molekül groß und liegen neben Anthrachinontypen und deren Derivaten auch anthrachinoide Typen sowie Farbstoffe mit Benzanthron-, Dibenzanthron-, Pyranthron-, Flavanthronstruktur vor, handelt es sich um Küpenfarbstoffe für Cellulosefaserstoffe.
Ist das Molekül sehr klein, so handelt es sich um einen Dispersionsfarbstoff für das Färben von Acetat-, Triacetat- und Polyesterfaserstoffen.

Ist das Molekül klein, handelt es sich meist um einen starksauer ziehenden Säurefarbstoff zum Färben von Wolle.
Ist das Molekül mittellang, liegen meist schwachsauer ziehende Säurefarbstoffe vor.
Ist das Molekül groß bzw. langgestreckt, handelt es sich meist um substantive Farbstoffe.

15.2.3.3. Küpenfarbstoffe

Strukturmöglichkeiten

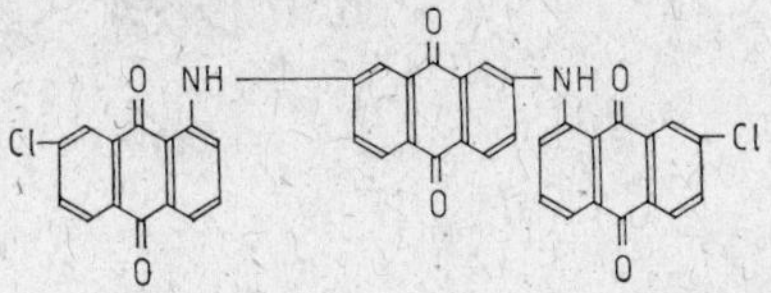

Anthrachinonderivat (Rotmarke)

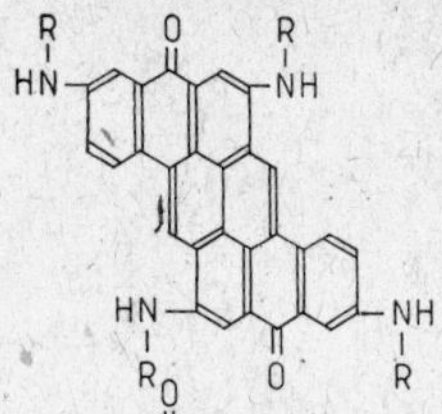

Benzanthronderivat

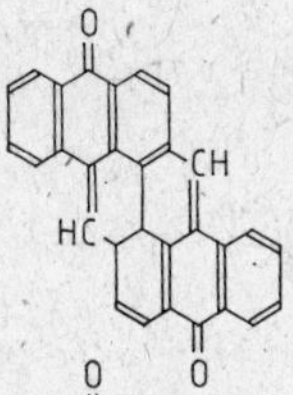

Pyranthronstruktur

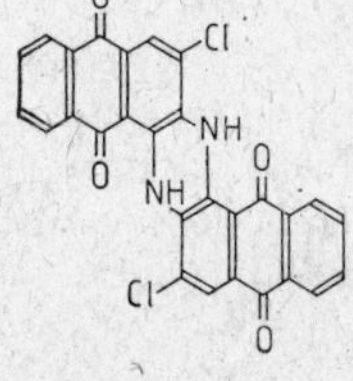

Anthrachinoides Azinderivat

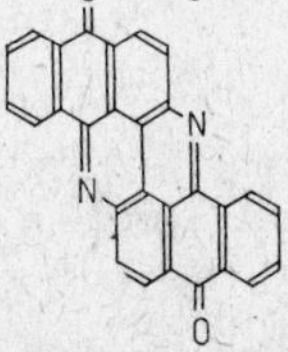

Flavanthronstruktur

15.2.3.4. Starksauer ziehende und schwachsauer ziehende Säurefarbstoffe

hochaffiner Farbstoff
Violettmarke
(starksauer ziehender Typ)

schwachaffiner Farbstoff
Grünmarke
(schwachsauer ziehender Typ)

15.2.3.5. Dispersionsfarbstoffe

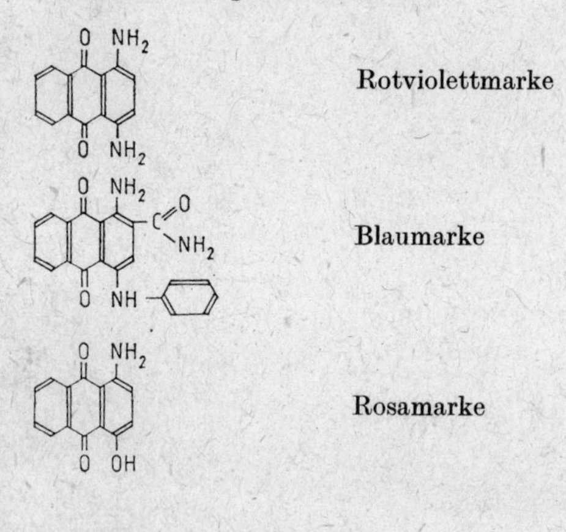

Blaugrünmarke

15.2.4. Indigo und indigoide Farbstoffe

Indigo ist einer der ältesten Farbstoffe. Seine Struktur wurde 1870 von Baeyer aufgeklärt. 1980 wurde durch Heumann der Farbstoff erstmals synthetisiert.
Nach Rys und Zollinger [26] löst sich Indigo im Konzentrationsbereich $10^{-5} \dots 10^{-6}$ $mol \cdot l^{-1}$ in unpolaren Lösungsmitteln mit rotvioletter Farbe, in polaren Lösungsmitteln dagegen mit blauer Farbe. Bedingt ist dies durch Assoziation der Moleküle und Solvatochromie.

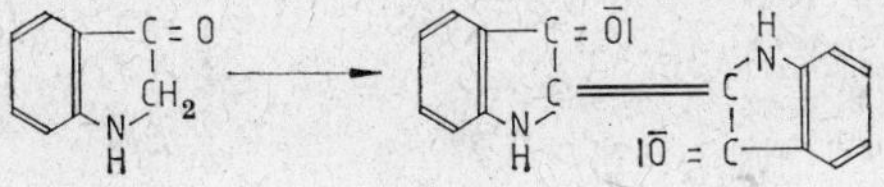

Indoxyl → Indigo

Thioindigo

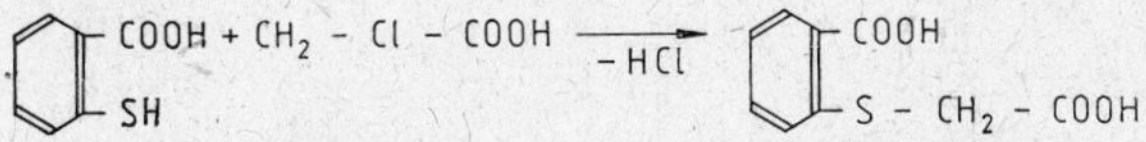

Thiosalicylsäure + Chlorethansäure → ($-HCl$) o-Carboxyl-phenylthioglykolsäure

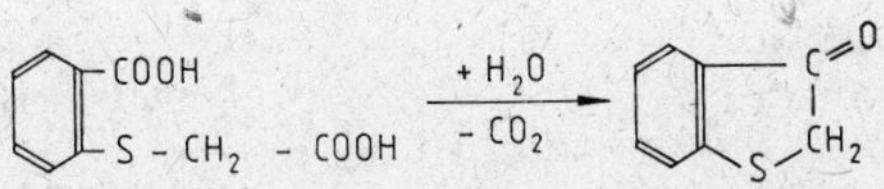

o-Carboxyl-phenylthioglykolsäure → ($+H_2O$, $-CO_2$) Thioindigo

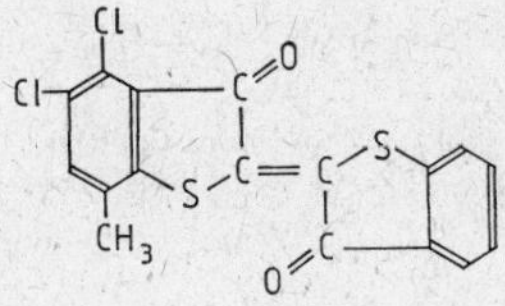

Thioindigoblau

15.2.5. Phthalocyaninfarbstoffe

Die Phthalocyaninfarbstoffe stellen sogenannte Kondensationsfarbstoffe dar und können als Isoindolderivate aufgefaßt werden, die sich zum Beispiel bei der Einwirkung von Metallen oder Metallsalzen (Mg, MgO, Cu, Cu_2Cl_2, Ni oder Co) auf o-Cyanbenzamid oder o-Phthalodinitril als Metallkomplexe bilden. Die Leuchtkraft dieser Farbstoffklasse ist auf ein ausgedehntes π-Elektronensystem zurückzuführen. Durch Sulfierung wird Wasserlöslichkeit bewirkt. Wird ganz wenig sulfiert, so entstehen Küpenfarbstoffe.

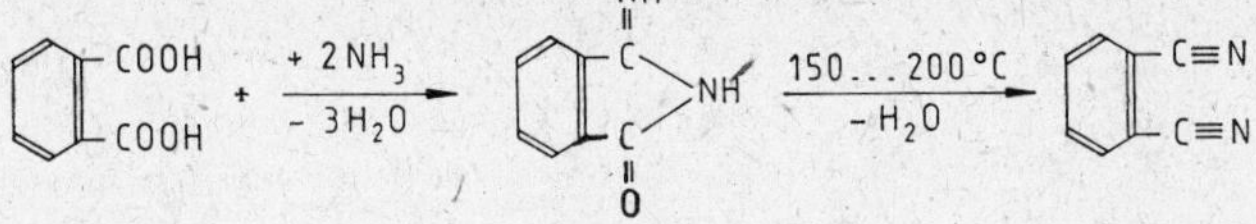

o-Phthalsäure → ($+2NH_3$, $-3H_2O$) Imidophthalimid → (150…200 °C, $-H_2O$) o-Phthalodinitril (farblos)

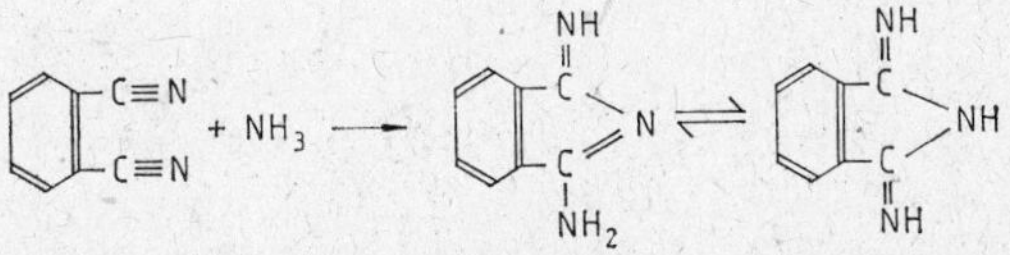

o-Phthalodinitril + NH_3 → Phthaloimidoamid ⇌ »Phthalo-iso-indolenin« (farblos)

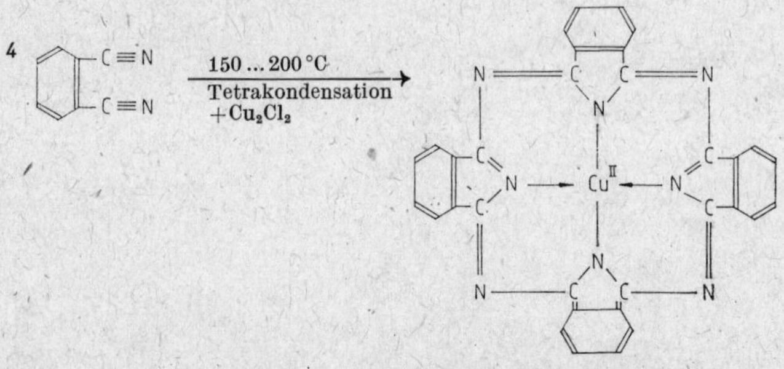

$$4\ C_6H_4(C{\equiv}N)_2 \xrightarrow[+Cu_2Cl_2]{150\ldots200\,°C,\ Tetrakondensation}$$

Porphin (Tetrapyrrolsystem)

Ist das Zentralatom Cu, so liegen türkisfarbene Töne vor. Ist das Zentralatom Ni, weisen die Farbstoffe grüne und Co blaue bis dunkelblaue Farbtöne auf. Mit steigendem Chlorierungsgrad verschiebt sich ebenfalls der Farbton nach grün hin.
Als Farbstofflösemittel für Phthalocyaninfarbstoffe werden Methanol, Glykol oder Amine sowie auch Diglykol eingesetzt. Es gibt auch modifizierte Phthalocyaninfarbstoffe, die durch Substituenten Wasserlöslichkeit erhalten.
Produkte von fertigen, wasserunlöslichen Farbstoffen bezeichnet man als Phthalocyaninpigmente. Ein verküpbares Phthalocyanin wird den Küpenfarbstoffen zugeordnet, alle Türkismarken substantiver Farbstoffe sind meist ein wasserlöslicher Phthalocyanintyp. Für den Druck dürfen keine Stärkecarbonsäurederivate als Verdickungsmittel verwendet werden.

15.2.6. Polymethinfarbstoffe

Polymethinfarbstoffe können als anionische, kationische oder als neutrale Typen vorliegen.
Merkmal aller drei genannten Gruppen sind die Polymethinketten $(-CH{=}CH-)_n$.
Die wichtigsten anionischen Farbstoffe dieser Reihe sind die Oxanolfarbstoffe als Vinylhomologe des Carboxylat-Ions und von der kationischen Reihe bedeutende Farbstoffe zum Färben von PAN-Faserstoffen.
SCHAEFFER [27] beschreibt unter anderem eine Synthese des Farbstoffes Astrazongelb 3 G (Bayer) wie folgt:

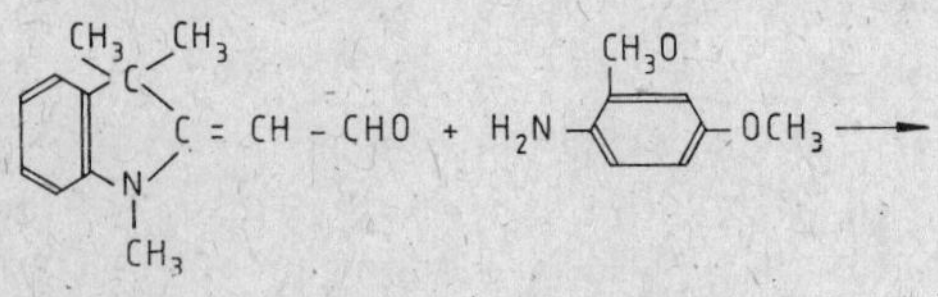

Trimethyl-2-methylen-indolemin-aldehyd + 4-Amino-resorcin-dimethylether →

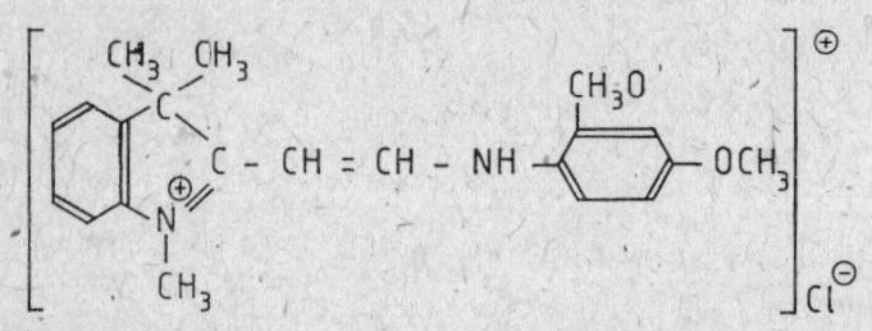

Astrazongelb 3 G (Bayer)

15.2.7. Triphenylmethanfarbstoffe (Triarylcarboniumfarbstoffe)

Für die textilchemische Technologie spielen vor allem die kationischen Typen zum Färben von PAN-Faserstoffen eine große Rolle.
Farbige Körper entstehen durch Kondensation von 3 Benzenderivaten:

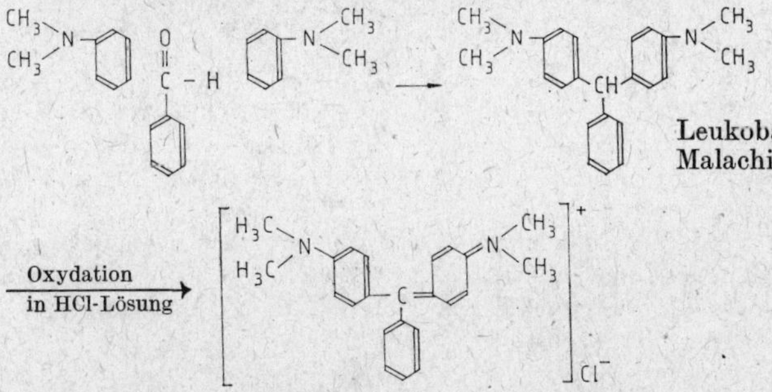

Leukobase des Malachitgrüns®

Oxydation in HCl-Lösung

Auch von den Säurefarbstofftypen dieser Gruppe existieren wichtige Typen. Sie sind zwitterionischer Natur und als innere Salze aufzufassen.

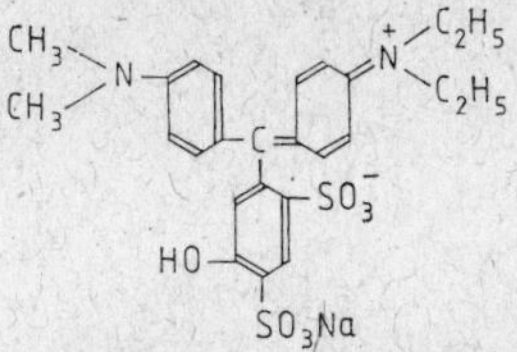

Patentblau V (Bayer)

Weitere Säurefarbstoffe dieser Reihe als Derivate sind Brillantreinblau 8 G, Säureviolett, Naphthalengrünmarken und Säuregrünmarken.

15.2.8. Nitrofarbstoffe

Nitrofarbstoffe weisen in ihrem Molekül Nitrogruppen ($-NO_2$) als Chromophor auf. Typen dieser Art sind Naphthengelb als starksauer ziehender Säurefarbstoff, ausgesuchte Polarfarbstoffe als schwachsauer ziehende Säurefarbstoffe sowie auch ausgesuchte Reaktivdispersionsfarbstoffe.

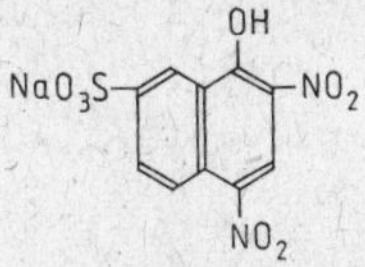

Naphthengelb

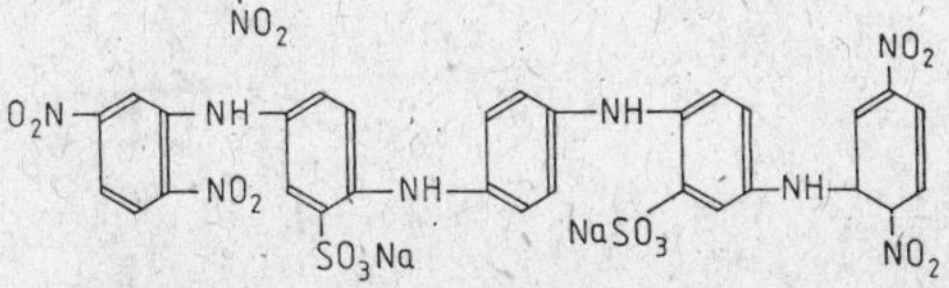

Polargelbbraun (ehemalig Geigy) (schwachsauer ziehender Säurefarbstoff)

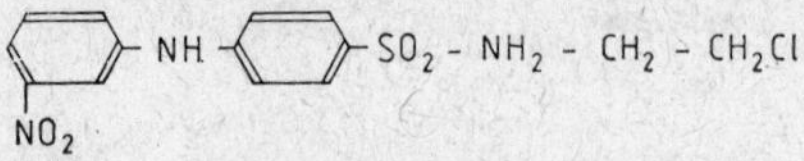

Gelber Reaktivdispersionsfarbstoff

15.2.9. Pyrazolonfarbstoffe

Pyrazolonfarbstoffe werden durch Kuppeln von Diazoniumsalzen mit Pyrazolonderivaten wie z. B. 1-Phenyl-3-methylpyrazol-5-on dargestellt. Sie sind zwar damit eine Gruppe der Azofarbstoffe, sollen jedoch, da sie als typischen Baustein das Pyrazolon enthalten, gesondert beschrieben werden.

Große Bedeutung aus dieser Gruppe haben die Echtlichtgelbmarken als starksauer ziehende Säurefarbstoffe, gelbe bis rote Chromierfarbstoffe, gelbe bis rote schwachsauer ziehende Säurefarbstoffe sowie auch ausgesuchte gelbe 1:1-Metallkomplexfarbstoffe und gelbe bis rote ausgesuchte substantive Farbstoffe.

1.

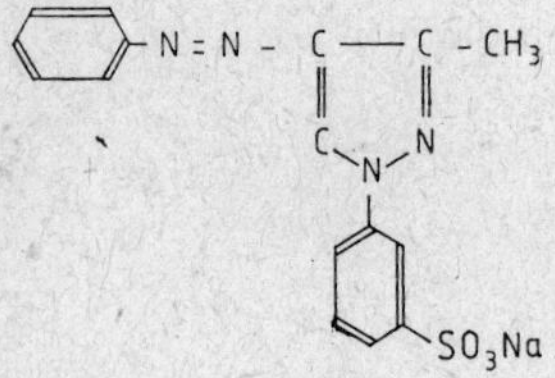

Gelbmarke als starksauer ziehender Säurefarbstoff

2.

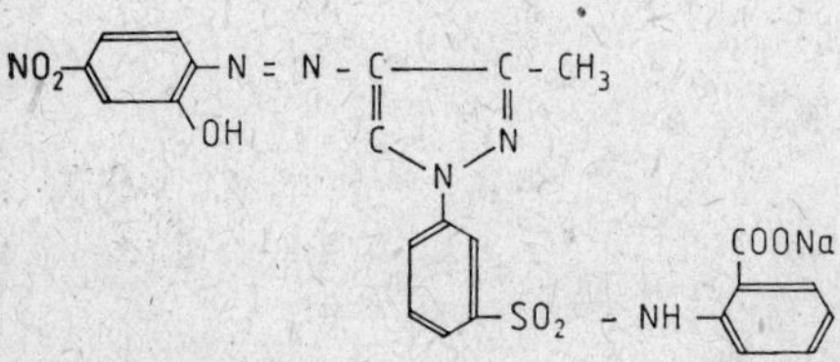

Metachromrot BB (VEB Chemiekombinat Bitterfeld) auch als Chrom(III)-Komplex

3.

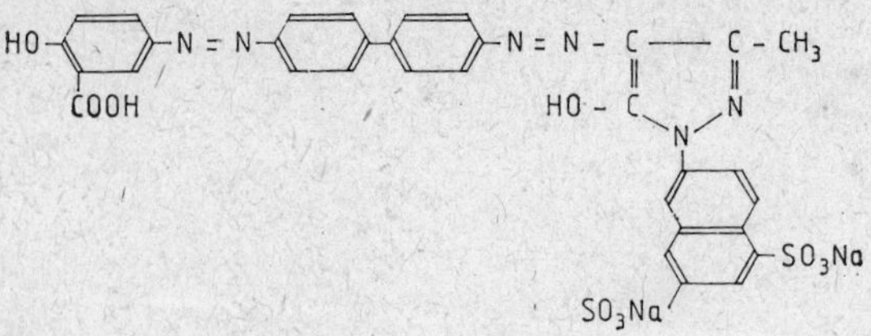

roter schwachsauer ziehender Säurefarbstoff

15.2.10. Azin-, Oxazin- und Thiazinfarbstoffe

15.2.10.1. Azinfarbstoffe

Werden im Benzenring zwei CH-Atomgruppen durch N-Atome ersetzt, entstehen drei heterocyklische Isomere.

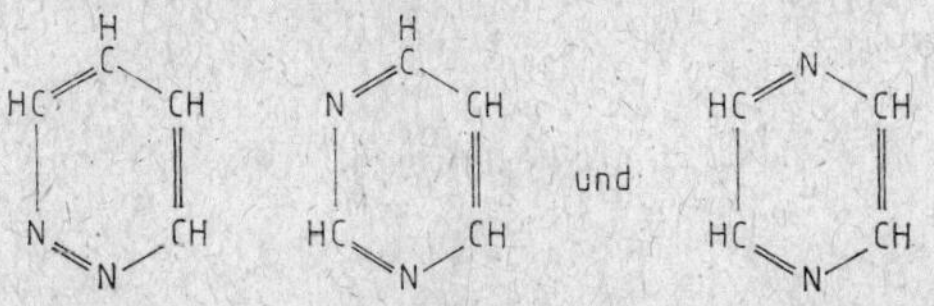

1,2-Diazin 1,3-Diazin und 1,4-Diazin

Von allen drei Verbindungen ist das 1,4-Diazin vorwiegend in Azinfarbstoffen vorhanden und zwar in Form des Phenazins.

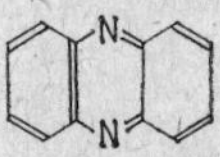

Große Bedeutung dieser Gruppe haben schwachsauerziehende Säurefarbstoffe sowie einige kationische Farbstoffe.
Veranschaulicht werden soll ein schwachsauer ziehender Säurefarbstoff (Blaumarke)

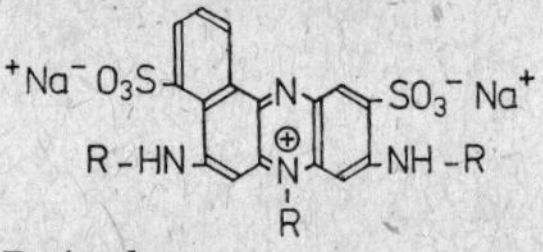

R Arylrest

Auch Violettmarken sind in dieser Gruppe von Verbindungen vorhanden.

15.2.10.2. Oxazinfarbstoffe

Grundverbindung dieser Gruppe von Farbstoffen ist das Phenoxazoniumchlorid, aus dessen Derivaten sich u. a. die Oxazinfarbstoffe ableiten.

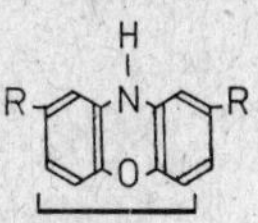

Phenoxazin

Zu den Oxazinfarbstoffen zählen vor allem substantive und kationische Farbstoffe, jedoch auch Reaktivfarbstoffe vom Vinylsulfon-Typ.
Befinden sich zwei Oxazinsysteme im Farbstoffmolekül, spricht man von Dioxazinfarbstoffen.

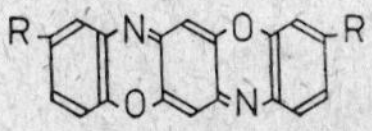

Auch in dieser Klasse sind substantive Farbstoffe vorherrschend.

15.2.10.3. Thiazinfarbstoffe

Der wichtigste Farbstoff dieser Gruppe ist das Methylenblau.

$$\left[(CH_3)_2N-\text{C}_{12}H_6NS^{\oplus}-N(CH_3)_2\right]^{\oplus} Cl^-$$

Weitere wichtige Vertreter sind Säurefarbstoffe, kationische Farbstoffe, einige Chromfarbstoffe sowie wichtige Schwefelfarbstoffe.

15.2.11. Xanthenfarbstoffe

Diese Farbstoffgruppe enthält das heterocyklische Ringsystem Dibenzpyran oder Xanthen.

p-chinoide Struktur   o-chinoide Struktur

R Arylrest
R_1 Atomgruppe

Zu den Xanthenfarbstoffen zählen kationische Farbstoffe und Chromierungsfarbstoffe. Man findet auch Farbstoffe mit Azo-Xanthen-Struktur. Bestimmte Xanthenderivate sind Fluoreszenzfarbstoffe und werden u. a. als Indikatoren eingesetzt.

15.3. Einteilung der Farbstoffe nach textilchemisch-technologischen Gesichtspunkten

15.3.1. Farbstoffe für Cellulosefaserstoffe

15.3.1.1. Substantive Farbstoffe

Chemische Gruppe	Ionogenität	Löslichkeit	Bemerkungen
ausschließlich Azofarbstoffe als Bis-, Tris- und Polyazofarbstoffe Stilbenfarbstoffe Pyrazolonfarbstoffe Oxazinfarbstoffe	anionisch Hervorgerufen durch $-COO^-Na^+$- oder $-SO_3^-Na^+$-Gruppen, die	gut wasserlöslich	Substantive Farbstoffe weisen gute bis sehr gute Lichtechtheit auf, jedoch liegen die Naßechtheiten einer Färbung oder eines Druckes sehr niedrig. Sie können durch bestimmte Nachbehandlungsprozesse ganz entscheidend verbessert werden.

Chemische Gruppe	Ionogenität	Löslichkeit	Bemerkungen
Phthalocyaninfarbstoffe	gleichzeitig die Wasserlöslichkeit der Farbstoffe bewirken		Diese Nachbehandlungen sind mit kationaktiven Nachbehandlungsmitteln oder Kupfer- oder Chromsalzen vorzunehmen. In beiden Fällen kommt es zu einer Farbstoffmolekülvergrößerung. Für substantive Färbungen, die mit Kupfer- oder Chromsalzen nachbehandelt werden, sollen beim Färben ausgesuchte substantive Farbstoffe eingesetzt werden. Hierbei werden auch in vielen Fällen höhere Lichtechtheiten erzielt.

15.3.1.2. Diazotierungsfarbstoffe

Chemische Gruppe	Ionogenität	Löslichkeit	Bemerkungen
Azofarbstoffe	anionisch	Substantiver Farbstoff ist leicht löslich, der Entwickler ebenfalls leicht löslich; nach Diazotierung und Entwicklung entsteht ein schwerlösliches Farbstoffprodukt	Substantive Farbstoffe mit endständigen NH_2-Gruppen, die zur Diazotierung und Kupplung befähigt sind. Zuerst wird der Farbstoff nach Auffärben mit HCl und $NaNO_2$ in die Diazoniumchloridverbindung übergeführt (20 °C) und ohne zu spülen auf einem frischen Bad mit β-Naphthol oder einem entsprechenden Entwickler gekuppelt (ebenfalls 20 °C). Abschließend erfolgt eine Nachwäsche. Durch die Kupplung mit β-Naphthol oder einem entsprechenden Entwickler werden die Naßechtheiten sehr stark verbessert (vgl. auch Farbkarten).

15.3.1.3. Schwefelfarbstoffe

Chemische Gruppe	Ionogenität	Löslichkeit	Bemerkungen
— Mercapto-indo-anilinfarbstoffe — Thiazinfarbstoffe Beispiel einer Struktur: 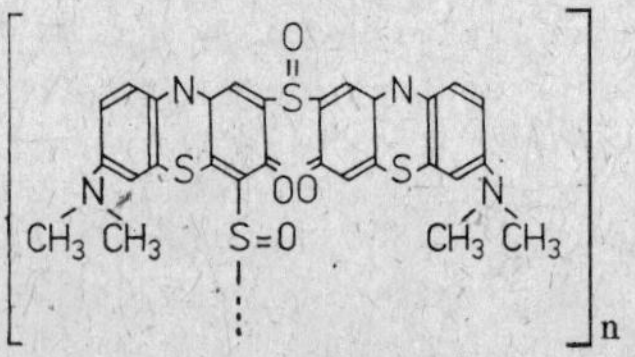 [Strukturformel: N, S, O, CH_3, CH_3, S=O, CH_3, CH_3; n] Blauer Schwefelfarbstoff	nichtionisch keine wasserlöslichmachenden Gruppen am Farbstoffmolekül vorhanden	wasserunlöslich	Farbstoffe werden mittels Natriumsulfid unter Zusatz von Na-Carbonat in die wasserlösliche und zum textilen Faserstoff affine Form gebracht. Die Naßechtheiten sind besser als die der Färbungen mit substantiven Farbstoffen. Die Lichtechtheit ist ebenfalls gut bis sehr gut. Alle Schwefelfärbungen weisen sehr stumpfe Farbtöne auf, die allerdings beim Färben durch geringe Zusätze substantiver Farbstoffe klarer gehalten werden können (substantive Farbstoffe als sogenannte Schönungsfarbstoffe). Die Chlorechtheit der Schwefelfarbstoffe ist schlecht.

15.3.1.4. Küpenfarbstoffe

Chemische Gruppe	Ionogenität	Löslichkeit	Bemerkungen
Anthrachinonfarbstoffe Flavanthronfarbstoffe Pyranthronfarbstoffe Benzanthronfarbstoffe Anthranthronfarbstoffe Indigofarbstoffe Thioindigofarbstoffe Azinfarbstoffe Phthalocyaninfarbstoffe	nichtionisch	wasserunlöslich	Farbstoffe werden mittels Na-Diothionit und Natronlauge unter Zusatz spezieller Farbstofflösemittel in die wasserlösliche Form gebracht, damit in der Flotte eine Affinität zum textilen Faserstoff gegeben ist. Man unterscheidet hinsichtlich der Färbetemperatur IK-, IW- und IN-Färber (Kalt-, Warm- und Heißfärber). Küpenfärbungen auf Cellulosefaserstoffen weisen die höchsten Echtheiten auf.

15.3.1.5. Leukoküpenesterfarbstoffe

Chemische Gruppe	Ionogenität	Löslichkeit	Bemerkungen
Azofarbstoffe Anthrachinonfarbstoffe Flavanthronfarbstoffe Pyranthronfarbstoffe Benzanthronfarbstoffe Anthranthronfarbstoffe Indigo- und Thioindigofarbstoffe	anionisch, durch $-SO_3^-Na^+$-Gruppen, die gleichzeitig die Wasserlöslichkeit bewirken	wasserlöslich	Wasserlösliche Küpenfarbstoffe, die durch Veresterung der Küpensäure in eine wasserlösliche Form gebracht sind und somit auf Cellulosefaserstoffe aufgefärbt werden können. Nach dem Färben erfolgt eine Rückführung in die Küpensäureform durch Verseifung sowie durch abschließende Oxydation eine Umwandlung in die wasserunlösliche Ketoform. Typen: O Bereich des Indigo $C-OSO_3Na$ … $NaSO_3O-C$; Anthrasol O[R] oder Indigosol O[R] Indigosole sind nicht ätzbar, außer den Azoküpensäureestern. Weitere Typen sind A Bereich der Algole® H Bereich der Helidone® I Bereich der Indanthrene® T Bereich der Thioindigoderivate Beispiel: Anthrasolgoldorange I 3 G (Hoechst) $Cl-C_6H_2(OCH_3)_2-N{=}N-CH(COCH_3)-CO-NH-$ Anthracen$(OSO_3Na)_2$ Leukoküpenesterfarbstoffe weisen die gleichen Echtheitseigenschaften auf wie Küpenfarbstoffe

15.3.1.6. Naphtholfarbstoffe

Allgemeines

1912 erkannten die Chemiker WINKLER, LOSKA und ZITSCHER, daß das 2-Naphthol-3-Carbonsäureanilid (Naphthol AS) aus alkalischen Lösungen auf Baumwolle aufzieht. Es verhält sich also wie ein substantiver Farbstoff, der auf Baumwolle aufzieht, wo es

jedoch farblos erscheint. Diese Eigenschaften haben auch andere Amide der Naphtholcarbonsäuren. Damit stellen die Naphthole der AS-Reihe keine Farbstoffe, sondern nur gelbgefärbte Zwischenprodukte dar.
Wird jedoch eine mit einem Naphthol der AS-Reihe behandelte Faser in ein Bad gebracht, das eine Diazoniumverbindung enthält, dann bildet sich auf und in der Faser der eigentliche Farbstoff, ein wasserunlöslicher Azofarbstoff.
Man benötigt also die

Naphtholierungskomponente sowie die

Entwicklungskomponente
- Färbebase: $R-NH_2$
- Färbesalz: $|N\equiv\overset{\oplus}{N}-C_6H_4-R$

Die dabei diazotierbaren Aminkörper stellen die Färbe- oder Echtfärbesalze dar.

Darstellung des Naphthol AS

$$3\ C_{10}H_6(OH)(COOH) + 3\,C_6H_5-NH_2 \xrightarrow[-\,3\,HCl,\ -\,H_3PO_4]{+\,PCl_3} 3\ C_{10}H_6(OH)-C(=O)-NH-C_6H_5$$

2-Hydroxy-naphthalen-3-carbonsäure — Amino-benzen-anilin — 2-Hydroxy-3-Naphthalen-3-Carbonsäureanilid Naphthol AS

Von diesem chemischen Grundkörper leiten sich sehr viele analog aufgebaute Naphthole ab.
Bei den Naphtholen unterscheidet man je nach Farbbildung fünf wichtige Gruppen:

Naphthole der Rot-Orange- und Bordoreihe
Naphthole der Grünreihe
Naphthole der Braunreihe
Naphthole der Blaureihe
Naphthole der Gelbreihe

Nach ihrem Ziehvermögen unterscheidet man wiederum:

Naphthole mit geringer Substantivität (10%)
Naphthole mit mäßiger Substantivität (20...40%)
Naphthole mit höherer Substantivität (40...60%)
Naphthole mit hoher Substantivität (60...90%)

Echtbasen

Echtbasen sind primäre aromatische Amine, die diazotierbar sind.

$$HCl\cdot NH_2-C_6H_4-NO_2 + NaNO_2 + HCl \xrightarrow[-NaCl]{-2H_2O} \left[O_2N-C_6H_4-\overset{\oplus}{N}\equiv N|\right]^+ Cl^-$$

Auf 1 Mol Base entfallen 1...1,2 Mol $NaNO_3$ und 2...3 Mol HCl.

Echtfärbesalze

Die Echtfärbesalze stellen stabile Diazoverbindungen dar, die nicht nur wasserlöslich, sondern mit dem entsprechenden Naphthol auch sofort kupplungsfähig sind. Außerdem sind sie besser lagerungsbeständig. Für die Typenstellung sind sie mit Alkalibindemitteln und bestimmten Puffersubstanzen verschnitten. Auch der Elektrolytgehalt (Na_2SO_4 oder NaCl) darf beim Färben nicht vernachlässigt werden.
Sie enthalten etwa 30% kupplungsfähiges Salz und 70% Bindemittel und Elektrolyte.
Verbindungen dieser Art sind zum Beispiel

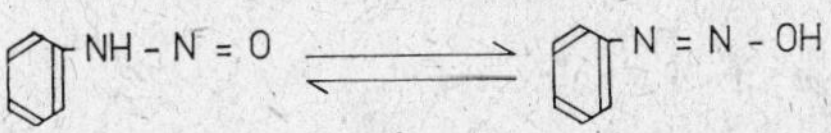

C_6H_5–NH – N = O ⇌ C_6H_5–N = N – OH

Nitrosamin Diazosäure

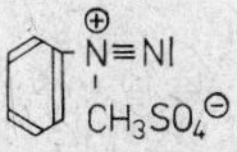

C_6H_5–$\overset{\oplus}{N}$≡N| $CH_3SO_4^{\ominus}$

Aryldiazonium-methylsulfat

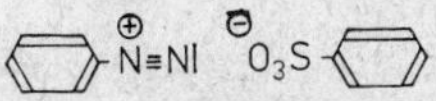

C_6H_5–$\overset{\oplus}{N}$≡N| $^{\ominus}O_3S$–C_6H_5

Aryldiazonium-arylsulfonat

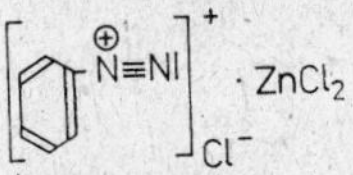

$[C_6H_5$–$\overset{\oplus}{N}$≡N|$]^+$ Cl^- · $ZnCl_2$

$ZnCl_2$-Doppelsalz

Durch Hinzutritt von Wasser entsteht stets die Syndiazosäure bzw. bei NaOH-Zusatz das Na-Syndiazotat, die beide mit dem grundierten Naphthol kuppeln können.

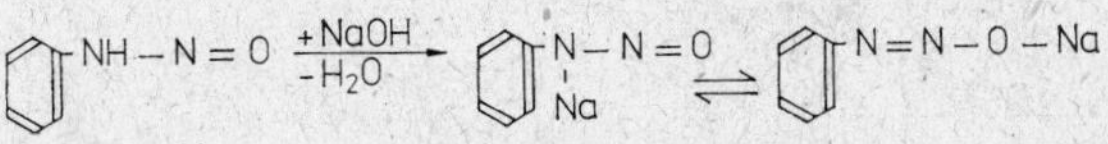

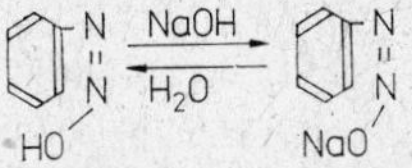

C_6H_5–NH – N = O $\xrightarrow[-H_2O]{+NaOH}$ C_6H_5–N(Na) – N = O ⇌ C_6H_5–N = N – O – Na

C_6H_5–N=N–OH (syn) $\underset{H_2O}{\overset{NaOH}{\rightleftharpoons}}$ C_6H_5–N=N–ONa (syn)

Syndiazosäure Na-Syndiazotat

Liegt der *p*H-Wert 10 vor, entsteht die Antidiazotatform, die dann allerdings zu keiner Kupplung befähigt ist.

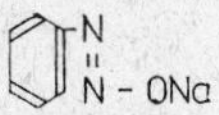

C_6H_5–N=N – ONa

15.3.1.7. Reaktivfarbstoffe

Chemische Gruppe	Ionogenität	Löslichkeit	Bemerkungen
Azofarbstoffe Carbonylfarbstoffe (Anthrachinonderivate) Oxazinfarbstoffe	anionisch	gut wasserlöslich	Die Farbstoffmoleküle weisen reaktive Gruppen auf, die mit dem Cellulosefaserstoff eine chemische Bindung eingehen. Dadurch sind auch gute bis sehr gute Naßechtheiten der Färbungen oder Drucke gegeben (Fixierungsreaktion). Die Reaktivfarbstoffe zeigen zu Cellulosefaserstoffen nur im alkalischen Medium eine Affinität. Man unterscheidet schnell-, mittel- und langsamreagierende Farbstofftypen (*p*H-Wert 9...9,5, 10...10,5 und 10...11). Als Alkalien verwendet man Na_3PO_4, $NaHCO_3$ oder Na_2CO_3. Nach dem Färben ist eine kochende Nachwäsche notwendig, um nichtfixierten Farbstoff von der Faser zu lösen und damit die Naßechtheiten wesentlich zu steigern. Alle Reaktivfarbstoffe zeigen auf Cellulosefaserstoffen (gefärbt oder bedruckt) sehr lebhafte und leuchtende Farbtöne.

15.3.1.8. Pigmentfarbstoffe

Chemische Gruppe	Ionogenität	Löslichkeit	Bemerkungen
Azofarbstoffe Phthalocyaninfarbstoffe Pyrazolonfarbstoffe Stilbenfarbstoffe Nitrofarbstoffe	nichtionisch	wasserunlöslich	In der Färberei werden diese Farbstoffe nur für hellste Farbtöne eingesetzt, ansonsten gelangen sie nur für den Druck zum Einsatz. Als Hilfsmittel werden dazu Pigmentbinder eingesetzt. Die Naßechtheiten und die Lichtechtheit der Drucke sind sehr gut. Pigmentfarbstoffe werden im Druck vornehmlich für Wäschestoffe eingesetzt.

15.3.2. Farbstoffe für Eiweißfaserstoffe

15.3.2.1. Säurefarbstoffe

Chemische Gruppe	Ionogenität	Löslichkeit	Bemerkungen
Azofarbstoffe Anthrachinonfarbstoffe Nitrofarbstoffe Triphenylmethanfarbstoffe Pyrazolonfarbstoffe	anionisch	wasserlöslich	Man unterscheidet je nach Molekülgröße: Starksauer ziehende Säurefarbstoffe (kleine Molekülgröße) mit gutem Egalisiervermögen, die unter Zusatz von HCOOH oder H_2SO_4 aufgefärbt werden. Schwachsauer ziehende Säurefarbstoffe (größere Molekülgröße) mit schlechterem Egalisiervermögen, die unter Zusatz von CH_3COOH oder einem sauerreagierenden Ammoniumsalz aufgefärbt werden. Neutralziehende Säurefarbstoffe (Bestandteil zu 50% in Halbwollfarbstoffen), schlechtes Egalisiervermögen, ziehen bis 70 °C jedoch neutral auf Wolle. Starksauer ziehende Säurefarbstoffe weisen schlechtere Naßechtheiten auf als schwachsauer- oder neutralziehende Säurefarbstoffe. Wiederum zeigen starksauer ziehende Säurefarbstoffe eine sehr gute Lichtechtheit.

15.3.2.2. Chromierungsfarbstoffe

Chemische Gruppe	Ionogenität	Löslichkeit	Bemerkungen
Azofarbstoffe Xanthenfarbstoffe Anthrachinonfarbstoffe Pyrazolonfarbstoffe Triarylmethanfarbstoffe Xanthenfarbstoffe Oxazinfarbstoffe	anionisch	wasserlöslich	Bei Chromierungsfarbstoffen unterscheidet man: *Nachchromierfarbstoffe* Farbstoffe werden schwachsauer mit CH_3COOH aufgefärbt, eventuell nach Notwendigkeit das Bad mit Ameisensäure erschöpft und auf einem neuen Bad mit $K_2Cr_2O_7$ oder $Na_2Cr_2O_7$ nachchromiert (Bildung des Cr-Komplexes). *Metachromfarbstoffe* Farbstoffe werden mit Metachrombeize aufgefärbt und während des Färbens chromiert. Alle Chromierungsfarbstoffe weisen sehr gute Naßechtheiten und eine sehr gute Lichtechtheit auf.

15.3.2.3. Metallkomplexfarbstoffe

Chemische Gruppe	Ionogenität	Löslichkeit	Bemerkungen
Azofarbstoffe Pyrazolonfarbstoffe Nitrofarbstoffe	anionisch, mit zwei Sulfonsäuregruppen; zwitterionisch, mit einer Sulfonsäuregruppe	schwer wasserlöslich	**1:1-Metallkomplexfarbstoffe** Fertiger ausgebildeter Metallkomplexfarbstoff, wobei auf ein Atom Metall ein Molekül Farbstoff entfällt. Zur Bildung des Metallkomplexes am Farbstoff unterscheidet man Cr-, Co-, Cu- und Fe-Komplexfarbstoffe Aufgefärbt auf Wolle werden die 1:1-Metallkomplexfarbstoffe mit Schwefelsäure starksauer (*p*H-Wert 2...3) Alle Farbnuancen sind etwas stumpf. Lichtechtheit: sehr gut Naßechtheiten: gut bis sehr gut
Azofarbstoffe Nitrofarbstoffe	anionisch, jedoch ohne ionische Substituenten. Es sind lediglich nichtionisierte hydrophile Gruppen am Molekül, z. B. Sulfonamidgruppen, Sulfon- oder Vinylsulfongruppen	schwer wasserlöslich	**1:2-Metallkomplexfarbstoffe** Fertiger ausgebildeter Metallkomplexfarbstoff, wobei auf ein Atom Metall zwei Moleküle Farbstoff entfallen. Aufgefärbt auf Wolle werden die 1:2-Metallkomplexfarbstoffe mit CH_3COOH oder einem sauerreagierenden NH_4-Salz schwachsauer (*p*H-Wert 5...6). Wie bei den 1:1-Metallkomplexfarbstoffen liegen auch hier relativ stumpfe Farbtöne vor. Bestimmte Farbstofftypen ziehen schon aus neutralem Medium auf Wolle. 1:2-Metallkomplexfarbstoffe weisen sehr gute Lichtechtheit sowie gute Naßechtheiten auf.

15.3.2.4. Ausgewählte Reaktivfarbstoffe

(s. unter 15.6.3.6.!)

15.3.3. Farbstoffe für Polyamidfaserstoffe

15.3.3.1. Ausgewählte schwachsauer ziehende Säurefarbstoffe

(siehe unter Wolle!)

15.3.3.2. Ausgewählte 1:2-Metallkomplexfarbstoffe

(siehe unter Wolle!)

15.3.3.3. Ausgewählte Reaktivfarbstoffe

(siehe unter Wolle!)

15.3.3.4. Dispersionsfarbstoffe

(siehe unter Acetat- und Triacetatfaserstoffen)

Werden Dispersionsfarbstoffe auf Polyamidfaserstoffe gefärbt, so sind aus Gründen der Naßechtheiten, vor allem der Schweißechtheit, die Färbungen nur in hellen Nuancen zu halten. Dabei zeigen diese Farbstoffe während des Färbens ein gutes Egalisiervermögen. Von mittleren oder dunklen Färbungen ist abzuraten.

15.3.4. Farbstoffe für Acetat- und Triacetatfaserstoffe

Chemische Gruppe	Ionogenität	Löslichkeit	Bemerkungen
Azofarbstoffe Anthrachinonfarbstoffe und deren Derivate Polymethinfarbstoffe Nitrofarbstoffe	nichtionisch (ohne wasserlöslichmachende Gruppen)	nicht wasserlöslich, jedoch löslich in organ. Lösungsmitteln	Kleine Moleküle ohne wasserlöslichmachende Gruppen, zeigen beim Färben gutes Egalisiervermögen. Besonders beim Färben von Triacetatfaserstoffen nach dem HT-Verfahren (115 °C) empfiehlt es sich, das Färbebad mit Ameisensäure und Ammonsulfat auf einen *p*H-Wert 5...5,5 einzustellen. Lichtechtheit und Naßechtheiten der Färbungen und Drucke sind befriedigend.

15.3.5. Farbstoffe für Polyacrylnitrilfaserstoffe

Kationische Farbstoffe

Chemische Gruppe	Ionogenität	Löslichkeit	Bemerkungen
Oxazinfarbstoffe Anthrachinonfarbstoffe Polymethinfarbstoffe Phthalocyaninfarbstoffe Triphenylmethanfarbstoffe	kationisch	gut wasserlöslich	Kationische Funktion durch eine quaternäre Ammoniumgruppe. Starke Dissoziation in wäßriger Lösung mit gleichzeitiger Bindung eines Farbstoffkations. Färbungen oder Drucke zeichnen sich bei PAN-Faserstoffen durch höchste Farbbrillanz aus. Alle kationischen Farbstoffe zeigen ebenso auf modifizierten PAN-Faserstoffen (anionisch) gutes Aufziehvermögen. Die Lichtechtheit und die Naßechtheiten der Färbungen oder Drucke sind sehr gut bis gut.

Dispersionsfarbstoffe auf PAN-Faserstoffen werden nur für sehr helle Nuancen, und zwar bis 0,6% Farbstoff von der Warenmasse, eingesetzt, da bei höherer Konzentration der Farbstoff keine Affinität mehr zum textilen Faserstoff aufweist.

15.3.6. Farbstoffe für Polyesterfaserstoffe

Zum Färben oder Drucken werden ausschließlich ausgesuchte Dispersionsfarbstoffe eingesetzt, die besonders hohe Lichtechtheit, sehr gute Naßechtheiten und vor allem sehr gute Sublimierechtheit und Thermofixierechtheit aufweisen müssen. Alle Farbstoffhandelsprodukte, die zum Färben oder Drucken von Polyesterfaserstoffen eingesetzt werden, haben gesonderte Bezeichnungen. Für das Färben werden oftmals aus Egalitätsgründen zusätzlich Carrierverbindungen eingesetzt, auch dann, wenn unter HT-Bedingungen (125 °C) gearbeitet wird. Beim Färben unter HT-Bedingungen ist es ratsam, unter Zusatz von 0,5 $cm^3 \cdot l^{-1}$ HCOOH und 1 $g \cdot l^{-1}$ $(NH_4)_2SO_4$ (*p*H-Wert 5) zu arbeiten. Nach der Färbung oder dem Druck ist stets reduktiv mit $Na_2S_2O_4$ und NaOH nachzubehandeln, um die Gesamtechtheiten wesentlich zu steigern.

15.3.7. Farbstoffkombinationen zum Färben von Mehrfaserstoffmischungen

Unter Farbstoffkombinationen versteht man fertige, handelsübliche Farbstoffmischungen, die im allgemeinen aus zwei Farbstoffklassen bestehen. Mit ihnen kann man Faserstoffmischungen, anteilig aus zwei verschiedenen textilen Faserstoffen, in einem Bad färben.

Wichtige Farbstoffkombinationen sind Farbstoffe zum Färben von Halbwolle (Faserstoffmischungen aus Wolle/Cellulosefaserstoffen), von Wolle/Polyesterfaserstoffmischungen und Cellulose/Polyesterfaserstoffmischungen.

Die Farbstoffgemische zum Färben von Halbwolle bestehen vorwiegend aus 50% neutralziehenden Säurefarbstoffen oder 1:2-Metallkomplexfarbstoffen (für den Wollanteil) und 50% substantiven Farbstoffen (für den Cellulosefaserstoffanteil). Sie werden meist eingesetzt zum Färben von Halbwolle im Mischungsverhältnis 50/50 Wo/VI-F oder 70/30 Wo/VI-F. Liegen Halbwollen im Mischungsverhältnis 80/20 Wo/VI-F oder 90/10 Wo/VI-F vor, so ist es ratsamer, den Wollanteil zuerst mit entsprechenden Farbstoffen vorzufärben (1. Bad) und danach den Viskosefaserstoffanteil auf einem zweiten frischen Bad unter gleichzeitigem Zusatz eines Wollreservierungsmittels (s. dort) bei 50 °C nachzudecken.

Die Farbstoffgemische zum Färben von Wo/PE 45/55 bestehen meist aus 50% 1:2-Metallkomplexfarbstoffen für den Wollanteil und 50% hochechten Dispersionsfarbstoffen für den Polyesterfaserstoffanteil, und diejenigen zum Färben oder Drucken von Cellulose-Polyesterfaserstoffmischungen aus 50% Küpenfarbstoffen (für den Cellulosefaserstoffanteil, meist Baumwolle) und 50% hochechten Dispersionsfarbstoffen für den Polyesterfaserstoffanteil.

15.3.8. Signierfarbstoffe

Mit Signierfarbstoffen werden textile Faserstoffe in einer bestimmten Erkennungsfarbe angefärbt, damit sie von anderen gleicher Art und eines gleichen Artikels (Partie) unterschieden werden können. Dies trifft sowohl für die Aufmachung als Flocke, Kammzug und Garn oder auch für textile Flächengebilde zu.

Durch einen lauwarmen Spül- oder Waschprozeß des textilen Erzeugnisses bei 30...40 °C müssen die Farbstoffe dann leicht und vor allem vollständig auswaschbar sein, damit sie bei einem Färbeprozeß nicht störend wirken. Die Farbstoffe selbst werden im neutralen Medium bei 40...50 °C aufgefärbt. Signierfarbstoffe werden besonders zum Signieren von textilen Flächengebilden aus VI-F eingesetzt.

15.3.9. Farbstoffbezeichnungen

Bezeichnungen in Form von Buchstaben hinter einem entsprechenden Farbstofftyp können Auskunft über bestimmte Eigenschaften des betreffenden Farbstoffes, vor allem hinsichtlich des Farbtones sowie bestimmter Farbechtheiten geben.
Die Buchstaben bedeuten:

B	blaustichig
R	rotstichig
G	gelb- bzw. grünstichig
W	zum Färben für Wolle geeignet, bisweilen auch als Kennzeichnung für Wasserlöslichkeit oder für Wasser-, Walk- und Waschechtheit
L	Bezeichnung für lichtechte Farbstofftypen, manchmal auch für gute Löslichkeit der Produkte in Wasser
LL	Bezeichnung für sehr hohe Lichtechtheit des Farbstofftyps
T	Trüber
F und FF	Bezeichnung für sehr hohe Reinheit bzw. auch Klarheit des Farbtones des betreffenden Farbstofftyps
D	Eignung für den Zeugdruck, ebenso Bezeichnung für dunklen Farbstoff

Beispiel

Solaminlichtblau FF 2 GL (VEB Chemiekombinat Bitterfeld)
Blaumarke eines substantiven Farbstoffes mit sehr hoher Reinheit bzw. Klarheit des Farbtones. Der Farbstoff weist ferner einen sehr grünstichigen Farbton sowie sehr hohe Lichtechtheit auf.

15.4. Grundlagen des Färbens textiler Faserstoffe

15.4.1. Begriff Färben

Färben ist das Einwandern von Farbstoffteilchen in Form von Farbstoffmolekülen aus einer flüssigen Phase in einen bestimmten textilen Faserstoff. Dies geht entweder in Lösung oder aber in Feinstverteilung des betreffenden Farbstofftyps bei erhöhter Temperatur vonstatten. Dabei ist es notwendig, daß sich die vielen Farbstoffmoleküle in ständiger Bewegung befinden.
Wenn A die feste Phase des textilen Faserstoffes darstellt und B die flüssige Phase in Form der Farbflotte, so stehen nicht nur beide Phasen in einem bestimmten Verhältnis zueinander, sondern sind auch streng voneinander abhängig.

Diese Wechselbeziehung von A und B stellt den eigentlichen Färbevorgang dar. Dieser ist beendet, wenn A und B in vollständigem Gleichgewicht stehen.

Faktoren, die dieses Gleichgewicht beeinflussen können, sind

1. Art des textilen Faserstoffes
2. Farbstoffgruppeneinsatz (in % oder g · l^{-1})
3. Chemikalien- und Hilfsmittelzusätze (meist in g · l^{-1})
4. Flottenverhältnis als Verhältnis der Masse des textilen Erzeugnisses in Kilogramm zur Flottenmenge in Liter ausgedrückt.
5. Färbetemperatur
6. Färbezeit

Der Färbevorgang ist beendet, wenn auch die 4 Teilvorgänge

1. Farbstoffverteilung in der Flotte
2. Farbstoffadsorption an der Oberfläche des textilen Faserstoffes
3. Diffusion der Farbstoffmoleküle in das Innere des textilen Faserstoffes und
4. Wechselwirkung zwischen Farbstoff und textilem Faserstoff abgeschlossen sind.

15.4.2. Färbevorgang

Alle Färbevorgänge beruhen auf Gleichgewichtsvorgängen, sei es bei der Adsorption, Diffusion oder bei chemischen Reaktionen zwischen Farbstoff und textilem Faserstoff. Solche Gleichgewichtsvorgänge werden nach Rys und Zollinger [26] stets durch sogenannte Wechselwirkungskräfte bewirkt, von denen elektrostatische Kräfte als polare Kräfte zwischen ionisierenden Gruppen von Farbstoffmolekülen und textilem Faserstoff, van-der-Waalssche Kräfte als Dispersionskräfte, H-Brückenbindung sowie hydrophobe Wechselwirkung durch Bildung hydrophober Farbstoffassoziate eindeutig im Vordergrund stehen. Wichtig ist, daß alle Farbstoffe nur in monomolekularem Zustand und nicht als Assoziate in den textilen Faserstoff einwandern können.
Elektrische Effekte können das Färbegleichgewicht beeinflussen. Es handelt sich dabei um die Ladungen der textilen Faserstoffe im Wasser sowie die Ionogenität des Farbstoffes. Elektrolyte in der Färbeflotte erhöhen zwar das chemische Potential des Farbstoffes, setzen jedoch die Energie für die Adsorption herab. Die Dissoziation an dem Farbstoffmolekül (anionischer Farbstoff) wird vermindert.
Auch die Temperatur hat beim Färben einen wesentlichen Einfluß. Erhöhte Temperatur verringert die Adsorption des Farbstoffes (exotherme Reaktion). Das Gleichgewicht wird zu den Ausgangsprodukten hin verschoben. Jedoch ist bei höheren Temperaturen eine bessere Egalisierung des Farbstoffes auf und im textilen Faserstoff garantiert als bei niedriger Temperatur. Die Dauer des Färbeprozesses kann durch höhere Temperatur erheblich verkürzt werden.
Eine Besonderheit ist die Entropie der Färbung, d. h. die Lage- bzw. auch Bewegungsmöglichkeit der Farbstoffmoleküle auf und in dem textilen Faserstoff. Besonders die Bewegungsmöglichkeit der Farbstoffmoleküle ist in Lösung höher als im adsorbierten Zustand. Damit ist im letzteren Fall auch die Adsorptionsentropie sehr viel kleiner, sogar mit negativem Wert.
Äußerst schwierig ist die Deutung einer Reaktivfärbung auf Cellulosefaserstoffe. Es ist zwar bekannt, daß der Farbstoff mit dem textilen Faserstoff eine Hauptvalenzbindung eingeht. Dabei müssen jedoch auch die Nebenvalenzbindungen wirksam werden, wenn der Farbstoff aus der Flotte auf und in den textilen Faserstoff wandert bzw. sorbiert, bevor er mit ihm in die Hauptvalenzbindung tritt.
Bild 15/1 zeigt ein Beispiel eines Zeit-Temperatur-Schemas des Färbevorganges mit seinen vier Teilvorgängen.

Jede Färbetechnologie kann mit einem Zeit-Temperatur-Schema ausgestattet werden. Die einzusetzenden Mengen Farbstoff oder Hilfsmittel können in das Schema eingetragen werden.

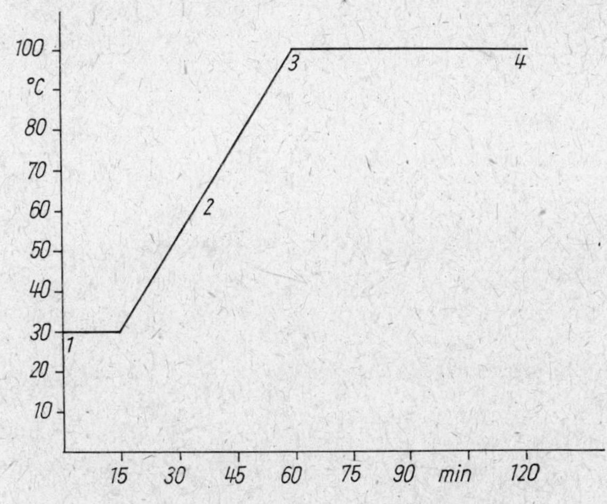

Bild 15/1: Zeit-Temperatur-Schema eines Färbevorganges
1 Zusatz von Farbstoffen, Textilchemikalien und Textilhilfsmitteln, *2* Beginn des Aufheizens, *3* Konstanthalten der Temperatur, *4* Ende des Färbevorgangs, Mustern oder Spülen

15.4.3. Farbstoffklasseneinsatz beim Färben textiler Faserstoffe

Nachfolgende Übersicht gibt eine Darstellung der Abhängigkeit der einzusetzenden Farbstoffklasse vom textilen Faserstoff:

1. *Farbstoffklassen für Cellulosefaserstoffe*
   Substantive Farbstoffe
   Nachkupferungsfarbstoffe
   Diazotierungsfarbstoffe
   Schwefelfarbstoffe
   Küpenfarbstoffe
   Leukoküpenesterfarbstoffe
   Naphtholfarbstoffe
   Reaktivfarbstoffe
   Pigmentfarbstoffe (für den Druck)
   Phthalocyaninfarbstoffe

2. *Farbstoffklassen für Wolle*
   Säurefarbstoffe
   Chromierungsfarbstoffe
   1:1-Metallkomplexfarbstoffe
   1:2-Metallkomplexfarbstoffe
   Ausgesuchte Reaktivfarbstoffe
   Reaktivmetallkomplexfarbstoffe

3. *Farbstoffklassen für Polyamidfaserstoffe*
Ausgesuchte schwachsauer ziehende Säurefarbstoffe
Ausgesuchte Dispersionsfarbstoffe (für helle Nuancen)
Ausgesuchte substantive Farbstoffe
Ausgesuchte 1:2-Metallkomplexfarbstoffe
Ausgesuchte Reaktivfarbstoffe

4. *Farbstoffklassen für Polyesterfaserstoffe und Polypropylenfaserstoffe*
Dispersionsfarbstoffe (ausgesuchte)

5. *Farbstoffklassen für Polyacrylnitrilfaserstoffe*
Dispersionsfarbstoffe (in Farbstoffkonzentrationen bis 0,6%)
Kationische Farbstoffe (in Farbstoffkonzentrationen > 0,6%), geeignet für anionisch modifizierte PAN-Faserstoffe

6. *Farbstoffklassen für Acetat- und Triacetatfaserstoffe*
Dispersionsfarbstoffe

7. *Farbstoffklassen für Polyester/Baumwolle bis Polyester/VI-F*
fertige Mischung aus Dispersions- und Küpenfarbstoffen

8. *Farbstoffklassen für Polyester/Wolle*
fertige Mischung aus Dispersionsfarbstoff und Säurefarbstoff bzw. 1:2-Metallkomplexfarbstoff

9. *Farbstoffklassen für Wolle/Baumwolle bzw. Wolle/VI-F*
fertige Mischung aus hochechten substantiven Farbstoffen und neutralziehenden Säurefarbstoffen
Halbwoll- und Halbwollechtfarbstoffe

15.4.4. Wichtige Farbstoffhandelsprodukte

15.4.4.1. Farbstoffe für Cellulosefaserstoffe

Substantive Farbstoffe

Solamin- und Solaminechtfarbstoffe (VEB Chemiekombinat Bitterfeld)
Saturnfarbstoffe (Chemapol)
Diphenylfarbstoffe (CIBA-Geigy)
Solophenylfarbstoffe (CIBA-Geigy)
Sirius- und Siriuslichtfarbstoffe (Bayer)
Benzo- und Benzoechtfarbstoffe (Bayer)
Solarfarbstoffe (Sandoz)
Dianilfarbstoffe (Hoechst)
Remastralfarbstoffe (Hoechst)
Diaminfarbstoffe (Casella)
Cotonerolfarbstoffe (Casella)
Lurantinfarbstoffe (BASF)
Protaminfarbstoffe (Dupont)
Diazolfarbstoffe (Francolor)
Chlorazolfarbstoffe (ICI)
Durazolfarbstoffe (ICI)

Nachkupferungsfarbstoffe

Cuproxon- und Cuproxaminfarbstoffe (VEB Chemiekombinat Bitterfeld)
Cuprophenylfarbstoffe (CIBA/Geigy)
Benzocuprolfarbstoffe (Bayer)
Benzocuprenfarbstoffe (Bayer)

Diazotierungsfarbstoffe

Diaminfarbstoffe (VEB Chemiekombinat Bitterfeld)
Diazophenylfarbstoffe (CIBA/Geigy)
Benzaminfarbstoffe (Bayer)
Diazolichtfarbstoffe (Francolor)
Diazoechtfarbstoffe (Francolor)

Schwefelfarbstoffe

Schwefelfarbstoffe (VEB Chemiekombinat Bitterfeld)
Thionalfarbstoffe (Sandoz)
Immedialfarbstoffe (Casella)
Hydrosol- und Hydrosollichtfarbstoffe (Casella) wasserlöslich
Sulfanol- und Sulfanosolfarbstoffe (Francolor)
Thionolfarbstoffe (ICI)

Küpenfarbstoffe

Helanthrenfarbstoffe (CIECH)
Indanthrenfarbstoffe (Casella)
Algolfarbstoffe (Casella)
Indanthrenfarbstoffe (Bayer)
Indanthrenfarbstoffe (Hoechst)
Helindonfarbstoffe (Hoechst) Wollküpenfarbstoffe
Ciba- und Cibanonfarbstoffe (CIBA/Geigy)
Sandothrenfarbstoffe (Sandoz)
Solanthrenfarbstoffe (Francolor)
Durindonfarbstoffe (ICI)
Caledonfarbstoffe (ICI)
Indanthrenfarbstoffe (BASF)
Anthrafarbstoffe (BASF)
Hydronblaufarbstoffe (Casella)
Ostanthrenfarbstoffe (Chemapol)

Leukoküpenesterfarbstoffe

Kubosolfarbstoffe (Sojuzchimexport)
Anthrasolfarbstoffe (Hoechst)
Solasolfarbstoffe (Francolor)
Soledonfarbstoffe (ICI)
Sandozolfarbstoffe (Sandoz)

Reaktivfarbstoffe

Xironfarbstoffe (VEB Chemiekombinat Bitterfeld)
Ostazinfarbstoffe (Chemapol)

Aktivfarbstoffe (Sojuzchimexport)
Basilenfarbstoffe (BASF)
Primazinfarbstoffe (BASF)
Cibacronfarbstoffe (CIBA/Geigy)
Reaktofilfarbstoffe (CIBA/Geigy)
Drimaren- und Drimaren-P-Farbstoffe (Sandoz)
Levafixfarbstoffe (Bayer)
Procionfarbstoffe (ICI) M- und H-Typen
Solidazolfarbstoffe (Casella)
Remazolfarbstoffe (Hoechst)
Reatexfarbstoffe (Francolor)

Naphtholfarbstoffe

Naphthol-AS-Farbstoffe mit Echtfärbebasen und Echtfärbesalzen sowie dem speziellen Farbstofflösemittel Ofnapon AS (Hoechst)
Naphthol-Farbstoffe (Bayer)
Naphthozolfarbstoffe (Francolor)
Brentholfarbstoffe mit Brentaminechtbasen und Brentaminechtsalzen (ICI)
Celcotfarbstoffe mit Devolbasen und Devolsalzen (Sandoz)

Naphthol-Basen-Gemische

Rapidogenfarbstoffe (Bayer)
Rapidechtfarbstoffe (Hoechst)
Rapidozolfarbstoffe (Hoechst)
Brentogenfarbstoffe (ICI)
Diagenfarbstoffe (Dupont)
Sandogenfarbstoffe (Sandoz)
Ronagenfarbstoffe (Rohner)

Pigmentfarbstoffe

Versaprintfarbstoffe (Chemapol)
Helizarinfarbstoffe (BASF)
Acraminfarbstoffe (Bayer)
Imperonfarbstoffe (Hoechst)
Printofixfarbstoffe (Sandoz)
Monolitfarbstoffe (ICI)
Sea-bond-Farbstoffe (Lamberti)
Neoprintfarbstoffe (Lamberti)

Phthalocyaninfarbstoffe

Phthalogenbrillantfarbstoffe (Bayer)

15.4.4.2. Farbstoffe für Wolle

Starksauer ziehende Säurefarbstoffe

Erio- und Erionylfarbstoffe (CIBA/Geigy)
Anthralanfarbstoffe (Hoechst)

Amidoechtfarbstoffe (Hoechst)
Supracenfarbstoffe (Bayer)
Acilanfarbstoffe (Bayer)
Xylenfarbstoffe (Sandoz)
Carbolanfarbstoffe (ICI)

Schwachsauer ziehende Säurefarbstoffe

Walkfarbstoffe (VEB Chemiekombinat Bitterfeld)
Säurefarbstoffe (Sojuzchimexport)
Säurefarbstoffe (Chemapol)
Folanfarbstoffe (CIECH)
Polar- und Neopolarfarbstoffe (CIBA/Geigy)
Cibacrolanfarbstoffe (CIBA/Geigy)
Irganolfarbstoffe (CIBA/Geigy)
Walkfarbstoffe (Hoechst)
Alphanolechtfarbstoffe (Casella)
Supraminfarbstoffe (Bayer)
Supranolfarbstoffe (Bayer)
Alizarinfarbstoffe (Sandoz)
Lanasynreinfarbstoffe (Sandoz)
Lissaminfarbstoffe (ICI)
Sandocrylfarbstoffe (Sandoz) für Cuproionenverfahren (PAN-Faserstoffe)

Chromierungsfarbstoffe

Chromechtfarbstoffe (VEB Chemiekombinat Bitterfeld)
Metachromfarbstoffe (VEB Chemiekombinat Bitterfeld)
Chromalanfarbstoffe (Chemapol)
Alizarinchromfarbstoffe (Chemapol)
Salicinchromfarbstoffe (Hoechst)
Metachromfarbstoffe (Hoechst)
Chrominefarbstoffe (Francolor)
Solochromfarbstoffe (ICI)
Omegachromfarbstoffe (Sandoz)
Metamegachromfarbstoffe (Sandoz)
Eriochromfarbstoffe (CIBA/Geigy)
Alizarinchromfarbstoffe (BASF)
Monochromfarbstoffe (Bayer)

1:1-Metallkomplexfarbstoffe

Neolanfarbstoffe (CIBA/Geigy)
Palatinechtfarbstoffe (BASF)
Chromacylfarbstoffe (Dupont)
Inochromfarbstoffe (Francolor)
Vitrolanfarbstoffe (Sandoz)

1:2-Metallkomplexfarbstoffe

Wofalanfarbstoffe (VEB Chemiekombinat Bitterfeld)
Ostalanfarbstoffe (Chemapol)
Violanfarbstoffe (BASF) dispergierte 1:2-Metallkomplexfarbstoffe

Acidol-M-Farbstoffe (BASF) anionische 1:2-Metallkomplexfarbstoffe
Ortolanfarbstoffe (BASF) anionisch-sulfonamidgruppenhaltig
Amichromefarbstoffe und Neutrochromefarbstoffe (Francolor)
Irgalanfarbstoffe (CIBA/Geigy)
Lanacronfarbstoffe (CIBA/Geigy)
Isolan- und Isolan-I-Farbstoffe (Bayer)
Remalanechtfarbstoffe (Hoechst)
Lanasynfarbstoffe (Sandoz)

Reaktivfarbstoffe

Ostazinfarbstoffe (Chemapol)
Lanasolfarbstoffe (CIBA/Geigy)
Remalanfarbstoffe (Hoechst)
Remazolanfarbstoffe (Hoechst)
Hostalanfarbstoffe (Hoechst)
Procilanfarbstoffe (ICI)
Drunalanfarbstoffe (Sandoz)
Verofixfarbstoffe (Bayer)

15.4.4.3. Farbstoffe für Polyamidfaserstoffe

Ausgesuchte schwachsauer ziehende Säurefarbstoffe

Wofacidfarbstoffe (VEB Chemiekombinat Bitterfeld)
Rybanilfarbstoffe (Chemapol)
Telon- und Telonechtfarbstoffe (Bayer)
Telogenfarbstoffe (Bayer)
Erionylfarbstoffe (CIBA/Geigy) für dunkle Färbungen besonders geeignet
Tectilonfarbstoffe (CIBA/Geigy) für Dreierkombination geeignet
Lanaperl- und Lanaperlechtfarbstoffe (Hoechst)
Nylominfarbstoffe (ICI)
Nylosanfarbstoffe (Sandoz)
Nyloquinonefarbstoffe (Francolor)
Alphanolechtfarbstoffe (Casella)
Acidolfarbstoffe (BASF)

Ausgesuchte 1:2-Metallkomplexfarbstoffe

siehe unter Wolle

Ausgesuchte Reaktivfarbstoffe

Ostazinfarbstoffe (Chemapol)
Verofixfarbstoffe (Bayer)
Lanasolfarbstoffe (CIBA/Geigy)
Remazolanfarbstoffe (Hoechst)

Dispersionsfarbstoffe (in hellen Nuancen)

Dispersionsfarbstoffe (Sojuzchimexport)
Fantagenfarbstoffe (VEB Chemiekombinat Bitterfeld)

Ostacetfarbstoffe (Chemapol)
Esteroquinonefarbstoffe (Francolor)
Resolinfarbstoffe (Bayer)
Cibacetfarbstoffe (CIBA/Geigy)
Artisilfarbstoffe (Sandoz)
Samaronfarbstoffe (Hoechst)
Perlitonfarbstoffe (BASF)
Polysynthrenfarbstoffe (Casella)

15.4.4.4. Farbstoffe für Acetat- und Triacetatfaserstoffe

Dispersionsfarbstoffe (Sojuzchimexport)
Fantagenfarbstoffe (VEB Chemiekombinat Bitterfeld)
Ostacetfarbstoffe (Chemapol)
Esteroquinonefarbstoffe (Francolor)
Resolinfarbstoffe (Bayer)
Cibacetfarbstoffe (CIBA/Geigy)
Artisilfarbstoffe (Sandoz) für Acetatfaserstoffe
Foronfarbstoffe (Sandoz) für Triacetatfaserstoffe
Samaronfarbstoffe (Hoechst)
Cellitonfarbstoffe (BASF)
Polysynthrenfarbstoffe (Casella)

15.4.4.5. Farbstoffe für Polyacrylnitrilfaserstoffe (kationisch)

Kation-Farbstoffe (Sojuzchimexport)
Remacrylfarbstoffe (Hoechst)
Basacrylfarbstoffe (BASF)
Maxilonfarbstoffe (CIBA/Geigy)
Astra- und Astrazonfarbstoffe (Bayer)
Acronalfarbstoffe (ICI)
Sevronfarbstoffe (Francolor)

15.4.4.6. Farbstoffe für Polyesterfaserstoffe

Fantagenfarbstoffe (VEB Chemiekombinat Bitterfeld)
Ostacidfaserstoffe (Chemapol)
Esteroquinonefarbstoffe (Francolor)
Esterophilfarbstoffe (Francolor)
Dispersolfarbstoffe (ICI)
Duranolfarbstoffe (ICI)
Terasilfarbstoffe (CIBA/Geigy)
Foronfarbstoffe (Sandoz)
Palanilfarbstoffe (BASF)
Resolinfarbstoffe (Bayer)
Polysynthrenfarbstoffe (Casella)
Procinylfarbstoffe (ICI) Metallkomplex-Reaktiv-Dispersionsfarbstoffe

15.4.4.7. Mischfarbstoffe

Halbwollfarbstoffe

Vegan- und Veganechtfarbstoffe (VEB Chemiekombinat Bitterfeld)
Halbwoll- und Halbwollechtfarbstoffe (Casella)
Halbwoll- und Halbwollechtfarbstoffe (CIBA/Geigy)
Halbwoll- und Halbwollechtfarbstoffe (Sandoz)
Halbwoll- und Halbwollechtfarbstoffe (Hoechst)
Cotolan- und Cotolanechtfarbstoffe (Bayer)

Farbstoffe für Polyester/Wolle-Mischungen

Lanastrenfarbstoffe (BASF)
Teralanfarbstoffe (CIBA/Geigy)
Forosynfarbstoffe (Sandoz)
Resolaminfarbstoffe (Bayer)

Farbstoffe für Polyester/Baumwolle- bzw. VI-F-Mischungen

Cottestrenfarbstoffe (BASF)
Cellestrenfarbstoffe (BASF)
Teractonfarbstoffe (CIBA/Geigy)
Remaronfarbstoffe (Hoechst)

15.4.4.8. Kontrastfarbstoffe für Polyamidfaserstoffe

Nylkontrastfarbstoffe

15.4.4.9. Farbstoffe für Transferdruck

Teraprintfarbstoffe (CIBA/Geigy)
Bafixanfarbstoffe (BASF)

stark sublimierbare Dispersionsfarbstoffe für Transferdruckpapier

15.5. Möglichkeiten der Bindung von Farbstoffen zu textilen Faserstoffen

15.5.1. Übersicht

Bindung durch Pigmentbinder $\triangleq$ Pigmentfarbstoff

Farbstoffeinschluß in den Faserstoff (Spinnfärbung)

Physikalische Bindung wie VAN-DER-WAALSsche Kräfte, H-Brückenbindung, Induktivkräfte (substantive Farbstoffe auf Cellulosefaserstoffe)

Chemische Bindung (Hauptvalenzbindung) $\triangleq$ Reaktivfarbstoffe auf Wolle, PA- und Cellulosefaserstoffe;
Säurefarbstoffe auf Wolle und PA-Faserstoffe;
Kationische Farbstoffe auf PAN-Faserstoffe
Chemische Bindung (Nebenvalenzbindung) — Bildung eines schwer- oder H_2O-unlös-

lichen Farbstoffes auf und in dem Faserstoff ≙ Küpenfarbstoffe, Naphtholfarbstoffe, Leukoküpenesterfarbstoffe, Schwefelfarbstoffe
Lösungsvorgang, in dem der Faserstoff als festes Lösungsmittel für den Farbstoff vorliegt ≙ Dispersionsfarbstoffe auf Acetatfaserstoffe, Triacetatfaserstoffe und Polyesterfaserstoffe

15.5.2. Färben von Cellulosefaserstoffen

15.5.2.1. Substantive Farbstoffe

Begriff Substantivität

Substantivität eines Farbstoffes ist die Differenz der Affinitäten eines Farbstoffes zu einem textilen Faserstoff ohne jegliches Hilfsmittel einerseits und der Abziehbarkeit dieses Farbstoffes vom Faserstoff durch Wasser. Die Substantivität kann auch als Größe des Anfärbevermögens bezeichnet werden.
Die Bindung Farbstoff—Faserstoff stellt einen physikalischen Vorgang dar, da keinerlei chemische Bindungen wirksam werden.
Die Bindung ist von folgenden Faktoren abhängig:

1. *Elektrische Dissoziationskräfte* am Farbstoff, bedingt durch die wasserlöslichmachenden $-SO_3Na$- oder $-COONa$-Gruppen. Je mehr derartige Gruppen am Farbstoffmolekül sind, desto geringer ist die Haftung des Farbstoffes am Faserstoff.
   Die elektrischen Dissoziationskräfte können durch Elektrolytzusätze zurückgedrängt werden (z. B. NaCl oder Na_2SO_4).
   Durch die Assoziatbildung wird die Dissoziation vermindert und eine erhöhte Affinität des Farbstoffs zur Cellulosefaser bewirkt.

   $$Fb-SO_3^- + Na^+ \rightleftharpoons Fb-SO_3Na$$

   Die Dissoziationskräfte nehmen in Flotten mit geringer Farbstoffkonzentration zu, deshalb ergeben sich dabei helle Färbungen.
   Der Farbstoff ist stets der Hydrolyse unterworfen und reagiert in Wasser:

   $$FbSO_3^-Na^+ + H_2O \rightleftharpoons Fb-SO_3^-H^+ + Na^+OH^-$$

   Befinden sich an einem substantiven Farbstoff gleichviel $-SO_3Na$-Gruppen wie NH_2-Gruppen, spricht man von isoelektrischen Zwitterionen, die wiederum eine höhere Substantivität aufweisen. Dieses Verhalten ist allerdings auch abhängig vom *p*H-Wert.

   $$NaO_3S-Fb-NH_2 + H_2O \rightleftharpoons \overset{\ominus}{O_3}S-Fb-\overset{\oplus}{N}H_3$$

2. *Induktivkräfte* als elektrische Schwingungskräfte, bedingt durch die sechs π-Elektronen in den Benzenringen und den chromophoren Gruppen (meist Azo-Gruppen mit π-Bindung) am Farbstoffmolekül. Je größer die Induktivkräfte sind, desto besser ist die Affinität des Farbstoffes zum Faserstoff.
   Die Größe der Induktivkräfte im Sinne der Elektronentheorie ist abhängig von

   der Länge des Farbstoffmoleküls bzw. der Länge des konjugierten Systems,
   der Anzahl der $-N=N-$Gruppen,
   der Richtung der Oszillationskräfte,
   der Anzahl und Stellung der Substituenten.

Beeinflussung der Oszillation durch Stellung der Substituenten

Hoch:	Niedrig:
CH_3 / –N=N–(biphenyl)–N=N– / CH_3	CH_3 / –N=N–(biphenyl)–N=N– / CH_3
Oszillation wirkt nicht entgegengesetzt zwischen 1. Teil und 2. Teil	Oszillation wirkt entgegengesetzt zwischen 1. Teil und 2. Teil
Drehbarkeit des Farbstoffmoleküls ist frei	Drehbarkeit des Farbstoffmoleküls ist behindert.

3. Zu den primären OH-Gruppen der Cellulose wasserstoffbrückenbildende Gruppen am Farbstoff wie —OH, —N=N—, —O— und andere funktionelle Gruppen.

   H-Brücken können wie folgt angeordnet sein:

$$\text{Cell}-CH_2\overset{H}{O}\ldots\overset{H}{X}-\text{Fb} \qquad X = O, NH, N\genfrac{}{}{0pt}{}{R}{R'}\;S \text{ oder } -SO_3^{\ominus}$$

Substantivitätsstufen

Eine Sulfonat- und Azogruppe für jedes Teil ergibt eine Substantivität von 25%. Bei fünf Sulfonat- und einer Azogruppe beträgt die Substantivität nur noch 1%.

Substantivitätsstufe	Ziehvermögen in %
1	1...5
2	6...30
3	31...60
4	61...80
5	81...95
6	> 95

Abziehen substantiver Färbungen

1. Mit starken Oxydationsmitteln (am Beispiel mit NaClO)

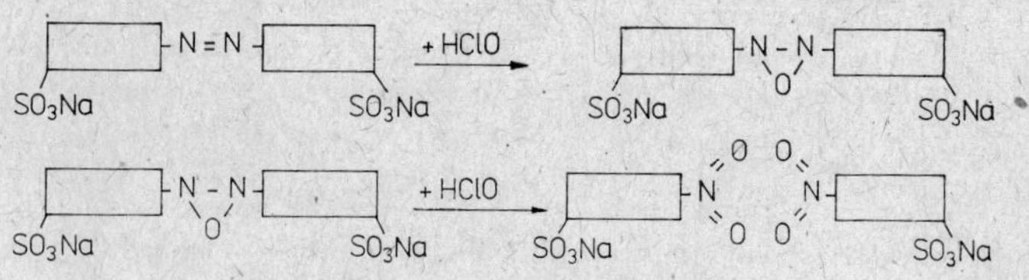

2. Mit Reduktionsmitteln (am Beispiel mit $Na_2S_2O_4$)

SO_3Na–[ ]–N = N–[ ]–SO_3Na + H_2 ⟶ SO_3Na–[ ]–NH – HN–[ ]–SO_3Na

SO_3Na–[ ]–NH-HN–[ ]–SO_3Na + H_2 ⟶ SO_3Na–[ ]–NH_2 H_2N–[ ]–SO_3Na

15.5.2.2. Nachbehandlungsmöglichkeiten substantiver Färbungen

Methanal-Nachbehandlung

Die Nachbehandlung mit Methanal dient der Verbesserung der Naßechtheiten. Unter mehr oder weniger starken Farbumschlägen kommt es zur Molekülvergrößerung. Voraussetzung für diese Nachbehandlung ist eine entsprechende Farbstoffstruktur. Die Behandlungstemperatur beträgt etwa 60 °C, die Zusatzmenge 1...2% von der Warenmasse.

1. $2\ R{-}N{=}N{-}C_6H_4{-}OH + O{=}CH_2 \longrightarrow R{-}N{=}N{-}C_6H_4{-}O{-}CH_2{-}O{-}C_6H_4{-}N{=}N{-}R + H_2O$

   2 Mol Farbstoff — Methanal — Methylenether

2. $2\ R{-}N{=}N{-}C_6H_4{-}NH_2 + O{=}CH_2 \longrightarrow R{-}N{=}N{-}C_6H_4{-}NH{-}CH_2{-}NH{-}C_6H_4{-}N{=}N{-}R + H_2O$

   2 Mol Farbstoff — Methanal — Methanalaminal

3. $R{-}N{=}N{-}C_6H_4{-}NH_2 + O{=}CH_2 \longrightarrow R{-}N{=}N{-}C_6H_4{-}N{=}CH_2 + H_2O$

   1 Mol Farbstoff — Methanal — Azomethin (starker Farbumschlag)

4. $2\ R{-}N{=}N{-}C_6H_5 + O{=}CH_2 \longrightarrow R{-}N{=}N{-}C_6H_4{-}CH_2{-}C_6H_4{-}N{=}N{-}R + H_2O$

   2Mol Farbstoff ohne endständige OH- oder NH_2-Gruppen — Methanal — einfache Methylenbrückenbildung

Zur Ausbildung aller gezeigten Reaktionen ist außerdem Trocknung bei höheren Temperaturen erforderlich.

Nachbehandlung durch kationaktive Textilhilfsmittel

Mit der Nachbehandlung durch kationaktive Textilhilfsmittel tritt in erster Linie eine Vergrößerung des Farbstoffmoleküls und damit eine Herabsetzung der Lösungstension auf. Die wasserlöslichmachenden Gruppen des Farbstoffmoleküls werden blockiert. Da die Reaktion nicht nur am Farbstoff, sondern auch an anionaktiven Textilhilfsmitteln abläuft, müssen die Flotten nach dem Färben ganz sauber bzw. klar sein, da sonst schlechte Reibechtheit eintreten könnte.

Reaktion mit einer kationaktiven N-Verbindung

$$\left[R-\overset{\oplus}{N}(C_2H_5)_2H\right]^+ Cl^- + Fb-SO_3Na \longrightarrow Fb-SO_3^{\ominus}\left[R-\overset{\oplus}{N}(C_2H_5)_2H\right] + NaCl$$

Ist dabei R ein längerer Alkenrest, so kommt es gleichzeitig zur Griffverbesserung. Diese Hilfsmitteltypen können allerdings die Lichtechtheit der Färbung herabsetzen. Eine zweite Möglichkeit der Nachbehandlung besteht in einer Umhüllung des textilen Faserstoffes mit kationaktivem Kunstharz. Das Herstellungsprinzip derartiger Produkte besteht darin, daß aus wasserlöslichen Monomeren durch Wärme wasserunlösliche Polymere entstehen. Diese Produkte wirken weniger in der Flotte, sondern mehr durch höhere Trockentemperatur.

Nachbehandlung mit Chromsalzen

Vorauszusetzende Molekülstrukturen

$HO-C_6H_4-N=N-C_6H_5$ — o-Hydroxyazobenzentyp

$HO-C_6H_4-N=N-C_6H_4-OH$ — o,o'-Dihydroxyazobenzentyp

$H_2N-C_6H_4-N=N-C_6H_4-OH$ — o-Amino-o'-Hydroxyazobenzentyp

$C_6H_5-N=N-C_6H_3(COOH)(OH)$ — m-Carboxy-p-hydroxyazobenzentyp

$H_2N-C_6H_4-N=N-C_6H_4-NH_2$ — o,o'-Diaminoazobenzentyp

Reaktion der Nachbehandlung

$$K_2Cr_2O_7 + 8\,CH_3COOH \longrightarrow 2\,CH_3COOK + 2\,(CH_3COO)_3\,Cr + 4\,H_2O + 3\,O$$

$$R-C_6H_3(OH)-N=N-C_6H_4(OH) \longrightarrow C_6H_4(O-)-N=N-C_6H_4(-O) \text{ mit } Cr \text{ komplex gebunden}$$

komplexe Farbstoff-Chromsalzverlackung

Durch die Stabilisierung der Azogruppe durch koordinative Bindung zum Chrom erhält die Färbung bessere Lichtechtheit und durch Ionenaustausch an der $-SO_3Na$-Gruppe höhere Naßechtheiten, z. B.

$$3\,Fb-SO_3Na + (CH_3COO)_3\,Cr \longrightarrow (Fb-SO_3)_3Cr + 3\,CH_3COONa$$

Chrom(III)-acetat — schwerlösliche Verbindung — Na-acetat

Die Chromsalzbildung an der wasserlöslichen $-SO_3Na$-Gruppe des Farbstoffmoleküls ist nicht beständig gegen alkalische Wäsche und wird unter Na-Salzbildung wieder aufgebrochen. Dasselbe gilt auch für die Kupfersalzbildung.

	Lichtechtheit	Waschechtheit 30 °C
ohne	2	3...4
mit Nachbehandlung	4...5	4

Nachkupferungsfarbstoffe

Das Prinzip des Färbens besteht darin, Cellulosefaserstoffe mit ausgewählten substantiven Farbstoffen zunächst zu färben und dann mittels $CuSO_4$ und Methansäure oder Ethansäure nachzukupfern, um wieder das Farbstoffmolekül zu vergrößern sowie die Lichtechtheit der Färbung wesentlich zu verbessern. Für Schwarztöne wird Methansäure, für alle übrigen Farbtöne Ethansäure eingesetzt.
Im Farbstoffmolekül werden dabei die π-Elektronen stabilisiert, um einer Lichteinwirkung (auch mit UV-Anteil) entgegenzuwirken.
Voraussetzung für eine saure Nachkupferung sind dieselben Molekülstrukturen am Farbstoff wie bei der Nachchromierung.
Die Nachbehandlung kann auch mit organischen Kupferkomplexverbindungen vorgenommen werden. Die folgenden zwei Beispiele zeigen dies:

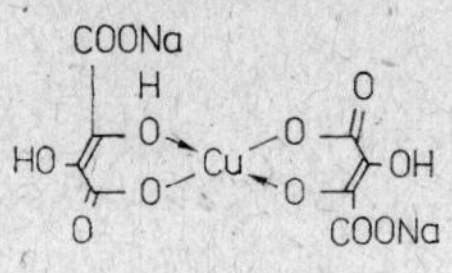

COONa, H, O, HO, O, Cu, O, OH, O, COONa

Dinatriumkupfertartrat

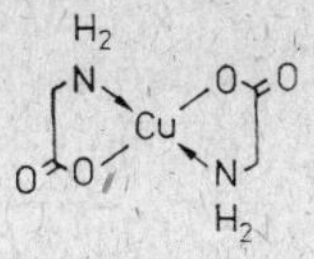

H_2, N, O, O, Cu, O, O, N, H_2

Kupferglykokoll

Der Vorteil beider Verbindungen besteht darin, daß das Kupfer sehr langsam an den Farbstoff abgegeben wird.

Diazotierungsfarbstoffe

Das Prinzip beim Färben von Cellulosefaserstoffen mit Diazotierungsfarbstoffen beruht auf einer Vergrößerung des Moleküls unter gleichzeitiger Ausbildung einer neuen chromophoren Azogruppe zwischen Farbstoff und Entwicklerkomponente.
Für die Diazotierbarkeit eines Farbstoffmoleküls mit dieser Entwicklerkomponente muß eine endständige NH_2-Gruppe vorliegen. Der genaue Bindungschemismus der Färbung ist in Abschnitt 15.2.2.6. nachzulesen.

Fehler

zu geringe Säuremenge
zu geringe $NaNO_2$-Menge
zu hohe Temperatur von > 18 °C bei der Diazotierung

Lichteinwirkung unter Ausbildung der Phenolform nach der folgenden Gleichung:

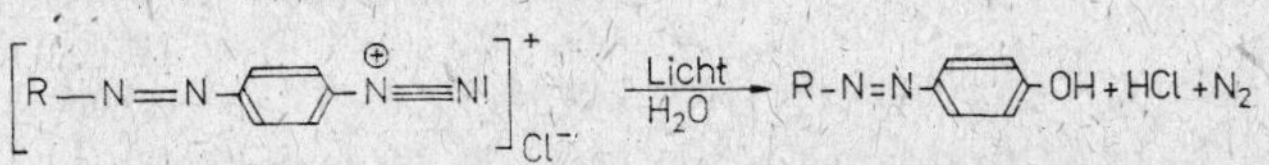

$$\left[R-N=N-C_6H_4-\overset{\oplus}{N}\equiv N|\right]^+ Cl^- \xrightarrow[H_2O]{Licht} R-N=N-C_6H_4-OH + HCl + N_2$$

nicht mehr entwicklungsfähige Phenolform

15.5.2.3. Schwefelfarbstoffe

Schwefelfarbstoffe sind wasserunlösliche, großmolekulare Verbindungen mit Disulfidbrücken. Der Farbstoff wird mit einer entsprechenden Menge Natriumsulfid gelöst, wobei sich der Na_2S-Zusatz stets nach der Farbstoffart richtet.
Wenn er wasserlöslich ist, zeigt er Affinität zur Cellulosefaser, wodurch die Färbung zustande kommt.
Nach dem Färben, beim Spülen, ist die Reaktion wieder rückläufig; in den intermizellaren Räumen des Faserstoffes entsteht dann die wasserunlösliche Form des Farbstoffes.

Chemismus der Färbung

$Na_2S + H_2O \rightarrow NaOH + NaHS$
Na-sulfid — Na-Hydrogensulfid (wirkt als Reduktionsmittel)

$2\,NaHS \rightarrow Na_2S_2 + 2\,H$
Na-Disulfid

$\boxed{Fb}-S-S-\boxed{Fb} + 2\,H \rightarrow \boxed{Fb}-SH \quad HS-\boxed{Fb}$

Thioalkoholform des Farbstoffes
Farbstoff ist noch nicht löslich

$Na_2CO_3 + H_2O \rightarrow NaOH + NaHCO_3$

$2\,\boxed{Fb}-SH \xrightarrow[-2\,H_2O]{+2\,NaOH} 2\,\boxed{Fb}-S\triangleright^- Na^+ \rightleftharpoons 2\,\boxed{Fb}-S-Na$

Thioalkoholatform
oder Leukostufe,
wasserlöslich und
hohe Affinität
zur Cellulosefaser

Spülen:

$2\,\boxed{Fb}-S-Na \xrightarrow[-2\,NaOH]{+2\,H_2O} 2\,\boxed{Fb}-SH$

Reoxydation:

$2\,\boxed{Fb}-SH \xrightarrow[-H_2O]{+O} \boxed{Fb}-S-S-\boxed{Fb}$

Fehler:

Nicht genügend Alkali in Form von Na_2CO_3
Färbegefäße aus Kupfer können nicht verwendet werden
$Cu + H_2S \rightarrow CuS + H_2$
Reoxydation darf nicht mit zu starken Oxydationsmitteln vorgenommen werden, es kommt sonst zur Oxydation. Dies führt zu einer Farbtonänderung und teilweise zu einer Faserschädigung. Hier können $K_2Cr_2O_7$ und Essigsäure verwendet werden. Am besten eignen sich Perborate.
Ungenügendes Spülen läßt auf der Ware amorphen Schwefel entstehen.

15.5.2.4. Schwefelküpenfarbstoffe (Hydron-Typ)

Diese Farbstoffe nehmen eine Zwischenstellung von Küpen- und Schwefelfarbstoffen ein.
Für das Lösen der Farbstoffe gibt es zwei Verfahren

1. Vorreduktion:

$$\underset{\underset{R}{|}}{R-S}=O + NaOH + Na_2S + H_2O \rightarrow \underset{\underset{R}{\|}}{R-S}-O-Na$$

wasserlöslich

2. Nachreduktion:

$$\underset{\underset{R}{|}}{R-S}=O + Na_2S_2O_4 + 2\,NaOH + H_2O \rightarrow Na_2SO_3 + Na_2SO_4 + 4\,H$$

$$\rightarrow \underset{\underset{R}{\|}}{R-S}-OH \xrightarrow[+H_2O]{+NaOH} \underset{\underset{R}{\|}}{R-S}-O-Na$$

Leukoküpenform

15.5.2.5. Küpenfarbstoffe

Küpenfarbstoffe sind wasserunlösliche indigoide oder anthrachinoide Farbstoffe, die durch Reduktion unter gleichzeitiger Anwesenheit von Alkali aus der wasserunlöslichen und affinitätslosen Form in die wasserlösliche Form übergeführt werden können. Nach erfolgter Auffärbung wird durch den Spülprozeß und durch die Oxydation des Farbstoffes im intermizellaren Bereich der Faser die wasserunlösliche Form des Farbstoffes wieder zurückgebildet. Daraus resultieren hohe Gesamtechtheiten. Der Farbstoff hat keinerlei wasserlöslichmachende Gruppen, wie z. B. $-SO_3Na$ oder COONa-Gruppen. Die Moleküle der Küpenfarbstoffe sind groß.
Als Lösungsmittel für den Farbstoff werden Natriumdithionit und Natronlauge eingesetzt.

$$Na_2S_2O_4 + 2\,NaOH + H_2O \rightarrow Na_2SO_4 + Na_2SO_3 + 4\,H$$

Farbstoff-Faserbeziehungen

1.

(Reduktion) $+2H$ → ; ← $+\frac{1}{2}O_2 - H_2O$ (Oxydation)

Küpenfarbstoff (anthrachinoide Form) ⇌ Küpensäureform, wasserlöslich, jedoch keine Affinität zum textilen Faserstoff

$+2\,NaOH$ → ; ← $+2\,H_2O - 2\,NaOH$; $+2H_2O$

Hydrolyse (Spülen)

Leukoküpenform, wasserlöslich und höchste Affinität zum textilen Faserstoff

Nach Fertigstellung der Färbung läuft durch den Spülvorgang und die Oxydation der entgegengesetzte Reaktionschemismus ab.

2.

(Reduktion)
$+ 2H$
$+ \frac{1}{2} O_2 - H_2O$
(Oxydation)

Indigoider Farbstoff (Ketoform) — Indigoider Farbstoff (Küpensäureform)

$+ 2 NaOH$
$+ 2 H_2O$
$- 2 NaOH$
Hydrolyse
(Spülen)

Indigoider Farbstoff (Leukoküpenform)

Die Verküpung ist abhängig von folgenden Kriterien:

Konzentration des $Na_2S_2O_4$
Konzentration des NaOH
Färbezeit
Temperatur

Technologie

In der Technologie unterscheidet man nach dem unterschiedlichen Verhalten der Küpenfarbstoffe Kaltfärber IK, Warmfärber IW und Heißfärber IN. Nach diesen drei Farbstoffgruppen richten sich die Färbetemperaturen und die verschiedenen Chemikalienzusätze. Ferner gibt es noch ein IN-Spezialverfahren, bei dem man mit 50% mehr Natronlauge gegenüber den anderen Verfahren arbeitet.
Wird in Kombination von IK-, IW- und IN-Farbstoffen gearbeitet, so legt man folgendes Zeit-Temperatur-Schema fest (Bild 15/2).

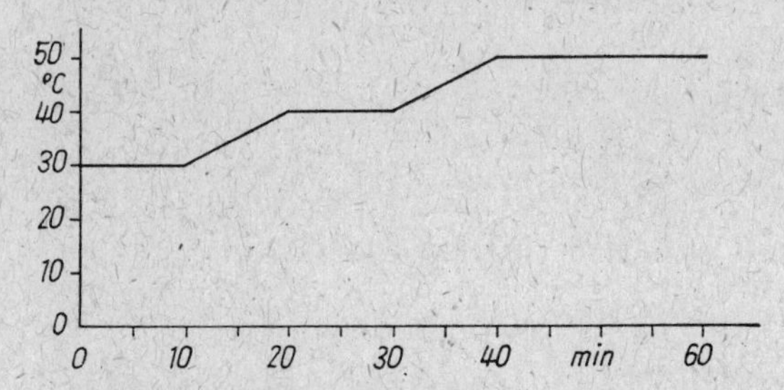

Bild 15/2: Zeit-Temperatur-Schema des IW-Temperaturstufenverfahrens

Diese Technologie bezeichnet man als IW-Temperaturstufenverfahren.
Während des Färbens muß sich in der Flotte stets genügend Natronlauge und Dithionit befinden. Die Prüfung wird mit Indanthrengelb-Indikator vorgenommen. Der Indika-

tor zeigt eine kornblaue Färbung, wenn die Flotte genügend dieser beiden Chemikalien enthält. Nach dem Färben wird gründlich gespült, mit H_2O_2 nachoxydiert und die Färbung einer kochenden Nachwäsche unterzogen, um höchste Gesamtechtheiten zu erreichen.

2 g · l^{-1} anionaktive WAS
1 g · l^{-1} Soda
30 min kochend nachseifen

Fehlererscheinungen

1. Zu hohe Temperatur, zu hoher Laugenzusatz

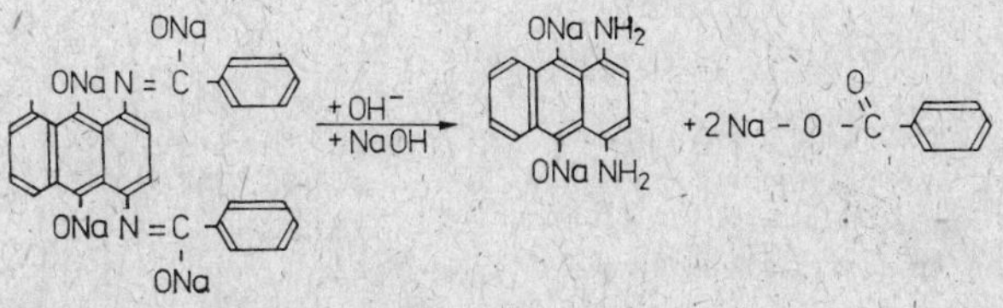

Verseifung (völlig anderer Farbton)

2. Zu niedriger NaOH-Zusatz

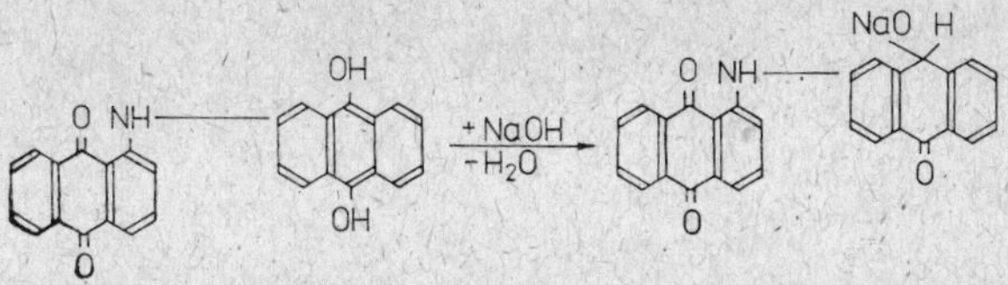

Oxanthronform (keine Reoxydation mehr möglich)

3. Zu hoher Reduktionsmitteleinsatz

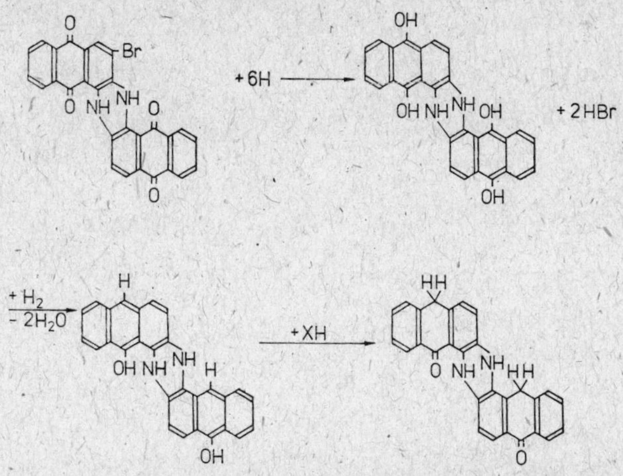

Azinform als letzte Reduktionsstufe

Tetrahydro-dianthrachinon

4. Überoxydation

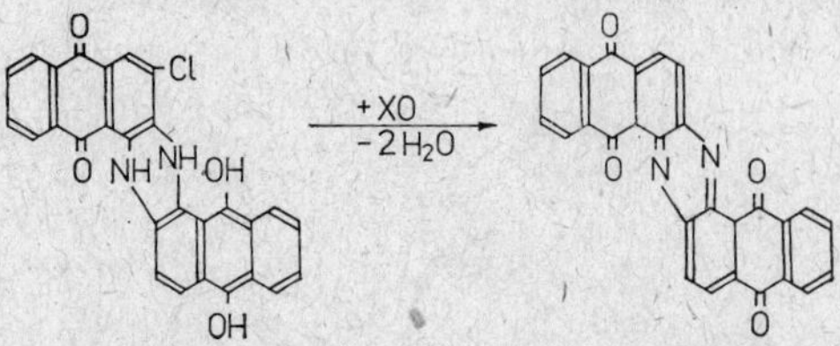

$\xrightarrow[-2H_2O]{+XO}$

Anthrachinoider Typ mit Dihydro-1,4-Diazinstruktur

Azinstruktur

5. Lichtschädigung

UV-Licht kann bei bestimmten Farbstoffen eine fotochemische Reaktion auslösen. Eine Folgeerscheinung ist eine chemische Schädigung der Faser über die Reaktion des Farbstoffes (Bildung von Oxycellulose).
Bei den Küpenfarbstoffen sind vor allem Typen, die im Wellenbereich zwischen 400 und 500 nm absorbieren (Gelb- und Orange-Farbtöne).

Abziehen einer Küpenfärbung

Wichtigste Abziehmittel für Küpenfärbungen sind Pyrrolidon-Derivate.

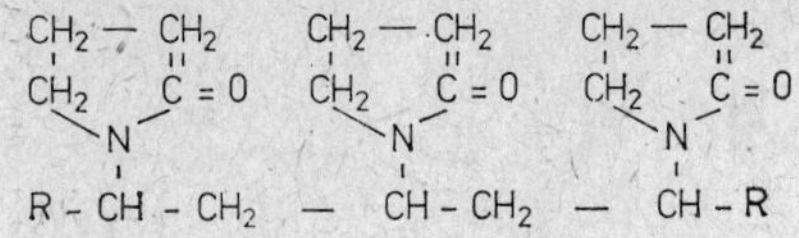

Das Wirkprinzip besteht darin, daß es zur Brückenbildung zwischen Farbstoff und THM kommt (Assoziatbildung).

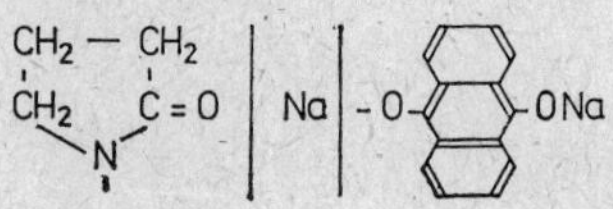

Das Abziehen ist stets in Gegenwart von Dithionit und Natronlauge in langen Flotten vorzunehmen.

Fototropes Verhalten

Fototropes Verhalten ist allgemein eine fotochemische Reaktion, durch die es zu einer Farbtonänderung der Färbung kommen kann, die jedoch reversibel ist, da bei Energiestop (Dunkelheit) der ursprüngliche Farbton wiederkehrt.
Die Reaktion ist ein endothermer Vorgang.

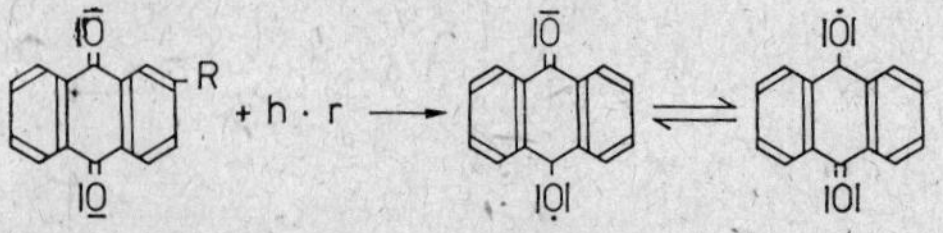

Reversibler Vorgang

Wie andere Farbstofftypen auch, zeigen besonders Küpenfarbstoffe diese Erscheinung.

15.5.2.6. Leukoküpenesterfarbstoffe

Leukoküpenesterfarbstoffe sind wasserlösliche Küpenfarbstoffe. Der Färbevorgang setzt sich zusammen aus

1. Auffärben des Farbstoffes als Na-Salz mittels Schwefelsäure
2. Grundierung
3. Rückbildung des Küpenfarbstoffes durch den Entwicklungsprozeß
4. Bildung der wasserunlöslichen Ketoform auf und in dem textilen Faserstoff

Außer den Azoküpensäureestern sind die Farbstoffe nicht ätzbar, d. h., sie sind gegen Ätzmittel beständig.

Chemismus

$$Fb-O-SO_3Na + xH_2SO_4 \rightarrow \underset{\text{Küpensäureesterform}}{Fb-O-SO_3H} + NaHSO_4$$

$$Fb-O-SO_3H + H_2O \xrightarrow{\text{Hydrolyse}} \underset{\text{Küpensäureform}}{Fb-OH} + H_2SO_4$$

$$2Fb-OH + O \rightarrow \underset{\text{wasserunlösliche Ketoform}}{2Fb=O} + H_2O$$

Nach dem Färben ist eine kochende Nachwäsche erforderlich. Die Natriumsulfatzusätze richten sich immer nach der Farbtiefe und betragen im Durchschnitt 5...40 g · l^{-1}. Die Färbezeit beläuft sich auf 30...60 min, die Färbetemperatur liegt zwischen 30 und 70 °C, je nach Egalisiervermögen des Farbstofftyps. 0,1...0,5 g · l^{-1} Soda bewirkt eine bessere Durchfärbung. Eine zweite und gleichzeitig wichtige Technologie ist das $NaNO_2$-Verfahren.

3...15 g · l^{-1} $NaNO_2$ 5...20 g · l^{-1} Na_2SO_4 0,1...0,5 g · l^{-1} Na_2CO_3	Färben
7...10 g · l^{-1} H_2SO_4	Entwicklung

$$H_2SO_4 + 2NaNO_2 \rightarrow Na_2SO_4 + 2HNO_2$$

$$2HNO_2 \rightarrow H_2O + N_2 + 3O$$

$2N_2 + xO \rightarrow N_2O + N_2O_3$ Stickoxidbildung bei Anwendung von zu viel Natriumnitrit und einer zu hohen Entwicklungstemperatur

Bei Gefahr einer Überoxydation (besonders bei überoxydationsempfindlichen Farbstoffen) ist ein Zusatz von Thioharnstoff notwendig (3...5 g · l^{-1}). Ebenfalls ist ein Zusatz von HCOOH (2...4 cm^3 l^{-1}) möglich.

$$\underset{\text{Thioharnstoff}}{S=C(NH_2)_2} + 2HNO_2 \rightarrow S=C(OH)_2 + 2N_2 + 2H_2O$$

$$3HCOOH + 2HNO_2 \rightarrow 3H_2CO_3 + N_2 + H_2O$$

15.5.2.7. Naphtholfarbstoffe

Cellulosefaserstoffe werden zuerst mit einem Naphthol der AS-Reihe in einem Bad und, ohne zu spülen, in einem zweiten Bad behandelt, das eine Diazoniumverbindung enthält. Damit entsteht ein wasserunlöslicher Azofarbstoff.

Bei der Grundierung mit einem entsprechenden Naphthol werden die —C(=O)—N(H)-Gruppen über Wasserstoffbrücken mit den OH-Gruppen des Cellulosemoleküls gebunden.

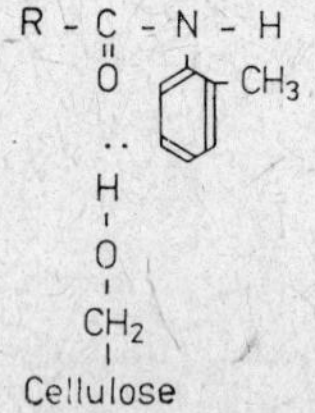

R - C(=O) - N(H) - C₆H₄ - CH₃
O .. H - O - CH₂ - Cellulose

Lösung des Naphthols und Grundierung:

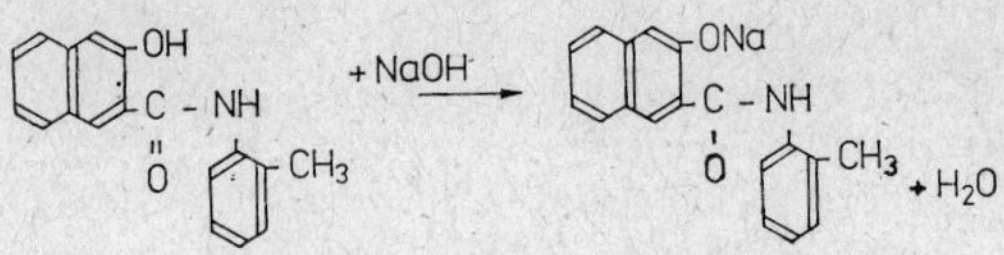

Naphthol-OH / C(=O)-NH-C₆H₄-CH₃ + NaOH → Naphthol-ONa / C(=O)-NH-C₆H₄-CH₃ + H_2O

Naphtholat wasserlöslich,
geringe Substantivität zum Cellulosefaserstoff

Naphthol-ONa / C(=O)-NH-C₆H₄-CH₃ + NaOH ⇌ Naphthol-ONa / C(ONa)=N-C₆H₄-CH₃

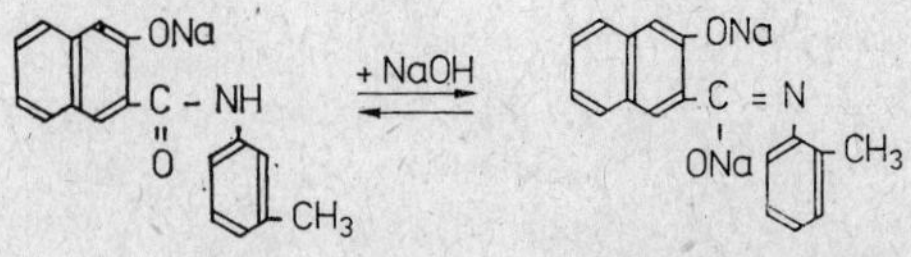

Enolatform
hohe Substantivität zum
Cellulosefaserstoff

Naphtholatform und Enolatform stehen miteinander im Gleichgewicht.
Bei Einsatz von Naphtholen mit hoher Substantivität ist eine gute Flottenzirkulation bzw. gute Materialbewegung zu garantieren, da es sonst zu einer Zweifarbigkeit der textilen Erzeugnisse kommen kann.

Farbstoffbildung

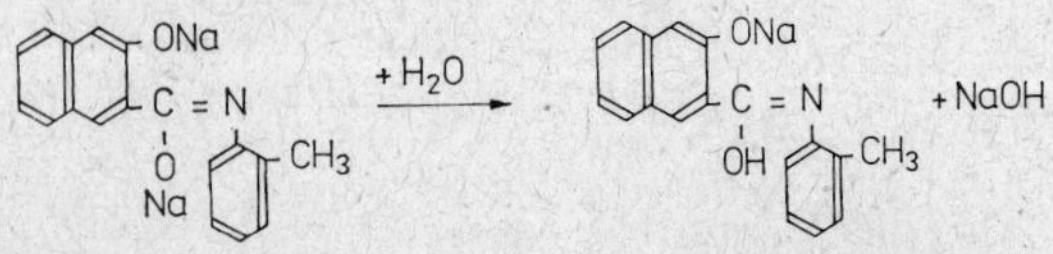

Naphthol-ONa / C(ONa)=N-C₆H₄-CH₃ + H_2O → Naphthol-ONa / C(OH)=N-C₆H₄-CH₃ + NaOH

Enolatform → Enolform (1. Stufe)

ONa, C = N, OH, CH_3 — Tautomerie → ONa, C – NH, O, CH_3

Enolform (1. Stufe) Naphtholatform (2. Stufe)

ONa, C – NH, O, CH_3 + $[IN \equiv \overset{\oplus}{N}–C_6H_4–NO_2]^+ Cl^-$ — Kupplung →

Diazoniumverbindung (Echt-Base)

N = N–C_6H_4–NO_2, ONa, C – NH, O, CH_3 — + HCl → N = N–C_6H_4–NO_2, OH, C – NH, O, CH_3 + NaCl

Zur Verbesserung der Luftbeständigkeit gelöster Naphthole ist ein Methanalzusatz (Formaldehyd) empfehlenswert (Ausbildung einer Naphthol-Methylolverbindung). Die Substantivitätsbeeinflussung der Naphthole kann hervorgerufen werden durch:

Flottenverhältnis (je höher das FV, desto geringer die Substantivität)
Grundierungszeit (Optimum 20...30 min)
textilen Faserstoff (merzerisierte Baumwolle nimmt etwa 100% mehr Farbstoff auf als nichtmerzerisierte Baumwolle)
Salzzusatz (für Marken mit niedriger Substantivität 30...50 g · l^{-1}, bei Marken mit hoher Substantivität 15...30 g · l^{-1})
Temperatur und Zeit (mit steigender Temperatur geht die Substantivität zurück; Optimum der Grundierungstemperatur liegt bei 20...25 °C)

Die Diazotierungsbäder dürfen nur eine Temperatur von 18 °C aufweisen. Das Spülen nach der Entwicklung erfolgt mit schwach alkalischer NaCl-Lösung. NaCl verhindert dabei die Rückdiffusion. Nach dem Spülen erfolgt wieder eine kochende Nachwaschbehandlung.
Auf die Berechnungen der Grundierungsflotten sowie auf Nachsatzberechnungen wird an dieser Stelle verzichtet. Diese sind aus dem Naphtholratgeber zu entnehmen.
Eine Aufhellung einer Naphtholfärbung wird mit Natriumhydrogensulfit $NaHSO_3$ vorgenommen. Es werden etwa 2 g · l^{-1} bei einer Temperatur von 40 °C eingesetzt.

15.5.2.8. Reaktivfarbstoffe

Reaktivfarbstoffe sind Farbstoffe mit reaktiven Gruppen. Der Farbstoff geht beim Färben mit dem Faserstoff eine chemische Bindung ein. Daraus resultieren hohe Gesamtechtheiten der Färbungen. Auffallend für alle Färbungen sind die brillanten Farbtöne. Das gleiche gilt für den Textildruck.
Durch Alkalizugabe wird der Farbstoff in die reaktionsfähige Form umgewandelt, damit er mit dem Cellulosefaserstoff eine chemische Bindung eingehen kann. Die Alkalimenge richtet sich nach dem Farbstofftyp bzw. nach dem Farbstoffaufbau.
Als Alkalispender werden Na_2CO_3, Na_3PO_4 oder $NaHCO_3$ eingesetzt.

Chemischer Bau	Monochlortriazintypen oder ähnliche Derivate mit einer reaktiven Gruppe	Dichlortriazintypen oder ähnliche Derivate mit 2 reaktiven Gruppen	Vinylsulfontypen oder ähnliche Derivate
Reaktionsfähigkeit	niedrig	hoch	mittel
pH-Wert-Bereiche für die chemische Bindung	11...11,5	9...9,5	10,5

Farbstoff-Faser-Beziehungen

1. Monochlortriazintyp

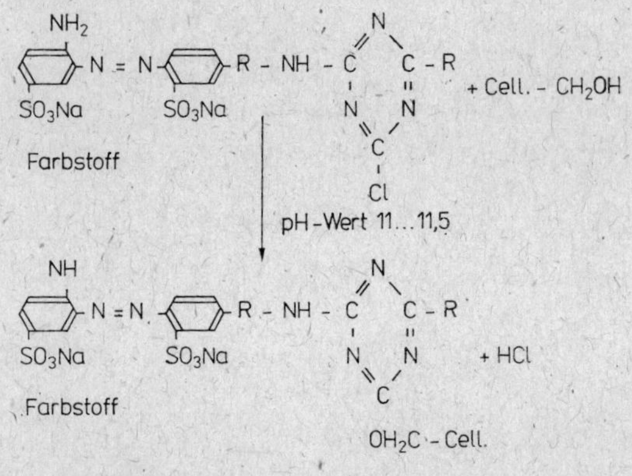

NH_2
N = N — R – NH – C C – R
SO_3Na SO_3Na N N + Cell. – CH_2OH
C
Farbstoff Cl

pH-Wert 11...11,5

NH
N = N — R – NH – C C – R
SO_3Na SO_3Na N N + HCl
C
Farbstoff OH_2C – Cell.

2. Dichlortriazintyp

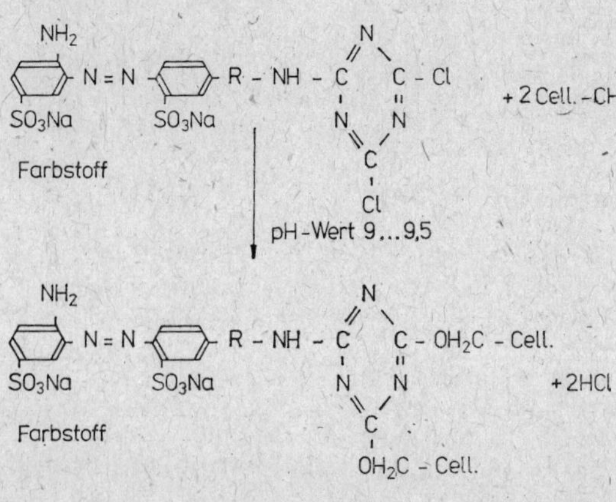

NH_2
N = N — R – NH – C C – Cl
SO_3Na SO_3Na N N + 2 Cell. –CH_2OH
C
Farbstoff Cl

pH-Wert 9...9,5

NH_2
N = N — R – NH – C C – OH_2C – Cell.
SO_3Na SO_3Na N N + 2HCl
C
Farbstoff OH_2C – Cell.

Handelsprodukte

Xironfarbstoffe (VEB Chemisches Kombinat Bitterfeld)
Helactinfarbstoffe (CIECH)
Procion-Farbstoffe (ICI)
Procion-H-Farbstoffe (ICI)
Cibacronfarbstoffe (CIBA)
Reacton-Farbstoffe (Geigy)
Drimaren-Farbstoffe (Sandoz)
Solidogen-Farbstoffe (Casella)

3. Sulfato-ethyl-sulfontyp

$$Fb-SO_2-CH_2-CH_2O-SO_3Na \xrightarrow[-NaHSO_4]{pH\text{-Wert } 10{,}5} Fb-SO_2-CH=CH_2$$

$$Fb-SO_2-CH=CH_2 + Cell.-CH_2OH \rightarrow Fb-SO_2-CH_2-CH_2-O-CH_2-Cell.$$

Diese Etherbindung ergibt sich aus der Umlagerung des H-Atoms der CH_2-Gruppe an der Vinylform unter Aufhebung der Doppelbindung zur Einfachbindung als Additionsreaktion. In der nichtaktivierten Form haben die Farbstoffe keinerlei Reaktionsfähigkeit. Die Bindung zu Wolle oder Polyamidfaserstoffen läuft unter analogen Bedingungen ab.

Im Vinylsulfon übt die benachbarte SO_2-Gruppe eine stark elektronenanziehende Wirkung aus. Damit liegt eine teilweise polarisierte π-Bindung vor.

$$Fb-SO_2-\underset{1}{\overset{\delta^-}{CH}}=\underset{2}{\overset{\delta^+}{CH_2}}$$

Die π-Elektronen werden damit mehr zum C-Atom 1 verlagert, was durch δ^- ausgedrückt wird [28].

15.5.3. Färben von Wolle

15.5.3.1. Säurefarbstoffe

Bei Einführung der Wollfaser in Wasser bei gleichzeitiger Temperaturerhöhung lockern sich die Faserschichten. Dies geschieht um so mehr, je höher die H-Ionen-Konzentration mit Säure eingestellt wird. Bei Siedetemperatur kommt es zur Spaltung der Peptidbrücken der Wolle. Ist nun noch zusätzlich ein Säurefarbstoff zugegen, kommt es zwischen den Säuregruppen des Farbstoffes (Farbsäure) und den freien Aminogruppen des Wollkeratins zu einer Salzbildung.

$$\text{Wolle} + \text{Säurefarbstoff} \rightleftharpoons \text{Wollsalz}$$

Dieses Gleichgewicht ist abhängig von den Faktoren

*p*H-Wert,
Hydrolysierbarkeit des Wollsalzes,
Temperatur,
Anwesenheit sonstiger reaktionsfähiger Gruppen.

Allgemein gilt, daß die Farbstoffaufnahme mit fallendem *p*H-Wert zunimmt.

$$\left[\begin{array}{l} -NH_3^+ \\ \\ -COOH \end{array}\right. \xleftrightarrow[+H^+]{pH\text{-Wert } 4} \left[\begin{array}{l} -NH_3^+ \\ \\ -COO^- \end{array}\right. \xleftrightarrow[+OH^-]{pH\text{-Wert } 7{,}5} \left[\begin{array}{l} -NH_2 \\ \\ -COO^- \end{array}\right.$$

Diejenige Farbstoffmenge, die je Zeiteinheit durch eine Einheitsfläche hindurchtritt, ist proportional dem Konzentrationsgefälle an der betreffenden Eintrittsstelle.

$$S = -D\frac{\delta c}{\delta x}$$

S Farbstofffluß
c Konzentration
x Abstand von der Oberfläche
D Diffusionskoeffizient

Bindungschemie

Im isoelektrischen Bereich sättigen sich die dissoziierten Amino- und Carboxylgruppen des Wollkeratins gegenseitig unter Salzbildung ab. Im pH-Wert-Bereich unterhalb des isoelektrischen Punktes wird die Dissoziation der Carboxylgruppen durch die H-Ionen-Konzentrationserhöhung zurückgedrängt (stark sauer).

$$R-NH_3^+-OOC-R_1 + H^+ \rightarrow R-NH_3^+HOOC-R_1$$

Geladene Aminogruppen werden frei und somit zur Salzbildung mit den Farbsäureanionen befähigt.

$$R-NH_3^+ + Fb-SO_3^- \rightarrow R-NH_3^{+-}O_3S-Fb$$

Das Maximum der Säureaufnahme der Wolle liegt bei einem pH-Wert zwischen 1,3 und 0,8. Bei einem pH-Wert $< 0{,}8$ laden sich dann auch die Iminogruppen des Wollkeratins auf und sind ebenfalls an der Farbstoffbindung beteiligt.
Das Maximum schwachsauer ziehender Säurefarbstoffe liegt in einem höheren pH-Wert-Bereich. Erfolgt die Bindung oberhalb des isoelektrischen Bereiches, werden zusätzliche elektrostatische Kräfte wirksam, ebenso VAN-DER-WAALSsche Kräfte und Wasserstoffbrückenbindungen. Die Naßechtheiten der Färbung sinken mit steigendem pH-Wert, weil eine starke Säure vom Farbstoff an der NH_3-Gruppe des Wollkeratins schneller verdrängt wird, als eine schwache Säure.
Bei Chromfarbstoffen tritt zusätzlich eine koordinative Bindung zum textilen Faserstoff ein.

Starksaure Färbung

$$Fb-SO_3Na + H_2SO_4 \rightarrow Fb-SO_3H + NaHSO_4$$

pH-Wert-Bereich: 2...2,5

Reaktion Flotte-Faserstoff

$$|-COOH\ \ H_2N-| + H_2SO_4 \rightarrow |-COOH\ \ H_3\overset{\oplus}{N}-|$$

$$\uparrow$$

Wollkeratin $\qquad SO_4^{\ominus} + H^+$

Reaktion im Faserstoff

$$Fb{-}SO_3H \rightleftharpoons Fb{-}SO_3^- + H^+$$

$$|{-}COOH\ \ H_3\overset{\oplus}{N}{-}| + H_2SO_4$$

$$\uparrow$$

$$FbSO_3^{\ominus}$$

Rolle des Natriumsulfatzusatzes (Na_2SO_4)

Durch den Na_2SO_4-Zusatz erhöht sich die molare Konzentration der Na^+-Ionen und der SO_4^--Ionen stark. Dadurch wird in Übereinstimmung mit dem Massenwirkungsgesetz durch Na^--Ionen die Dissoziation des Farbsalzes stark zurückgedrängt, und durch SO_4^--Ionen werden H^+-Ionen verbraucht. Es entsteht mehr undissoziierte Schwefelsäure H_2SO_4. Der *p*H-Wert sinkt, der Farbstoff zieht langsamer auf.

Schwachsaure Färbung

$$|{-}COOH\ \ H_2N{-}| + CH_3COOH \rightarrow |{-}COOH\ \ H_3\overset{\oplus}{N}{-}|$$

Wollkeratin

$$H_3\overset{\oplus}{N}{-}O{-}C({=}O){-}CH_3$$

Hier ist die Dissoziation schwächer als beim schwefelsauren Wollsalz. Daher ist sie vom Farbsalz schwerer verdrängbar, und als Folge tritt eine verzögerte Farbstoffaufnahme ein.

Färbung

$$|{-}COOH\ \ H_3\overset{\oplus}{N}{-}| + Fb{-}SO_3H \rightarrow |{-}COOH\ \ H_3\overset{\oplus}{N}{-}|$$

$$\ ^{\ominus}SO_3{-}Fb$$

Rolle des Na-Sulfatzusatzes

$$|{-}COOH\ \ H_3\overset{\oplus}{N}{-}|$$

Wollkeratin

$$Na_2SO_4 + CH_3COOH \rightleftharpoons CH_3COONa + NaHSO_4$$

$$|{-}COOH\ \ H_3\overset{\oplus}{N}{-}| \rightleftharpoons |{-}COOH\ \ H_2N{-}|$$

$$HSO_4 \qquad\qquad HSO_4$$

Intermediäre Stufe

In den Fasermolekülen bildet sich Schwefelsäure intermediär. Da jedoch Na_2SO_4 stark hydrolysiert, wird das Schwefelsäurewollsalz rasch verdrängt, und es kommt zu einer relativ schnellen Anfärbung des textilen Faserstoffes. Da der Farbstoff in Form der Farbsäure weniger schnell hydrolysiert, kommt es zu einer schnelleren Erschöpfung des Farbbades. Sulfatzusätze bewirken also in schwachsauren Farbflotten eine höhere Affinität des Farbstoffes, da die Dissoziation am Farbstoffmolekül zurückgedrängt wird und damit die sekundären Bindungskräfte in ihrer Wirkung gefördert werden.

Neutralziehende Färbung

1. Phase

$|-COOH\ H_2N-| + Na^+SO_3^- -Fb \rightarrow |-COO^-\ {}^+NaSO_3-Fb-NH_2-|$
Wollkeratin

$Na_2SO_4 + H_2O \rightarrow NaHSO_4 + NaOH$

2. Phase:

$NaHSO_4 + Fb-SO_3Na \rightarrow Fb-SO_3H + Na_2SO_4 \rightarrow |-COO^-\ H_3^+N-|$

$\qquad\qquad\qquad\qquad\qquad\qquad\qquad\qquad / {}^-SO_3-Fb$

Beim Färben von Wolle im neutralen Bereich tritt ein Masseverlust von 1...2% ein, wenn sogenannte Verkochungserscheinungen auftreten:

$|-CH_2-S-S-CH_2-| + H_2O \rightarrow |-CH_2-SOH\quad HS-CH_2-|$
Sulfensäure   Thiolform (Mercaptoform)

Dabei geht die Elastizität zurück. Die Sulfensäure kann sogar in die Alkanalform übergehen

$$R-CH_2-SOH \xrightarrow[H_2O]{} R-C\begin{matrix}{/\!/}O \\ \diagdown H\end{matrix} + H_2S$$

und ebenso kann es zu einer Reduktion des Farbstoffes selbst kommen

$Fb-N=N-R + H_2 \rightarrow Fb-NH-HN-R$

Zusatzmittel vom Typ Harnstoff/Ammoniumsulfatgemisch sind dringend erforderlich, um eine Farbstoffverkochung zu vermeiden. Die Dosierungsmenge beträgt etwa 3% von der Warenmasse.

$$\begin{matrix} NH_2 \\ | \\ C{=}O \\ | \\ NH_2 \end{matrix} \xrightarrow[-NH_3]{+2H} \begin{matrix} OH \\ | \\ C{=}O \\ | \\ NH_2 \end{matrix}$$

Carbamidsäure

Carbamidsäure zerfällt sofort weiter zu CO_2 und NH_3.

KS-Wert

Der KS-Wert eines Farbstoffes ist das Dissoziationsvermögen seiner freien Farbsäure. Je kleiner der KS-Wert eines Säurefarbstoffes, desto stabiler ist die Bindung am Salzbindeglied des Wollfasermoleküls. Die Folge sind die guten Naßechtheiten, die dann eine solche Färbung aufweist. Farbstoffe mit höherem KS-Wert gehen dagegen schnell in die hydrolysierbare Form am Faserstoffmolekül über. Damit tritt auch eine Entfernung vom Fasermolekül ein.
Der Aufbau starksauer ziehender Säurefarbstoffe zeigt ein kleines Molekül und demzufolge auch eine stärkere Dissoziation seiner freien Farbsäure.

Schädigungseinflüsse auf die Wolle durch Färbebedingungen

1. Basen

$$R-CH_2-S-S-CH_2-R + H_2O(NaOH) \rightarrow R-CH_2-SH\,(Na) + HO-S-CH_2R$$

Thiolform Sulfensäure

$$R-CH_2-S-OH \xrightarrow{Kochen} R-CHO + H_2S$$

$$R-CH_2-SH + OHC-R \rightarrow R-CH_2-S-CH(OH)-R$$

S-Halbacetal (starke Faserschädigung)

2. Reduktionsmittel

$$R-CH_2-S-S-CH_2-R + H_2 \rightarrow R-CH_2-SH + HS-CH_2-R$$

Thiolform

3. Oxydationsmittel

$$R-CH_2-S-S-CH_2-R + 3\,O_2 \rightarrow 2\,R-CH_2-SO_3H$$

Sulfonsäure

Das Aufhellen einer Wollfärbung

$$|-COOH\quad H_3\overset{\oplus}{N}-| + NH_4OH + Na_2SO_4 \rightarrow |-COOH\quad H_2N-|$$

$$Fb-SO_3Na + NaHSO_4 + NH_3 + H_2O$$

Die Einstellung des *p*H-Wertes auf 10...11 wird mit NH_4OH vorgenommen. Für diesen Prozeß ist immer der Zusatz eines Wollschutzmittels erforderlich.
Geeignet zur Aufhellung ist auch der Zusatz eines nichtionogenen farbstoffaffinen Textilhilfsmittels.
Bei Färbungen mit starksauer ziehenden Säurefarbstoffen kann das Aufhellen in einem frischen Bad mit Zusatz von Natriumsulfat und Säure kochend erfolgen.

15.5.3.2. Nachchromierfarbstoffe

Nachchromiert wird mit $K_2Cr_2O_7$ und CH_3COOH

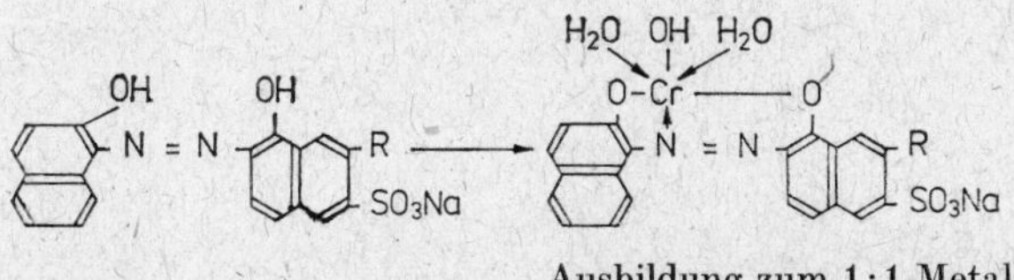

[Strukturformeln: OH-Naphthyl–N=N–Naphthyl(OH)(R)(SO₃Na) → Cr-Komplex mit H₂O, OH, H₂O-Liganden]

Ausbildung zum 1:1-Metallkomplexfarbstoff

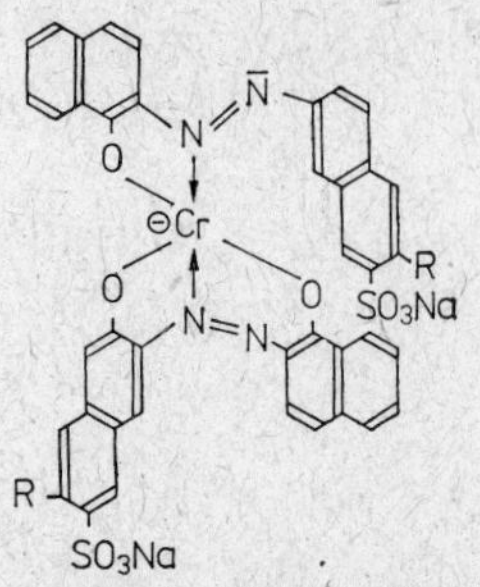

Ausbildung zum 2:1-Metallkomplexfarbstoff

$$K_2Cr_2O_7 + 8\,CH_3COOH \rightarrow 2(CH_3COO)_3Cr + 4\,H_2O + 2\,CH_3COOK + \tfrac{3}{2}\,O_2$$

Die $-SO_3Na$-Gruppen des Farbstoffes werden an die $\overset{\oplus}{N}H_3$-Gruppe des Wollkeratins gebunden, das Chrom bindet zusätzlich koordinativ zur NH- und CO-Gruppe des Faserstoffes sowie zur Azogruppe $-N{=}N-$ des Farbstoffes selbst.
Die erstgenannte Bindung setzt die Wasserlöslichkeit des Farbstoffes herab (erhöhte Naßechtheiten). Die koordinativen Bindungen des Chroms deuten auf eine Erhöhung der Lichtechtheit hin.
Das Warengut muß nach dem Färben vor der Nachchromierung mit Säure sehr gut ausgezogen und zwecks Erhalt einer optimalen Reibechtheit gut gespült werden.

15.5.3.3. Monochromfarbstoffe (Metachromfarbstoffe)

Diese Farbstofftypen werden mit Beize, einem Gemisch aus Na_2CrO_4, $(NH_4)_2CrO_4$ und $(NH_4)_2SO_4$, gefärbt (vgl. auch Abschn. 5.6.).

Reaktionsabläufe

1. $Na_2CrO_4 + (NH_4)_2SO_4 \rightarrow Na_2SO_4 + (NH_4)_2CrO_4$
2. $2(NH_4)_2CrO_4 \rightarrow (NH_4)_2Cr_2O_7 + 2\,NH_3\uparrow + H_2O$
3. $2(NH_4)_2Cr_2O_7 \rightarrow 4\,CrO_3 + 4\,NH_3\uparrow + 2\,H_2O$

Wichtige Handelsprodukte	Einsatzmenge in %
Metachrombeize (VEB Chemiekombinat Bitterfeld)	3...8
Monochrombeize (Bayer)	1,5...4
Synchromatbeize (CIBA/Geigy)	2...5
Metamegachrombeize (Sandoz)	2...5

Am Farbstoff selbst muß eine Chelatbildungsmöglichkeit in Form verlackungsfähiger Gruppen vorhanden sein.

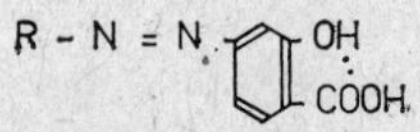

R – N = N–(C₆H₃)(OH)(COOH) oder (C₆H₄)(OH)–N = N–(C₆H₃)(OH)–SO₃Na

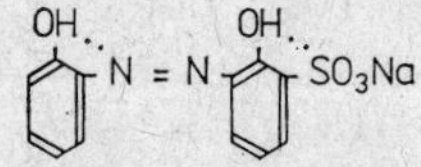

Die Chromfarbstoffreaktion wird damit verzögert.

Nicht geeignet sind Farbstoffe vom Typ

OH OH
N = N
NO_2 SO_3Na

Der Bindungschemismus eines Monochrom- bzw. Metachromfarbstoffes ist genau der gleiche wie der eines Nachchromierungsfarbstoffes (vgl. Abschn. 15.5.3.2.).

15.5.3.4. 1:1-Metallkomplexfarbstoffe

Die 1:1-Chromkomplexfarbstoffe liegen in handelsüblicher Form vor. Ihr Chromkomplex ist noch so leicht wasserlöslich, daß der Farbstoff leicht auf Wolle appliziert werden kann. Wegen der Egalisierung müssen sie stark sauer mit Schwefelsäure beim *p*H-Wert 2 gefärbt werden. Eine Reduzierung der Säuremenge ist nur durch Zusatz spezieller nichtionogener Textilhilfsmittel zum Färbebad möglich. Dazu verwendet man Polyoxoniumether.

$R-(CH_2-O-CH_2-)_x-CH_2-CH_2-OH$

H_2O OH
O — Cr — O
N = N
NaO_3S

Handelsprodukte

Neolansalz P (CIBA)
Palatinechtsalz O (BASF)

Da die Bindung des Farbstoffes zur Wollfaser einerseits elektrostatisch vollzogen wird und andererseits aber auch eine koordinative Bindung des Chroms zur Faser vorliegt, sind diese Färbungen echter als die mit Säurefarbstoffen, jedoch nicht so echt wie die mit Nachchromierfarbstoffen.
Das Chromatom im Farbstoff bildet mit einer vorhandenen Sulfogruppe ein inneres Salz, damit weisen die Farbstoffe zwitterionischen Charakter auf.

Farbstoff-Faserstoff-Bindung

Durch die hohe H-Ionen-Konzentration im Farbbad werden zwar die koordinativen Bindungskräfte aufgehoben, sie bilden sich jedoch nach dem Spülprozeß wieder zurück.

H O O
$NH_3^{\oplus}$ $N^{\oplus}$ C COOH $NH_3^{\oplus}$ N C
H H
H_2O
OH H_2O
Cr
$SO_3^{\ominus}O$ O
N = N

Heteropolare Bindung des Farbstoffes zum textilen Faserstoff

15.5.3.5. 1:2-Metallkomplexfarbstoffe

Diese Farbstoffe sind in einsatzfertiger Form handelsüblich. Sie werden bei schwachsaurem *p*H-Wert um 5 mit ausgewählten NH_4-Salzen verarbeitet.
Durch die thermische Dissoziation dieser Salze und damit einer sehr langsamen Säureabgabe kann der Farbstoff langsam und gleichmäßig aufziehen. Hinsichtlich des freigesetzten Ammoniaks und der auf die Wollfaser ziehenden Säuremengen gelten folgende 4 Gesetzmäßigkeiten:

1. In Anwesenheit von Wolle nimmt die beim Kochen flüchtige NH_3-Menge je Zeiteinheit zu, je schwächer die freigesetzte Säure aus dem Ammoniumsalz einer schwachen Säure dissoziiert.
2. Die beim Kochen flüchtige NH_3-Menge ist größer, wenn die freigesetzte Säure stark dissoziiert, z. B. H_2SO_4 aus $(NH_4)_2SO_4$.
3. Die durch die thermische Dissoziation der NH_4-Salze freigesetzten Säuremengen ziehen mehr oder weniger auf den Wollfaserstoff. Die Affinität richtet sich nach der Stärke der jeweiligen Säure.
4. Umfang und Geschwindigkeit der NH_3-Flüchtigkeit hängen vom Anfangs-*p*H-Wert des Bades ab. Je höher der *p*H-Wert des Bades ist, um so schneller erfolgt die Freisetzung von NH_3.

Der Metallkomplex des Farbstoffes stellt einen anionischen Komplex dar, wobei sich das Metallatom im negativ geladenen Rest des ionisiert gedachten Farbstoffmoleküls befindet.

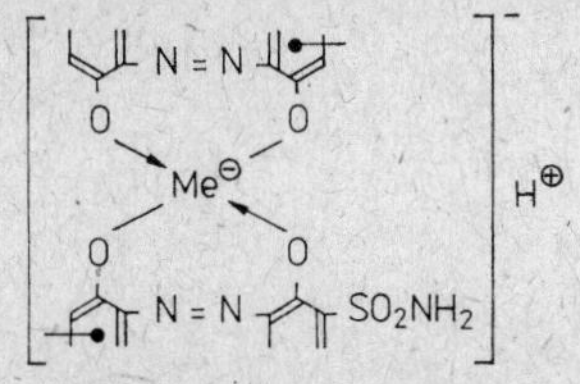

●— lösungsvermittelnde Gruppe

Zwischen Farbstoff und textilem Faserstoff muß aufgrund der negativen Ladung eine elektrostatische Wechselwirkung auftreten. Dabei ist wichtig, daß solche Farbstoffe auch im neutralen, selbst im alkalischen Bereich eine Affinität zu Wollfaserstoffen zeigen.
Wasserlöslichmachende Gruppen am Farbstoff können sein:

$-SO_2-NH_2$	Sulfonamidgruppe
$-SO_2-CH_3$	Methylsulfongruppe
$-SO_2-N(CH_3)-CH_3$	Sulfondimethylamidgruppe

Die Lösung des Farbstoffes ist moldispers, es ist also keine Ionisierung vorhanden, es findet lediglich eine Wasser-Wolkenbildung durch Dipolwirkung statt. Die Farbstoffe haben sehr schwach anionischen Charakter. Die beste Bindungsmöglichkeit dieser Farbstoffe liegt im isoelektrischen Bereich (*p*H-Wert 4,7 bis 4,9).

Bindung Farbstoff—Faserstoff

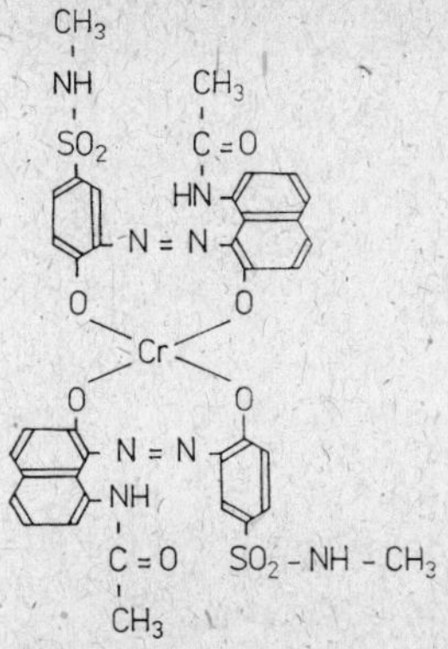

Koordinative Bindung vom Chrom des Farbstoffes läuft zur Keto- und Carboxylgruppe des Wollkeratins (>C=O und —COOH)

Der kritische Temperaturbereich beim Färben liegt zwischen 70 und 80 °C. Hier ist eine Verweilzeit von mindestens 10 min angezeigt.

pH-Wert-Einstellungen

*p*H-Wert 6,6	3% CH_3COONa
	1% CH_3COOH
*p*H-Wert 5,4	5% CH_3COONa
	2% CH_3COOH
*p*H-Wert 4,9	5% CH_3COONH_4

Hilfsmittelzusätze beim Färben

Arylalkylsulfonate

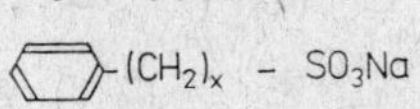

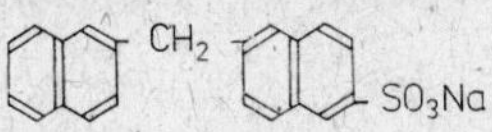

$C_6H_5-(CH_2)_x - SO_3Na$

Sie wirken auf den Faserstoff durch Kompensation dessen negativer Ladung blockierend, auf den Farbstoff wirken sie dispergierend.

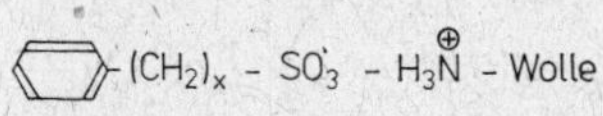

$C_6H_5-(CH_2)_x - SO_3^- - H_3\overset{\oplus}{N} - \text{Wolle}$

Handelsprodukte

Wolysin MF (VEB Chemiekombinat Bitterfeld)
Wotamol WS (VEB Chemiekombinat Bitterfeld)
Avolan IS (Bayer)
Irgasol DA (Geigy)

Nichtionogene farbstoffaffine Textilhilfsmittel

Glykoletherverbindungen

$$C_6H_5-N\begin{cases}(CH_2-CH_2-O)_n-CH_2-CH_2OH\\(CH_2-CH_2-O)_n-CH_2-CH_2OH\end{cases}$$

Sie wirken aggregierend und bilden gleichzeitig koordinative Bindungskräfte. Werden diese THM eingesetzt, ist der *p*H-Wert unbedingt < 6 zu halten, da im neutralen Bereich die Hilfsmittel-Farbstoff-Aggregation zu groß wird und es dabei zu Ausfällungen kommt.
Es darf kein komplexsalzenthärtetes Wasser zum Färben eingesetzt werden.

Handelsprodukte

Wofalansalz EM (VEB Chemiekombinat Bitterfeld)
Tinegal W (CIBA/Geigy)
Irgasol SW (CIBA/Geigy)
Ekalin MKF (Sandoz)
Avolan IW (Bayer)

15.5.3.6. Reaktivfarbstoffe

Diese ausgewählten Farbstoffe, die mit der Wolle sowie mit Cellulosefaserstoffen eine chemische Bindung eingehen, müssen bestimmte Strukturverhältnisse aufweisen. Neben einer Chlortriazinstruktur kann jedoch der Farbstoff auch einen Vinylsulfontyp, einen Sulfato-ethyl-sulfon-Typ bzw. ein Derivat beider Typen darstellen.
Statt Chlor als reaktive Gruppe wurden auch schon Farbstoffe mit F- oder Br-Gruppe als reaktive Gruppe vorgestellt.
Diese beiden Typen reagieren nicht substitutionsmäßig wie die Chlortriazintypen und deren Derivate, sondern additionsmäßig.

Sulfato-ethyl-sulfon-Typ

$$\boxed{Fb}-SO_2-CH_2-CH_2-OSO_3H$$

Vinylsulfontyp $\downarrow -H_2SO_4$

$$\boxed{Fb}-SO_2-CH=CH_2$$

Farbstoff-Faser-Beziehung

$$\text{Wolle}-NH_2 + H_2C=CH-SO_2-\boxed{Fb}$$

$$\downarrow \text{Additionsreaktion}$$

$$\text{Wolle}-NH-H_2C-CH_2-SO_2-\boxed{Fb}$$

Die Färbungen auf Wolle werden so durchgeführt, daß man das Bad mit Essigsäure auf einen *p*H-Wert von 5 einstellt und eine Stunde kochend ausfärbt. Während dieser Zeit bildet sich schon der reaktionsfähige Vinylsulfontyp, der nach Abkühlung auf

80 °C und Zusatz von NH_4OH (*p*H-Wert 8...8,5) in einer Zeitspanne von etwa 15 min mit der Faser eine chemische Bindung eingeht (Bild 15/3).

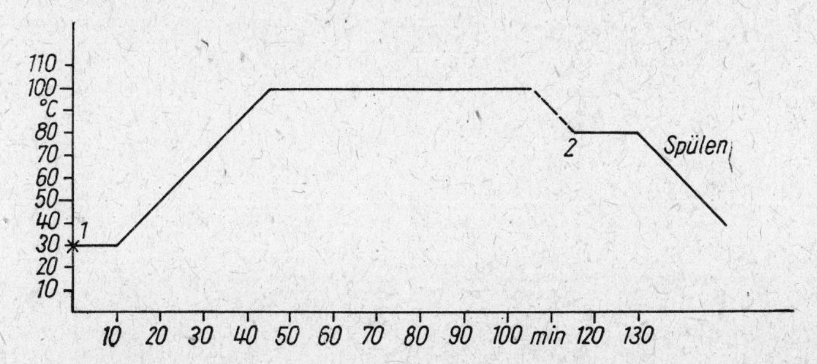

Bild 15/3: Zeit-Temperatur-Schema für die Verarbeitung von Reaktivfarbstoffen
1 Farbstoffzusatz, *p*H-Wert 5 mit Essigsäure, *2* *p*H-Wert 8...8,5 mit NH_4OH

Farbstoff-Faserstoff-Beziehungen für Chlortriazintypen und deren Derivate

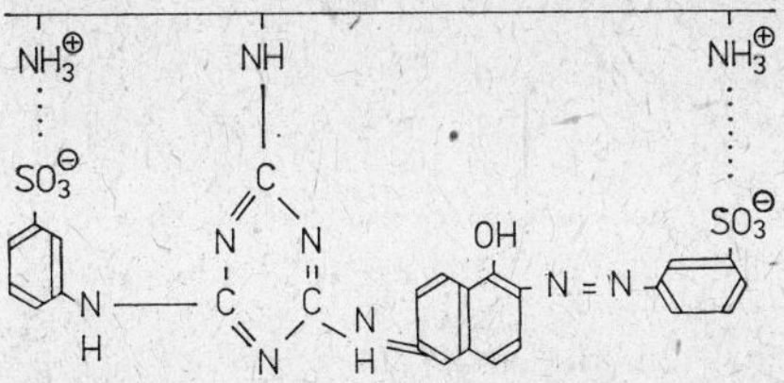

Eine andere Gruppe von Reaktivfarbstoffen sind die 2:1-Metallkomplexreaktivfarbstoffe, die mit dem Wollfaserstoff ebenfalls eine chemische additive Bindung eingehen.
Bei der Färbung (schwachsauer) werden etwa 80% des Farbstoffes fixiert. Fast alle Echtheiten, auch die Heißwasserechtheit, entsprechen etwa denen der Chromierungsfarbstoffe.

15.5.4. Färben von Polyamidfaserstoffen

15.5.4.1. Substantive Farbstoffe

Es werden Mono- oder Disazofarbstoffe mit ein bis zwei wasserlöslichmachenden Gruppen am Gesamtmolekül eingesetzt.
Substantive Farbstoffe werden meist in einer essigsauren Flotte auf Polyamidfaserstoffe aufgefärbt. Substantive Farbstoffe neigen immer zu ungleichmäßigen Färbungen.

Farbstoff-Faserstoff-Beziehungen

$$O{=}C(NH_2){-}R{-}\overset{\oplus}{N}H_3 \quad \overset{\ominus}{O_3}S{-}Fb$$

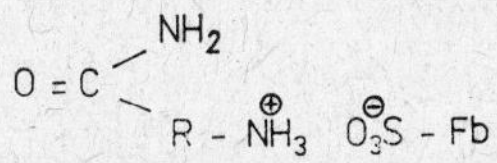

Es liegen hier durch das größere Farbstoffmolekül höhere Naßechtheiten vor als bei schwachsauer ziehenden Säurefarbstoffen.

Technologie

Der technologische Vorgang ist in Bild 15/4 dargestellt.

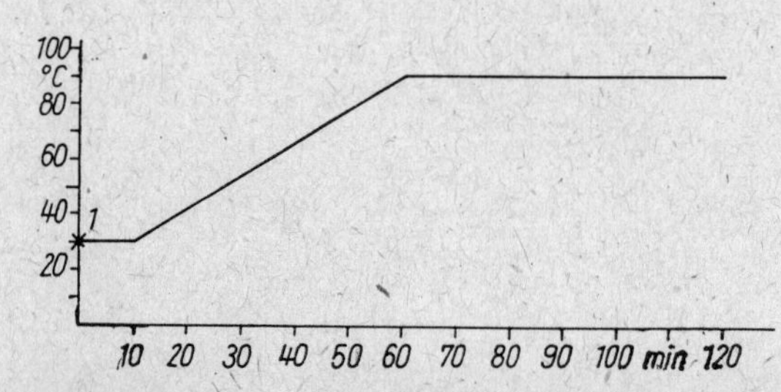

Bild 15/4: Zeit-Temperatur-Schema für das Färben von Polyamidfaserstoffen mit substantiven Farbstoffen
1 *p*H-Wert 5...6 mit Essigsäure

15.5.4.2. Schwachsauer ziehende Säurefarbstoffe

Das Färben von Polyamidfaserstoffen mit ausgewählten schwachsauer ziehenden Säurefarbstoffen verläuft analog dem Färben von Wolle mit dieser Farbstoffklasse.
Mit diesen Farbstoffen lassen sich die meisten Farbtöne herstellen, außerdem weisen die Färbungen auch Brillanz und gute Naßechtheiten auf.

Farbstoffgruppen

1. Mono- und Disulfofarbstoffe (mit einer oder 2 $-SO_3Na$-Gruppen) ziehen sehr stark auf PA-Faserstoffe auf, Kombinationen sind gut möglich.
2. Tri- oder Tetrasulfofarbstoffe (mit 3 oder 4 $-SO_3Na$-Gruppen) ziehen mittelmäßig auf die Faser, Kombinationen sind sehr schwierig.

Farbstoffe nach färberischem Verhalten

1. Saure Egalisierfarbstoffe, die unter Zusatz von CH_3COOH und spezieller Egalisiermittel streifenfreie Färbungen liefern. Bei dunklen Tönen ist eine Nachbehandlung indiziert.
2. Egalisierfarbstoffe, die unter Zusatz von sauerreagierenden NH_4-Salzen und speziellen Egalisiermitteln gefärbt werden. Bessere Naßechtheiten als bei 1. Bei dunklen Tönen Nachbehandlung erforderlich.
3. Zum Teil neutral, zum Teil schwachsauer mit neutralziehenden Säurefarbstoffen auffärbbar. Sehr gute Naßechtheiten. Nachbehandlung nur für tiefe Töne.

Farbstoff-Faserstoff-Beziehungen

Da die Farbstoffaufnahme an den endständigen NH_2-Gruppen des PA-Faserstoffes erfolgt, ist diese von der Anzahl der NH_2-Gruppen abhängig. Der Sättigungswert der PA-Faserstoffe ist wesentlich niedriger als der der Wollfaserstoffe.

Polyamidfaserstoffe weisen eine maximale 4...5%ige Farbstoffaufnahme auf, die Wollfaserstoffe dagegen etwa 25...30%.

$$HOOC-R-\overset{\oplus}{N}H_2 + CH_3COOH \rightarrow HOOC-R-\overset{+}{N}H_3{}^{-}OOC-CH_3$$

PA-Faserstoff Essigsäure an PA gebunden

$$HOOC-R-\overset{+}{N}H_3{}^{-}OOC-CH_3 + Fb-SO_3{}^{-}H^{+} \rightarrow HOOC-\overset{\oplus}{N}H_3{}^{\ominus}O_3S-Fb + CH_3COOH$$

Technologie

Der technologische Vorgang ist in Bild 15/5 dargestellt.

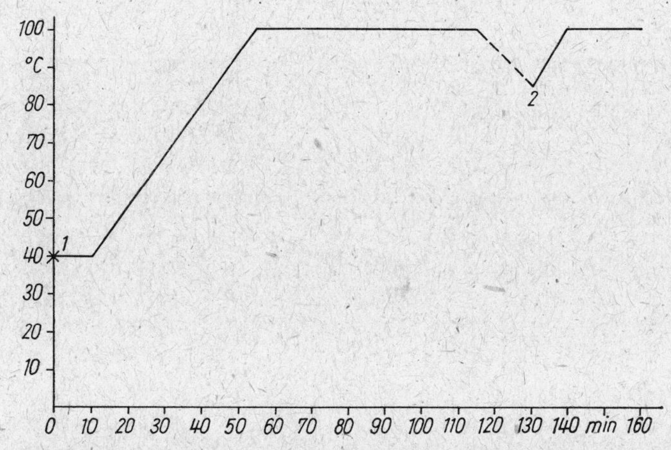

Bild 15/5: Zeit-Temperatur-Schema bei schwachsauer ziehenden Säurefarbstoffen
1 Farbstoffzusatz, 2...4% $(NH_4)_2SO_4$ für helle Töne oder 2...4% CH_3COOH für dunkle Töne, *2* 1...2% CH_3COOH

Nachbehandlung

3% synthetisches Gerbmittel vom Typ Ciconat PA (VEB Fettchemie Karl-Marx-Stadt), *p*H-Wert 4,2...4,4, 20 min bei 70°C

15.5.4.3. 1:2-Metallkomplexfarbstoffe

Beim Einsatz dieser Farbstoffklasse für PA-Faserstoffe kann der Färbevorgang einmal als Salzbildungsvorgang zwischen dem Farbstoff und dem Faserstoff vonstatten gehen, zum anderen kann er als Lösungsvorgang angesehen werden. Beide Reaktionen laufen parallel und unabhängig voneinander ab. Damit zeigt der Farbstoff ein bifunktionelles Verhalten.
Außerdem wird noch eine koordinative Bindung des Metalls zum Faserstoff angenommen. Wahrscheinlich wird der Lösungsvorgang durch die unterschiedliche Verstreckung der Faserstoffe sehr erschwert bzw. stark gestört. Die Folge ist dann eine streifige Färbung.
Gefärbt wird mit 2...3% $(NH_4)_2SO_4$ und 2% speziellem nichtionogenem Egalisiermittel.

15.5.4.4. Reaktivfarbstoffe

Wie für Wolle werden auch zum Färben für Polyamidfaserstoffe vornehmlich die Vinylsulfontypen und deren Derivate eingesetzt.

Farbstoff-Faserstoff-Beziehungen

$$\text{Fb}-\text{SO}_2-\text{CH}_2-\text{CH}_2-\text{O}-\text{SO}_3\text{Na} + \text{Na}_3\text{PO}_4 \rightarrow \underset{\text{Vinylsulfonform}}{\text{Fb}-\text{SO}_2-\text{CH}=\text{CH}_2}$$

$$\text{Fb}-\text{SO}_2-\text{CH}=\text{CH}_2 + \text{H}_2\text{N}-\text{PA} \rightarrow \underset{\text{gebundener Farbstoff am PA-Faserstoff}}{\text{Fb}-\text{SO}_2-\text{CH}_2-\text{CH}_2-\text{NH}-\text{PA}}$$

Technologie

Der technologische Vorgang ist in Bild 15/6 dargestellt.
Alle Färbungen liefern sehr gute Naßechtheiten.

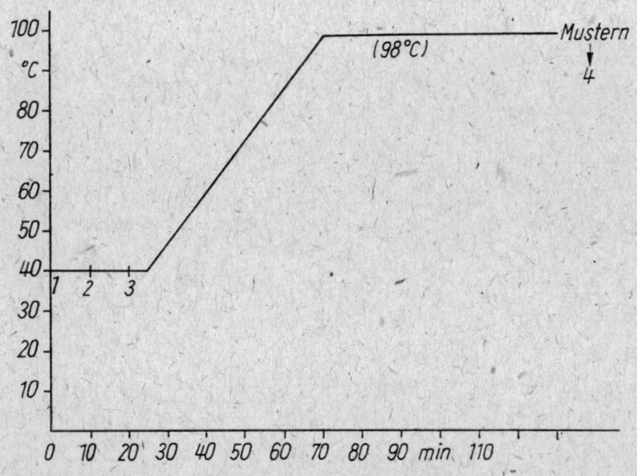

Bild 15/6: Zeit-Temperatur-Schema für das Färben von Polyamidfaserstoffen mit Reaktivfarbstoffen
1 x% Farbstoff, 2 g · l^{-1} Na_3PO_4, 1 g · l^{-1} spezielles nichtionogenes Tensid gegen Streifigfärben, *2* 10 cm^3 · l^{-1} CH_3COOH (60%ig), *3* 0,5...2% CH_3COOH (60%ig) und 1% nichtionogenes Egalisiermittel, *4* Nachbehandlung mit 1 g · l^{-1} nichtionogener WAS, 20 min kochend

15.5.4.5. Dispersionsfarbstoffe

Polyamidfaserstoffe lassen sich mit Dispersionsfarbstoffen einwandfrei und streifenfrei färben. Die Naßechtheiten, Wasch- und Schweißechtheiten sind allerdings ungenügend. Das trifft vor allem für mittlere und dunkle Farbtöne zu. Deshalb werden mit diesen Farbstoffen nur Pastelltöne auf PA-Faserstoffe gefärbt.

Farbstoff-Faserstoff-Beziehungen

Der Färbechemismus läßt sich als eine Lösung des Farbstoffes im textilen Faserstoff analog dem Färbevorgang bei Acetat-, Triacetat- oder Polyesterfaserstoffen erklären.

15.5.5. Färben von Polyacrylnitrilfaserstoffen

15.5.5.1. Allgemeines

Die Entwicklung der Polyacrylnitrilfaserstoffe wurde ganz entscheidend durch die koloristischen Probleme beeinflußt. Das reine Polymerisat war gegenüber Farbstoffen reaktionsträge, selbst mit Dispersionsfarbstoffen färbte es sich nur in hellsten Tönen (bis 0,6%) an. Dunkle bzw. mittlere Töne konnten nur mit umständlichen und aufwendigen Verfahren gefärbt werden. Veränderungen am Faserstoff führten nicht zu Veränderungen seiner Eigenschaften.
Modifizierte PAN-Faserstoffe beherrschen heute den gesamten Weltmarkt. Vor allem war die anionische Modifizierung von größtem Interesse.

$$R-CH_2-\underset{\displaystyle C\equiv N}{\underset{|}{CH}}-R$$

reines Polymerisat
Polyacrylnitril

$$R-CH_2-\underset{\displaystyle COO^-H^+}{\underset{|}{CH}}-CH_2-\underset{\displaystyle C\equiv N}{\underset{|}{CH}}-R$$

durch COOH-Gruppen anionisch
modifiziertes Polyacrylnitril

$$R-CH_2-\underset{\displaystyle SO_3^-H^+}{\underset{|}{CH}}-CH_2-\underset{\displaystyle C\equiv N}{\underset{|}{CH}}-R$$

durch SO_3H-Gruppen anionisch
modifiziertes Polyacrylnitril

Durch die anionische Modifizierung ist es möglich, diese Faserstoffe mit kationischen Farbstoffen auch in mittleren und dunklen Tönen zu färben.

15.5.5.2. Kationische Farbstoffe

$$\left[C_6H_5-N=N-C_6H_4-\overset{\oplus}{N}H_3\right]^+ \quad {}^{\ominus}O_3S-\underset{\displaystyle CH_2-\underset{|}{CH}(R)-C\equiv N}{\underset{|}{CH}(R)}$$

Salzbindung Farbstoff—Faserstoff

Der Farbstoff wird zunächst von der Faseroberfläche adsorbiert und in der Faser gelöst. Dann geht er mit den sauren —COOH- oder SO_3H-Gruppen eine chemische Reaktion ein.

Adsorption → Lösung → chemische Bindung mit dem Faserstoff

Die chemische Bindung beginnt erst bei einer Temperatur von > 80 °C. Dem Temperaturintervall zwischen 80 °C und Kochtemperatur ist höchste Aufmerksamkeit zu schenken, da in diesem Intervall die Färbegeschwindigkeit stark ansteigt. Hier werden sogenannte Retarder eingesetzt.

Technologie

Farbstoffkonzentration in %	Retarder-Zusatz in %
bis 1	4...3
1...2	3...2,5
2...4	2,5...1,5
4...6	1,5...0,5
6	0,5...0

Der technologische Vorgang ist in Bild 15/7 dargestellt.

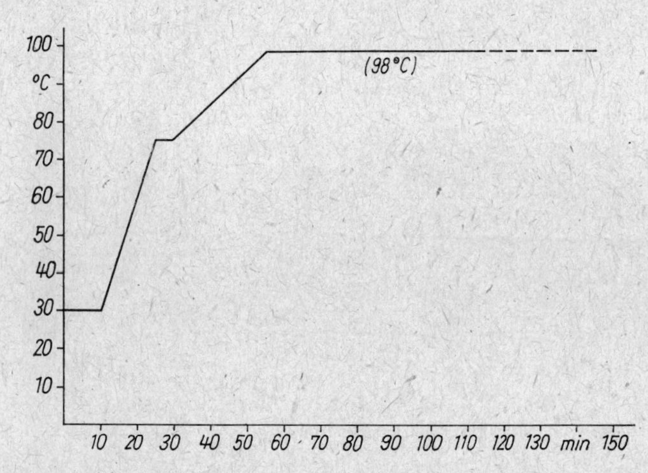

Bild 15/7: Zeit-Temperatur-Schema für das Färben mit kationischen Farbstoffen
Einsatz: x% Farbstoff, 1 $cm^3 \cdot l^{-1}$ CH_3COOH (30%ig), pH-Wert 4,5, 0...5% Na_2SO_4 calc., 0...4% Retarder, 1 $g \cdot l^{-1}$ nichtionogenes Egalisiermittel

Nach Fertigstellung der Ware ist die Kochtemperatur bis 70 °C sehr langsam abzukühlen (Umwandlungspunkt 2. Ordnung bei anionisch modifizierten PAN-Faserstofftypen) 1 $K \cdot min^{-1}$

Retardierwirkungschemismus

Anionische Retarder sind farbstoff-, kationische Retarder faserstoffaffin. Bei der ersten Gruppe werden die Farbstoffe zuerst blockiert, bei den kationischen dagegen wird zuerst die Faser reserviert, damit die Affinität des Farbstoffs nicht zu stark wirkt.

SO_3Na – S – S – SO_3Na (two benzene rings)

$[CH_3 - \overset{\oplus}{N}(C_2H_4OH)_3]^+ Cl^-$

anionischer Retarder   kationischer Retarder

15.5.6. Färben von Polyesterfaserstoffen

Da Polyesterfaserstoffe einen sehr hohen Kristallinitätsgrad haben und kristalline und nichtkristalline Bereiche kaum voneinander abgegrenzt werden können, sind diese Faserstoffe sehr schwer färbbar. Beim Färben ist es also notwendig, daß der Farbstoff den kristallinen Bereich durchbrechen muß. Durch eine zusätzliche Temperaturerhöhung werden die inneren Bindungen gelöst, und es erfolgt eine Kettenwanderung.
Polyesterfaserstoffe sind mit Acetatfaserstoffen vergleichbar durch die Estergruppen im Molekül, die bei der ersten Gruppe 46% und bei der zweiten 41% der Gesamtmasse bilden. Wegen dieser Analogie verwendet man zum Färben von Acetat- bzw. Triacetatfaserstoffen die gleichen Farbstoffe, also Dispersionsfarbstoffe.
Beim Färben dieser 3 Faserstoffgruppen mit Dispersionsfarbstoffen handelt es sich um einen Lösungsvorgang des Farbstoffes im textilen Faserstoff. Dazu benötigt man vor allem für Polyesterfaserstoffe Dispersionsfarbstoffe mit kleinem Dipolmoment. Das ist beispielsweise zu erreichen durch zusätzliche Einführung von Halogenatomen. Dadurch sind wiederum zusätzliche Bindungen vom Farbstoff zum Faserstoff gegeben. Je kleiner das Dipolmoment eines Dispersionsfarbstoffes ist, desto höher ist seine Diffusionsgeschwindigkeit. Ebenso spielt die Sperrigkeit des Farbstoffmoleküls eine entscheidende Rolle. Ein nicht gesperrter Aufbau zeigt eine wesentlich bessere Diffusion in den Faserstoff als ein sperriger Aufbau.
Da die Farbstoffe nur im monomolekularen Zustand aufgenommen werden können, sollten zum Färben hochwirksame Dispergatoren eingesetzt werden.
Geeignete Azokörper oder Anthrachinontypen zeigen Moldispersitäten von 1 bis 300 mg · l^{-1}.

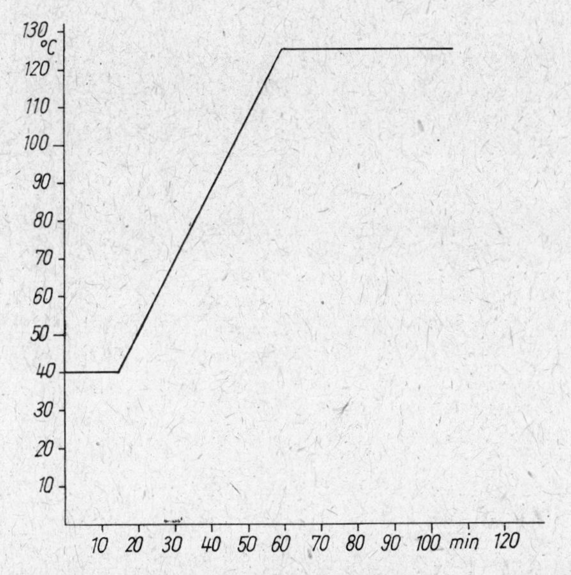

Bild 15/8: Zeit-Temperatur-Schema für das Färben von Polyesterfaserstoffen
Einsatz: x% Farbstoff, 1 g · l^{-1} Dispergator, 1 g · l^{-1} $(NH_4)_2SO_4$, 0,5 $cm^3 \cdot l^{-1}$ HCOOH (85%ig), evtl. x g · l^{-1} Carrierzusatz, pH-Wert 5,0

Zum Färben von Polyesterfaserstoffen mit Dispersionsfarbstoffen bestehen zwei Technologien. Zum einen wird die sehr zeitaufwendige Färbung mit Carriersubstanzen bei Kochtemperatur angewandt, wobei erst nach etwa vier bis fünf Stunden der Faserstoff gleichmäßig durchgefärbt ist. Zum anderen gibt es die Hochtemperaturfärbung, bei der eine Färbung bereits nach 45 min beendet sein kann.
Aus ökonomischen und Qualitätsgründen wird die Färbung fast nur noch bei einer Temperatur von über 100 °C vorgenommen (HT). Durchschnittliche Temperaturwerte liegen bei 125...130 °C. Selbst dann werden noch Carriersubstanzen für eine optimale Durchfärbung eingesetzt.

Technologie

Der technologische Vorgang ist in Bild 15/8 dargestellt.
Nach dem Färben wird eine reduktive Nachbehandlung mit

3 g · l^{-1} NaOH (38%ig)
1...2 g · l^{-1} $Na_2S_2O_4$ und
0,3 g · l^{-1} anionaktive WAS
30 min bei 85 °C vorgenommen.

Zweckmäßig ist es, die Flotte erst auf 85 °C aufzuheizen und erst dann die Zusätze zuzugeben. Das $Na_2S_2O_4$ wird am besten bei 85 °C eingestreut, damit der Verbindung beim Anrühren kein zusätzlicher Sauerstoff zugeführt und damit die Reduktionswirkung nicht dezimiert wird.

15.5.7. Färben von Acetat- und Triacetatfaserstoffen

Der Färbevorgang läuft beim Färben von Acetat- und Triacetatfaserstoffen analog dem des Färbens von Polyesterfaserstoffen ab. Die Faserstoffe sind also das Lösungsmittel für den nichtionisierten Farbstoff. Verantwortlich für den Lösungsvorgang sind die Estergruppen

$$R-O-\underset{\underset{O}{\|}}{C}-CH_3$$

der Faserstoffe.
Der Reaktionschemismus spielt sich in 2 Phasen ab. Die 1. Phase ist die Dispergierung der Farbstoffmoleküle in der Flotte, die 2. Phase die Reaktion zwischen Flotte und Faserstoff. Beide Phasen unterliegen dem NERNSTschen Verteilungsgesetz. Die erste Phase wird durch Dispergatorzusätze zur Farbflotte optimiert. Diese Dispergatoren sollen anionaktiv sein vom Typ

$$C_{10}H_7-CH_2-C_{10}H_6-SO_3Na$$

Keinesfalls sind nichtionogene Produkte einzusetzen, da sie farbstoffaffin sind. Sie ergeben Assoziate von Farbstoff-Textilhilfsmitteln.

$$C_6H_5-N=N-C_6H_4-NH-\overset{\overset{O}{\|}}{C}-CH_3$$

$$R-(CH_2-CH_2-\overline{O})_n-R$$

Auch hier sollte das Färbebad, vor allem beim Färben von Triacetatfaserstoffen mit Essigsäure, auf einen pH-Wert von 5,5 eingestellt werden, um Verkochungserscheinungen zu vermeiden. Bei Acetatfaserstoffen kann im Färbebad der Säurezusatz entfallen. Der Faserstoff wird nur bei 80...85 °C gefärbt. Triacetatfaserstoffe dagegen können bei 115 °C gefärbt werden. Die Aufnahmefähigkeit der Triacetatfaserstoffe für Dispersionsfarbstoffe ist höher als bei Polyesterfaserstoffen, jedoch niedriger als bei Acetatfaserstoffen.
TURNER und CHANIN [30] untersuchten Dispersionsfarbstoffe und stellten dabei fest, daß sich Farbstoffe mit zusätzlichen hydrophilen Gruppen vom Typ CH_2-CH_2OH in Triacetat leichter lösen als in Polyester.

$-O-C(=O)-CH_3$ $\qquad$ $CH_3-C(=O)-O-$

$-CH_2O-C(=O)-CH_3$ $\qquad$ ← $C_6H_5-N=N-C_6H_4-NH_2$

Lösungsvorgang

Der Farbstoff löst sich wahrscheinlich im nichtkristallinen Teil des textilen Faserstoffes. Dabei muß das Verteilungsgleichgewicht in der Phase Flotte und Faser konstant sein. Bei Erhöhung der Farbstoffkonzentration in der Flotte um das Dreifache muß auch die Farbstoffkonzentration auf bzw. in dem Faserstoff den dreifachen Wert annehmen. Damit gehorcht dieser Vorgang vollständig dem NERNSTschen Verteilungssatz:

$$\frac{c_{Fa}}{c_{Fl}} = \text{konstant}$$

Die Farbstoffmoleküle sind zuerst auf der Faserstoffoberfläche adsorbiert und wandern dann sehr langsam in die Faser. Frische Farbstoffmoleküle wandern nach. Die Kräfte, die eine Verkettung zwischen Farbstoff und textilem Faserstoff hervorrufen, sind Wasserstoffbrückenbildung, Dipolkräfte oder VAN-DER-WAALSsche Kräfte.

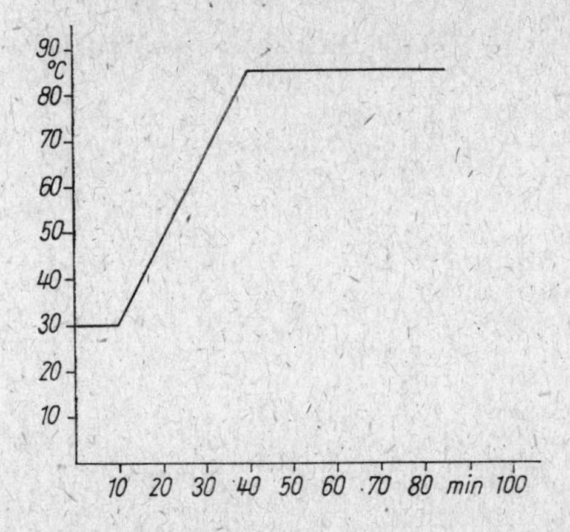

Bild 15/9: Zeit-Temperatur-Schema für das Färben von Acetatfaserstoffen
Einsatz: x% Farbstoff, 1 g · l^{-1} Dispergiermittel

Technologien

Die Färbetechnologie für Acetatfaserstoffe zeigt Bild 15/9 und die für Triacetatfaserstoffe Bild 15/10.

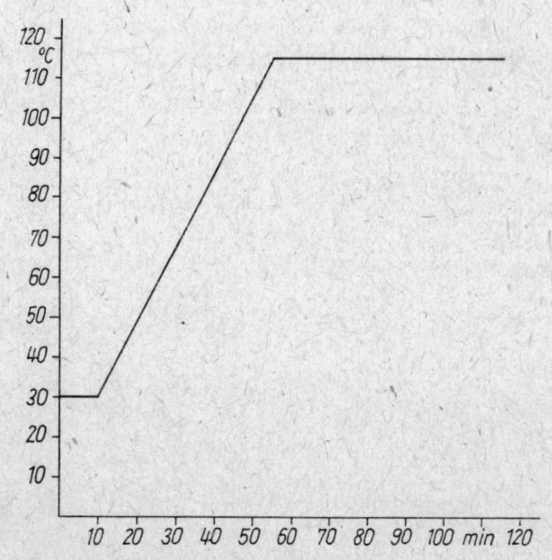

Bild 15/10: Zeit-Temperatur-Schema für das Färben von Triacetatfaserstoffen
Einsatz: x% Farbstoff, 1 g · l^{-1} $(NH_4)_2SO_4$, 0,5 g · l^{-1} HCOOH (85%ig), 1...2 g · l^{-1} Dispergator (anionisch), pH-Wert 5,3...5,5

Nach Beendigung der Färbung erfolgt in frischem Bad eine reduktive Nachbehandlung mit

1 g · l^{-1} anionaktive WAS (Alkylsulfat)
2 g · l^{-1} $Na_2S_2O_4$
1 g · l^{-1} Na_2CO_3 calz.
30 min bei 85 °C [29]

Um eine oberflächige Verseifung zu erreichen, kann das textile Erzeugnis aus Triacetatfaserstoffen auch einer Nachbehandlung mit 2,5...3,5 g · l^{-1} Ätznatron während 60 min bei 95 °C im Flottenverhältnis 1:20...1:50 unterzogen werden.
Gerade bei Triacetatfaserstoffen, die mit Dispersionsfarbstoffen gefärbt wurden, besteht bei blaugrünen, violetten und Rosamarken eine Abgasempfindlichkeit (gasfading). Meist handelt es sich um anthrachinoide Typen mit primären Aminogruppen. In diesem Fall sind Nachbehandlungen mit Antioxydantien bzw. Inhibitoren zweckmäßig. Durch die N-haltigen Gruppen dieser Inhibitoren werden Stickoxidgase chemisch gebunden, um eine Schädigung der Farbstoffmoleküle wirksam zu vermindern.

$C_6H_5-NH-CH_2-CH_2-NH-C_6H_5$

N,N′-Diphenyl-ethylen-diamin

1-Aminoanthrachinon

Wirkungsweise:

(O, NH_2) + $^{+}N=O$ (Nitrosylkation) $\longrightarrow$ (O, $\overset{\oplus}{N}\equiv N|$) $\xrightarrow[-N_2,\,-H]{+H_2O}$ (O, OH)

15.6. Bedrucken textiler Faserstoffe

15.6.1. Begriff Drucken

Der Textildruck ist das örtliche ein- oder mehrfarbige Bemustern von Textilien, d. h. eine örtlich begrenzte Anfärbung textiler Flächengebilde. Während beim Färben der Farbstoff aus einer flüssigen Phase infolge chemischer und physikalischer Vorgänge gleichmäßig auf den textilen Faserstoff aufzieht, bedarf es beim Drucken einer anderen Verfahrentechnologie. Es wird außer beim Transferdruck eine Druckfarbe benötigt. Jedoch spielen sich analog dem Färben zwischen Farbstoff und textilem Faserstoff die gleichen chemischen und physikalischen Vorgänge ab.
Wichtig sind beim Druckprozeß folgende Faktoren:

Art des textilen Faserstoffes
Art der eingesetzten Farbstoffklasse
Art der angewandten Drucktechnik
Art des angewandten Druckprinzips
Art der Zusammensetzung der Druckfarbe

Aus diesen 5 Faktoren ergeben sich Wechselbeziehungen, d. h. alle 5 Faktoren beeinflussen sich gegenseitig und sind voneinander abhängig.

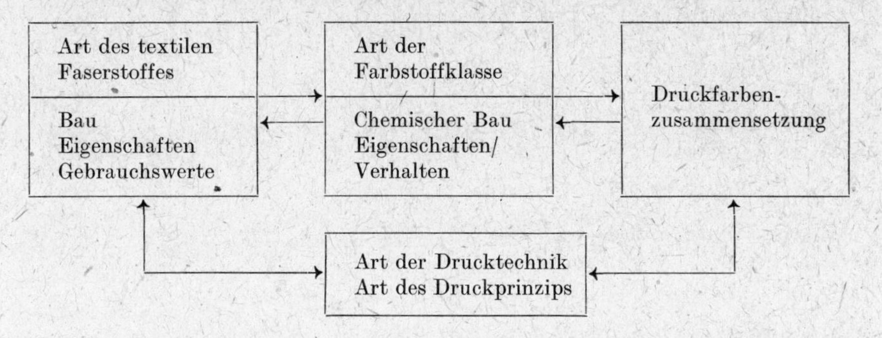

15.6.2. Drucktechniken

Drucken ist die maschinentechnische Durchführung eines Druckprozesses.
Eine ganz besondere Drucktechnik ist der Transfer- oder Thermodruck. Hierbei werden die Muster von Papier, das mit hochsublimierbaren Dispersionsfarbstoffen bedruckt ist, mittels hoher Temperatur (Infrarotstrahler, 208 °C) unter Druckeinwirkung auf das textile Flächengebilde übertragen. Diese Drucke zeigen jedoch nur eine sehr geringe Sublimationsechtheit.

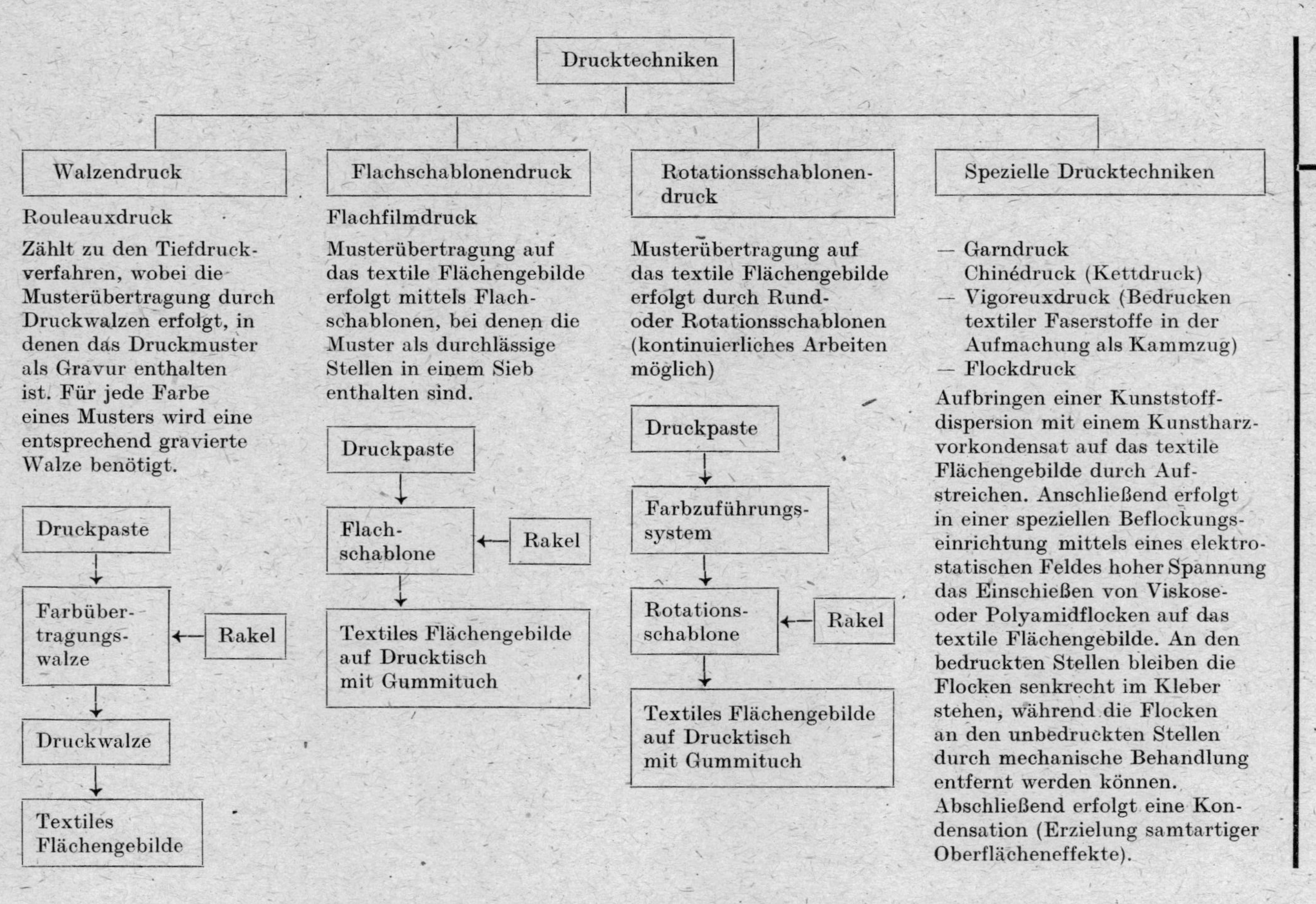
Drucktechniken
Walzendruck
Flachschablonendruck
Rotationsschablonen-druck
Spezielle Drucktechniken
Rouleauxdruck
Zählt zu den Tiefdruckverfahren, wobei die Musterübertragung durch Druckwalzen erfolgt, in denen das Druckmuster als Gravur enthalten ist. Für jede Farbe eines Musters wird eine entsprechend gravierte Walze benötigt.
Druckpaste
Farbübertragungswalze
Rakel
Druckwalze
Textiles Flächengebilde
Flachfilmdruck
Musterübertragung auf das textile Flächengebilde erfolgt mittels Flachschablonen, bei denen die Muster als durchlässige Stellen in einem Sieb enthalten sind.
Druckpaste
Flachschablone
Rakel
Textiles Flächengebilde auf Drucktisch mit Gummituch
Musterübertragung auf das textile Flächengebilde erfolgt durch Rund- oder Rotationsschablonen (kontinuierliches Arbeiten möglich)
Druckpaste
Farbzuführungssystem
Rotationsschablone
Rakel
Textiles Flächengebilde auf Drucktisch mit Gummituch
— Garndruck
Chinédruck (Kettdruck)
— Vigoreuxdruck (Bedrucken textiler Faserstoffe in der Aufmachung als Kammzug)
— Flockdruck
Aufbringen einer Kunststoffdispersion mit einem Kunstharzvorkondensat auf das textile Flächengebilde durch Aufstreichen. Anschließend erfolgt in einer speziellen Beflockungseinrichtung mittels eines elektrostatischen Feldes hoher Spannung das Einschießen von Viskose- oder Polyamidflocken auf das textile Flächengebilde. An den bedruckten Stellen bleiben die Flocken senkrecht im Kleber stehen, während die Flocken an den unbedruckten Stellen durch mechanische Behandlung entfernt werden können. Abschließend erfolgt eine Kondensation (Erzielung samtartiger Oberflächeneffekte).

Der Druckvorgang zeigt für die ersten drei Drucktechniken folgenden Ablauf:

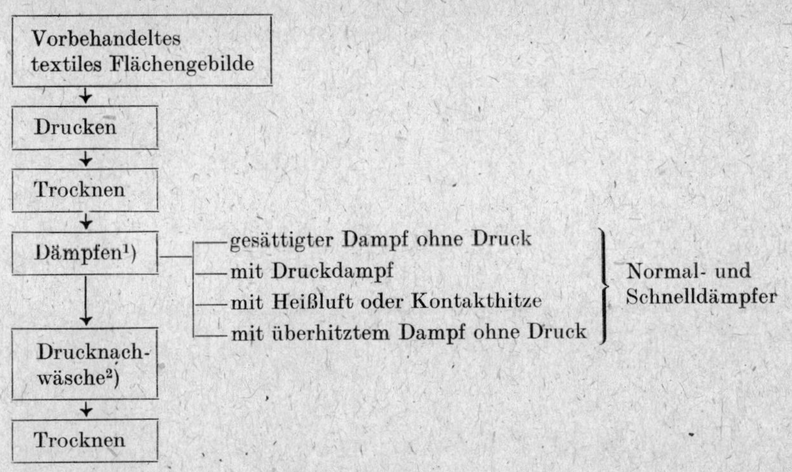

Beim Transfer- oder Thermodruck wird das gut vorbehandelte textile Flächengebilde nur bedruckt. Es entfallen somit der Trockenprozeß, der Dämpfprozeß und die Drucknachwäsche bzw. Drucknachbehandlung.

15.6.3. Druckprinzipien

Druckprinzipien sind die Art der Musterbildung auf einem textilen Flächengebilde. Bei den Druckprinzipien muß grundsätzlich unterschieden werden, ob es sich um eine mustergemäß örtliche Anfärbung oder eine mustergemäß örtliche Zerstörung des Farbstoffes oder aber eine Reservierung des Farbstoffes handelt.

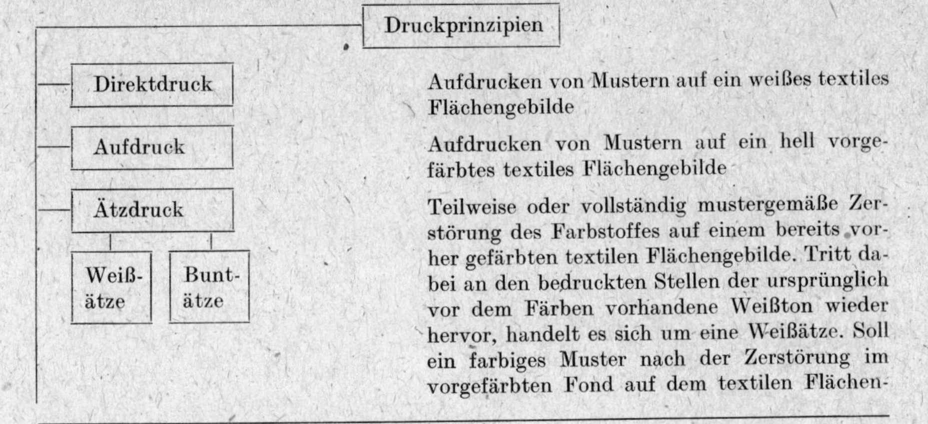

Druckprinzipien
Direktdruck
Aufdrucken von Mustern auf ein weißes textiles Flächengebilde
Aufdruck
Aufdrucken von Mustern auf ein hell vorgefärbtes textiles Flächengebilde
Ätzdruck
Weißätze
Buntätze
Teilweise oder vollständig mustergemäße Zerstörung des Farbstoffes auf einem bereits vorher gefärbten textilen Flächengebilde. Tritt dabei an den bedruckten Stellen der ursprünglich vor dem Färben vorhandene Weißton wieder hervor, handelt es sich um eine Weißätze. Soll ein farbiges Muster nach der Zerstörung im vorgefärbten Fond auf dem textilen Flächen-

[1]) Bindung des Farbstoffes mit dem textilen Faserstoff
[2]) Verbesserung der Echtheiten, besonders der Naßechtheiten sowie der Reibechtheit durch eine Drucknachwäsche bzw. Drucknachbehandlung

gebilde aufgebracht werden, ist gleichzeitig mit dem fondzerstörenden Reduktionsmittel ein ätzbeständiger Farbstoff einzusetzen. Man erhält somit eine Buntätze. Der auf dem Fond aufgebrachte (aufgefärbte) Farbstoff muß jedoch immer ätzbar sein.

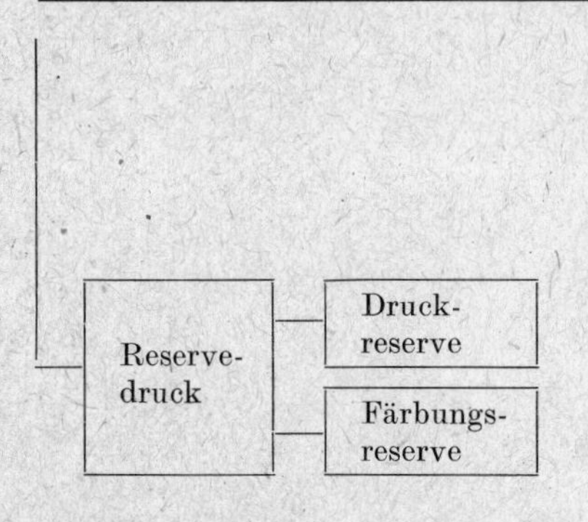

Eine Druckfarbe wird reserviert, d. h. am Entwickeln und Fixieren verhindert.

Eine Färbung wird reserviert. Hier unterscheidet man zwischen Weiß- und Buntreserve.

15.6.4. Druckfarbenzusammensetzung

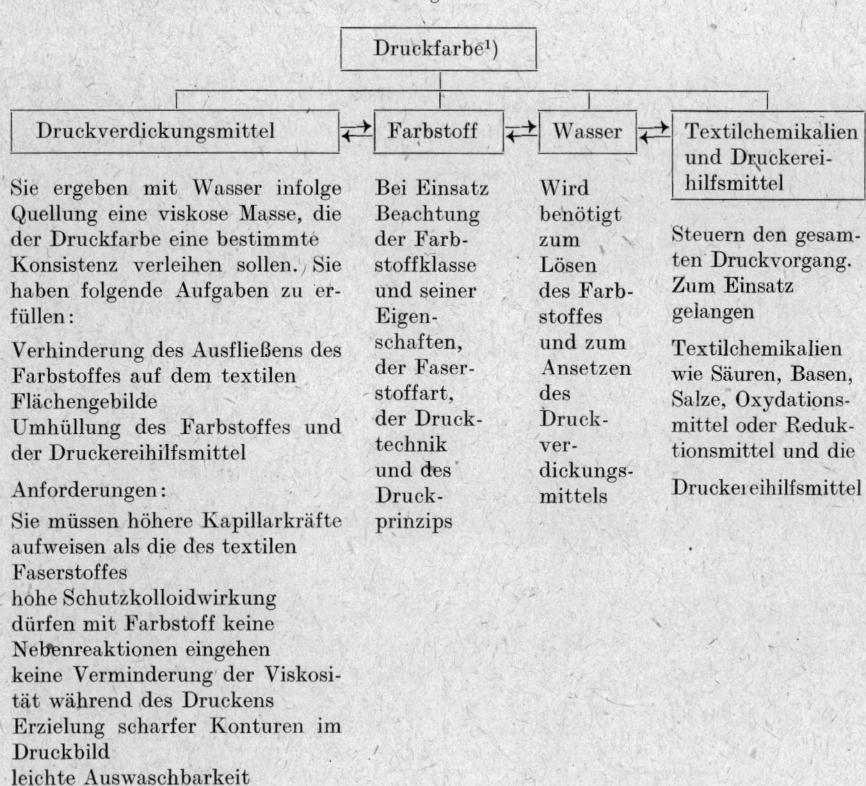

Sie ergeben mit Wasser infolge Quellung eine viskose Masse, die der Druckfarbe eine bestimmte Konsistenz verleihen sollen. Sie haben folgende Aufgaben zu erfüllen:

Verhinderung des Ausfließens des Farbstoffes auf dem textilen Flächengebilde
Umhüllung des Farbstoffes und der Druckereihilfsmittel

Anforderungen:

Sie müssen höhere Kapillarkräfte aufweisen als die des textilen Faserstoffes
hohe Schutzkolloidwirkung
dürfen mit Farbstoff keine Nebenreaktionen eingehen
keine Verminderung der Viskosität während des Druckens
Erzielung scharfer Konturen im Druckbild
leichte Auswaschbarkeit

Einteilung:

natürliche und synthetische Druckverdickungsmittel

Bei Einsatz Beachtung der Farbstoffklasse und seiner Eigenschaften, der Faserstoffart, der Drucktechnik und des Druckprinzips

Wird benötigt zum Lösen des Farbstoffes und zum Ansetzen des Druckverdickungsmittels

Steuern den gesamten Druckvorgang. Zum Einsatz gelangen

Textilchemikalien wie Säuren, Basen, Salze, Oxydationsmittel oder Reduktionsmittel und die

Druckereihilfsmittel

[1]) Alle Bestandteile der Druckfarbe werden in $g \cdot kg^{-1}$ berechnet.

15.7. Farbechtheiten in Färbung und Druck

15.7.1. Begriff Farbechtheit

Farbechtheit ist die Widerstandsfähigkeit einer Färbung und ihre mehr oder weniger starke Veränderung gegenüber äußeren Einflüssen. Die Farbechtheiten werden in 2 Gruppen eingeteilt, die Trage- oder Gebrauchsechtheiten und die Fabrikationsechtheiten.

15.7.2. Trage- oder Gebrauchsechtheiten

Trageechtheiten oder Gebrauchsechtheiten sind die Widerstandsfähigkeit einer Färbung und ihre mehr oder weniger starke Veränderung gegenüber den Einflüssen des Tragens oder des Gebrauches textiler Erzeugnisse einschließlich den Einflüssen der Pflegemaßnahmen (z. B. Waschen, Reinigen oder Bügeln).

Wichtige Trage- oder Gebrauchsechtheiten sind

Lichtechtheit
Wasserechtheit
Waschechtheit a—b—c (leicht—mittel—schwer)
Schweißechtheit (alkalisch/sauer)
Meerwasserechtheit
Abgasechtheit (gas-fading)
Reibechtheit trocken/naß
Bügelechtheit trocken/naß
Chlorechtheit
Wassertropfenechtheit

15.7.3. Fabrikationsechtheiten

Fabrikationsechtheiten sind die Widerstandsfähigkeit einer Färbung und ihre mehr oder weniger starke Veränderung gegenüber den Einflüssen der textilen Verarbeitung, insbesondere denen der Veredlung oder Reinigung textiler Erzeugnisse.

Wichtige Fabrikationsechtheiten sind

Thermofixierechtheit
Sublimierechtheit
Dekaturechtheit
Säureechtheit
Carbonisierechtheit
Dampfechtheit
Merzerisierechtheit
Avivierechtheit
Lösungsmittelechtheit
Überfärbeechtheit (neutral/essigsauer/schwefelsauer)
Walkechtheit
Heißwasserechtheit (Pottingechtheit)

15.7.4. Echtheitseinstufungen

Lichtechtheit	→ natürliche Belichtung (Sonnenlicht/Tageslicht) in Stunden → künstliche Belichtung in Stunden (Xenotest oder Fade-o-meter)	Beurteilung erfolgt mit dem Blaumaßstab (international standardisiert)

Tabelle 39 enthält Kriterien zur Beurteilung der Lichtechtheit.

Tabelle 39: Beurteilung der Lichtechtheit
Verschießen des Farbtones durch Zerstörung der chromophoren Gruppen am Farbstoff

Belichtungszeit in h	Typ des Verschießens nach dem Blaumaßstab	Lichtechtheit
6	1	sehr gering
11	2	gering
20	3	mäßig
42	4	gerade noch gut
65	5	gut
80	6	sehr gut
110	7	vorzüglich
150...160	8	hervorragend

Die Beurteilung der Lichtechtheit erfolgt stets nach einer bzw. verschiedenen Richttyptiefen (RTT).

1/1 RTT $\triangleq$ 2...2,5%ige Ausfärbung bzw. Druck

z. B. Lichtechtheit einer	1/5,	1/3,	1/1	oder	2/1 RTT
liegt in den Noten	5	6	7		7 vor.

Daraus ist zu erkennen, daß die Färbung in dunklen Tönen eine höhere Lichtechtheit aufweist als in hellen.

Vergleichswerte von künstlicher Belichtung und Sonnenlicht:

Künstliche Belichtung in h	Sonnenlicht[1]) in h
160	190
80	96
40	48
20	24
10	12
5	6
2,5	3

Alle Prüfungen für die Echtheiten sind aus den jeweiligen Prüfvorschriften bzw. Prüfstandards wie z. B. TGL, DIN oder GOST zu entnehmen.

[1]) Im Sommer, wenn über einen ganzen Tag das Sonnenlicht wirksam wird.

Übrige Echtheiten — Vergleich Graumaßstab —

5 Noten

5 sehr gut
4 gut
3 mäßig
2 gering
1 sehr gering

Alle Naßechtheiten sind dabei wieder mit 3 Einzelnoten ausgezeichnet.

Dabei bedeuten:

1. Note: Farbtonänderung der Färbung (Prüfling) durch die Prüfung
2. Note: Anbluten des Farbstoffes vom Prüfling auf gleiches weißes Begleitgewebe
3. Note: Anbluten des Farbstoffes vom Prüfling auf entgegengesetztes andersartiges Begleitgewebe

Zu prüfender gefärbter textiler Faserstoff	Weißes, standardisiertes Begleitgewebe (gleiches und entgegengesetztes) aus
Wolle	Wolle und Baumwolle
Baumwolle	Baumwolle und Wolle
Viskosefaser	Viskosefaser und Wolle
Polyamidfaser	Polyamidfaser und Viskosefaser
Polyamidseide	Polyamidseide und Viskoseseide
Polyesterfaser	Polyesterfaser und Baumwolle oder Polyesterfaser und Wolle
Mehrfasermischungen	
Viskosefaser/Wolle	Wolle und Viskosefaser
Polyacrylnitrilfaser/Wolle	Wolle und Baumwolle
Polyesterfaser/Wolle	Wolle und Baumwolle
Polyacrylnitrilfaser/Viskosefaser	Viskosefaser und Polyamidfaser
Polyamidfaser/Viskosefaser	Viskosefaser und Polyamidfaser

15.7.5. Echtheitsuntersuchungen

Bei den Echtheitsuntersuchungen, besonders bei den Naßechtheiten, wird der Prüfling (4 cm × 10 cm) zwischen gleiches und entgegengesetztes weißes Begleitgewebe genäht, in entsprechenden Lösungen behandelt, getrocknet, auf einer Seite wieder aufgetrennt (eine Naht), und die Farbtonänderung, das Anbluten auf gleiches und andersartiges Gewebe wird mit Hilfe des Graumaßstabes beurteilt. Die Prüflösungen sind standardisiert und ihre Zusammensetzung bzw. ihre Ansätze nach Vorschriften genormt.
Oft sind auch bei anderen Echtheitsuntersuchungen genormte Prüfgeräte notwendig, z. B. bei der Prüfung der Reibechtheit, der Schweißechtheit alkalisch/sauer mit L-Histidin-monohydrochlorid, der gas-fading-Echtheit oder der Lichtechtheit. Alle Prüfungen der Farbechtheiten von Färbungen oder Drucken simulieren die gebrauchs- oder auch fabrikationsbedingten (besonders die der Textilveredlung) Beanspruchungen in sogenannten Modellversuchen.

Eine vollständige Aufstellung aller Farbechtheitsprüfungen befindet sich in [37]. Spezielle Hinweise für Echtheitsprüfungen findet man auch in den entsprechenden Farbkarten für Färbung und Druck.

15.8. Farbstoffuntersuchungen

15.8.1. Allgemeines

Sollen Farbstoffuntersuchungen von gefärbten textilen Faserstoffen durchgeführt werden, sind die zu prüfenden Färbungen analog einer Echtheitsprüfung — jedoch in kleinerer Ausführung — zwischen gleiches und entgegengesetztes weißes Gewebe einzunähen. Die Prüfung erfolgt in einem großen Reagenzglas. Bei der Beurteilung ist ausschlaggebend, welche Anfärbung die Flotte zeigt und wie stark jeweils beide Begleitgewebe angeblutet sind. Vor Beginn der Prüfungen ist der Prüfling auf Faserstoffart zu untersuchen, weiterhin sind alle Appreturmittel vom Faserstoff zu beseitigen, z. B. Stärke (enzymatischer Abbau), Fette (durch Ethanolextraktion) oder Kunstharzappreturen (durch Aceton).

15.8.2. Untersuchungen von Farbstoffen auf Färbungen und Drucken

1. Wasserprobe (Ab- und Anbluten)
   mit dest. Wasser 5 min kochen lassen
2. Waschprobe
   15 min mit 5 g · l^{-1} Seife und
   3 g · l^{-1} Soda kochen
   und spülen
3. Paraffinprobe
   Fasermaterial in warmes flüssiges Paraffin legen, Paraffin dann durch Abkühlen erhärten lassen und die Anfärbung des Paraffins beurteilen
4. Essigsäureprobe
   mit CH_3COOH (98%ig) 2 min kochen lassen
5. Pyridinprobe
   je 2 min kochen lassen, zuerst in reinem Pyridin, anschließend in 40...50%igem Pyridin (mit Wasser verdünnt)
6. Zinn(II)-chloridprobe
   10%ige $SnCl_2$-Lösung mit 1:5 verdünnter HCl mischen und in dieser Lösung Prüfling behandeln
   Beurteilung: Entfärbung und anschließende Rückkehr des Farbtones durch Oxydation mit H_2O_2
7. Schwefelwasserstoffprobe
   Mit verdünnter Na_2CO_3-Lösung kochen, um S-haltige Substanzen zu beseitigen. Anschließend kochen in verdünnter HCl (Bleiacetatpapier darf nicht mehr durch entweichende Dämpfe angefärbt werden). Danach Zinn(II)-chloridprobe (vgl. 6).
   Ändert sich der Farbton und wird jetzt Blei(II)-acetatpapier braun gefärbt, handelt es sich um einen Schwefelfarbstoff

8. Blinde Küpe

In einer Lösung von 15 $cm^3 \cdot l^{-1}$ NaOH und 20 $g \cdot l^{-1}$ $Na_2S_2O_4$ wird die Probe 5 min bei 80 °C behandelt.

Beurteilung: Farbumschlag bzw. auch Entfärbung. Bei Oxydation mit H_2O_2 eventuell Farbtonrückkehr

9. Chlorprobe

In Natronbleichlauge mit 8 $g \cdot l^{-1}$ Aktivchlor einlegen.

Beurteilung: Zeit der Farbstoffzerstörung und des Eintritts des endgültigen Farbtones

10. Benzen- oder Etherprobe zum Nachweis kationischer Farbstoffe

Die Probe wird zunächst 2 min in CH_3COOH (98%ig) gekocht und nach Abkühlung mit 0,1 n NaOH alkalisch eingestellt. Anschließend wird mit Benzen und Diethylether geschüttelt und die angefärbte Benzen- oder Etherschicht abgetrennt. Sodann wird die abgetrennte Benzen- oder Etherschicht wieder mit CH_3COOH (98%ig) angesäuert, wobei der Farbstoff ausfällt. Wird daraufhin das Ganze wieder mit CH_3COOH (98%ig) versetzt und leicht geschüttelt, wandert der Farbstoff von der Etherschicht in die Säurephase.

Vorsicht bei der Benzenprobe, da der MAK-Wert des Benzens sehr niedrig liegt! Es wird relativ schnell durch die Haut aufgenommen!

11. Sublimierprobe

Anilinextraktion des Prüflings vornehmen, indem Anilin durch Verdampfen aus der Lösung entfernt wird.
Trockenrückstand in einem Gefäß mit Deckel erhitzen. Sublimierter Farbstoff setzt sich am Deckel ab. Nur positiv bei Indigo und indigoiden Farbstoffen.

12. Anilinprobe

Prüfling 1 min in kochendem Anilin behandeln

13. Ethanolprobe

Prüfling kurz in 96%igem Ethanol kochen lassen und nach Ausbluten und Anbluten beurteilen

14. Umkochprobe (für Eiweißfaserstoffe)

Prüfling mit weißer Wolle in einer Lösung kochend behandeln, die 80 cm^3 destilliertes Wasser, 1,6 g Na_2SO_4 und 2,5 cm^3 H_2SO_4 enthält.

Beurteilung: Anfärbung des weißen Wollbegleitmaterials

15. Ammoniak-Essigsäure-Probe

a) Behandlung in 80 cm^3 dest. Wasser bei einer Temperatur von 80 °C während 10 min unter Zusatz von wenigen Tropfen konz. NH_4OH. Prüfling herausnehmen und Lösung mit CH_3COOH ansäuern
b) 1. Hälfte der Lösung mit weißer Wolle 5 min kochen
c) 2. Hälfte der Lösung mit weißer Baumwolle unter Zusatz von Na_2SO_4 5 min kochen und 5 min nachziehen lassen

Zu b: Wolle stark angefärbt $\triangleq$ schwachsauer ziehende Säurefarbstoffe
Wolle schwach angefärbt $\triangleq$ starksauer ziehende Säurefarbstoffe
Zu c: Baumwolle bleibt weiß bzw. nur sehr leicht angefärbt $\triangleq$ substantive Farbstoffe

15.8.3. Spezialuntersuchungen

1. *Substantive Farbstoffe*

Betupfen der Färbung mit konz. H_2SO_4 mittels eines Glasstabes. Reaktion: Verschwinden des Farbtones, der nach sehr gutem Spülen sofort wiederkehrt.

2. *Kationharznachbehandlung*

In verd. H_3PO_4 kochen, das Reagensglas mit einem Wattebausch verschließen, der vorher in fuchsinschwefliger Säure getränkt und anschließend getrocknet worden ist. Eine Rotfärbung zeigt Methanal HCHO an.

3. *Leukoküpenesterfarbstoffe, speziell für Indigosol O*

Betupfen der Färbung mit konz. HNO_3 mittels eines Glasstabes. Reaktion positiv, wenn ein gelber Fleck mit einem Rand entsteht, der weder durch Oxydations- noch durch Reduktionsmittel entfernbar ist.

4. *Reaktivfarbstoffe* [32]

Diese Analysenprüfung untergliedert sich in vier Einzeloperationen, für die vier Prüfmuster notwendig sind.

Die Prüfungen müssen sehr exakt durchgeführt werden, da es nicht nur um die Erkennung von Reaktivfärbungen geht. Es ist auch zu prüfen, ob Chlortriazinderivate von Vinylsulfontypen getrennt werden müssen.

4 Prüfmuster werden in einer 0,1%igen härtebeständigen und alkalifreien WAS-Lösung gekocht.

Nr.	Lösung	Kochzeit	Ergebnis
1	Dimethylformamid/ Wasser (1:1)	3...4 min	Reaktivfarbstoffe bluten nicht aus
2	Dimethylformamid chem. pur	3...4 min	Reaktivfarbstoffe bluten nicht aus
3	Ethanol/Ethansäurelösung (1:1)	3 min	Reaktivfarbstoffe bluten nicht aus
4	$1\ cm^3 \cdot l^{-1}\ H_2SO_4$ konz. $+ 1\ g \cdot l^{-1}\ Na_2SO_4$ konz.	15 min	Chlortriazinderivate bluten weiße Wolle an, Vinylsulfontypen lassen weiße Wolle ungefärbt

Alle Probemuster sind vor Prüfungsbeginn gründlich zu waschen.

5. *Pigmentfarbstoffe (meist auf Baumwolle bedruckt)*

a) Probe des textilen Flächengebildes wird 3...5 min acetonnaß stark gerieben. Die Farben verreiben sich dabei.

b) Bei heißer Behandlung mit Säure kommt es zur Pigmentablösung.

6. *Dispersionsfarbstoffe in Substanz*

1 cm^3 Farbstofflösung mit
5 cm^3 dest. Wasser verdünnen und mit
1 cm^3 Diethylether schütteln

Reaktion: Der Dispersionsfarbstoff löst sich in Ether, während das Wasser ungefärbt bleibt.

15.8.4. Metallnachweise aus der Asche

1. *Cr-Nachweis*

Die Probe wird mit konzentrierter HNO_3 oder H_2SO_4 naß verascht, daraufhin mit verdünnter Na_2CO_3-Lösung gegen Phenolphthalein neutralisiert, wieder mit 0,1 n CH_3COOH angesäuert und mit einigen Körnchen Diphenylcarbazid versetzt. Bei positiver Reaktion kommt es zu einer rotvioletten Färbung.

2. *Cu-Nachweis*

Der Prüfling wird verascht und danach konzentrierte HCl zugegeben. Die Lösung wird dann in ein Reagenzglas gegeben und mit 0,1 n NaOH gegen Lackmus neutralisiert und anschließend mit Weinsäure wieder gegen Lackmus angesäuert.
Abschließend wird die Probe mit 1 cm^3 einer 10%igen NH_4SCN-Lösung, 0,5 cm^3 Pyridin und 5 Tropfen $CHCl_3$ versetzt und gut geschüttelt. Bei positiver Reaktion färbt sich die Chloroformschicht grün.

3. *Ni-Nachweis*

Der Prüfling wird naß verascht, die Lösung des Rückstandes mit NH_4OH versetzt und 1 cm^3 einer 1%igen Dimethylglyoximlösung zugegeben. Bei positiver Reaktion entsteht eine Rosa- bis Rotfärbung.

4. *Co-Nachweis*

Die Probe wird mit konzentrierter HNO_3 und H_2SO_4 naß verascht, dann mit 0,1 n Sodalösung gegen Phenolphthalein neutralisiert. Anschließend werden einige Körnchen NH_4F und die 5...6fache Menge gesättigte NH_4Cl-Lösung zugegeben. Bei positiver Reaktion färbt sich die Lösung tiefblau.

15.8.5. Analysenübersichten

15.8.5.1. Färbungen auf Cellulosefaserstoffen

siehe Tabelle 40 (S. 340/341)

15.8.5.2. Färbungen auf Eiweißfaserstoffen

siehe Tabelle 41 (S. 342/343)

15.8.5.3. Färbungen auf Acetat- und Triacetatfaserstoffen

siehe Tabelle 42 (S. 343)

15.8.5.4. Färbungen auf Polyamidfaserstoffen

siehe Tabelle 43 (S. 344/345)

15.8.5.5. Färbungen auf Polyacrylnitrilfaserstoffen

siehe Tabelle 44 (S. 346)

Tabelle 40: Untersuchungen von Färbungen auf Cellulosefaserstoffen

Prüfmethode		Substantive Farbstoffe	Substantive Farbstoffe mit Nachbehandlung	Kationische Farbstoffe
1. Wasserprobe		meist starkes Ausbluten, Weißproben stark angefärbt	kein oder nur schwaches Ausbluten	Meist kein oder nur schwaches, vereinzelt auch starkes Ausbluten und Anbluten
2. Waschprobe		starkes Ausbluten und starkes Anfärben der Weißproben	Ausbluten und Anfärben meist kaum schwächer als ohne Nachbehandlung	starkes Ausbluten. Wolle stärker angefärbt als Baumwolle
3. Paraffinprobe		keine Anfärbung		
4. Eisessigprobe		nicht oder nur schwach angefärbt		sehr starke Anfärbung
5. Pyridinprobe	rein	nicht angefärbt		beide Lösungen stark angefärbt
	verd.	meist stark angefärbt		
6. Zinn(II)-chloridprobe		Entfärbung	meist Entfärbung	zum Teil Entfärbung
7. Schwefelwasserstoffprobe		negativ		
8. Blinde Küpe		völlige Entfärbung, ohne Reoxydation		Entfärbung, Farbton kehrt beim Spülen meist nicht zurück
9. Chlorprobe		meist völliges Ausbleichen, mit Ausnahme einiger Gelbmarken, Farbe kehrt beim Spülen nicht zurück		totales Ausbleichen, keine Farbtonrückkehr
10. Benzenprobe oder Etherprobe		negativ		positiv
11. Sublimierprobe		negativ		negativ
12. Anilinprobe		in wenigen Fällen positiv		positiv

Reaktivfarbstoffe: s. Spezialuntersuchungen (15.8.3.).

Schwefelfarbstoffe	Küpenfarbstoffe und Leukoküpenesterfarbstoffe	Naphthole
schwaches Ausbluten, Weißproben nicht angefärbt	kein oder nur sehr schwaches Ausbluten. Weißproben nicht angefärbt	
schwaches Ausbluten, Weißproben nicht oder nur kaum angefärbt	kein oder nur sehr schwaches Ausbluten, keine Anfärbung der Weißproben	
	mehr oder weniger starke Anfärbung	
nicht oder nur spurenweise angefärbt		starke Anfärbung, bei Gelbmarken ungefärbt
beide Lösungen nicht oder nur sehr schwach angefärbt		beide Lösungen stark angefärbt
	meist unverändert	unterschiedlich entfärbt
positiv	negativ, Ausnahme Thioindigofarbstoffe	negativ
Farbumschlag, beim Spülen und Reoxydation Rückkehr des Farbtones		bei längerem Kochen Entfärbung, keine Reoxydation möglich
völliges Ausbleichen, keine Farbtonrückkehr. Einige Indocarbonmarken sind chlorecht.	keine Veränderung Indigofärbungen leicht ausgebleicht	
negativ		
	bei Indigo- und indigoiden Typen positiv	meist negativ
negativ	positiv	z. T. positiv

Tabelle 41: Untersuchungen von Färbungen auf Eiweißfaserstoffen

Prüfmethode		Substantive Farbstoffe	Säurefarbstoffe	Chromierungs- und Metallkomplexfarbstoffe	Küpenfarbstoffe und Leukoküpenester-farbstoffe
1. Wasserprobe		starkes Ausbluten, Weißproben angefärbt	schwaches bis starkes Ausbluten, Wolle stärker angefärbt als Baumwolle	kein oder nur ganz geringes Ausbluten, Weißproben nicht angefärbt	
2. Waschprobe		Ausbluten und Anfärben der Weißproben noch stärker als bei der Wasserprobe	starkes Ausbluten, Wolle stärker angefärbt als Baumwolle	kein oder nur geringes Ausbluten, Weißproben nicht oder nur schwach angefärbt	
3. Paraffinprobe		nicht angefärbt			mehr oder weniger starke Anfärbung
4. Eisessigprobe		keine oder nur schwache Anfärbung	schwache Anfärbung	meist keine (bei Chromierungsfarbstoffen), teils aber auch kräftige Anfärbung (Metallkomplexfarbstoffe)	sehr starke Anfärbung
5. Ammoniakprobe		starke Anfärbung	sehr starke Anfärbung	teils schwache, teils starke Anfärbung (s. o.)	keine Anfärbung
6. Pyridinprobe	rein	keine oder nur schwache Anfärbung			beide Lösungen stark bis sehr stark angefärbt
	verd.	sehr starke Anfärbung			
7. Blinde Küpe		langsame Entfärbung, keine Reoxydation	langsames Entfärben, manchmal erst beim Kochen, Farbton kehrt beim Spülen nicht oder nur unvollständig zurück		Farbumschlag, der bei Reoxydation zurückkehrt
8. Benzen- oder Etherprobe		negativ	negativ		

9. Umkochprobe	stark positiv	bei starksauer ziehenden Säurefarbstoffen positiv, bei schwachsauer ziehenden Säurefarbstoffen schwach positiv	nicht oder schwach ausgeprägt	
10. Ammoniak-Essigsäure-Probe	starkes Ausbluten	bei starksauer ziehenden Säurefarbstoffen schwaches Ausbluten, bei schwachsauer ziehenden Säurefarbstoffen starkes Ausbluten	Ausbluten nur zum Teil	—
11. Anilinprobe	—	Ausnahmen positiv	—	positiv
12. Veraschungsprobe	—	—	Nachweis von Cr, Cu, Ni oder Ca	—

Tabelle 42: Untersuchungen von Färbungen auf Acetat- und Triacetatfaserstoffen

Prüfmethode	Dispersionsfarbstoffe
Wasserprobe (5 min kochen)	sehr schwaches Ausbluten Weißprobe nicht angefärbt
Waschprobe (5 g · l^{-1} Seife, 15 min bei 80 °C)	erhebliches Ausbluten Weißprobe angefärbt
Kochprobe mit Wasser und Aktivkohle	Farbstoff meist völlig abgezogen
Benzenprobe	positiv
Paraffinprobe	negativ

Tabelle 43: Untersuchungen von Färbungen auf Polyamidfaserstoffen

Prüfmethode		Dispersionsfarbstoffe	Säurefarbstoffe, ausgewählte schwachsauerziehende Typen	kationische Farbstoffe
Wasserprobe mit dest. Wasser (5 min kochen)		starkes Ausbluten	mäßiges Ausbluten	sehr starkes Ausbluten
Waschprobe ($5 g \cdot l^{-1}$ Seife und $3 g \cdot l^{-1}$ Soda calc., 20 min kochen)		starkes Ausbluten		sehr starkes Ausbluten
Alkoholprobe (mit 96%igem Ethanol)		sehr starkes Ausbluten	starkes Ausbluten	sehr starkes Ausbluten
Essigsäureprobe (10%ige CH_3COOH, 5 min kochen)		starkes Ausbluten	mäßiges Ausbluten	starkes Ausbluten
Ammoniakprobe (10%iges NH_4OH, 5 min kochen)		starkes Ausbluten		
Paraffinprobe		starke Anfärbung	nicht oder nur spurenweise angefärbt	
Pyridinprobe	rein	starkes Ausbluten	kein oder schwaches Ausbluten	starkes Ausbluten
	verd.	starkes bis sehr starkes Ausbluten		
Blinde Küpe ($30 cm^3 \cdot l^{-1}$ NaOH u. $40 g \cdot l^{-1}$ Dithionit, 5 min bei 80...90 °C)		meist völlige Entfärbung, keine Rückoxydation	mäßig bis stark entfärbt	meist völlige Ent-
Chlorprobe ($15 g \cdot l^{-1}$ aktives Chlor)		teils schwach, teils stark ausgebleicht	meist nur schwach ausgebleicht	meist starkes Aus-
Benzen- oder Etherprobe		positiv	negativ	positiv
Veraschungsprobe		negativ	negativ	negativ

Substantive Farbstoffe	Chromkomplex-Farbstoffe	Chromkomplex-Dispersionsfarbstoffe	Küpen- und Leukoküpenester-Farbstoffe	Entwicklungsfarbstoffe
starkes Ausbluten	kein Ausbluten, Lösung bleibt klar			
starkes Ausbluten	kein oder nur sehr schwaches Ausbluten			
kein oder nur schwaches Ausbluten	mäßiges Ausbluten	kein oder nur schwaches Ausbluten		mäßiges Ausbluten
kein oder nur schwaches Ausbluten	meist schwaches bis mäßiges Ausbluten	kein oder nur schwaches Ausbluten		
teils starkes, teils schwaches Ausbluten	teils starkes, teils schwaches Ausbluten	meist schwaches Ausbluten	kein oder nur schwaches Ausbluten	
			deutliche Anfärbung	
kein oder nur schwaches Ausbluten			mäßiges Ausbluten	
schwaches oder mäßiges Ausbluten	starkes Ausbluten	schwaches bis mäßiges Ausbluten		
färbung, keine Rückkehr der Farbe			Farbumschlag, bei Oxydation Farbtonrückkehr	Entfärbung nach Farbton Gelb
bleichen	meist nur wenig verändert		keine Veränderung	
negativ	negativ	eventuell schwach positiv	negativ	
negativ	Asche enthält Cr	Asche enthält Cr, Co oder Ni	negativ	negativ

Tabelle 44: Untersuchungen von Färbungen auf Polyacrylnitrilfaserstoffen

Prüfmethode		kationische Farbstoffe	Dispersions-Farbstoffe
Wasserprobe (5 min in dest. Wasser kochen)		leichtes bis mäßiges Ausbluten	
Waschprobe ($5\ g \cdot l^{-1}$ Seife, $3\ g \cdot l^{-1}$ Soda, 15 min kochen)		starkes Ausbluten	
Alkoholprobe (5 min mit 96%igem Ethanol kochen)		starkes Ausbluten	
Essigsäureprobe (10%ige CH_3COOH, 5 min kochen)		starkes Ausbluten	
Ammoniakprobe (10%iges NH_4OH, 5 min kochen)		unterschiedlich starkes Ausbluten (teilweise Farbumschlag)	sehr starkes Ausbluten
Paraffinprobe		Paraffin nicht angefärbt	starke Anfärbung
Pyridinprobe	konz.	kein oder schwaches Ausbluten	starkes Ausbluten
	verd.	starkes Ausbluten	
Blinde Küpe ($30\ cm^3 \cdot l^{-1}$ NaOH, $40\ g \cdot l^{-1}$ Dithionit, 5 min bei 80...90 °C)		starkes Ausbleichen, oft völlige Entfärbung	
Chlorprobe ($15\ g \cdot l^{-1}$ aktives Chlor)		meist starke Entfärbung	
Benzen- oder Etherprobe		stark positiv	
Veraschungsprobe		negativ	negativ

15.8.5.6. Färbungen auf Polyesterfaserstoffen

Die Benzenprobe ist positiv, da nur ausgewählte Dispersionsfarbstoffe eingesetzt werden. Die Farbstoffe bleiben in Benzen gelöst und lassen sich auch nicht durch Zusatz verdünnter CH_3COOH aus der Lösungsmittelphase verdrängen.
Bei Metallkomplexdispersionsfarbstoffen fällt bei der Naßveraschung auch der Cr-, Ni-, Co- oder Cu-Nachweis positiv aus.

15.8.6. Chromatographische Untersuchungen

15.8.6.1. Prüfung der Einheitlichkeit eines Farbstoffes

Die Einheitlichkeit eines Farbstoffes wird mit Hilfe eines mit destilliertem Wasser befeuchteten, etwa 10 cm × 20 cm großen Stückes Filterpapier untersucht. Die zu prüfende Farbstoffsubstanz wird in trockenem Zustand fein zerkleinert und in heißem destilliertem Wasser gelöst. Bei der Kapillaranalyse wird das an einem Stativ befestigte Filterpapier in die zu untersuchende Farbstofflösung 1 bis 2 cm tief eingetaucht. Die Wartezeit beträgt etwa 10 bis 15 min. Besteht die Substanz aus Anteilen von mehreren Farbstofftypen, werden mehrere Farbstoffzonen beobachtet.

15.8.6.2. Papierchromatographische Untersuchungen

Die Papierchromatographie ist eine sehr zuverlässige Analysenmethode, um Substanzgemische zu zerlegen und ihre Einzelkomponenten zu erkennen.
Man bringt eine kleine Menge der zu untersuchenden Farblösung auf einen Streifen Filterpapier auf und läßt ein wasserhaltiges Lösungsmittel als Fließmittel kapillar überwandern.
Die einzelnen Komponenten werden je nach Löslichkeit mit unterschiedlicher Geschwindigkeit vom Fließmittel mitgeführt. Dies ist ein Verteilungsvorgang des Farbstoffes zwischen dem auf dem Spezialpapier enthaltenen Wasser (stationäre Phase) und dem Fließmittel (mobile Phase). Es gilt das NERNSTsche Verteilungsgesetz.
Man unterscheidet vier wichtige Methoden: die aufsteigende Methode, die absteigende Methode, die Rundfiltermethode und die zweidimensionale Papierchromatographie. Darüber hinaus arbeitet die Dünnschichtchromatographie mit ganz besonderen Adsorbentien. Als Fließmittel für Farbstoffuntersuchungen bewähren sich besonders folgende Lösungen:

Dioxan/Ammoniakwasser (25%ig)/Wasser 15:1:4
Pyridin/Ammoniakwasser/Wasser 1:1:1
Methanol/Wasser 1:1
Ethanol/Wasser 1:1
Propylacetat/Wasser 1:1
Dioxan/Eisessig/Wasser 15:1:4
Gemisch aus Alkanolen und Wasser
Propanon (Aceton)/Wasser
Gemisch aus Methanol, Eisessig und Wasser sowie
Gemisch aus NH_4OH, *Natriumcitrat und Wasser*

Aufsteigende Methode

Man bringt mittels einer sehr kleinen Meßpipette z. B. 0,002 cm^3 einer 1%igen Farbstofflösung auf einen Filterstreifen etwa 5 cm vom Rand auf. Der Startpunkt wird danach markiert. Anschließend wird dieser Streifen mit einem Faden an einem Stopfen befestigt und an der 5 cm freigelassenen Randseite in einen Standzylinder oder in ein Reagenzglas, in dem sich das Fließmittel befindet, eingehängt, ohne daß der Streifen selbst in das Fließmittel eintaucht. Man muß warten, bis das Filterpapier genügend mit Fließmitteldampf gesättigt ist. Nach dieser Equilibrierzeit kann dann der Filterstreifen etwa 2 cm in das Fließmittel eingetaucht werden.

Hat dann die Fließmittelfront eine genügende Höhe erreicht (nicht $>$ 30 cm), kennzeichnet man wieder die Fließmittelfront, da sie die Bezugsgröße zur Bestimmung des R_F-Wertes darstellt.
Die durchschnittliche Laufzeit beträgt etwa 1 bis 6 Stunden.

Absteigende Methode

Die absteigende Methode hat gegenüber der aufsteigenden Methode den Vorteil, daß die Laufstrecke $>$ 30 cm sein kann, da das Fließmittel abwärts aus einem Gefäß über das zu trennende Substanzgemisch wandert.
Dazu benötigt man ein etwa 50 cm hohes verschließbares Glas und einen Deckel mit Tubus als Chromatographiergefäß. Im oberen Teil dieses Gefäßes wird ein zweites Gefäß von etwa 30 cm Länge und 3 cm Breite befestigt. Im letzteren Gefäß befindet sich das entsprechende Fließmittel. Am oberen seitlichen Rand wird ein Filterstreifen auf einen Glasstab 5 bis 10 cm vom Startende aufgelegt. Das kurze Ende läßt man in die Lösung eintauchen, der übrige Teil des Filterstreifens hängt frei in das Chromatographiergefäß. Die Laufzeit beträgt bis 24 Stunden.

Rundfiltermethode

Man verwendet zwei gut aufeinanderpassende Kristallisierschalen, zwischen die ein rundes Filterpapier gelegt wird. Im Zentrum des Rundfilters werden 0,036 cm^3 Substanz aufgetragen. Danach läßt man abtrocknen.
Anschließend sticht man in das Filterzentrum ein Loch und führt dort einen kleinen Filterpapierdocht ein, dessen unteres Ende in das Fließmittel eintaucht (untere Schale). Das Chromatogramm ist fertig, wenn das Fließmittel am Rand des Filters angelangt ist. Die durchschnittliche Laufzeit beträgt eine halbe bis 4 Stunden.

Dünnschichtchromatographie

Auf etwa 250 μm dicke Schichten von Adsorbentien, die auf Glasplatten von 20 cm $\times$ 20 cm aufgelegt werden, trägt man etwa 2 cm vom unteren Rand entfernt 1%ige Farbstofflösung auf. Danach wird getrocknet, und die Platten werden in eine Trennkammer gebracht, die 0,5 cm hoch mit Fließmittel gefüllt und deren Atmosphäre mit Fließmitteldampf gesättigt ist.
Die Vorteile der Dünnschichtchromatographie liegen in einer sehr scharfen Trennung der zu untersuchenden Substanzen, geringstem Substanzbedarf und Analysenzeiten von etwa einer Stunde. Neuerdings werden fertige Sorptionsschichten in Form von Karten gehandelt, die für die Chromatographie gebrauchsfertig vorliegen.

Auswertung

Bei der Auswertung mißt man die Entfernung Startpunkt/Laufmittelfront sowie die Entfernung Startpunkt/Fleckenmittelpunkt. Aus diesen beiden Messungen ergibt sich der Rekursionsfaktor R_F.

$$R_F = \frac{\text{Strecke Startpunkt/Fleckenmittelpunkt}}{\text{Strecke Startpunkt/Lösungsmittelfront}}$$

Das Mitlaufenlassen von Testfarben mit bekannten R_F-Werten erleichtert die Auswertung von Chromatogrammen.

16.1. Aufbau/Wirkungsweise

Optische Aufheller sind Substanzen, die sich hinsichtlich ihrer Affinität zu textilen Faserstoffen ähnlich wie die Farbstoffe verhalten.
Chemisch gesehen sind sie Derivate des Cumarons, des Cumarins und von Stilbenverbindungen.
Sie zeigen fluoreszierende Eigenschaften durch bestimmte chemische Gruppen, die auch als Fluoreszenzträger bezeichnet werden. Sie können mit den chromophoren Gruppen der Farbstoffe verglichen werden. Die von den Fluoreszenzträgern bewirkte Strahlenumwandlung führt zu einer Remission, die den Aufhellungseffekt hervorruft. Die gelbliche Eigenfarbe eines textilen Faserstoffes wird dabei lediglich kompensiert und eine zusätzliche Menge weißen Lichtes remittiert. Der Grad des optischen Aufhellungseffektes ist vom Gehalt sehr kurzwelliger Strahlen des einfallenden Lichtes abhängig. Textile Faserstoffe absorbieren um so mehr Strahlen, je kürzer die Wellenlänge des Lichtes ist, d. h. im Blau-Violett-Bereich wird weniger Licht remittiert als im Rot-Orange-Gelb-Bereich.
Im Glühlampenlicht ist der UV-Strahlenanteil so gering, daß optisch aufgehellte textile Faserstoffe nur die Hälfte bis zu einem Viertel des Weißgrades aufweisen, der unter Tageslicht erreicht wird.

Strukturen der Fluoreszenzträger optischer Aufheller

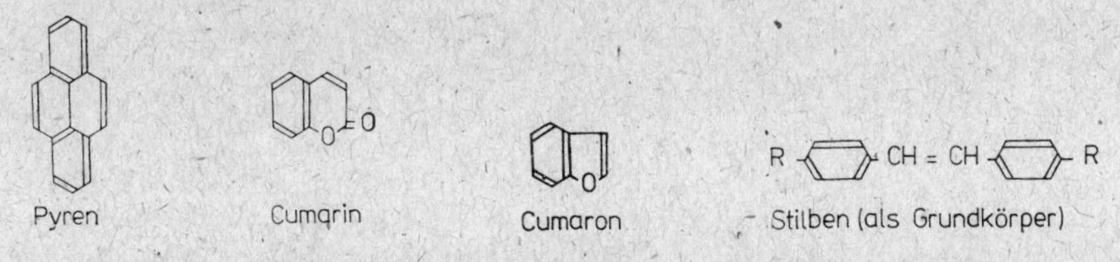

16.2. Einsatzmöglichkeiten und Besonderheiten

Für Cellulosefaserstoffe setzt man meist Stilbenderivate als optische Aufheller ein. Sie benötigen wasserlöslichmachende Gruppen analog den optischen Aufhellern für Wolle, Polyamid- oder Polyacrylnitrilfaserstoffe.
Für Polyesterfaserstoffe weisen die optischen Aufheller keine wasserlöslichmachenden Gruppen in Form von $-SO_3Na$-Gruppen auf. Zum optischen Aufhellen für Synthesefaserstoffe werden vornehmlich Cumarin-, Pyrazolin sowie auch Imidazolderivate eingesetzt. Mit steigender Konzentration der optischen Aufheller auf dem textilen Faserstoff sinkt der Weißgrad wieder ab bzw. steigt der Fluoreszenzeffekt nicht weiter an. Die optimale Konzentrationsgrenze optischer Aufheller ist zu beachten.
Alle Produkte sind beständig gegen Wasserstoffperoxidflotten sowie gegen Natriumdithionitbäder. In Natronbleichlauge- oder Natriumchloritbleichflotten weisen optische Aufheller dagegen meist eine Chlorempfindlichkeit auf.
Optische Aufheller, die mit textilen Faserstoffen eine chemische Bindung eingehen, zeichnen sich meist durch gute bis sehr gute Naßechtheiten aus. Dasselbe gilt für optische Aufheller ohne wasserlöslichmachende Gruppen, die wie ein Dispersionsfarbstoff auf den textilen Faserstoff aufziehen, z. B. Cumarinderivate auf Polyamidfaserstoffe.
Optische Aufheller für Polyesterfaserstoffe müssen sich als Dispersionsaufheller nicht nur durch hohe Temperaturbeständigkeit, sondern auch durch hohe Licht- und Naß-

echtheiten auszeichnen. Das ist außerordentlich wichtig, wenn unter HT-Bedingungen gearbeitet wird. Hierfür werden besonders Benzoaxazolderivate eingesetzt.

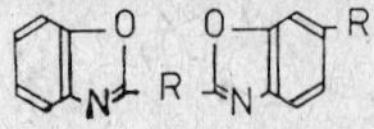

Für Acetat- und Triacetatfaserstoffe können dieselben Typen eingesetzt werden. Ebenso sind Cumarinderivate möglich.

16.3. Wichtige Handelsprodukte/Einsatz

Weißtöner-Marken (VEB Chemiekombinat Bitterfeld)
Uvitex-Marken (CIBA/Geigy)
Ultraphor-Marken (BASF)
Leukophor-Marken (Sandoz)
Blankophor-Marken (Bayer)
Fluolite-Marken (ICI)
Hostalux-Marken (Hoechst)
Rylux-Marken (Chemapol)

(Fortsetzung S. 351–355)

16.4. Meßmethoden

Um von optisch aufgehellten textilen Faserstoffen den Weißgrad messen bzw. vergleichen zu können, benötigt man UV-Licht. Es kann eine Bewertung auch mit sogenannten Fluoreszenzlampen erfolgen, wobei die Fluoreszenz, nicht aber der Weißgrad gemessen wird. Dabei erscheinen nicht optisch aufgehellte textile Faserstoffe schwarz, d. h., der Fluoreszenzeffekt ist 0. Es fallen hierbei diese UV-Strahlen auf den zu prüfenden optisch aufgehellten textilen Faserstoff und werden sodann auf einer Photozelle reflektiert.
Durch ein vor der Photozelle befindliches Filter werden entweder die unveränderten UV-Strahlenanteile oder die in längerwellige Anteile verwandelten UV-Strahlen absorbiert. Nur diejenige Strahlung wird gemessen, die durch den optischen Aufheller in längerwelliges Licht umgewandelt wurde und die Photozelle erreicht hat. Dadurch kann man zwar auf die applizierte Menge optischen Aufhellers schließen, nicht aber auf den optischen Aufhellungseffekt des Faserstoffes.
Fehler entstehen, wenn die Fluoreszenz bei der Prüfung sehr hoch erscheint und bei der Beurteilung des Aufhelleffektes bei Tageslicht der Weißgrad abnimmt. Das ist der Fall, wenn bei einer zu hohen Konzentration gearbeitet wurde. Ferner entstehen Fehlwerte, wenn die Beurteilung der zu prüfenden optisch aufgehellten textilen Faserstoffe in der Praxis nicht sofort nach dem Trocknen vorgenommen wird. Bei längerem Liegen der Muster besteht die Gefahr, daß von optisch aufgehellten textilen Faserstoffen wieder Feuchtigkeit aus der Luft aufgenommen wird.
Außerdem sind alle Lösungen optischer Aufheller lichtempfindlich. Daher müssen für Flotten stets neue Lösungen angesetzt werden.
Die Weißgradmessung selbst wird mit dem Leukometer (VEB Carl Zeiss Jena) oder über Remissionsmessungen mit dem Spektrophotometer bzw. Spektralkolorimeter (z. B. Spekol vom VEB Carl Zeiss Jena) vorgenommen.

Handelstyp	Ionogenität	Applizierbar auf	Bemerkungen
Uvitex BHT-180%-Marken	anionisch	Cellulosefaserstoffe	blaue Nuance } hochaffin
Uvitex CF-200%-Marken	anionisch		rote Nuance } hochaffin
Uvitex 2 B	anionisch		blaue Nuance } mittelaffin
Uvitex NFW	anionisch		violette Nuance } mittelaffin
Uvitex 2 BT	anionisch		blauviolette Nuance } mittelaffin
Uvitex 2 RT	anionisch		stark rotstichige Nuance } niedrigaffin
Uvitex CK	anionisch		} niedrigaffin
			Alle Typen sind nicht chloritbeständig, jedoch sehr beständig gegen H_2O_2 und Dithionit. Außer Uvitex BHT-180%-Marken zeigen alle Produkte eine sehr gute Beständigkeit gegen Kunstharzausrüstungen. Lichtechtheiten sind bei allen Typen gut.
Erioclarit B	anionisch	Wolle	Einsatz für Färbeflotten, um einen klaren Farbton zu erreichen; gilt besonders für Pastellfarben.
Uvitex CF-200%-Marken	anionisch	Polyamid-Faserstoffe	
Uvitex NFW	anionisch		
Uvitex BHT	anionisch		neutrale Nuance
Uvitex WGS	kationisch		blaue Nuance, auch für Acetat- und Triacetatfaserstoffe geeignet.
			Alle vier Typen sind nicht chloritbeständig, jedoch beständig gegen H_2O_2 und Dithionit. Lichtechtheiten liegen außer bei WGS-Typ (1) bei 3 bis 4
Uvitex AT	nichtionisch	Polyacrylnitrilfaserstoffe	neutral bis schwach rotstichig
Uvitex RAC	nichtionisch		rotstichig, gutes Egalisiervermögen
Uvitex ERN-P	nichtionisch	Polyesterfaserstoffe	rotstichig
Uvitex EBF	nichtionisch		blaustichig

Handelstyp	Ionogenität	Applizierbar auf	Bemerkungen
Uvitex ERT	nichtionisch		rotstichig
Uvitex EN	nichtionisch		sehr sublimationsbeständig,
Uvitex EFT	nichtionisch		Lichtechtheit 5 bis 6
			Uvitex ERN-P, EBF und ERT sind chloritbeständig und werden bevorzugt für das Ausziehverfahren eingesetzt. Ihre Lichtechtheiten liegen bei 7 bis 8 [41].
Palanilbrillantweiß R fl.	anionisch	Polyamid-, Polyester- und Triacetatfaserstoffe sowie Mischungen aus Polyester-Cellulosefaserstoffen	chlorit- und dithionitbeständig, ebenso gegen H_2O_2
Ultraphor BN fl.	nichtionisch	Polyesterfaserstoffe	Alle vier Typen liegen als Dispersion vor. Ultraphor BN und VL zeigen eine bläuliche, Ultraphor RN eine rötliche und Ultraphor GN eine grünliche Nuance. Nur Ultraphor RN ist chloritbeständig [42]
Ultraphor GN fl.	nichtionisch		
Ultraphor RN fl.	nichtionisch		
Ultraphor VL fl.	nichtionisch		
Leukophor A	anionisch	Cellulosefaserstoffe	
Leukophor A fl.	anionisch		
Leukophor B	anionisch		
Leukophor BCF	anionisch		
Leukophor BB	anionisch		
Leukophor BS	anionisch		
Leukophor BS fl.	anionisch		
Leukophor C	anionisch		
Leukophor C fl.	anionisch		
Leukophor R	anionisch		
Leukophor RG	anionisch		
Leukophor PAF	anionisch		

Handelstyp	Ionogenität	Applizierbar auf	Bemerkungen
Leukophor WS	kationisch	Wolle-, Acetat- und Triacetatfaserstoffe	
Leukophor WS fl.	nichtionisch		
Leukophor EFR	nichtionisch	Acetat- und Triacetatfaserstoffe	
Leukophor PA	anionisch	Polyamidfaserstoffe (PA 6 und 6/6)	ziehen aus sauren Flotten auf den Faserstoff
Leukophor PAF	anionisch		
Leukophor B	anionisch		ziehen aus neutralen Flotten auf den Faserstoff
Leukophor BS	anionisch		
Leukophor WS	kationisch	PAN-Faserstoffe	
Leukophor EFR	nichtionisch		
Leukophor EFA	nichtionisch	Polyesterfaserstoffe	auch für BW/PE-Fasermischungen geeignet
Leukophor EFR	nichtionisch		
Leukophor EFG	nichtionisch		
Leukophor DT	anionisch	Cellulosefaserstoffe (Wäscherei)	schwer wasserlöslich, jedoch leicht dispergierbar in Seifen- und FAS-Flotten, Einsatz für die Wäscherei der TR
Leukophor DC	nichtionisch	Chemischreinigung	Lösungsmittellösliches Produkt, Einsatz für die Chemischreinigung
Blankophor BA 267%	anionisch	Cellulosefaserstoffe	alle aufgeführten Produkte weisen gute bis sehr gute Naßechtheiten auf und sind härtebeständig
Blankophor BA fl.	anionisch		
Blankophor BBU (250%)	anionisch		
Blankophor BBU neu	anionisch		
Blankophor extra, hochkonz.	anionisch		
Blankophor BBU fl.	anionisch		
Blankophor BBU 200	anionisch		
Blankophor BKL	anionisch		gute Lichtechtheit
Blankophor BRU	anionisch		
Blankophor BRU fl.	anionisch		
Blankophor BSU	anionisch		

Handelstyp	Ionogenität	Applizierbar auf	Bemerkungen
Blankophor BSU fl.	anionisch		
Blankophor BUA	anionisch		
Blankophor BUA fl.	anionisch		
Blankophor BVB fl.	anionisch		
Blankophor CE	anionisch		
Blankophor CL	anionisch		
Blankophor CL fl.	anionisch		gute Lichtechtheit
Blankophor CLE fl.	anionisch		
Blankophor REU	anionisch		
Blankophor BA fl.	anionisch	Wolle	alle Produkte weisen gute Naßechtheiten auf
Blankophor B	anionisch		
Blankophor BSU	anionisch		
Blankophor REU	anionisch		Lichtechtheit ziemlich gut
Blankophor DBS	kationisch		
Blankophor DCR	nichtionisch		[43]
Blankophor BA 267% R	anionisch	Polyamidfaserstoffe	
Blankophor BA fl.	anionisch	(PA 6 und 6,6)	
Blankophor B	anionisch		
Blankophor BVB fl.	anionisch		
Blankophor CL fl.	anionisch		
Blankophor CL fl.-B	anionisch		
Blankophor CL fl. R	anionisch		
Blankophor CLE fl.	anionisch		
Blankophor DCB ultraf.	nichtionisch		nichtionogene Dispersionstypen
Blankophor DCR fl.	nichtionisch		
Blankophor ACN	kationisch	PAN-Faserstoffe	
Blankophor DBS 80% R	kationisch		
Blankophor DBS fl.	kationisch		
Blankophor DCB ultraf. R	nichtionisch	PAN-Faserstoffe,	
Blankophor DCR fl.	nichtionisch	PA-Faserstoffe,	als Dispersion vorliegend
Blankophor DCB ultraf.	nichtionisch	Acetat- und	
		Triacetatfaserstoffe	

Handelstyp	Ionogenität	Applizierbar auf	Bemerkungen
Blankophor EBL fl.	nichtionisch	Polyesterfaserstoffe	alle Produkte weisen gute bis vorzügliche Lichtechtheiten auf
Blankophor ERL fl.	nichtionisch		
Blankophor ER fl.	nichtionisch		
Blankophor REM fl.	nichtionisch		
Blankophor 42017	nichtionisch		für die Chloritbleiche einsetzbar, besonders für Baumwolle in der TR geeignet
Fluolite C	anionisch	Cellulosefaserstoffe	
Fluolite L	anionisch		
Fluolite MP fl.	anionisch		besonders für den Ätz- und Reservedruck geeignet [40]
Hostalux AR	nichtionisch	Acetat- und Polyamidfaserstoffe	härtebeständig und beständig in Bädern mit pH-Werten von 3 bis 12; Lichtechtheit 4, Naßechtheiten 4 bis 5
Hostalux EBU	nichtionisch	Polyesterfaserstoffe	härte- und chloritbeständig, sehr gute Lichtechtheit
Hostalux ERU	nichtionisch	Polyesterfaserstoffe	als Dispersion vorliegend, sehr gute Licht- und Naßechtheiten
Hostalux NR	kationisch	PAN-Faserstoffe	härtebeständig, gute bis sehr gute Licht- und Naßechtheiten
Hostalux PN	anionisch	Wolle und Polyamidfaserstoffe (PA 6 und 6,6)	Lichtechtheiten: Wolle 2 bis 3 PA 4 bis 5 Naßechtheiten bei Wolle und Polyamidfaserstoffen 4 bis 5
Hostalux PR	anionisch	Polyamidfaserstoffe (PA 6 und 6,6) Wolle	Lichtechtheit 4 bis 5
Hostalux PRT	anionisch	Polyamidfaserstoffe (PA 6 und 6,6) Wolle	Lichtechtheit 4 Naßechtheiten 4 bis 5 [39]

Mit dem Leukometer ist der prozentuale Remissionswert an einer Meßtrommel sofort ablesbar. Der Skalenwert der Meßtrommel beträgt 0,1%. Die Genauigkeit der Meßwerte liegt bei ±0,01%. Wird dabei mit Filtern gearbeitet, ist auch die farbliche Tönung der Untersuchungsproben zu erfassen.
Bei dem Spektrophotometer ist zum Messen des Remissionswertes ein Verstärkerzusatzgerät notwendig. Dabei lassen sich diskrete Wellenlängen einstellen. Als Bezugswert (Vollausschlag am Gerät) wird Magnesiumoxid oder Barytweiß verwendet.
Über die Einstellung und das Arbeiten am Gerät ist nach der Anleitung *Spekol Nr 32-G 315-1 des VEB Carl Zeiss* Jena zu arbeiten.
Spektrale Remissionskurven geben somit auch einen genauen Hinweis über farbliche Zusammensetzung von Untersuchungsproben oder bei Konzentrationsbestimmungen von Farbflotten, besonders in der Naß-auf-Naß-Technik. Eine zahlenmäßige Angabe der Zusammensetzung der Farbe ist jedoch nicht gegeben. Lediglich daß die jeweilige Remissionskurve bei einem helleren Farbton hoch, bei einem tieferen Farbton niedrig liegt.

16.5. Echtheitsanforderungen

Wie bei den Farbstoffen werden an die optischen Aufheller besondere Anforderungen an die Echtheiten gestellt. Das gilt sowohl für die Trage- oder Gebrauchsechtheiten wie auch für die Fabrikationsechtheiten. Besonders zu beachten sind ihre unterschiedliche Beständigkeit gegen Chlorbleichbäder ($NaClO$ und $NaClO_2$) sowie ihre Beständigkeit in Kunstharzvorkondensatflotten der chemischen Appretur. Wichtig ist, daß besonders optisch aufgehellte synthetische Faserstoffe gute bis sehr gute Sublimier- und Thermofixierechtheit aufweisen müssen. Da sehr viele Produkte schon empfindlich gegen geringe Mengen von Eisensalzen sind, muß für Flotten stets eisenfreies Wasser verwendet werden. Dasselbe gilt für Mangansalze.
Die Messung bzw. Beurteilung der Lichtechtheit erfolgt wie bei den Farbstoffen in 8, die der übrigen Echtheiten in 5 Stufen.

17.1. Wäscherei

17.1.1. Waschprozeß

17.1.1.1. Allgemeines

In der Textilreinigung spielt der Waschprozeß eine entscheidende Rolle. Das trifft zu für die in diesem Komplexvorgang ablaufenden Teilvorgänge, für die Wirkungsweise der eingesetzten Waschmittel sowie für die Kontrolle bzw. Überwachung der Teilvorgänge.
Die Teilvorgänge des Waschprozesses richten sich nach den Teilwirkungen des Waschmittels: Einwirkung auf die Grenzflächenspannung, Benetzungsfähigkeit, Dispergier- und Emulgierwirkung. Werden die Technologien nicht optimal durchgeführt, kommt es analog der Textilveredlung auch in der Wäscherei der Textilreinigung zu entscheidenden Fehlererscheinungen. Die schwerwiegendste Fehlererscheinung ist die Redeposition, d. h., wenn Schmutzteilchen aus der Flotte zum textilen Faserstoff zurückwandern, vor allem, wenn es sich um Pigmentschmutz handelt.

17.1.1.2. Schmutz-Faser-Bindung

In der folgenden Übersicht wird die gesetzmäßige Schmutzbindung zu textilen Faserstoffen dargestellt.

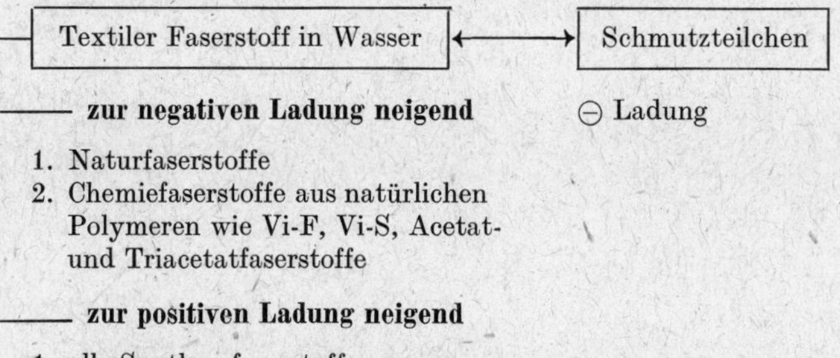

Jede Haftung von Schmutzteilchen an textilen Faserstoffen stellt einen elektrostatischen Vorgang dar. Die Ablösung der Schmutzteilchen erfolgt im Komplexvorgang des Waschprozesses mit WAS.

17.1.1.3. Übersicht Waschprozeß

Teilvorgänge

1. Vorwäsche

Temperatur: 40 °C; *p*H-Wert: 11...11,5; WAS: 2-Stufen-Waschmittel; Lösung der Eiweißsubstanzen, Quellung des textilen Faserstoffes im nichtkristallinen Bereich durch Alkali

2. Vorwäsche

Temperatur: 60 °C; *p*H-Wert: 11...11,5;
Koagulation der Eiweißsubstanzen in der Flotte
Flottenwechsel
Klarwäsche
Temperatur: 85 °C, *p*H-Wert: 8,5; WAS: 2-Stufen-Waschmittel (2. Stufe)
WAS enthält besonders bleichende Agenzien sowie optische Aufheller
Zwischenschleudern
Spülen
Nach dem Prinzip der Laugenverdünnung, im allgemeinen viermal, wobei spezielle Hilfsmittel bzw. dem letzten Bad Stärke zugesetzt werden können.

Zeit-Temperatur-Schema

Das Zeit-Temperatur-Schema für die Vorwäsche zeigt Bild 17/1 und das für die Klarwäsche Bild 17/2.

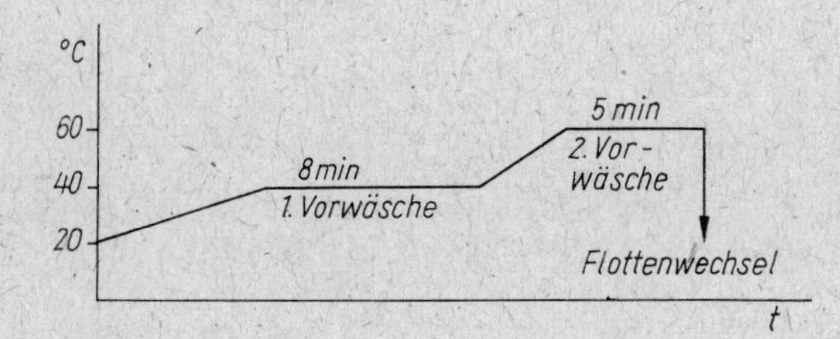

Bild 17/1: Zeit-Temperatur-Schema für die Vorwäsche

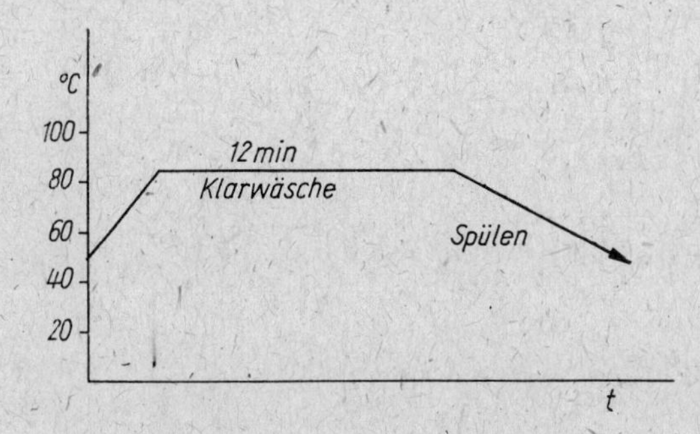

Bild 17/2: Zeit-Temperatur-Schema für die Klarwäsche

Dem 4. Spülbad werden Hilfsmittel mit folgenden Wirkungen zugesetzt:

Wasserenthärtung
Weichmachen
Beseitigung von Restalkalität durch saure Reaktion (Neutralisation)
Die Dosierung erfolgt mit 2...3 g · kg^{-1}.

Eine Besonderheit der Technologie besteht darin, daß beim Waschprozeß für normalverschmutzte Wäsche die zweite Vorwäsche ausgelassen werden kann. Für stark verschmutzte Wäsche ist sie jedoch immer durchzuführen.
Die Zeit der Klarwäsche von mindestens 12 min sollte stets eingehalten werden, da be-

sonders optisch aufhellende Substanzen aus dem Waschmittel auf die textilen Faserstoffe aufziehen und bleichende Agenzien wirksam werden.
Der Waschprozeß mit seinen Teilprozessen sollte in der Praxis streng überwacht werden, damit Fehler durch Nichteinhaltung der Technologie vermieden werden.

17.1.2. Waschmitteleinsatz

Unter 2-Stufen-Waschmitteln versteht man zwei Waschmitteltypen als konfektionierte Waschmittel, von denen das eine für die 1. und 2. Vorwäsche (1. Stufe), das andere für die Klarwäsche (2. Stufe) eingesetzt wird.
Nach BUEREN und GROSSMANN [17] sind die konfektionierten Waschmittel wie folgt zusammengesetzt:

20...30%	WAS (anionaktive und nichtionogene WAS mit Schaumbremsern)
30...40%	Phosphate in Form von Natriumtripolyphosphat und Tetranatriumdiphosphat als chemische Bindemittel für Härtebildner
3...5%	Silikate als SiO_2/Na_2O als alkalisierendes Agens und eisenbindende Substanz
20%	Na-Perborat $NaBO_2 \cdot H_2O_2 \cdot 3\,H_2O$
2%	Mg-Silikat als Stabilisierungssubstanz für Na-perborat
2...3%	Carboxymethylcellulose als Stabilisierungsmittel für den Schmutz, damit dieser aus der Flotte nicht wieder auf den textilen Faserstoff aufzieht, sowie
1%	optische Aufheller.

Bei der Zusammensetzung aller konfektionierten Waschmittel ist wichtig, daß trotz vieler Waschprozesse die Wäsche schonend gewaschen werden soll. Außer 2-Stufen-Waschmitteln können zum Waschen auch Alleinwaschmittel eingesetzt werden. Sie sind sowohl für die erste und zweite Vorwäsche als auch für die Klarwäsche voll wirksam.
International geht der Trend auf energiesparende Waschtechnologien bei 60 °C.
Diese Waschmittel enthalten sowohl zur Fleckenbeseitigung als auch zur Steigerung des Gesamtwascheffektes neben 10 bis 20% Bleichmittel in Form von Natriumperborat sogenannte Bleichaktivatoren, die schon bei 30 °C wirksam werden. Einen solchen Bleichaktivator stellt unter anderem das Tetraacetylethylendiamin (TAED) dar.
Seine Wirkung beruht darauf, Peressigsäure zu bilden [39]

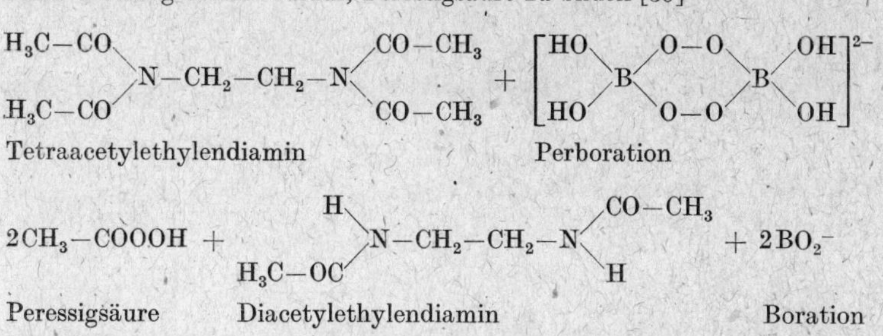

$$\begin{matrix} H_3C-CO \\ H_3C-CO \end{matrix}\!\!>\!N-CH_2-CH_2-N\!<\!\!\begin{matrix} CO-CH_3 \\ CO-CH_3 \end{matrix} \quad + \quad \left[\begin{matrix} HO \\ HO \end{matrix}\!>\!B\!<\!\begin{matrix} O-O \\ O-O \end{matrix}\!>\!B\!<\!\begin{matrix} OH \\ OH \end{matrix}\right]^{2-}$$

Tetraacetylethylendiamin — Perboration

$$2\,CH_3-COOOH \; + \; \begin{matrix} H \\ H_3C-OC \end{matrix}\!\!>\!N-CH_2-CH_2-N\!<\!\!\begin{matrix} CO-CH_3 \\ H \end{matrix} \; + \; 2\,BO_2^-$$

Peressigsäure — Diacetylethylendiamin — Boration

Dabei kann der Aktivsauerstoffgehalt durch Zerfall von Natriumperborat jodometrisch ermittelt werden.
Ohne Bleichaktivatorzusätze in Waschflotten würde das Natriumperborat erst bei 85 °C und darüber einen ausreichenden Bleicheffekt erzielen. Mit dem Bleichaktivatorzusatz ist es möglich, eine jede Klarwäsche bei 60 °C vorzunehmen, wie eingehende Testversuche bewiesen haben [39].

17.1.3. Wichtige Waschrezepturen

1. Rezeptur für normal verschmutzte Wäsche

1. Vorwäsche

20 g · kg^{-1} 2-Stufen-Waschmittel (1. Stufe)
FV 1:6, 10 min. bei 40°C

2. Klarwäsche

10...15 g kg^{-1} 2-Stufen-Waschmittel (2. Stufe)
FV 1:5, 12 min. bei 85°C

	1. Spülen	2. Spülen	3. Spülen	4. Spülen
Weichwasser	70°C	50°C	30°C	kalt (Hartwasser)
Flottenverhältnis	1:5	1:6	1:7	1:8 4...7 g kg^{-1} spezielles Hilfsmittel mit Neutralisations- u. Weichmacherwirkung

Bei Bedarf Ansatz eines frischen Bades mit Zusatz von 2...4 g kg^{-1} Stärke FV 1:3

2. Rezeptur für stark verschmutzte Wäsche

1. Vorwäsche

20 g kg^{-1} 2-Stufen-Waschmittel (1. Stufe) und evtl. Zusatz von 2...3 g kg^{-1} NaClO (Natronbleichlauge)
FV 1:6, 10 min bei 40°C

2. Vorwäsche

10 g kg^{-1} 2-Stufen-Waschmittel (1. Stufe)
+ 4...6 g kg^{-1} Fettlöser
FV 1:5, 10 min bei 60°C

3. Klarwäsche

20 g kg^{-1} 2-Stufen-Waschmittel (2. Stufe)
FV 1:5, 12 min bei 85°C

Spülen wie bei Nr. 1!

3. Rezeptur für Berufswäsche bunt

1. Vorwäsche

20...40 g kg^{-1} starkes Vorwaschmittel mit Alkali
+ 4...5 g kg^{-1} Fettlöser
FV 1:6, 10 min bei 40°C; Zwischenspülen

2. Vorwäsche (Frisches Bad)

10...20 g kg^{-1} WAS wie bei der 1. Vorwäsche
FV 1:6, 10 min bei 60 °C

3. Klarwäsche

8...10 g kg^{-1} 2-Stufen-Waschmittel (2. Stufe)
FV 1:5, 15 min bei 85 °C

Spülen wie bei Rezeptur 1!
Wegen des Ausblutens von Farbstoffen aus den Wäschestücken empfiehlt es sich, dem letzten Spülbad 10...15 g · kg^{-1} NaCl zuzusetzen.

4. Rezeptur für Buntwäsche

1. Vorwäsche

25 g kg^{-1} 2-Stufen-Waschmittel (1. Stufe)[1])
FV 1:6, 10 min bei 40 °C

2. Klarwäsche

15 g kg^{-1} 2-Stufen-Waschmittel (1. Stufe)[1])
FV 1:5, 10 min bei 40 °C

Spülen von warm nach kalt

[1]) Zum Waschen von Buntwäsche können auch nichtionogene Waschmittel eingesetzt werden, da sie farbstoffaffin sind und ausgebluteten Farbstoff von Wäschestücken teilweise binden können.

17.1.4. Textildesinfektion

17.1.4.1. Übersicht

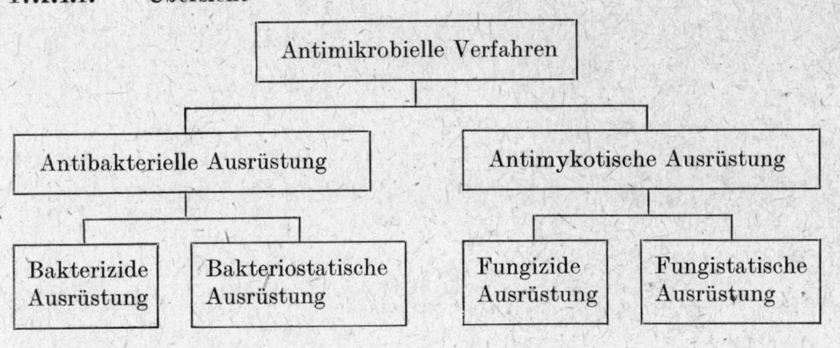

Forderungen an die Wirkstoffe:

Breites Wirkungsspektrum
Wasserlöslichkeit soll möglichst gering sein
Beständig gegen O_2, UV-Strahlen, Wärme und Feuchtigkeit
Beständig gegen Lösungen zwischen pH-Werten von 4...7
leicht applizierbar
Kombinierbarkeit mit anderen THM muß garantiert sein
keine Verschlechterung von Farbechtheiten und vom Weißgrad
gute Hautverträglichkeit

17.1.4.2. Desinfektionsverfahren

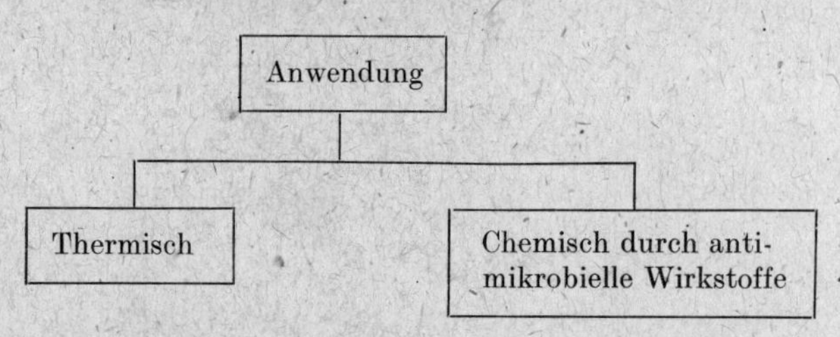

Das wichtigste Desinfektionsverfahren ist das CTD-Verfahren, das nachstehend beschrieben wird.

Arbeitsgang	Zeit in min	Temperatur in °C	Flottenverhältnis	Zusätze in g · kg⁻¹
Vorwäsche	5	35	1:6	25 Fesiapon® + 10 Duxil®
Flotte nicht ablassen, sondern erst auf 60 °C treiben!				
Desinfektion	15	60	1:6	
Zwischenspülen	3	warm	1:6	
Klarwäsche	12	80	1:4	2-Stufen-Waschmittel (2. Stufe)
1. Spülen	4	heiß	1:6	
2. Spülen	4	heiß	1:6	10 Neutrasent® oder Avistat®
3. Spülen	3	warm	1:7	
4. Spülen	3	warm	1:8	3–5 Avifresh®
5. Spülen	3	kalt	1:9	
Gesamtzeit	52 min			
2. 2-Bad-Verfahren				
Vorwäsche	10	35	1:5	10 2-Stufen-Waschmittel (1. Stufe)
Klarwäsche	15	60	1:5	5 2-Stufen-Waschmittel (2. Stufe)
1. Spülen	4	heiß	1:5	
2. Spülen	3	warm	1:6	
3. Spülen	3	warm	1:7	
4. Spülen	3	warm	1:8	
5. Spülen	3	kalt	1:9	

17.1.5. Waschflottenuntersuchungen

1. Gesamtalkalität

10 cm^3 der zu prüfenden Waschflotte werden mit 2...3 Tropfen Methylorange versetzt und mit einer 0,1 n HCl von gelb auf zwiebelfarben titriert.

Verbrauchte cm^3 0,1 n HCl · 0,53 = g · l^{-1} Alkali, bezogen auf Na_2CO_3 (Soda)

Die Gesamtalkalität darf einen Wert von 2 g · l^{-1} nicht überschreiten.

2. Ätzalkalität

10 cm^3 der zu prüfenden Waschflotte werden zunächst mit 5 cm^3 einer 5%igen Bariumchloridlösung $BaCl_2$ versetzt[1]), daraufhin werden 2 Tropfen Phenolphthalein-Indikator zugegeben.
Danach titriert man mit 0,1 n HCl von rotviolett auf farblos.
Verbrauchte cm^3 0,1 n HCl · 0,4 = g · l^{-1} Ätzalkali.
Diese Untersuchung von Waschflotten muß stets negativ ausfallen, da sich in ihnen niemals freies Ätzalkali befinden darf. Es ist ratsam, eine solche Prüfung mehrfach zu wiederholen.

3. Sodaalkalität neben Ätzalkalität

10 cm^3 der zu prüfenden Waschflotte werden mit 0,1 n HCl gegen Phenolphthalein-Indikator von rotviolett auf farblos titriert. Die dabei verbrauchten cm^3 0,1 n HCl entsprechen dem P-Wert. Derselben Prüflösung werden nunmehr 1...2 Tropfen Methylorange-Indikator zugesetzt und weiter mit 0,1 n HCl von gelb auf zwiebelfarben titriert. Diese hier verbrauchten cm^3 0,1 n HCl entsprechen dem M-Wert.
Berechnungen:

2 M · 0,53 = g · l^{-1}	Sodaalkalität, berechnet auf Soda Na_2CO_3
(P − M) · 0,4 = g · l^{-1}	Ätzalkalität, berechnet auf freie Natronlauge NaOH

Ist die Differenz von P − M negativ, befindet sich in der Flotte kein Ätzalkali.

4. Spülbadprüfung

Werden Spülbäder geprüft, ist besonders das dritte Spülbad auf Alkaligehalt zu prüfen, also das Bad, dem das Spülmittel als Waschhilfsmittel zugesetzt wird. Die Prüfung wird mit Phenolphthalein-Indikator durchgeführt, das Spülbad darf sich nicht mehr rosa färben.

17.2. Chemischreinigung

17.2.1. Schmutzzusammensetzung

Faktoren der Schmutzzusammensetzung

Territoriale Lage
Verwendungszweck des textilen Erzeugnisses
Grad der Schweißabsonderung

---

[1]) Der Zusatz erfolgt, um in Form von Soda gebundenes Alkali als Bariumcarbonat $BaCO_3$ auszufällen.

Durchschnittswerte einer Staubzusammensetzung

40%	Silikate
20%	Carbonate
10%	wasserlösliche Salze
10%	organische Substanzen
10%	Fett
5%	Wasser
5%	Stärke, Stärkederivate und Eiweiß

Löslichkeit der Anteile

1. Wasserlöslich — lösungsmittelunlöslich
   - wasserlösliche Salze
   - Zucker und ähnliches
2. Wäßrig emulgierbar — lösungsmittellöslich
   - Fette
   - Öle
   - fettähnliche Stoffe
3. Wäßrig quellbar — lösungsmittelunlöslich
   - Stärke
   - Stärkederivate
4. Wasserunlöslich — lösungsmittelunlöslich
   - Pigmentschmutz (Ursache der Vergrauung, besonders relevant bei Synthesefaserstoffen)

Abhängigkeit der Haftung von Schmutz an textilen Erzeugnissen

- Art des textilen Faserstoffes. Polyesterfaserstoffe sind besonders oleophil
- Art des Garnes oder Zwirns und deren Drehung
- Art des textilen Flächengebildes
  Gewebe (auch Art der Bindung)
  Gewirke
  Gestricke
- Beschaffenheit des Schmutzes (grob oder fein)

17.2.2. Arbeitsvorbereitung

siehe nebenstehendes Schema.

17.2.3. Wichtige Technologien der Grundreinigung

Technologien für Maschinen ohne Filter

1. Einbad-Verfahren

Flottenverhältnis 1:12
5 bis 10 g · l^{-1} Reinigungsverstärker und Wasser

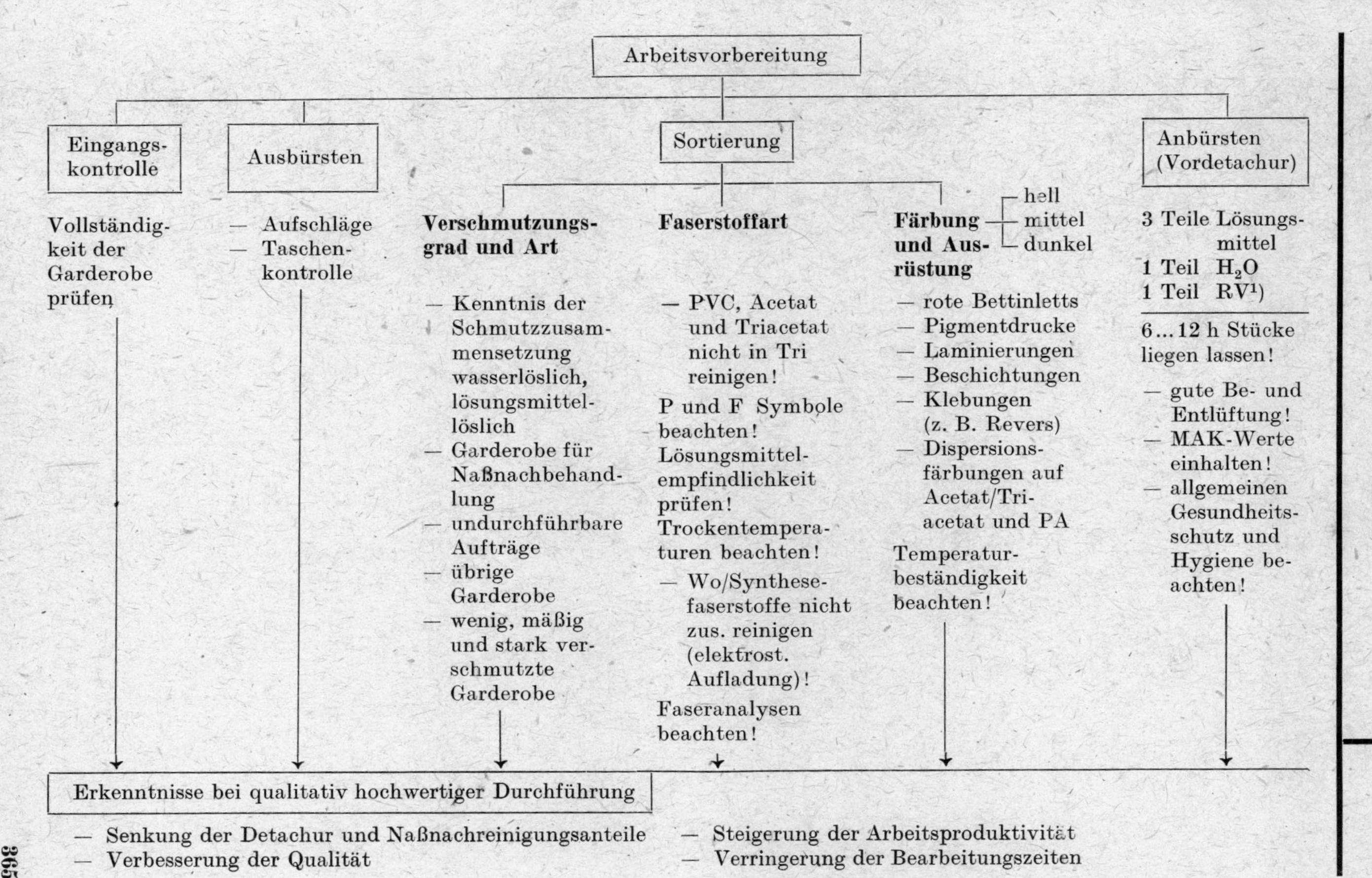
Arbeitsvorbereitung
Eingangskontrolle
Ausbürsten
Sortierung
Anbürsten (Vordetachur)
Vollständigkeit der Garderobe prüfen
— Aufschläge
— Taschenkontrolle
Verschmutzungsgrad und Art
— Kenntnis der Schmutzzusammensetzung wasserlöslich, lösungsmittellöslich
— Garderobe für Naßnachbehandlung
— undurchführbare Aufträge
— übrige Garderobe
— wenig, mäßig und stark verschmutzte Garderobe
Faserstoffart
— PVC, Acetat und Triacetat nicht in Tri reinigen!
P und F Symbole beachten!
Lösungsmittelempfindlichkeit prüfen!
Trockentemperaturen beachten!
— Wo/Synthesefaserstoffe nicht zus. reinigen (elektrost. Aufladung)!
Faseranalysen beachten!
Färbung und Ausrüstung
hell
mittel
dunkel
— rote Bettinletts
— Pigmentdrucke
— Laminierungen
— Beschichtungen
— Klebungen (z. B. Revers)
— Dispersionsfärbungen auf Acetat/Triacetat und PA
Temperaturbeständigkeit beachten!
3 Teile Lösungsmittel
1 Teil H_2O
1 Teil RV[1])
6...12 h Stücke liegen lassen!
— gute Be- und Entlüftung!
— MAK-Werte einhalten!
— allgemeinen Gesundheitsschutz und Hygiene beachten!
Erkenntnisse bei qualitativ hochwertiger Durchführung
— Senkung der Detachur und Naßnachreinigungsanteile
— Verbesserung der Qualität
— Steigerung der Arbeitsproduktivität
— Verringerung der Bearbeitungszeiten

[1]) RV Reinigungsverstärker

Nach jeder Charge muß frisch destilliert werden. Dieses Verfahren ist nur für leichtverschmutzte Garderobe geeignet.

2. Zweibad-Verfahren

1. Bad:

Reinigen mit 10 bis 15 $g \cdot l^{-1}$ Reinigungsverstärker und Wasser im Flottenverhältnis 1:12

— sehr gute Schmutzdispergierung
— Erzielung einer geringen Schmutzkonzentration in der Flotte
— Erzielung einer hohen Feuchtigkeit

2. Bad:

Nachspülen mit organischem Lösungsmittel
FV 1:10

Dieses Bad kann bei der nächsten Charge wieder als erstes Bad verwendet werden.

Technologien für Maschinen mit Filter

1. Einbad-1-Stufen-Verfahren

Reinigung unter Zusatz von Reinigungsverstärkern bei niedriger (1...3 $g \cdot l^{-1}$) bis mittlerer (10...20 $g \cdot l^{-1}$) Konzentration und Wasser unter gleichzeitiger und ständiger Filtration.

2. Einbad-2-Stufen-Verfahren

1. Stufe:

Reinigung ohne Filtration unter Zusatz von Reinigungsverstärker und Wasser bei niedrigem Flottenverhältnis

2. Stufe:

Erhöhung des Flottenverhältnisses und laufende Filtration bis zum Schluß des Reinigens

3. Einbad-3-Stufen-Verfahren

1. Stufe:

Reinigung mit Lösungsmittel ohne Reinigungsverstärker und ohne Wasser unter sehr niedrigem Flottenverhältnis (No-dip-Zustand) unter ständiger Filtration

2. Stufe:

Einstellung eines mittleren Flottenverhältnisses und Zugabe von Reinigungsverstärker mittlerer Dosierung (10 bis 20 $g \cdot l^{-1}$) und Wasser ohne Filtration

3. Stufe:

Weitere Erhöhung des Flottenverhältnisses und Filtration bis zum Schluß des Reinigens

4. 2-Bad-Verfahren

1. Bad:

Reinigung unter Zusatz von Reinigungsverstärkern bei mittlerer (10...20 $g \cdot l^{-1}$) bis hoher (30...40 $g \cdot l^{-1}$) Dosierung und Wasser bei niedrigem Flottenverhältnis unter ständiger Filtration

2. Bad:
Nachspülen ohne Zusätze bei hohem Flottenverhältnis ohne Filtration.
Wird die Garderobe nach dem Einbad-Verfahren gereinigt, kann auch das zweite Bad als Imprägnierbad fungieren, falls eine Hydrophobausrüstung erfolgen soll.

5. 3-Bad-Verfahren

Ein 3-Bad-Verfahren bei Maschinen mit Filter wird nur dann angewandt, wenn das 2. Bad als Spülbad fungiert und im 3. Bad eine chemische Hydrophobausrüstung in Form eines Imprägnierbades vorgenommen werden soll.
Sowohl beim 2-Bad- als auch beim 3-Bad-Verfahren muß im Falle einer Imprägnierung das Garderobegut frei von Reinigungsverstärkern sein, da sonst eine starke Erhöhung der Grenzflächenspannung durch das Imprägniermittel nicht möglich ist.

6. No-dip-Verfahren

Bei diesem Verfahren darf nur so viel Flotte aus dem Tank in die Maschine gebracht werden, bis der Umlauf des Lösungsmittels über Filter/Pumpe und Maschine garantiert ist.
Das Lösungsmittel muß jedoch von oben auf das Reinigungsgut aufsprühen. Damit wird dann der tatsächlich abgelöste Pigmentschmutz schnell abtransportiert und auch schnell vom Lösungsmittel getrennt.
Dieses Verfahren kann gut als erste Stufe im Einbad-3-Stufen-Verfahren angewandt werden. Damit befindet sich auch in der Trommel fast kein freies Lösungsmittel, jedoch sind im ganzen Reinigungssystem noch 4...5 $l \cdot kg^{-1}$ Ware im Umlauf [33]. Es findet also bei diesem Verfahren nur ein Austausch der vom Reinigungsgut gebundenen Flotte statt.

7. Dualreinigungsverfahren

Beim Dualreinigungsverfahren werden in einem ersten Bad die Garderobestücke in Wasser mit waschaktiven Substanzen gewaschen, um zunächst allen wasserlöslichen Schmutz zu beseitigen. Anschließend erfolgt sehr gutes Spülen mit Wasser (2 Spülbäder) und dann ein Zwischenschleudern.
In einem zweiten Bad wird das Garderobegut in Lösungsmittel bei einer Temperatur bis zu 45 °C behandelt. Es folgt Spülen mit kaltem Lösungsmittel.
Schließlich wird endgeschleudert und getrocknet. Bei Eiweißflecken hat das Anheizen bis 40 °C beim Waschen sehr langsam zu erfolgen, damit diese Substanzen nicht auf dem textilen Flächengebilde koagulieren. Die Höchsttemperatur des Waschgangs soll 75 °C keinesfalls überschreiten.

8. Das Emulsionsreinigungsverfahren

Das Reinigen der Garderobe erfolgt meist nach dem 3-Bad-Verfahren, wobei eines dieser 3 Bäder mindestens 30% Wasser, bezogen auf das Reinigungsgut, enthalten soll. Das Wasser wird mit dem Lösungsmittel mit Hilfe von Reinigungsverstärkern mit sehr hoher Emulgierwirkung emulgiert. Richter [34] erläutert die Technologie so, daß zunächst die Garderobe bei normalem Flottenstand nur mit Lösungsmitteln kalt gereinigt wird. Danach erfolgt ein kurzes Zwischenschleudern und die Behandlung der Garderobe in einem zweiten Bad, dem Emulsionsbad, bei einer Temperatur bis 45 °C (WO-Emulsion). Anschließend wird nochmals kurz zwischengeschleudert, schließlich die Garderobe in

einem dritten Bad, einem Lösungsmittelbad, bei einer Temperatur bis 45 °C fertig gereinigt. Dann wird endgeschleudert und getrocknet.
Das Dual- und das Emulsionsreinigungsverfahren sollte nur für Garderobe aus Baumwolle/Polyester-Mischungen und anderen bestimmten Faserstoffgruppen angewendet werden. Garderobestücke aus Wolle oder wollhaltige textile Erzeugnisse dürfen nicht nach diesen Verfahren gereinigt werden.
Deshalb hat die Sortierung nach Art des textilen Faserstoffes in der Arbeitsvorbereitung besonders exakt zu erfolgen.
Für diese beiden letztbeschriebenen Technologien müssen die Chemischreinigungsanlagen besonders konstruiert sein, damit Destillierleistung, Abdichtung zwischen Lösungsmittel- und Wasserbädern, Badbeheizung sowie automatische Dosierung von Wasser oder Reinigungsverstärkern garantiert sind [34].

Besonderheiten

Jedes Verfahren in der Grundreinigung hat das Ziel, unter rationellsten Gesichtspunkten einen optimalen Reinigungseffekt zu erzielen. Allgemeingültige Rezepturen sind deshalb nie möglich, da alle Technologien betriebs- und territorialbedingt sind.
Fast alle Technologien lassen sich auf Anlagen für Chlorkohlenwasserstoffe und für Schwerbenzin- oder Fluorchlorkohlenwasserstoffanlagen übertragen.
Alle Technologien sollten auf Anlagen mit Filter erfolgen, da diese einen höheren Qualitätseffekt erzielen als Maschinen ohne Filter. Durch die laufende Abfilterung des lösungsmittelunlöslichen Schmutzes wird die Gefahr einer Redeposition von Schmutz gemindert.
Wird die Flottentemperatur von 20 °C auf 40 °C erhöht, ist eine doppelt so starke Redeposition von Schmutz gegeben. Die Durchschnittstemperatur soll 30 °C nicht überschreiten. In den ersten 3 min des Reinigens tritt die höchste Vergrauung ein. Bei Arbeiten ohne Filter nimmt diese dann ständig zu. Bei Maschinen mit Filter nimmt die Vergrauung nach 3 min wieder ab. Es sollte keinesfalls länger als 10 min gereinigt werden [35].

Sachwortverzeichnis

Literaturverzeichnis

[1] Organische Chemie/Fittkau, S. — Jena 1984

[2] Chemisch-technische Untersuchungsmethoden in der Textilindustrie/Merck, Darmstadt. — Weinheim, 1961

[3] Abriß der Textilchemie/Behr, D. — unveröffentlicht

[4] Brockhaus ABC Chemie. — Leipzig 1971

[5] Grundlagen der Textilchemie/Behr, D. — Leipzig 1988

[6] Lehrbuch der analytischen und präparativen anorganischen Chemie/Jander, Blasius. — Leipzig 1966

[7] Lehrbuch der Textilchemie/Rath, H. — Berlin 1963

[8] Chemische Tabellen und Rechentafeln für die analytische Praxis/Rauscher, Voigt, Wilke, Wilke. — Leipzig 1971

[9] Physikalische Chemie/Näser, K. H. — Leipzig 1971

[10] Physikalische Chemie für Laboranten/Bergmann, Trieglaff. — Leipzig 1973

[11] Umrechnungstabellen. — Basel

[12] Textilchemische Untersuchungsmethoden/Heermann, Agster. — Berlin 1956

[13] Chemie des Wassers/Drews, Drews. — Leipzig 1984

[14] Anleitung zur Analyse der Lösungsmittel/Thinius, K. — Leipzig 1953

[15] Einführung in die Kolloidik/Wolfram, E. — Berlin 1961

[16] Wasch- und Netzmittel/Gawalek, G. — Berlin 1962

[17] Grenzflächenaktive Substanzen/Bueren, H., Großmann, H. — Weinheim 1971

[18] Weichmacher für die Textilindustrie/BASF. — Ludwigshafen 1966

[19] Chemischreinigung und Kleiderfärberei/Richter, M., Knofe, G. — Leipzig 1968

[20] Reinigungsverstärker — Aufbau und Anwendung in der Chemischreinigung/Ueberschär, K. — In: Textilreinigung. — Leipzig (1978) 11. — S. 338

[21] Chemie und physikalische Chemie der Textilhilfsmittel/Frotscher, H. — Berlin 1954

[22] Bayer Farben Revue/Barth, H. — Leverkusen 1968

[23] Textilchemie für Textilveredlung/Tetzner, G. — Karl-Marx-Stadt

[24] Färbereilehre/Voigtlander, G. — Karl-Marx-Stadt

[25] 20 Jahre Hoechster Reaktivfarbstoffe auf Wolle/Von der Eltz, H. U. — Sonderdruck

[26] Leitfaden der Farbstoffchemie/Rys, P., Zollinger, H. — Weinheim 1970

[27] Chemie der Farbstoffe und deren Anwendung/Schaeffer, A. — Leipzig 1963

[28] Über Theorie und Anwendung der Remazolfarbstoffe in der Färberei/Von der Eltz, H. U. — In: Mell. Text. Ber. (1965) 3, S. 286 bis 189

[29] Färbetechnologie für Triacetatfaserstoffe nach dem HT-Verfahren/Behr, D. — Ing.-Arbeit 1965

[30] Auswahl von Dispersionsfarbstoffen auf Cellulosetriacetat- und Polyesterfaserstoffen/Turner, D., Chanin, M. — In: American Dyestuff Reporter 51 (1962) 21, S. 780—785

[31] Färben von Triacetat/Lerch, Egger — In: Sonderdruck aus dem Deutschen Färbekalender 1965

[32] Algorithmus zur qualitativen Bestimmung von Farbstoffgruppen/Behr, D. — Technische Universität Dresden 1970

[33] Chemischreinigungsverfahren/Richter, M. — In: Textilreinigung. — Leipzig (1977) 4, S. 127

[34] Dual- und Emulsionsreinigung/Richter, M. — In: Textilreinigung. — Leipzig (1977) 5, S. 159

[35] Grundlagen der Textilreinigung/Autorenkollektiv. — Leipzig 1974

[36] Veredlung von Textilien/Autorenkollektiv. — Leipzig 1987

[37] Wissensspeicher für Technologen. Textiltechnik/Böttcher, P. — Leipzig 1977

[38] Prüfen von Textilien, Band 1/Döcke, W. — Schmidt, W. — Leipzig 1985

[39] Waschen bei Temperaturen von 60 °C in der DDR/Überschär, K. — In: Textilreinigung. — Leipzig (1978) 11, S. 338